GC Carstensen Verlag

Factfinder-Serie

Teja Gerken
Michael Simmons
Frank Ford
Richard Johnston

Akustische Gitarren

Alles über Konstruktion und Historie

Factfinder-Serie

Herausgeber:
Gunther Carstensen

Verlag, Herausgeber und Autoren machen darauf aufmerksam, dass die im
vorliegenden Buch genannten Markennamen und Produktbezeichnungen
in der Regel patent- und warenrechtlichem Schutz unterliegen. Die Veröf-
fentlichung aller Informationen und Abbildungen geschieht mit
größter Sorgfalt. Dennoch können Fehler nicht ausgeschlossen werden.
Verlag, Herausgeber und Autoren übernehmen aus diesem Grund für
fehlerhafte Angaben und deren Folgen weder eine juristische
Verantwortung noch irgendeine Haftung, sind jedoch für Ver-
besserungsvorschläge und Korrekturen dankbar.

Copyright © 2003
by GC Carstensen Verlag, München
www.gccarstensen.com
Zeichnungen: Masterpage
Fotomaterial: Archive der Autoren
Übersetzung: Christoph Arndt
Lektorat: Heinz Rebellius
Titelgestaltung: Design-Box
Druck: WB Druck GmbH & Co.
ISBN 3-910098-24-X

Inhaltsverzeichnis

Vorwort von C. F. Martin   15
Einleitung   17

Kapitel 1   Die Kopfplatte   25
  1.1 Form   25
        1.1.1 Das Markenzeichen des Herstellers
        (Logos, Warenzeichen)   26
        1.1.2 Massive oder „Fenster"-Form   28
        1.1.3 Einteilig oder angesetzt   30
        1.1.4 Kopfplattenfurnier   31
        1.1.5 Einfassung   31
        1.1.6 Der Kragen   32
        1.1.7 Zugang zum Stahlstab   33
  1.2 Größe der Kopfplatte   34
        1.2.1 Gewicht und Sound   35
  1.3 Winkel   35
        1.3.1 Auswirkung auf den Sound   36
        1.3.2 Beispiele für Winkel für verschiedene Gitarren   36
  1.4 Mechaniken   36
        1.4.1 Stahlsaiten und Nylonsaiten   37
        1.4.2 Einzeln oder Dreiergruppen   38
        1.4.3 Offene oder geschlossene Mechaniken   39
        1.4.4 Guss oder Blech   42
        1.4.5 Feststell-Mechanismen   42
        1.4.6 Planet Waves Auto-Trim   43
        1.4.7 Anbringen der Mechaniken   43
        1.4.8 Drehknöpfe   43
        1.4.9 Banjomechaniken und Keith-Tuner   44
        1.4.10 D-Tuner   45
        1.4.11 Übersetzungen   46

1.4.12 Stimmwirbel 46
1.5 Der Sattel 47
    1.5.1 Funktion 47
    1.5.2 Natürliche Materialien 48
    1.5.3 Synthetische Materialien 49
    1.5.4 Der Nullbund 50
    1.5.5 Kompensierende Sättel 50

Kapitel 2 Der Hals   **53**
2.1 Halstypen 53
    2.1.1 Flattop-Westerngitarren 54
    2.1.2 Gitarren mit Nylonsaiten 54
    2.1.3 Archtops – Gitarren mit gewölbter Decke 55
    2.1.4 Resonator-Gitarren 56
    2.1.5 Halsübergänge 56
    2.1.6 Halsformen 58
2.2 Materialien 59
    2.2.1 Holzsorten für den Hals 59
    2.2.2 Massiv oder laminiert? 60
    2.2.3 Maserung des Holzes 62
    2.2.4 Graphit und Metallverstärkungen 62
    2.2.5 Lackierung 63
2.3 Der Hals/Korpus-Übergang 63
    2.3.1 Schwalbenschwanz 64
    2.3.2 Geschraubte Hälse 66
    2.3.3 Verzapfung 67
    2.3.4 Der spanische Fuß 68
    2.3.5 Variationen (Fenders Schraubmethode,
    Turner/Howe-Orme, etc.) 69
2.4 Der Halsfuß 71
    2.4.1 Halsfuß-Abdeckung 71
    2.4.2 Ein- oder mehrteilig 71
    2.4.3 Flach oder spitz 72
2.5 Der Halswinkel 73
    2.5.1 Westerngitarren 73
    2.5.2 Klassische und Flamenco-Gitarren 74
    2.5.3 Archtops – Jazzgitarren 75
2.6 Das Griffbrett 75
    2.6.1 Materialien 75
    2.6.2 Der Radius 76

2.6.3 Positionsmarkierungen 77
2.6.4 Einlegematerialien 78
2.6.5 Einfassung 80
2.7 Der Stahlstab 81
2.7.1 Geschichte 81
2.7.2 Funktion 83
2.7.3 Verschiedene Designs 83
2.7.4 Nicht-justierbare Hälse 85
2.8 Bünde 86
2.8.1 Bundmaterial 87
2.8.2 Größe 88
2.8.3 Moderne Bünde mit Steg und
Vintage-Bundstäbchen 88
2.9 Die Mensur 89
2.9.1 Einige Standardmensuren 90
2.9.2 Fanned Frets – Fächer-Griffbrett (Novax etc.) 90
2.10 Intonation 91
2.10.1 Das Buzz-Feiten-System 92

Kapitel 3   Saiten **93**
3.1 Saitentypen 93
3.1.1 Stahlsaiten 93
3.1.2 Glatte Saiten, Saitenkern und Wicklungsmaterial 94
3.1.3 Bronzestahlsaiten 96
3.1.4 Messing-Stahlsaiten 97
3.1.5 Phorphorbronze-Stahlsaiten 97
3.1.6 Nickelstahlsaiten 97
3.1.7 Flatwounds (Geschliffene Saiten) 98
3.1.8 Halfrounds (Halbgeschliffene Saiten) 98
3.1.9 Beschichtete Saiten 99
3.1.10 Seide und Stahl 100
3.1.11 Kryogenisch behandelte Saiten 100
3.1.12 Darmsaiten 101
3.1.13 Glatte Nylonsaiten 101
3.1.14 Umsponnene Nylonsaiten 102
3.1.15 Diskantsaiten aus Kohlenstoff 103
3.1.16 Polierte Basssaiten 103
3.2 Saitenstärken und -spannung 104
3.2.1 Saiten für Spezialinstrumente 105
3.3 Saitenpflege 106

Inhaltsverzeichnis

Kapitel 4   Korpusformen   **107**
4.1 Formen und Größen bei Flattops   107
    4.1.1 Dreadnought   107
    4.1.2 Die Größen 0, 00, 000 (Concert, Grand Concert,
    Auditorium)   113
    4.1.3 OM (Orchestra Modell)   119
    4.1.4 Martins Wechsel von 12 zu 14 Bünden   121
    4.1.5 Jumbo   122
    4.1.6 Mini-Jumbo   126
    4.1.7 Parlor-Gitarren   128
    4.1.8 Andere Flattop-Formen   131
4.2 Formen und Größen bei Klassikgitarren   133
    4.2.1 Klassik contra Flamenco   135
    4.2.2 Hybrid-Instrumente   136
4.3 Größen und Formen bei Archtops   137
4.4 Thin-Body Elektro-Akustikgitarren   140
4.5 Ovations   142
4.6 Cutaways   144
    4.6.1 Venezianisch, florentinisch oder Maccaferri-Stil 146
    4.6.2 Doppel-Cutaway   147
4.7 Variationen   148
    4.7.1 12-Strings   148
    4.7.2 Gitarren im Selmer/Maccaferri-Stil   150
    4.7.3 Baritongitarren   151
    4.7.4 Akustikbässe   152
    4.7.5 Resonator-Gitarren   154
    4.7.6 Requintos und Terzgitarren   156
    4.7.7 Tenorgitarren   157
    4.7.8 Siebensaiter   157
    4.7.9 Solid-Bodies   158
    4.7.10 Harfengitarren   159
    4.7.11 Weissenborn-Gitarren   160

Kapitel 5   Die Decke   **163**
5.1 Der wichtigste Teil der Gitarre   163
    5.1.1 Massiv oder gesperrt   163
    5.1.2 Fichte   164
    5.1.3 Zeder   167
    5.1.4 Mahagoni   168
    5.1.5 Koa   168
    5.1.6 Andere Hölzer   169

5.1.7 Alternative Materialien 169

5.2 Deckenbeleistung 171

    5.2.1 Funktion 172

    5.2.2 Materialauswahl für Decken-Bracings 172

    5.2.3 Alternativen 173

5.3 Deckenbeleistung bei Flattop-Gitarren 173

    5.3.1 Leiter-Bracing 174

    5.3.2 Cross- oder X-Bracing 175

Farbsektion **177**

    5.3.3 Double-X 193

    5.3.3 Double-X 193

    5.3.4 Kasha 194

    5.3.5 A-Frame 194

    5.3.6 Scalloped Bracings 195

    5.3.7 Ovations 196

5.4 Die Stegplatte 197

5.5 Beleistung bei Nylonsaiten-Gitarren 198

    5.5.1 Fächerbracing 198

    5.5.2 Gitter-Bracing 199

    5.5.3 Kasha-Bracing 199

5.6 Deckenbeleistung bei Archtop-Gitarren 200

    5.6.1 Beleistung für Archtops mit rundem Schallloch 200

    5.6.2 Bracing mit Tone-Bars 201

    5.6.3 X-Bracing bei Archtops 202

5.7 Das Schallloch 202

    5.7.1 Größe 203

    5.7.2 Rund 203

    5.7.3 Oval 203

    5.7.4 Die Rosette 204

    5.7.5 F-Löcher 207

    5.7.6 Ungewöhnliche Platzierung 209

    5.7.7 Vergrößertes Schallloch 210

    5.7.8 Schalllöcher in den Zargen 211

5.8 Der Steg 211

    5.8.1 Geschichte der Stegkonstruktionen 211

    5.8.2 Flattop-Steelstring 213

    5.8.3 Pinlose Stege 213

    5.8.4 Nylonsaiten-Gitarren 215

    5.8.5 Stegmaterialien 216

    5.8.6 Sattel/Stegeinlage 217

5.8.7 Stegnut   218
5.8.8 Längenkompensation   219
5.8.9 Stege bei Archtops   221

Kapitel 6   Boden und Zargen   223
6.1 Hölzer und ihr Klang   223
    6.1.1 Langbrett, Viertelstamm, Furniere   224
    6.1.2 Massiv oder laminiert   225
    6.1.3 Mahagoni   226
    6.1.4 Indischer Palisander   227
    6.1.5 Rio-Palisander   228
    6.1.6 Ahorn   230
    6.1.7 Zypresse   232
    6.1.8 Koa   233
    6.1.9 Walnuss   234
    6.1.10 Kirsche   235
    6.1.11 Andere Hölzer   235
6.2 Synthetische Materialien   237
    6.2.1 Ovation-Gitarren   238
    6.2.2 Graphitgitarren   240
    6.2.3 Martin X-Serie   242
    6.3 Bauweise   243
    6.3.1 Gewölbter oder flacher Boden   243
    6.3.2 Geschnitzt oder gepresst (für gewölbte Böden)   244
    6.3.3 Zweiteilig oder dreiteilig   245
    6.3.4 Profilverjüngung   246
    6.3.5 Beleistung und Bodenstreifen   246
    6.3.6 Reifchen   247
    6.3.7 Zargenverstärkungen   248
    6.3.8 Tailblock   248
    6.3.9 Halsblock   248
    6.3.10 Binding   249
    6.3.11 Mittelstreifen   250

Kapitel 7   Klebstoffe und Lacke   251
7.1 Leim   251
    7.1.1 Hautleim   251
    7.1.2 Weißleim   253
    7.1.3 Kleber auf Lösungsmittelbasis   255
    7.1.4 Epoxy   255
    7.1.5 Superkleber   256

7.1.6 Schlussbemerkung 257

7.2 Lackierungen 257

7.2.1 Schellackpolitur 258

7.2.2 Nitrozelluloselacke 260

7.2.3 Katalysierte Polymerlacke 263

7.2.4 Buntlacke 266

Kapitel 8   Korpus-Hardware **269**

8.1 Pickguard (Schlagbrett) 269

8.1.1 Pickguards auf Flattops 271

8.1.2 Pickguards bei Archtop-Gitarren 273

8.1.3 Floating Pickguards bei Flattop-Gitarren 274

8.1.4 Golpeador bei Flamenco-Gitarren 275

8.1.5 Abnehmbare Pickguards 275

8.1.6 Montage oder Demontage eines Pickguards
auf einer Flattop-Gitarre 276

8.2 Gurtpins 277

8.2.1 Montage von Gurtpins 278

8.3 Tailpiece 280

8.4 Armauflagen und Gitarrenstützen 282

Kapitel 9   Tonabnehmer und Elektronik **285**

9.1 Geschichtliches 285

9.2 Aktiv oder passiv? 291

9.3 Transducer unter der Stegeinlage 292

9.3.1 Hexaphonische Tonabnehmer 294

9.3.2 Piezo-Tonabnehmer für Archtop-Gitarren 295

9.3.3 Wie werden Stegeinlagen-Tonabnehmer eingebaut? 295

9.4 Decken-Transducer 297

9.5 Magnettonabnehmer 301

9.5.1 Humbucker vs. Single-Coil 302

9.5.2 Magnettonabnehmer für Flattop-Gitarren 302

9.5.3 Flattops mit eingebauten Magnettonabnehmern 305

9.5.4 Magnettonabnehmer für Archtop-Gitarren 307

9.6 Interne Mikrofone 307

9.6.1 Einbau interner Mikrofone 309

9.6.2 Phantomspeisung 309

9.7 Preamps 309

9.8 Onboard-Regler 311

9.8.1 Volume 311

9.8.2 Klangregelung 312

9.8.3 Notchfilter 313
9.8.4 Phase 313
9.8.5 Überblend-/Mixregler 313
9.8.6 Onboard-Regler – ja oder nein? 313
9.9 Ausgangsbuchse 315
9.9.1 Mono- oder Stereobuchsen 316
9.10 Externe Geräte 317

Kapitel 10 Pflege und Wartung **319**
10.1 Reinigung der Gitarre 319
10.1.1 Pflegetipps für unterschiedliche Lacke 319
10.1.2 Saiten, Bünde und Griffbrett 322
10.2 Einstellen des Halsstabs 324
10.3 Einstellen der Saitenlage 326
10.4 Einstellen der Oktavreinheit 329
10.5 Stimmungsprobleme 330
10.6 Vom Schnarren und Scheppern 332
10.7 Fehlersuche bei der Elektronik 338
10.8 Saiten aufziehen 340
10.8.1 Stahlsaiten 341
10.8.2 Nylonsaiten 349
10.8.3 Archtops 354
10.9 Eine kurze Einführung in kompliziertere Reparaturen 356
10.9.1 Risse im Holz 356
10.9.2 Bruch der Kopfplatte 357
10.9.3 Steg- und Griffbrettablösungen 358
10.9.4 Bruch des Halsstabs 358
10.9.5 Neubundierung 359
10.9.6 Neueinsetzen des Halses 360
10.9.7 Spezielle Überlegungen 361
10.10 Temperatur und Feuchtigkeit 361
10.11 Korrekte Lagerung einer Gitarre 364
10.12 Reisen mit einer Gitarre 365

Kapitel 11 Tipps zum Gitarrenkauf **369**
11.1 Was ist das „Beste"? 369
11.2 Wie viel muss ich anlegen? 370
11.3 Preisgünstige Instrumente 371
11.4 Steelstring-Flattops der Mittelklasse 373
11.5 Nylonsaiten-Gitarren der Mittelklasse 376
11.6 Edelgitarren 377

11.7 Archtop- und Selmer/Maccaferri-Style-Gitarren 381
11.8 Neu oder gebraucht? 385
11.9 Augen auf beim Gebrauchtkauf! 386
11.10 Vintage-Gitarren 389
11.11 Vintage-Reissues 393
11.12 Von der Stange oder Massanzug? 395
11.13 Was bedeutet „handgemacht"? 397
11.14 Verzierungen und Schmuckwerk 399
11.15 Das Problem mit elektro-akustischen Gitarren 401
11.16 Online- oder Versandkauf 402
11.17 Brauche ich mehr als eine Gitarre? 405

Kapitel 12 Ein Blick in die Zukunft **407**
12.1 Alternativen zu Holz 407
12.2 Alternative Materialien 410
12.3 Neue Lackierungen 411
12.4 Verbesserte Verstärkung 412
12.5 Hightech-Klassiker 413
12.6 Verstellbarer Halswinkel 413
12.7 CNC und die kleine Werkstatt 415
12.8 Beschichtete Saiten 417
12.9 Firmenneugründungen in Zeiten des Umbruch 417
12.10 Immer weniger Vintage-Instrumente 418
12.11 Stahlsaiten-Gitarre in der klassischen Musik 419
12.12 Schlussbetrachtung 420

Anhang **423**
Die Autoren 423
Literaturverzeichnis 425
Index 427

Inhaltsverzeichnis

 # Vorwort

von C. F. Martin

Ich bin in einer Familie aufgewachsen, die tief in der Gitarrenhistorie verwurzelt ist. Doch trotz meines Backgrounds bin ich immer wieder überrascht, wie die akustische Gitarre sich zu solch einer Formen- und Modellvielfalt entwickeln konnte. Es ist kaum zu glauben, dass die spanische Gitarre, die Archtops von amerikanischen Herstellern wie Gibson und D'Angelico, die Zigeuner-Jazzgitarren von Selmer, die zwölfsaitigen Gitarren von Stella, und die Flattop-Steelstrings, die von meinen Vorfahren entwickelt und gebaut wurden, alle ein gemeinsamer Ursprung und eine gemeinsame Geschichte verbindet.

Dieses Buch erklärt Ihnen, wie und worin sich diese verschiedenen Gitarrentypen unterscheiden, gleichzeitig aber auch, wieviel sie vereint. Außerdem lernen Sie hier, auf was Sie achten sollten, wenn Sie eine Gitarre kaufen und – haben Sie sich für ein Instrument entschieden – wie Sie sie optimal pflegen und warten. Zu den weiteren Themen gehören unter anderem, wie verschiedene Holzarten den Klang einer Gitarre beeinflussen, und welche Möglichkeiten es gibt, das Instrument zu verstärken.

Ganz egal, ob Sie sich zu den Einsteigern zählen oder sich schon seit Jahren mit akustischen Gitarren beschäftigen, in diesem Buch werden Sie Antworten auf Ihre Fragen finden und Zusammenhänge sowie das eine oder andere Detail erfahren, das Ihnen möglicherweise noch unbekannt war. Ob Sie ein Spieler oder ein Sammler, Verkäufer oder Gitarrenbauer sind, lesen Sie es intensiv durch oder schmökern Sie darin – und dann greifen Sie sich Ihre Lieblingsgitarre und machen Sie Ihre eigene Musik!

C. F. Martin, im Frühjahr 2003

Vorwort

 **Einleitung**

Ohne die akustische Gitarre kann man sich die heutige musikalische Landschaft kaum vorstellen. Ob das Instrument dazu eingesetzt wird, ein einfaches Volkslied melodisch und rhythmisch zu begleiten, einen Flamenco zu spielen, die Nacht mit Swing zu erfüllen oder die anerkanntesten klassischen Komponisten zu interpretieren – ihre einzigartige Vielseitigkeit hat die Gitarre zu einem kulturellen Botschafter gemacht und zu einem Bindeglied zwischen unterschiedlichen musikalischen Stilen.

Niemand weiß ganz genau, wo die Gitarre ihren Ursprung hat, doch ihre Geschichte reicht möglicherweise bis ins 14. vorchristliche Jahrhundert zurück. Das ist zumindest die Periode, in die hethitische Steinmalereien datiert werden, die ein Saiteninstrument mit einem Sanduhr-förmigen Korpus und einem bundierten Hals zeigen. Etwa zur gleichen Zeit spielten Ägypter ein Instrument namens „Nefer", das auf den Wänden von Grabmälern abgebildet ist. Der Name „Gitarre" wird oft mit der „Kithara" des griechischen Altertums in Verbindung gebracht, und obwohl dieses Instrument größere Ähnlichkeit mit einer Harfe oder Lyra besitzt, hat sich diese Bezeichnung eingebürgert. Wenn wir jetzt in unserer kurzen Geschichtsstunde mit Riesenschritten voranschreiten, finden wir im 10. Jahrhundert n. Chr. ein persisches gitarren-ähnliches Instrument mit Namen „Rebab", auf das man auch heute noch im Iran und in ganz Zentralasien stößt, so dass es wohl der älteste Vorfahr der Gitarre ist, der heute noch gespielt wird.

Mit der Gitarre assoziieren viele unwillkürlich Spanien, doch sie erreichte Europa wahrscheinlich nicht vor dem 13. Jahrhundert, als ein Instrument mit Namen „Gittern" Popularität erlangte. Zwar ist keine Gittern vollständig erhalten geblieben, doch kann man sie auf zahlreichen Kirchenfresken und vielen zeitgenössischen Malereien bewundern. Der mittelalterliche englische Dichter Geoffrey Chaucer erwähnt die Gittern in drei seiner

„Canterbury Tales" und beschreibt sie als ein Instrument, das gewöhnlich in Tavernen und Gasthäusern anzutreffen war und die musikalische Begleitung für Liebeslieder bot.

Vom 15. Jahrhundert an begann ein kleineres Instrument mit vier Doppelsaiten (ähnlich einer heutigen Mandoline), die Gittern zu verdrängen. Diese „Guitarra" ist der früheste Vorgänger des Instruments, das wir heute als die moderne Gitarre ansehen. Mit der Zeit haben Gitarrenbauer kontinuierlich den Korpus des Instruments vergrößert, und mit sich stetig verändernden musikalischen Anforderungen wurde es mit zusätzlichen Einzelsaiten ausgestattet. Im 18. Jahrhundert begegnen wir einem Instrument, das jetzt den Namen Gitarre trägt, mit fünf oder sechs Saiten bespannt ist und einen wesentlich größeren Korpus besitzt. Irgendwann im 18. Jahrhundert begannen französische und italienische Werkstätten, Gitarren mit sechs Saiten zu bauen, und im frühen 19. Jahrhundert war diese neue Form das Standardinstrument in Europa. Zu dieser Zeit waren die berühmtesten Gitarrenbauer Italiener wie Gennaro Fabricatore, Österreicher wie Johann Stauffer (ein Lehrer von Christian Friedrich Martin, bevor dieser nach Amerika auswanderte) und Franzosen wie Rene Lacote.

Mitte des 19. Jahrhunderts wurde schließlich der Typ von Gitarren gebaut, mit denen sich auch heutige Spieler problemlos hätten zurechtfinden können. In Spanien entwickelte Antonio de Torres ein Instrument, das heute als die moderne klassische Gitarre angesehen wird. Zur gleichen Zeit entledigte sich C. F. Martin kurzerhand seiner europäischen Wurzeln und designte ein Instrument mit X-Beleistung, das rasch der Inbegriff der amerikanischen Steelstring werden sollte. Im späten 19. Jahrhundert schnitzte ein anderer amerikanischer Gitarrenbauer, Orville Gibson, die Decken und Rückseiten seiner Gitarren und Mandolinen, so wie sie bei Violinen gewölbt waren. Sicher haben noch zahllose andere zu der Entwicklung der modernen Gitarre beigetragen, doch diese drei Innovatoren haben dem Instrument die Bühne bereitet, auf der sie sich zu dem entwickeln konnte, was sie heute ist.

Die Gitarre begleitete schon immer ein etwas fragwürdiger, etwas anrüchiger Ruf. Gemälde von Watteau, Goya, Valesques, Picasso und Eakins zeigen die Gitarre als Blickfang der Festlichkeiten, sie war sogar auffälliger, als der ständig präsente Krug Bier oder das Glas Wein. Sogar in sinnbildlichen Gemälden wie Pieter Bruegels „Streit des Karnevals mit der Fastenzeit" wird schnell klar, welche Seite das Instrument im Streit zwischen Zucht bzw. Redlichkeit gegen Unzucht und Liederlichkcit als Waffe einsetzt. Doch auch wenn es das bevorzugte Instrument derer war, die sich am Rand der Gesellschaft wiederfanden, erlangte die Gitarre gleichzeitig einen Platz an den königlichen Höfen in Europa und in den Salons der kultivierten Mittelklasse. Mit Beginn des 17. Jahrhunderts war die Gitarre das favorisierte Instrument für wohlgeborene Damen und diejenigen, die hohe soziale Positionen anstrebten.

Während ihrer gesamten Geschichte ist die Gitarre hauptsächlich von begeisterten Amateuren gespielt worden. Während des 16. und 17. Jahrhunderts wurde die Laute als das kultiviertere bebundete Saiteninstrument angesehen, die Gitarre war in seriösen klassischen Musikkreisen zu einem fast minderwertigen Instrument degradiert worden. Mit Beginn des 19. Jahrhunderts erlangten jedoch Gitarrenvirtuosen wie Fernando Sor, Napoleon Coste, Francisco Tarrega und Dionisio Aguado Berühmtheit. Diese Spieler, von denen viele auch als Komponisten hervortraten, bereicherten das Gitarrenspiel mit neuer technischer und musikalischer Komplexität und waren in vielfacher Weise die Vorgänger der heutigen Gitarren-Heroes. In den 1920er Jahren erkämpfte der Gitarrist Andres Segovia für das Instrument eine fast widerwillige Akzeptanz in den Konzerthallen. Mit seiner erstaunlichen Spieltechnik und einem populären Repertoire an Stücken eroberte er die Herzen der Kritiker, und sein Einfluss ist auch heute noch spürbar. Doch es war in der Populärmusik, dass die Gitarre zum weltweit einflussreichsten und beliebtesten Instrument des 20. Jahrhunderts avancierte. Praktisch alle großen Musikstile dieser Zeit wurden durch die Gitarre inspiriert, darunter Blues, Country'n'Western, Folk, Pop und Rock.

Die Gitarre ist wahrlich *das* Instrument des Volkes: Sie ist nicht teuer, tragbar und relativ leicht zu erlernen. So wurde sie das Begleitinstrument für solche kulturellen Idole wie Woody Guthrie, Bob Dylan, Victor Jara und zahllose andere. Indem sie Songs und Lieder sangen, die eine ganze Generation prägten, ebneten diese Künstler den Weg für Rock- und Pop-Musik als eine Stimme mit beispielloser Kraft, Emotion, Protest und Rebellion. Obwohl es die kreischenden elektrischen Gitarren sind, die bei Rock-Konzerten die Aufmerksamkeit auf sich ziehen, ist es die akustische Variante, die Künstlern wie Neil Young, Bruce Springsteen, Tracy Chapman und sogar Generation X-Interpreten wie Beck und der Dave Matthews Band eine signifikante Stimme auf Platte und Bühne gegeben hat.

Während viele Spieler sich damit zufrieden geben, ein paar einfache Akkorde zu klimpern oder simple Melodien zu zupfen, versuchen andere beständig, das Arsenal an Techniken und Emotionen, zu dem das Instrument fähig ist, zu erweitern und auszureizen. Diejenigen, die meinen, die akustische Gitarre sei auf einen Platz am Lagerfeuer beschränkt (nichts gegen Klampfenmusik an Lagerfeuern!), sollten sich solche legendären Gitarristen anhören wie Eddie Lang, Django Reinhardt, Andres Segovia, Leo Kottke, Baden Powell, Tony Rice und auch Paco de Lucia. Diese kurze Liste ließe sich beliebig verlängern, und ein konstanter Zustrom von neuen Talenten macht die Szene so vital und interessant wie eh und je.

Vielleicht mehr als andere Musiker entwickeln gerade Gitarristen ein starkes Interesse an ihrem Instrument. Viele brühten über Katalogen oder Fachmagazinen, manchmal sogar, bevor sie überhaupt das Spielen erlernen. Andere fühlen sich zuerst zu der Musik hingezogen und merken dann, dass sie an keinem Musikgeschäft vorbeigehen können, ohne die Gitarrenabteilung genauer zu begutachten. In extremen Fällen steigern sich Sammler so sehr in Diskussionen über kleinste Details verschiedener Modelle hinein, dass sie die ursprüngliche Funktion und den Sinn des Instruments völlig aus den Augen verlieren.

Der Grund für diese Instrumenten-bezogene Kultur liegt wahrscheinlich darin, dass kaum jemand, der über eine normal ausgeprägte Neugier verfügt, der Modellvielfalt der Gitarrenfamilie widerstehen kann. Denn während es sicherlich wichtige Unterschiede zwischen verschiedenen Geigen, Saxophonen und Klavieren gibt, bietet doch keines dieser Instrumente die Modellbreite, die eine Dreadnought, eine Flamenco-Gitarre oder eine Archtop unterscheidet und gleichzeitig verbindet. Man muss kein Experte sein, um die Unterschiede aufzuzeigen, doch je mehr man über sie lernt, desto faszinierender erscheinen diese Kultur und ihre Subjekte.

In diesem Buch betrachten und beschreiben wir die akustische Gitarre von der Kopfplatte bis hin zum Tailpiece am Korpusende und schließen jeden Typ ein. Jedes Kapitel umfasst einen bestimmten Aspekt ihrer Konstruktion. Dabei analysieren wir jedes Baudetail im einzelnen und erklären dessen Funktion sowie Unterschiede zwischen verschiedenen Modellen.

Da die Flattop-Gitarre mit Stahlsaiten die größte Vielfalt aller akustischen Gitarren für sich beanspruchen kann, richten wir unser Hauptaugenmerk auf diesen Instrumententypus. Es war uns aber auch ein Anliegen, die gleichsam populäre klassische Gitarre und die akustische Archtop zu behandeln. Gerade die letztgenannten Instrumente werden zwar nicht so häufig eingesetzt wie die anderen Typen, doch haben sie in jüngster Zeit einen beachtenswerten Popularitätsaufschwung erlebt. Außerdem stellen sie einen wichtigen Schritt in der Entwicklung der Gitarre dar.

Lassen Sie uns einen Blick auf die wichtigen Unterscheidungsmerkmale dieser drei Instrumententypen werfen. Die Stahlsaiten-Flattop ist die urtypische Gitarre für Folk-Musik. Außerdem ist sie der ideale Typ für diejenigen, die eine akustische Gitarre in der Pop- und Rock-Musik einsetzen. Diese Gitarren sind auch sehr beliebt bei Fingerpickern und stellen die einzigen Modelle dar, auf die man im Bluegrass trifft. Steelstring-Flattops besitzen ein sehr großes Frequenzspektrum (wie groß, das hängt auch von der Korpusgröße ab), hervorragendes Sustain und die Fähigkeit, sowohl zartes, feinfühliges Fingerpicking, als auch aggressives Schrammeln mit Bravour zu verarbeiten. Die Mehrzahl dieser Gitarren sind Variationen von Modellen, die von den nordamerikanischen Firmen C. F. Martin und Gibson in der ersten Hälfte des 20. Jahrhunderts entwickelt wurden.

Gitarren mit Nylonsaiten werden hauptsächlich mit klassischer Musik in Verbindung gebracht (und deshalb auch klassische Gitarren genannt). Die Art der Saiten und die Bauart dieser Instrumente tragen zu einem warmen Klang und einem ungemein großen Dynamikbereich bei. Außerdem sind klassische oder spanische Gitarren fast die einzigen Modelle, die die südamerikanische Musik kennt. Doch auch viele Jazzmusiker stehen auf diesen Sound. Flamenco-Gitarren bilden eine weitere Variante von Nylonsaiten Gitarren. Im Gegensatz zur klassischen Gitarre besitzen diese Instrumente jedoch einen helleren Klang mit weniger Sustain, eine Eigenart, die hauptsächlich durch die verwendeten Hölzer erzielt wird. Die meisten klassischen Gitarren haben ihren Ursprung im Spanien Mitte des 19. Jahrhunderts. Doch in den letzten 20 Jahren bildete auch dieser Instrumententyp den Ausgangspunkt für einige äußerst radikale neue Designs.

Archtop-Gitarren stehen in einer engen Beziehung zum Jazz (in manchen Ländern werden sie auch Jazz-Gitarren genannt). Als solches stellen sie ein spezielles amerikanisches Phänomen dar. Obwohl dieser Typ größtenteils von elektrischen Gitarren abgelöst wurde (von denen viele wie zufällig einen hohlen Korpus besitzen), besitzt die akustische Archtop-Gitarre ein Monopol als Begleitinstrument für den Rhythmus im Swing. Als solches verfügt sie über ein unheimlich agressives Attack, eine schnelle Ansprache und ein kurzes Sustain. Ihr begrenztes Frequenzspektrum (das den Mittenbereich betont) führt dazu, dass sie die lauteste aller akustischen Gitarren ist, wenn sie mit dicken Saiten bespannt und mit der richtigen Technik gespielt wird. Ihre Blütezeit erlebte sie zwischen den 1920er und 1950er Jahren, doch nicht zuletzt eine neue Generation von Gitarrenbaumeistern hat diesem Typ in den letzten Jahren wieder zu neuer Popularität verholfen. Wie der Name impliziert, besitzt die Archtop eine gewölbte Decke, ähnlich einer Geige oder eines Cellos. Weitere Ähnlichkeiten zu diesen Saiteninstrumenten sind die F-Löcher im Korpus und die Saitenbefestigung mit Hilfe eines Tailpiece.

Zwar bilden diese drei Gitarrentypen den Fokus dieses Buches, doch haben wir andere Variationen nicht ausgeklammert. Wo es sinnvoll erschien, haben wir auch detaillierte Informationen über zwölfsaitige Gitarren, „Zigeuner Jazz"-Modelle und andere akustische-elektrische Typen eingebracht. Auch Nischeninstrumente wie Bariton- und Tenorgitarren sowie Reisegitarren finden Erwähnung im passenden Umfeld.

In jeder dieser drei großen Kategorien werden Gitarren innerhalb eines großen Preisspektrums angeboten. Daher stehen Anfänger oft vor der Entscheidung, wieviel sie ausgeben sollen bzw. müssen, wenn sie ihr erstes Instrument kaufen wollen, und was für eine Gitarre sie brauchen. Die Antwort hängt fast immer von der Art von Musik ab, die sie spielen möchten. Zwar sind einige Gitarren vielseitig einsetzbar, doch wäre es sicherlich deplatziert, mit einer Jazz-Gitarre zur ersten Lektion in klassischer Musik anzutreten. Genauso würde eine klassische Gitarre bei einer Bluegrass-Session schräge Blicke auf sich ziehen. Viele Fortgeschrittene schieben diese Unterschiede als Beweggrund vor, um mehr als ein Instrument zu besitzen. Für viele Profis ist es fast obligatorisch, auf möglichst viele unterschiedliche Sounds zurückgreifen zu können. Ob Sie nun ein Einsteiger sind, der nach seiner ersten Gitarre Ausschau hält, oder ein erfahrener Profi, der Informationslücken auffrischen möchte, in jedem Fall hilft es, wenn Sie wissen, wie sich verschiedene Gitarrendesigns voneinander unterscheiden, wie sie klingen, und wo ihre Ursprünge liegen.

Hier setzt dieses Buch an. Wir hoffen, dass – indem wir die Konstruktion, die Materialien, Formen, Funktionen und Typen akustischer Gitarren beschreiben und analysieren – Sie als Leser bzw. Leserin genügend Grund- und Fachwissen erlangen, um selbst zu entscheiden, ob eine bestimmte Gitarre für Sie die Richtige ist oder einen guten Wert darstellt. Wir haben jedem Kapitel eine historische Perspektive gegeben, jedoch nicht in dem Maße, dass Sie sich durch ellenlange Listen von Daten und Spezifikationen durcharbeiten müssen. Wo es nützlich schien, haben wir auch Informationen über die Gitarristen eingefügt, die mit bestimmten Modellen assoziiert werden.

Um die jeweiligen Stärken der beteiligten Autoren bestmöglich zur Geltung zu bringen, haben wir dieses Buch in folgende Bereiche unterteilt: Michael Simmons hat die Kapitel über Kopfplatten, Hälse, Saiten sowie Boden und Zargen verfasst. Als ausgewiesener Fan einer jeden Gitarre, die anders aussieht als die Norm, hat er auch den Abschnitt über „Variationen" in Kapitel 4 („Korpusformen") geschrieben. Außerdem hat er Teile zu dieser Einleitung beigesteuert. Richard Johnston hat das Kapitel über Gitarrendecken beigetragen. Darüber hinaus hat er uns sein umfassendes Wissen

über akustische Gitaren zur Verfügung gestellt und alle Kapitel korrektur-
gelesen. Darüber hinaus war er uns mit einer Vielzahl von Verbesserungen
und Vorschlägen eine wichtige Hilfe. Frank Ford betreibt in den USA eine
der angesehensten Reparaturwerkstätten für akustische Gitarren. Er war der
ideale Kandidat für die Kapitel über Leime und Lackierungen sowie über
Pflege und Wartung. Neben der Koordination des Projekts habe ich die
Kapitel „Korpusformen", „Korpus-Hardware", „Tonabnehmer und Elektronik" sowie „Tipps zum Gitarrenkauf" verfasst. Außerdem habe ich meine
hellseherischen Fähigkeiten einem ausgiebigen Test unterzogen und einen
„Blick in die Zukunft" (Kapitel 12) gewagt.

Die Autoren möchten dem gesamten Team von Acoustic Guitar Magazine
und Gryphon Stringed Instruments danken. Unser Dank geht auch an Rick
Turner, Geoff Stewart, und Dan Erlewine für ihre Unterstützung und die
hilfreichen Ratschläge. Bedanken möchten wir uns auch bei Christoph
Arndt für die fachkundige Übersetzung und bei Heinz Rebellius für das
sachverständige und qualifizierte Lektorat. Last but not least danken wir
Heather Gould und Leanne Simmons für die Geduld und Unterstützung
während der Zeit, in der dieses Buch entstand.

Teja Gerken, San Francisco, März 2003

# Die Kopfplatte

Dem geschulten Auge gibt die Kopfplatte einer akustischen Gitarre eine Vielzahl an Informationen preis. Ein markanter Umriss kann auf den Hersteller hinweisen, eine spezielle Linienführung zeigt an, wann das Instrument gefertigt wurde, und ihr gesamtes Styling lässt den Eingeweihten erahnen, für welchen Musikstil die Gitarre gedacht ist. Die Kopfplatte wird im Deutschen auch Wirbelkasten, Wirbelbrett oder einfach nur Kopf genannt. Im Englischen und Amerikanischen heißt sie Headstock oder Peghead. Das Wort Peg, also Wirbel, knüpft an eine Zeit an, als die Saiten mit Hilfe von Wirbeln aus Knochen, Elfenbein oder Holz statt mit Metallmechaniken befestigt wurden, so wie das heute fast ausnahmslos der Fall ist. Im angelsächsischen Sprachraum werden die Begriffe Headstock und Peghead fast gleichwertig benutzt, doch für Gitarren mit mechanischen Stimmapparaturen ist eher Headstock korrekt, während manche ältere Instrumente und Flamenco-Gitarren noch mit Wirbeln aus Holz bestückt sind, und deren Kopfplatte mit Peghead treffender beschrieben wird. Im Deutschen hat sich der Terminus Kopfplatte für moderne Gitarren eingebürgert.

1.1 Form

Kopfplatten gibt es in einer schier endlosen Vielzahl an Formen, darunter die einfachen Rechtecke einer Martin, die fantasievollen Art-Deco-Designs von D'Angelico und die subtilen Kurven einer Antonio de Torres. Die Vielfalt entstammt einerseits einem ästhetischen Anliegen – Gitarrenbauer und Hersteller sind darauf bedacht, dass ihre Instrumente dem Kunden in einem reichlich bestückten Markt ins Auge fallen und im Gedächtnis bleiben – andererseits müssen aber selbst die abenteuerlichsten Kreationen funktionalen Ansprüchen genügen.

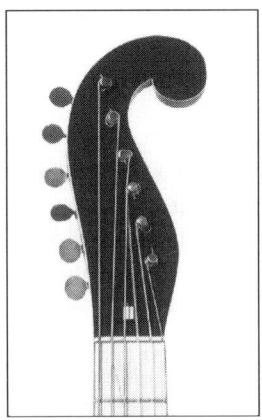
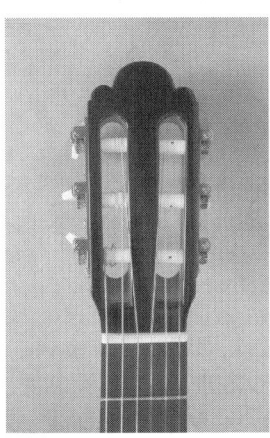

Abb 1.1: (Von oben links im Uhrzeigersinn) Die rechteckige Martin-Form. Breedloves modernes asymetrisch-spitzes Design, die klassische Torres-Form und Johann Stauffers „Schnecke" aus dem Jahr 1840

1.1.1 Das Markenzeichen des Herstellers (Logos, Warenzeichen)

Im frühen 19. Jahrhundert war es sehr selten, dass Gitarrenbauer ihre Namen oder gar eingetragene Handelsmarken auf der Kopfplatte verewigten, so wie das heutzutage gang und gäbe ist. Also schufen sie besondere Formen, damit Interessierte und Liebhaber ihre Instrumente identifizieren konnten. Mit der auffälligsten Form konnte sicherlich Stauffers Schnecke aufwarten, auf dieser Kopfplatte waren sechs Mechaniken in einer Reihe angeordnet. Zu den anderen Herstellern, die im frühen 19. Jahrhundert herausragende Kopfplatten präsentierten, gehörten Panormo mit seinen Halbmondformen und Antonio de Torres, der auf eine dreifach geschwungene Kuppel setzte. Die Tradition, eigenständige Kopfplatten zu designen, wird bis zur heutigen Zeit fortgeführt.

Zu Beginn des 20. Jahrhunderts begannen Firmen wie Gibson und Martin damit, ihre Namen in die Kopfplatten ihrer Instrumente zu gravieren, bzw. mit anderen Materialien einzulegen. Seitdem ist es zur Mode und Tradition geworden, dass Westerngitarren zusätzlich zu einer individuellen Form das Logo ihres Erbauers auf dem Kopf tragen. Die meisten Werkstätten, die klassische Gitarren bauen, halten sich jedoch immer noch an die Tradition des 19. Jahrhunderts und belassen ihre Kopfplatten namenlos.

In den letzten Jahren hat es sich unter Gitarrenbauern, die Vintage-Modelle kopieren, eingebürgert, den Umriss der Originalkopfplatte zu übernehmen – auch dann, wenn sie selbst eigene eingetragene Markenzeichen besitzen. Wenn also Bill Collings oder Richard Hoover von der Santa Cruz Guitar Company eine Martin D-28 aus dem Jahr 1937 nachbauen, dann wird auch die ursprüngliche Kopfplattenform nachempfunden, genauso wie der Konzertgitarrenbauer Kenny Hill die Panormo-Form bei seinem „London"-Modell wieder belebt.

Fast alle akustischen Gitarren weisen eine symmetrische Anordnung der Mechaniken auf, und zwar nach dem 3 : 3 Prinzip, d.h. drei Mechaniken pro Kopfplattenseite. Die einzigen nennenswerten Ausnahmen bilden die Instrumente, die Johan Stauffer im frühen 19. Jahrhundert in Wien baute. Er platzierte die sechs Mechaniken in einer geraden Linie. An dieses Prinzip hielt sich auch C. F. Martin in den 1830er Jahren (diese Anordnung erlebte übrigens bei einigen wenigen Modellen ein Revival). Auch die akustischen Modelle der Firma Fender in den späten 1960er Jahren hielten sich an dieses Prinzip – man wollte damit von den großen Erfolgen der eigenen E-Gitarren-Abteilung profitieren.

Martin hat die frühe Stauffer-Kopfplattenform in einer limitierten Edition wieder aufleben lassen, und Steve Klein und Jeff Traugott sowie die kanadische Firma Seagull bieten Gitarren an, die durch fast spitze Kopfplatten auf sich aufmerksam machen. Es heißt, diese Form ermögliche es, dass die Saiten in einer geraden Linie zu den Mechaniken zulaufen, und dass sie darüber hinaus nicht im Sattel festklemmen.

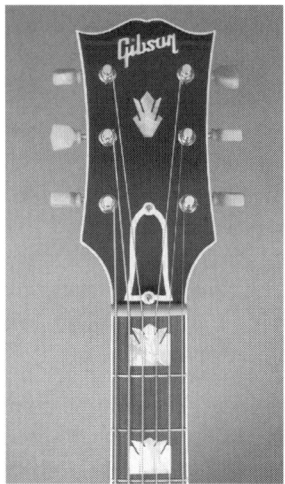 

Abb. 1.2: Gibsons geschwungene Kopfplatte ist ihr Markenzeichen, daneben Ovations leicht erkennbare Form

Man könnte vermuten, dass nach einer Entwicklung von 200 Jahren alle guten Kopfplattenformen bereits vergeben seien, aber Gitarrenbauer entwickeln auch heute noch reizvolle und funktionelle neue Designs. Zu den traditionellen Formen von Torres, Ramirez, Selmer, Martin, Gibson oder D'Angelico können wir heute die dreifach gekerbte Form einer Taylor-, die geschwungene, pilzförmige Kontur einer Ovation- und die elegante, klassisch-zeitlose Linienführung einer D'Aquisto-Gitarre hinzuzählen.

1.1.2 Massive oder „Fenster"-Form

Kopfplatten kommen entweder massiv oder geschlitzt bzw. „durchstochen" daher. Massive Kopfplatten mit senkrecht eingelassenen Mechanikachsen findet man heute auf fast allen Flattop-Gitarren mit Stahlsaiten und so gut wie allen Jazzgitarren mit gewölbter Korpusoberfläche. Auch traditionelle Flamenco-Gitarren besitzen massive Kopfplatten, die jedoch wie gesagt mit Holzwirbeln statt Mechaniken bestückt werden. Klassische Gitarren, vielen Westerngitarren, die vor 1920 erbaut wurden, und Modelle im Stil von Selmer/Maccaferri haben durchstochene „Fenster"-Kopfplatten. In den letzten Jahren haben auch moderne Gitarrenbauer wie z. B. Lakewood einige kleinere so genannte „Parlor"-Gitarren mit Fensterkopfplatten angeboten.

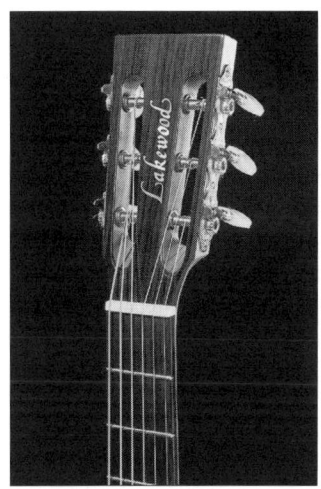 

Abb. 1.3: Auch bei Vintage-Style-Steelstrings beliebt: die Fensterform einer Lakewood. Daneben Hopfs markante Fensterkopfplatte

Zwischen beiden Bauarten besteht eigentlich kein funktioneller Unterschied. Allerdings zieht die durchstochene Variante etwas kniffligere Feinarbeit nach sich, will man neue Saiten aufziehen, besonders, wenn es gilt, sie während eines Bühnenauftritts schnell zu wechseln. Westerngitarren mit durchstochener Kopfplatte weisen fast immer breitere Griffbretter und Hälse auf, die schon am 12., und nicht erst am 14. Bund in den Korpus übergehen. Dieser Baustil hat seine Wurzeln im 19. Jahrhundert.

Bei Westerngitarren mit Fensterkopfplatte verlaufen die Saiten hinter dem Sattel in einem recht großen Winkel nach unten zu den Mechaniken. Manche Spieler und Gitarrenbauer vertreten die Meinung, diese Konstruktion würde dem Instrument einen etwas helleren Klang verleihen. Einige zeitgenössische Werkstätten wie Albert & Müller, Lowden, Rick Turner oder auch Gallagher bauen Instrumente mit modernem Design, jedoch mit durchstochener Kopfplatte, um diesen Effekt zu nutzen. D'Aquisto, der für seine Archtop-Gitarren berühmt ist, war der Ansicht, dass leichtere Kopfplatten zu einem besseren Klang beitragen würden. So schnitt er logischerweise bei den letzten Instrumenten, die er noch baute, Blöcke aus den Kopfplatten aus. Allerdings verwendete er rechtwinklige Mechanikachsen, wie bei Instrumenten mit massiven Kopfplatten. Eine ähnliche Konzeption, wenn auch deutlich weniger elegant, findet man bei einigen der neuen Washburn-Akustikgitarren, die in den letzten Jahren herausgekommen sind.

Abb. 1.4: Die Fensterkopfplatte einer ultra-modernen Renaissance-Gitarre von Turner

1.1.3 Einteilig oder angesetzt

Im 19. Jahrhundert war es unter Gitarrenbauern üblich, Hals und Kopfplatte aus zwei separaten Stücken leichten Holzes wie Zeder herzustellen und beide am Sattel zusammenzuleimen. Man bevorzugte diese angesetzte Bauweise, um dem Bereich hinter dem Sattel, in dem die Kopfplatte in einem Winkel zum Hals absteht, mehr Stabilität zu verleihen. Im späten 19. und frühen 20. Jahrhundert begannen Gitarrenbauer dann, Hälse aus Mahagoni zu fertigen, einem dichteren, steiferen Holz als Zeder, das weniger zum Verbiegen und Verdrehen neigt. Diese Eigenschaft machte es möglich, Hals und Kopfplatte aus einem einzigen Stück zu fertigen. Für den Bau vieler klassischer und fast aller Westerngitarren im letzten Jahrhundert hat sich diese Bauweise als Standard etabliert.

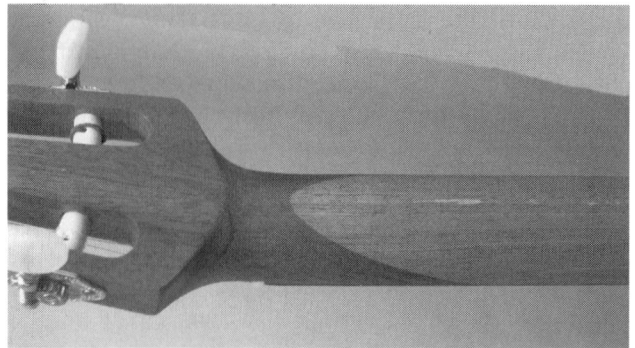

Abb. 1.5: Rick Turners angesetzte Kopfplatte

Viele moderne Gitarrenbauer fertigen Hals und Kopfplatte zwar aus einem Stück, trennen dann aber die Kopfplatte ab und leimen sie wieder an. Dies soll die Konstruktion besonders stabil machen. 1996 ersann man bei Taylor eine komplex verzahnte „Finger"-Verbindung, mit der die Kopfplatten ihrer Baby-Modelle laminiert wurden. Was ursprünglich als Kostenersparnis gedacht war, stellte sich als stabiler heraus als andere Methoden, und so wendet die Firma diese Konstruktion nun bei allen ihren Modelle an.

Ebenfalls aus Kostengründen fertigen viele Hersteller in Fernost Kopfplatte und Hals separat und schäften sie diagonal im Bereich hinter dem zweiten und dritten Bund des Griffbrettes zusammen.

1.1.4 Kopfplattenfurnier

Für das Kopfplattenfurnier greifen Gitarrenbauer traditionell auf Ebenholz oder Palisander zurück, so dass es zum Holz des Griffbretts oder der Rückseite und den Seitenteilen des Korpus passt. Gelegentlich verwenden sie auch Kunststoff, entweder in Tortoise und damit passend zum Binding des Korpus, oder sie benutzen bewusst ein kontrastierendes Material wie etwa Perloid (das Amerikaner gerne mit „Mother of Toilet Seat" treffend titulieren). Das Kopfplattenfurnier besitzt ausschließlich einen schmücken- den Charakter, hat aber mittlerweile eine dermaßen verwurzelte Tradition, dass sogar billige Instrumente ein Furnier präsentieren. Manchmal wird die Kopfplatte aber auch angemalt, so dass es so aussieht, als hätte sie eines.

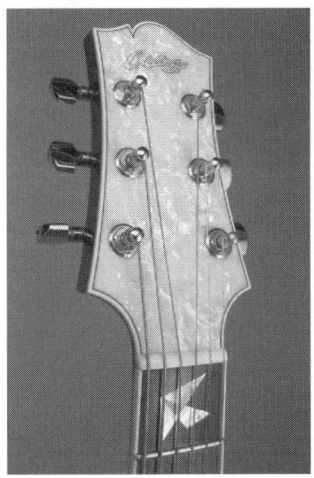

Abb. 1.6: Für eine extravagante Erscheinung gibt's auch „Mother of Toilet Seat" Kunst- stofffurnier. Archtop-Bauer Dale Unger benutzt Ebenholz für seine Kopfplattenfurniere

1.1.5 Einfassung
(engl. Binding)

Klassische Gitarren werden äußerst selten mit eingefassten Kopfplatten ausgeliefert, und sogar Westerngitarren zeichnen sich kaum durch dieses Feature aus. Ausnahmen bilden nur die hochwertigsten Modelle oder

Spezialanfertigungen. Einfassungen sind entweder aus Holz oder Celluloid, in jedem Fall aber aus demselben Material, das auch für eine Halseinfassung verwendet wird. Dadurch wird der Eindruck einer übergangslosen Einheit erzeugt.

Abb. 1.7: Dreifache Kunststoff-Einfassung bei Collings, daneben die eingefasste Kopfplatte der Guild Artist Award Archtop

Eine Einfassung der Kopfplatte findet man am häufigsten bei Jazz- bzw. Archtop-Gitarren, besonders bei Modellen von Gibson, Epiphone und D'Angelico, die vom Art-Deco-Stil beeinflusst wurden. Der einzige Grund, warum Gitarrenbauer solche Einfassungen überhaupt verwenden, liegt in der Ästhetik, denn eine konstruktions- und spieltechnische Daseinsberechtigung haben sie nicht.

1.1.6 Der Kragen
(engl. Volute)

Mit Kragen bezeichnet man die kleine Verstärkung einiger Gitarren, die hinter dem Sattel am Ende des Halses eingearbeitet ist. Diese Konstruktion soll diese strukturell schwache Stelle verstärken, wo die Kopfplatte in einem Winkel vom Hals verläuft. Bei einigen Gitarren im 19. Jahrhundert wurde die angeleimte Kopfplatte mit einem Stück Holz verstärkt, das die Form einer Pyramide hatte und gelegentlich als „Dart", also Pfeil, bezeichnet wurde. Als die Firma Martin dazu überging, die Kopfplatten und Hälse ihrer Gitarren aus einem Stück zu fertigen – was den Kragen überflüssig machte – behielt man dieses Feature bei einigen Modellen wie der Style 28 und Style 45 aus kosmetischen Gründen bei. Wenn Firmen wie Collings oder Santa Cruz heutzutage eine Kopie einer alten Martin anfertigen, dann ist auch dieser „Dart" mit von der Partie.

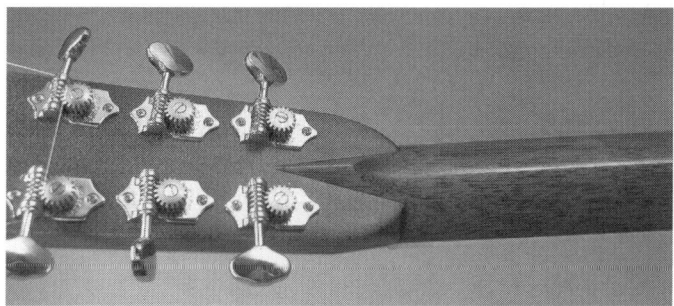

Abb. 1.8: Ursprünglich als Verstärkung für angesetzte Kopfplatten gedacht, heute oft mehr Dekoration: der Kragen (hier in Dart-Form)

In den 1960er Jahren verwendete auch Guild erstmals Kragen, und obwohl es den Kopfplatte/Hals-Übergang verstärkte, kritisierten Gitarristen seine Form, so dass die Firma dieses Feature um 1970 herum auslaufen ließ. Es ist ironisch, dass gerade zu der Zeit, als Guild den Kragen abschaffte, Gibson ihn für ihre Modelle einführte. Aber wie schon bei den Guild-Modellen, konnten sich Gitarristen auch in diesem Fall nicht mit der Form anfreunden, und so sah sich auch Gibson zu Anfang der 1980er Jahre gezwungen, dieses Konstruktionsmerkmal wieder zu streichen. So findet man den Kragen heute nur noch bei einigen Vintage-Modellen von Martin und Kopien dieser Modelle.

1.1.7 Zugang zum Stahlstab
(engl. Truss rod access)

Der justierbare Stahlstab wurde 1921 von Gibson eingeführt, zu einer Zeit, als alle Instrumente der Firma mit geschnitzten, gewölbten Korpusdecken gefertigt wurden. Man entschied sich, den Zugang zum Stahlstab am oberen Ende des Halses anzulegen, statt unten durch das Schallloch. Das bedeutete, dass man eine kleine Rille vor der Kopfplatte einarbeiten musste, deren Öffnung durch ein kleines Plättchen abgedeckt wurde. Gitarrenbauer begannen aber schon bald, dieses rein funktionelle Teil für dekorative Zwecke zu nutzen, und im Laufe der Jahre musste es als eine Art Mini-Anzeigenfläche herhalten, in dessen Kunststoff die Modellbezeichnung und ab und zu auch der Name des Gitarristen eingraviert wurde. Diese Abdeckung kann aus Holz gefertigt sein und weist dann meist dieselbe Maserung auf wie das Kopfplattenfurnier, oder man setzt bewusst auf Kontrast und verwendet Perloid oder Abalone. In den allermeisten Fällen trifft man dort aber auf schwarzen Kunststoff.

Abb. 1.9: Zugang zur einstellbaren Mutter des Stahlstabes bei einer Taylor-Steelstring ist am Halsende

1.2 Größe der Kopfplatte

Wenn ein Gitarrenbauer die Größe einer Kopfplatte festlegt, fällt er die Entscheidung nicht nur aus ästhetischen Gründen. Die Masse der Kopfplatte kann den Klang und das Sustainverhalten der Gitarre beeinflussen. Ist die Kopfplatte zu schwer für den Korpus, neigt das Instrument zur Kopflastigkeit, und das wirkt sich negativ auf die Bespielbarkeit aus. Diese Gefahr besteht nicht so sehr bei großen Westerngitarren und Archtops. Bei einigen sehr großen Archtops, wie etwa der New Yorker von D'Angelico und der Super 400 von Gibson, scheint es so, als seien die Gitarrenbauer zu überdimensionalen Kopfplatten inspiriert worden, um dem massigen Korpus einen ebenbürtigen visuellen Part entgegenzustellen.

Abb. 1.10: Von sehr klein zu erstaunlich groß: Kopfplatten der Larrivée Parlor und der 'New York Excel von D'Angelico

1.2.1 Gewicht und Sound

Die meisten Gitarristen und Gitarrenbauer sind der Meinung, dass sich die Größe der Kopfplatte auf das Sustain auswirkt: je größer der Kopf, desto länger das Sustain. Der Nachteil ist jedoch möglicherweise, dass der Klang solcher Instrumente die gewünschte Höhenwiedergabe vermissen lässt und es sogar an Resonanzfähigkeit und Lautstärke fehlt. Große Archtops, wie die New Yorker und die Super 400 mit ihren enormen Kopfplatten, sind davon nicht betroffen, denn ihr Sound hat sowieso mehr als genügend Höhenanteile.

Konzertgitarren werden meist mit möglichst leichten Kopfplatten gebaut – Flamenco-Gitarren sind mit Holzwirbeln ausgestattet, Konzertgitarren haben durchstochene Fensterkopfplatten – um mehr Lautstärke zu erzeugen. Ein weiteres Problem mit sehr schweren Kopfplatten besteht natürlich darin, dass sie im Sattelbereich anfälliger für Brüche sind.

1.3 Winkel

Die Kopfplatten aller akustischen Gitarren werden in verschiedenen Winkeln vom Hals weggeführt. Wie groß er ist, hängt auch vom Instrumententyp ab. Massive Kopfplatten weisen Winkel zwischen 12 und 17 Grad auf, während durchstochene Kopfplatten normalerweise in Winkeln von 8 bis 15 Grad angelegt werden. Durch den Winkel, in dem die Saiten zu den Mechaniken laufen, üben sie einen Druck auf den Sattel aus, der dafür sorgt, dass sie fest in den Kerben liegen.

1.3.1 Auswirkung auf den Sound

Manche Gitarristen, aber auch Gitarrenbauer sind der Meinung, dass sich ein stärkerer Kopfplattenwinkel in einem klareren Klang und mehr Sustain niederschlägt. Während das bis zu einem gewissen Grad stimmen mag, führt es aber auch dazu, dass die Saiten am Sattel größerer Spannung und Reibung unterliegen und den Sattel so schneller abnutzen.

1.3.2 Beispiele für Winkel für verschiedene Gitarren

D'Angelico	14
Gibson vor 1966 und nach 1973	17
Gibson zwischen 1966 und 1973	14
Martin massive Kopfplatte	16
Martin Fenster-Kopfplatte	12
Taylor	16
Torres Massive Kopfplatte	17
Torres Fenster-Kopfplatte	12

1.4 Mechaniken

(engl. Tuning machines)

Mechaniken werden an der Kopfplatte einer Gitarre befestigt und erlauben es dem Gitarristen, die Saiten zu lockern oder fester anzuziehen, sie also zu stimmen. Praktisch jede heute gefertigte Gitarre verwendet mechanische Vorrichtungen, gleich welcher Art. Die einzigen Ausnahmen bilden traditionelle Flamenco-Gitarren und Reproduktionen von Instrumenten aus dem frühen 19. Jahrhundert, die noch meist aus Holz gearbeitete Stimmwirbel benutzten. Mechaniken werden im englischen und amerikanischen Sprachgebrauch auch Tuning Pegs, Machine Heads, Geared Pegs, Gears, Tuners oder Tuning Machines genannt.

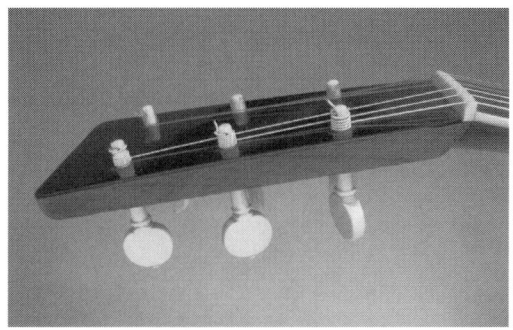

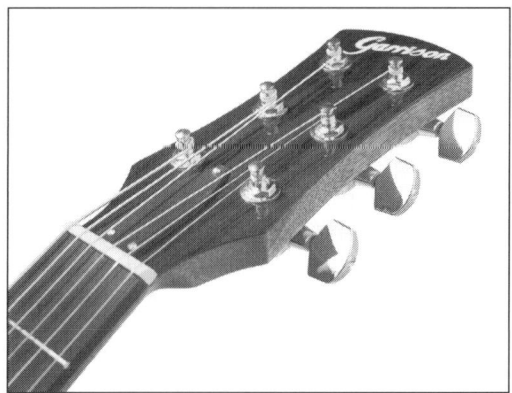

Abb. 1.11: Verschiedene Mechanik-Typen – oben Wirbel auf einer Flamenco-Gitarre, unten moderne Typen auf einer Garrison-Steelstring

1.4.1 Stahlsaiten und Nylonsaiten

Mechaniken für Western- und klassische Gitarren funktionieren auf die gleiche Weise und ihr mechanischer Aufbau ist ähnlich. Beide Mechanik-arten besitzen eine Achse, auch Schaft genannt, der mit Hilfe einer Schraube an einem Zahnrad befestigt wird. Dieses Zahnrad greift in ein Gewinde, das Teil einer weiteren Achse ist, die wiederum von einem Knopf abgeschlossen wird. Mechaniken von Konzertgitarren sind für Fensterkopfplatten entwickelt worden und besitzen normalerweise große Achsen. Diese bestanden früher aus einem über einem Metallschaft sitzenden Knochen, heute sind sie aus Kunststoff oder einem Nylonmaterial gefertigt. Mechaniken für Western-gitarren sind sowohl für massive als auch durchstochene Kopfplatten geeig-net. In beiden Fällen haben die Achsen jedoch einen wesentlich geringeren Durchmesser und bestehen aus einem Metallstift mit einem Loch zur Saitendurchführung.

 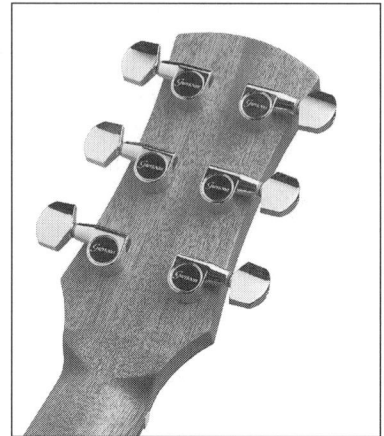

Abb. 1.12: Mechaniken bei einer Nylonsaiten-Gitarre (mit Kunststoff-Rollen) sowie typische einzelne Stahlsaiten-Mechaniken

Die ersten Stimmmechaniken im frühen 19. Jahrhundert besaßen kleine Metallroller. Doch Gitarristen dieser Zeit stellten schon bald fest, dass Darmsaiten recht schnell rissen, wenn sie um solch einen kleinen Stift aufgewickelt wurden. Breitere Achsen wurden um 1870 eingeführt und sind seitdem Standard geblieben.

1.4.2 Einzeln oder Dreiergruppen

Mechaniken gibt es entweder als separate Einheiten oder als so genannte „Three-on-a-plate", wobei drei Mechaniken auf einer gemeinsamen Grundplatte an einer Seite der Kopfplatte befestigt werden. Dieses letztere Arrangement trifft man häufig bei Gitarren mit durchstochener Kopfplatte, und zwar sowohl bei Western- als auch klassischen Gitarren. Aber auch einige billigere Modelle mit massiven Kopfplatten werden damit ausgeliefert. Die überwiegende Mehrzahl von Gitarren mit massiven Kopfplatten ist jedoch mit sechs individuellen Mechaniken ausgerüstet. Früher entschied jeder Hersteller von Verbundmechaniken selbst über den Abstand zwischen den einzelnen Mechaniken. Das bedeutete, dass ein Gitarrist auf Typen desselben Herstellers angewiesen war, wollte er die Mechaniken austauschen. Mittlerweile gibt es einen Standardabstand (70 mm / 1 3/8 in), so dass die vorhandenen Bohrungen für Mechaniken aller Hersteller passen sollten. Keine der beiden Konstruktionsarten hat einen entscheidenden mechanischen Vorteil gegenüber der anderen, und Gitarrenbauer folgen normalerweise der Tradition und montieren Mechaniken in Dreiergruppen auf Fensterkopfplatten und einzelne Einheiten auf massive Köpfe.

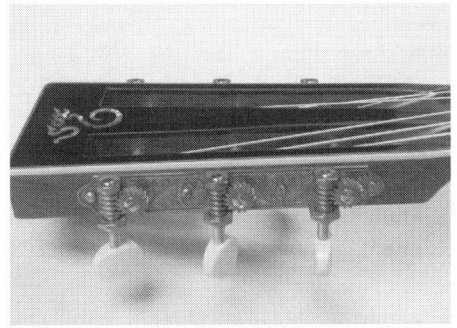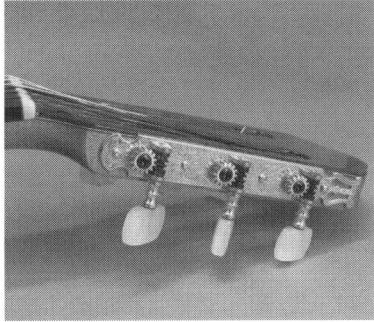

Abb. 1.13: „Three-on-a-plate"-Mechaniken mit Costum-Gravur an einer Santa-Cruz-Steelstring, rechts die Mechaniken einer klassischen Gitarre

1.4.3 Offene oder geschlossene Mechaniken

Man unterscheidet normalerweise zwischen offenen und geschlossenen Mechaniken, wobei der geschlossene Typ in einem Gehäuse untergebracht ist. Sie finden offene Mechaniken fast ausschließlich bei klassischen Gitarren und Instrumenten mit durchstochener Kopfplatte, wie etwa Parlor-Gitarren, und zwar sowohl bei Vintage- wie auch modernen Modellen. Offenen Mechaniken begegnet man auch bei Modellen mit massiver Kopfplatte, die vor 1950 hergestellt wurden, sowie bei kostengünstigen modernen Instrumenten.

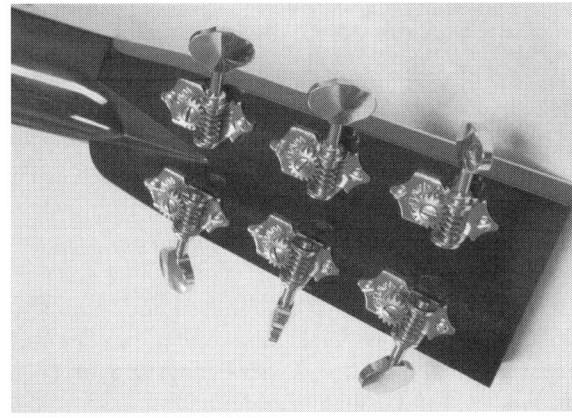

Abb. 1.14: Offene Vintage-Style Waverly-Mechaniken, die auf Grover G-98-Typen basieren

Wie bei allen Produkten kann die Qualität solcher Mechaniken erheblich schwanken. Die Skala beginnt bei billigen Typen, deren Einzelteile schlecht montiert sind, und mit denen Sie kaum in der Lage sein werden, die Gitarre zu stimmen. Dagegen können hochwertige Mechaniken Jahrzehnte, wenn nicht sogar Jahrhunderte problemlos ihren Dienst tun. Es gibt einige Firmen, wie Waverly in den USA oder Gotoh in Japan, die hervorragende Kopien der offenen Mechaniken herstellen, die in den 1920er und 1930er Jahren gebaut wurden. Dazu gehören besonders die Grover G-98 und die Sta-Tite, die auf die besten Gitarren von Martin und Gibson montiert wurden. Heutige Gitarrenbauer, besonders diejenigen, die sich auf das Kopieren alter Modelle spezialisiert haben, verwenden ebenfalls diese Art von Mechaniken.

In den frühen 1930er Jahren entwickelte Mario Maccaferri für seine Gitarren die ersten geschlossenen Mechaniken. Diese Typen wurden exklusiv für Selmer-Gitarren von 1932 bis 1935 eingesetzt. Auch andere Hersteller wie Kluson und Grover begannen in den 1930er Jahren, geschlossene Einzelmechaniken herzustellen. Doch diese waren sehr teuer und hochentwickelt, so dass sie nur für die teuersten Modelle von Firmen wie Gibson, D'Angelico und Epiphone in Frage kamen. In den 1960er Jahren bot Grover Mechaniken mit der Bezeichnung Rotomatic an, und der deutsche Hersteller Schaller entwickelte die bekannten M-6 Modelle. Zum Ende der Dekade war dieser Typ Standard auf fast allen Instrumenten im mittleren und gehobenen Preissegment.

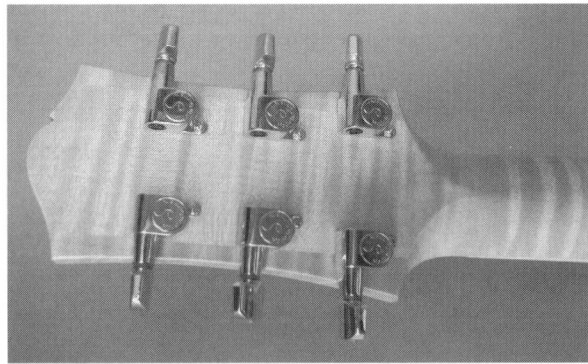

Abb. 1.15: Geschlossene Schaller-Mechaniken

Geschlossene Mechaniken gibt es in zwei Größen: standard und mini. Die Mini-Typen sind etwa 25% kleiner als normal. Sie werden zumeist mit Instrumenten angeboten, auf deren Kopfplatte es sehr beengt zugeht, etwa bei zwölfsaitigen Gitarren. Was die Funktionalität angeht, besteht kaum ein

Unterschied zwischen offenen und geschlossenen Typen, allerdings müssen offene Mechaniken regelmäßig geölt werden, damit sie weich und reibungsfrei arbeiten. Geschlossene Mechaniken werden normalerweise mit Schmierfett gefüllt, bevor sie verschlossen werden, und da weder das Zahnrad noch die Gewindeachse den Elementen ausgesetzt sind, kann sich kaum Schmutz ansammeln, der ihnen zusetzt. Einige Gitarrenbauer argumentieren, dass das geringere Gewicht von offenen Mechaniken dem Klang des Instruments zugute kommt, doch andere halten dagegen, dass die schwereren, geschlossenen Typen ein besseres Sustain erzeugen.

Abb. 1.16: Mini-Mechaniken wie diese von Grover sind oftmals bei zwölfsaitigen Gitarren zu finden

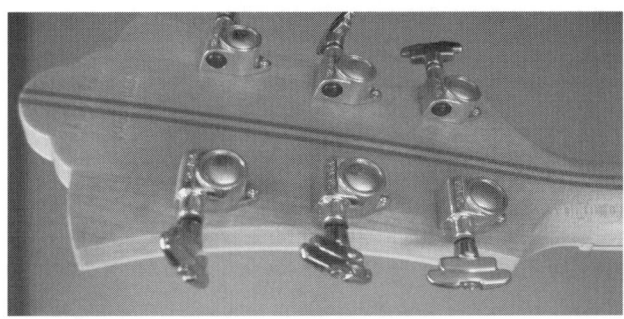

Abb. 1.17: Besonders beliebt bei Archtops: Art-Deco-Style-Grover-Imperials

Obwohl auch Schaller, Gotoh und Grover Mechaniken für klassische Gitarren herstellen, ziehen viele Gitarrenbauer für diese Instrumente Modelle von kleinen Herstellern wie John Gilbert und Irving Sloane vor. Diese absolut hochwertigen Mechaniken werden mit äußerst geringen Toleranzgrenzen gefertigt und arbeiten daher sehr weichgängig und problemfrei. Bei einigen, darunter einem Set von Rogers, kann der Gitarrist sogar bestimmen, wie hart oder weich sich der Drehknopf bewegen lässt.

1.4.4 Guss oder Blech

Die Gehäuse aller höherwertigen geschlossenen Mechaniken von Schaller, Gotoh und Grover sind gegossen. Dieser Prozess fördert die Widerstandsfähigkeit der Modelle, erhöht aber auch deren Gewicht. Bei einigen kostengünstigeren Modellen wird das Gehäuse aus dünnem Blech herausgestanzt, so dass es so aussieht, als wären sie mit der teureren Gussmethode gefertigt worden.

Unter den amerikanischen Gitarren der 1950er Jahre war das beliebteste Mechanikmodell die Deluxe von Kluson. Dieses Modell hatte ein gestanztes Gehäuse, das das Zahnrad und das Ende der Achse beherbergte. Die Deluxe war gar nicht einmal solch eine gute Mechanik, doch weil sie Standard auf einigen der verbreitetsten Gitarrenmodellen war, die je gebaut wurden – besonders einigen Solid-Body-Gitarren von Gibson und Fender – ist sie auch heute noch vielfach im Einsatz. Einige Gitarristen bestehen auf dem Kluson-Design, wollen aber die damit verbundenen Probleme vermeiden. So bietet Schaller eine Version der alten Mechanik mit einem gegossenen Gehäuse an, das so aussieht wie das gestanzte Blech des Orginials!

Abb. 1.18: Aus Blech gefertigte Gibson-Mechaniken im Vintage-Keystone-Design

Bei offenen Mechaniken – egal, ob es sich um Three-on-a-Plate oder einzelne Typen handelt –, wird das Gehäuse jedoch immer aus einem Blechbogen gestanzt.

1.4.5 Feststell-Mechanismen
(engl. Locking machines)

Einige Mechaniken sind so entwickelt, dass sie die Saite mit Hilfe einer Schraubenkonstruktion halten, statt anhand der üblichen geknoteten Methode. Mechaniken, die die Saiten auf diese Weise fixieren, wurden für E-Gitarren mit Vibrato-Systemen entwickelt. Ihre Aufgabe besteht darin, die

Saiten daran zu hindern sich bei Vibrato-Benutzung allzu leicht zu verstimmen. Das Verziehen von Saiten ist bei akustischen Gitarren nicht so problematisch, und obwohl manche Hersteller wie Sperzel und Schaller solche Systeme auch für diese Instrumente im Angebot haben, sind die meisten Gitarristen doch der Ansicht, dass der geringe Vorteil, die Saiten nicht aufziehen zu müssen, nicht das übermäßige zusätzliche Gewicht solch eines Mechanismus wettmacht.

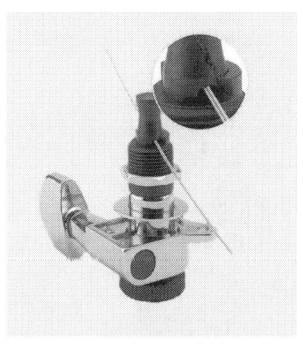

1.4.6 Planet Waves Auto-Trim

Mechaniken vom Typ Planet Waves Auto-Trim wurden von dem Designer Ned Steinberger entwickelt. Sie kombinieren einen Fixierungsmechanismus zusammen mit einer scharfen Schnittkante, die das überflüssige Ende der Saite automatisch abschneidet. Wie bei vielen Locking-Systemen sind auch sie in erster Linie für elektrische Gitarren mit Vibrato-Systemen gedacht, akustische Gitarristen konnten bisher nicht davon überzeugt werden.

Abb. 1.19: Eine Planet Waves Auto-Trim-Mechanik

1.4.7 Anbringen der Mechaniken

Damit eine Mechanik problemlos funktionieren kann, muss sie korrekt an der Kopfplatte befestigt sein. Dabei ist es wichtig, dass die Bohrungen für die Achsen in exakt regelmäßigen Abständen angebracht werden. Dies ist besonders bei Gitarren mit Fensterkopfplatten wichtig, wo eine falsch platzierte Bohrung eine saubere Aufwicklung der Saite unmöglich macht. Es ist ebenso wichtig, Mechaniken zu wählen, die korrekte Befestigungshülsen besitzen, damit sich die Saiten optimal aufwickeln lassen. Gegossene Mechaniken von Schaller oder Grover besitzen Hülsen, die sich mit dem Gehäuse verschrauben lassen. Offene Typen verfügen dagegen über Hülsen, die nur in das Mechanikloch in der Kopfplatte eingepresst werden, was die Mechaniken verankert und einen ungewünschten Bewegungsspielraum verhindern soll.

1.4.8 Drehknöpfe

Die Knöpfe von Mechaniken können im Grunde genommen aus jedem widerstandsfähigen Material hergestellt werden. Metall, Kunststoff und Holz finden jedoch am häufigsten Verwendung. Klassische Gitarren besitzen meist Kunststoffknöpfe, sehr hochwertige Modelle mögen dagegen Typen aus Perlmutt oder Ebenholz haben. Im 19. Jahrhundert traf man häufig auf Knöpfe aus Knochen oder Elfenbein, doch diese Materialien waren zu brüchig und neigten schon zum Zerbrechen, wenn sie nur leicht gegen eine Wand, einen Tisch oder einen Gitarrenständer gelehnt wurden.

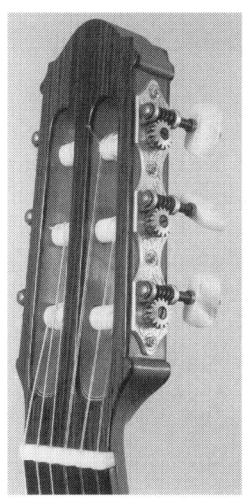 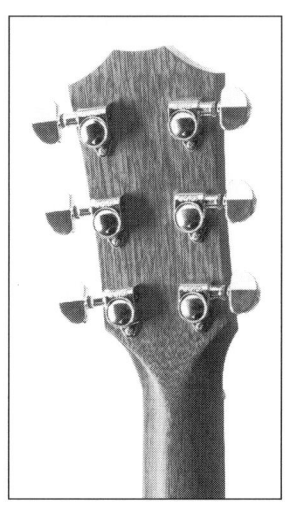

Abb. 1.20: Die Kunststoff-Drehknöpfe einer Albert & Müller-Klassikgitarre, rechts Grover-Metallknöpfe bei einer Taylor 514

Die Mechanikknöpfe der meisten Westerngitarren sind aus Metall, obwohl einige auch aus Kunststoff oder Ebenholz gefertigt werden. Viele Vintage-Westerngitarren hatten Mechaniken mit Zelluloidknöpfen, einem Material, das sich jedoch im Laufe der Jahre als unstabil erwiesen hat. Bei vielen dieser Gitarren haben sich die Knöpfe mit der Zeit aufgelöst. Glücklicherweise ist es möglich, Ersatzköpfe zu bekommen, die auf die alten Achsen passen.

1.4.9 Banjomechaniken und Keith-Tuner

In den 1920er Jahren überholte die Gitarre in seiner Beliebtheit das Banjo in den USA. Manche Hersteller wie Gibson und Martin versuchten, Banjospielern das Umsteigen zur Gitarre zu erleichtern, indem sie Banjomechaniken auf ihre Gitarren montierten. Aber obwohl einige frühe Gibson L-5-

Instrumente und die gesamte Jahresproduktion der ersten Martin OM-Modelle Banjomechaniken besaßen, wurde die Idee von Gitarristen rundweg abgelehnt. Ganz selten wird ein Gitarrenbauer wie Eric Schoenberg eine neue OM-Kopie mit Banjomechniken ausliefern.

Abb. 1.21: Banjo-Mechaniken montiert auf einer viersaitigen Martin Tenor-Gitarre

Es gibt allerdings einen Banjo-Tuner, den Gitarristen mögen. Dabei handelt es sich um den so genannten Keith-Scruggs-Tuner, ein Gerät, das mit zwei Fixierungsschrauben daherkommt, so dass der Spieler zwischen zwei eingestellten Tonhöhen umstimmen kann. Einige Gitarristen verwenden einen Keith-Tuner für die tiefe E-Saite, manche sogar auch für die A-Saite. Dieses ermöglicht es dem Spieler, blitzschnell die Tonhöhe zu verändern oder Effekte zu erzeugen, wie man sie von Steel-Gitarren her kennt. Der englische (Rock-)Akustik-Gitarrist Adrian Legg führt die Idee ins Extrem, er hat alle sechs Mechaniken seiner Gitarre gegen Keith-Tuner ausgetauscht!

1.4.10 D-Tuner

Es kommt sehr häufig vor, dass Gitarristen die tiefe E-Saite um einen ganzen Ton auf D runterstimmen. Eine D-Tuner-Mechanik ist eine Apparatur, die die Mechanik der E-Saite ersetzt, und es dem Spieler erlaubt, die Tonhöhe der Saite im Handumdrehen, d.h. durch das schnelle Umlegen eines Hebels auf D zu verändern. Die Firma Hipshot stellt einen D-Tuner mit der Bezeichnung X-Tender her, der in eine Grover Rotomatic oder eine Schaller M-6-Mini-Mechanik eingebaut wird. Ist die Gitarre mit solchen Mechaniken ausgerüstet, ist dieser Einbau eine sehr einfache Angelegenheit. Der bewegliche Mechanismus ist auf einer Platte montiert, die größer als ein Standard-Mechanikgehäuse ist. Aus diesem Grund passen D-Tuner nicht auf Kopfplatten mit Kragen, wie sie einige Modelle von Gibson, Lowden und Guild besitzen. Sie sind deshalb auch nicht für Martin-Gitarren mit einem ähnlichen „Dart" (pyramidenförmiger Kragen) auf der unteren Rückseite einer Kopfplatte geeignet.

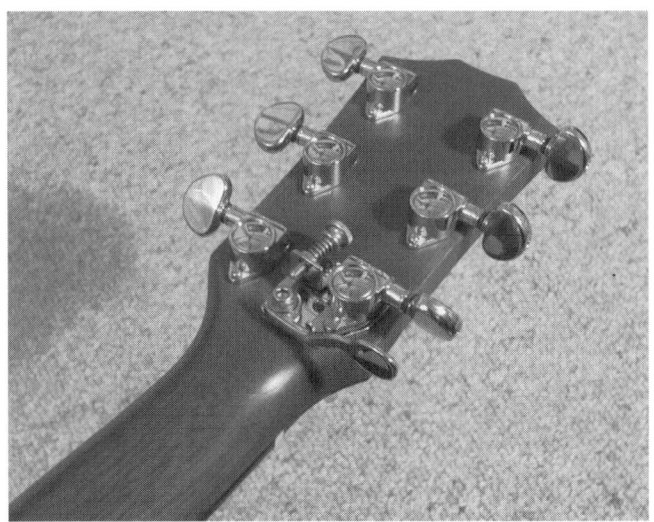

Abb. 1.22: Hipshots X-Tender erlaubt das einfache Umstimmen der tiefen E-Saite

1.4.11 Übersetzungen

Die Übersetzung einer Mechanik legt fest, wie oft der Knopf gedreht werden muss, damit die Wickelachse, also der Schaft, eine komplette Drehung vollzieht. Die meisten modernen Mechaniken besitzen eine Übersetzung von 12:1, 14:1 oder 18:1. Ein Typ mit einer 12:1-Übersetzung muss also zwölfmal gedreht werden, damit der Mechanikschaft eine Umdrehung vollführt. Je höher die Übersetzung ist, desto feinfühliger können Sie das Instrument stimmen. Allerdings müssen Sie dann den Knopf auch wesentlich mehr kurbeln, z. B. beim Aufziehen neuer Saiten. Mechaniken für klassische und Westerngitarren haben ähnliche Übersetzungen.

1.4.12 Stimmwirbel
(engl. Friction pegs)

Wirbel waren die einzigen Mechanismen, mit denen man Gitarren stimmen konnte, bevor Ende des 18. Jahrhunderts Mechaniken erfunden wurden, die den modernen Typen von heute ähneln. Gitarristen bevorzugten diese neuen Entwicklungen, und so waren Stimmwirbel gegen Ende des 19. Jahrhunderts nur noch bei traditionellen Flamenco-Gitarren und einigen südamerikanischen Folk-Modellen zu finden. Es ist sehr schwierig, Gitarren mit Hilfe von Wirbeln zu stimmen und die Stimmung auch zu halten, doch gerade Flamenco-Gitarristen glauben, dass das resultierende geringere Gewicht der Kopfplatte die Lautstärke und Höhenwiedergabe der Gitarre verstärkt. Aus diesem Grund nehmen sie die damit verbundenen Schwierigkeiten in Kauf.

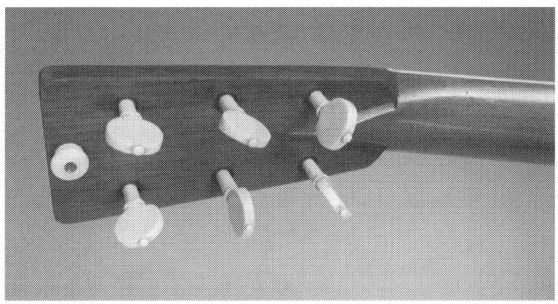

Abb. 1.23: Elfenbein-Stimmwirbel auf einer Martin-Gitarre aus dem späten 19. Jahrhundert, Wirbel aus Ebenholz bei einer Flamenco-Gitarre von Klaus Röder (rechts)

1.5 Der Sattel

(engl. Nut)

Der Sattel ist aus festem Material gefertigt und sitzt am Halsende der Kopfplatte. Er besitzt sechs Kerben, die den gleichen Abstand zueinander aufweisen, und in denen die Saiten zu den Mechaniken geführt werden.

1.5.1 Funktion

Der Sattel bestimmt zusammen mit der Stegeinlage, die am anderen Ende des Korpus in die Brücke eingelassen ist, die Länge, über die die Saite frei schwingen kann. Diese Länge wird als Mensur bezeichnet. Die Breite des Griffbretts wird stets am Sattel gemessen, und das, obwohl der Hals sich zum Korpusende hin verbreitert. Obwohl es theoretisch möglich ist, den Sattel und damit auch das Griffbrett in vielen verschiedenen Breiten anzufertigen, haben sich unter Gitarristen und Gitarrenbauern einige wenige Maße als Standardwerte durchgesetzt. Für Westerngitarren sind die beiden häufigsten 42,3 mm und 44,45 mm. Das erste Breitenmaß wird besonders von Flatpickern favorisiert und ist bei Dreadnoughts sowie den meisten Archtops anzutreffen. Das etwas breitere Maß wird bei vielen modernen OM- und Grand-Concert-Modellen bevorzugt. Im Allgemeinen bevorzugen Plektrumspieler einen schmaleren Saitenabstand, so dass es leichter ist, sich mit dem Pick von einer Saite zur nächsten zu hangeln. Dagegen favorisieren Gitarristen, die die Saiten mit den Fingern spielen, einen breiteren Sattel, so dass die Saiten weiter auseinander liegen und sie die Finger zwischen den Saiten in Position bringen können. Ein breiterer Sattel erleichtert es auch für die Greifhand, sich auf dem Griffbrett zu bewegen, ohne ständig benachbarte Saiten zu berühren oder gar zu greifen.

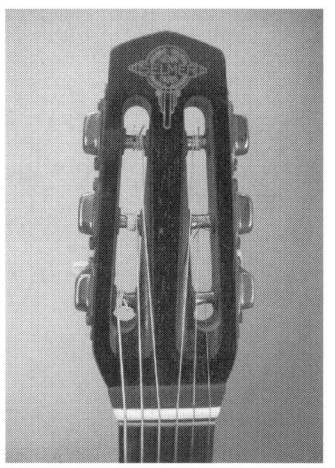

Abb. 1.24: Der Sattel einer Selmer-Gitarre (links), daneben der einer modernen Stahlsaiten-Gitarre von Albert & Müller

Andere gebräuchliche Breiten sind 46 mm, ein Maß, dass bei vielen 12-Bund-Gitarren in Parlor-Größe vorkommt, und 47,62 mm, das man bei einigen zwölfsaitigen Dreadnoughts und hier und da bei Grand-Concert-Gitarren antrifft, die für Plektrumspieler konzipiert sind. Klassische Gitarren weisen gewöhnlich einen breiten Sattel auf, der etwa 50 mm misst. Klassische Gitarristen brauchen, da sie die Saiten mit den Fingerkuppen und -nägeln anschlagen, genügend Platz zwischen den Saiten. Außerdem beschreiben die Schwingungen von Nylonsaiten einen viel größeren Bogen als solche von Stahlsaiten, besonders wenn sie hart angeschlagen, d.h. laut gespielt werden. Der breite Zwischenraum erlaubt ihnen also genügend Platz, ohne dass sie sich gegenseitig berühren.

1.5.2 Natürliche Materialien

In der Vergangenheit wurde der Sattel aus vielen verschiedenen natürlichen Materialien hergestellt, darunter Elfenbein, Perlmutt, Kuhknochen, aber auch aus Holzarten wie Ebenholz und Palisander. Das ideale Material für einen Sattel muss hart sein (es muss immerhin dem Druck der Saiten widerstehen, ohne zu brechen oder sich zu spalten), widerstandsfähig (es darf nicht durch die Reibung einkerben, wenn die Saiten angezogen und wieder gelockert werden), dicht (ein weiches Material kann die Vibrationen der Saiten absorbieren und so den Sound „schlucken") und muss auch noch gut aussehen. Obwohl die meisten der oben aufgeführten Materialien diesen Anforderungen mehr oder weniger gerecht werden, sind manche von ihnen so selten (wie etwa Elfenbein) oder teuer (z. B. Perlmutt) , dass sie für die Massenproduktion nicht in Frage kommen.

Einige Gitarrenbauer haben für ihre sehr hochwertigen Instrumente mit Walrosszahn-Fossilien experimentiert, die in Alaska ausgegraben wurden. Walross-Elfenbein kann farblich von eierschalenfarben bis dunkelbraun variieren, ist sehr dicht und widerstandsfähig. Viele Gitarristen schwören, dass es den Klang ihrer Instrumente verbessert. Und obwohl es sehr teuer ist, spendieren sie ihrem Instrument einen Sattel, Steg und Brückenpins aus demselben Stosszahn.

1.5.3 Synthetische Materialien

Das erste synthetische Material, das für die Herstellung von Gitarrensatteln benutzt wurde, war wahrscheinlich Galalith, eine plastikartige Substanz, die aus Milchproteinen gewonnen wird. Selmer gehörte zu den ersten Firmen, die die Sättel ihrer Gitarren aus diesem Galalith fertigte. (Diese Firma benutzte das Material auch für die Knöpfe der Mechaniken.) Es stellte sich aber heraus, dass Galalith zu brüchig war, so dass die meisten Hersteller auf Knochen oder Elfenbein zurückgriffen, bevor moderne Kunststoffe in den 1950er Jahren entwickelt wurden.

Gitarrenbauer haben sich besonders für Kunststoff erwärmen können, weil es leicht zu gießen und zu formen war. Allerdings ließ es sich danach nur schwer bearbeiten. Außerdem fanden viele Gitarristen, dass seine Struktur nicht dicht genug war und dass es nicht so gut klang wie andere Materialien. In den 1970er Jahren begannen Gitarrenbauer, mit verschiedenen anderen Materialien wie Hightech-Harzen Micarta und Corian zu experimentieren. Diese neuen Materialien waren leicht zu bearbeiten und, was noch wichtiger war, sie besaßen eine gleichmäßige Dichte, eine Qualität, die man bei natürlichen Stoffen oft vermisste und die zu so genannten „soften" Stellen oder toten Punkten führte, durch die der Klang negativ beeinflusst wurde.

Eines der beliebtesten neuen Materialien trägt den Namen Tusq, dabei handelt es sich um eine synthetische Substanz, die wie Knochen oder Elfenbein aussieht und auch so klingt.

1.5.4 Der Nullbund

(engl. Zero fret)

Ein Nullbund ist ein Bund, der direkt vor dem Sattel in das Griffbrett eingelassen ist. Bei einer Gitarre mit einem Nullbund wird die Saitenlage am Kopfende durch den Bund bestimmt, und der Sattel selbst hat nur eine Führfunktion für die Saiten. Befürworter eines Nullbundes argumentieren, dass gegriffene und offene Saiten identisch klingen, und der Klang nicht von dem unterschiedlichen Material eines Sattels beeinflusst wird. In Amerika sind Nullbünde sehr selten anzutreffen, doch Gitarrenbauer in Frankreich, Deutschland und Italien setzen sie häufiger ein. Mario Maccaferris Design sah Gitarren mit Nullbünden vor, und viele Gitarrenbauer, die sich dieser Tradition verpflichtet fühlen, setzen den Einsatz von Nullbünden fort.

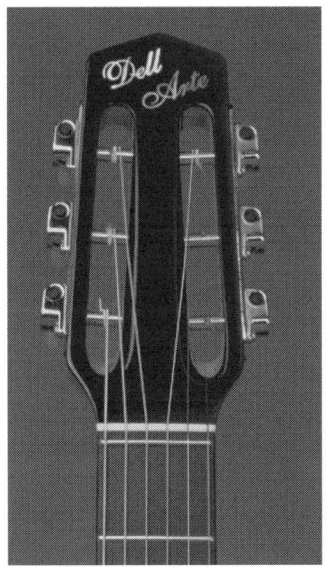 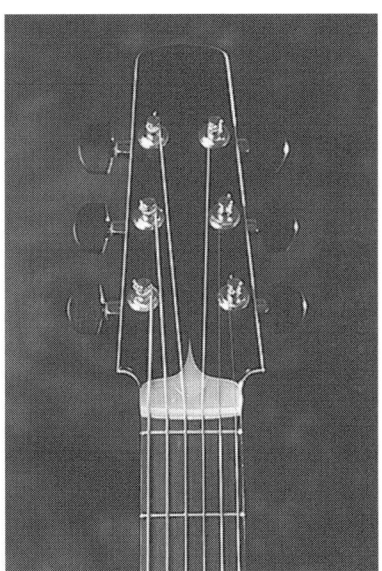

Abb. 1.25: Nullbünde auf einer Dell'Arte Selmer-Kopie, sowie auf einer Steve Klein Flattop

1.5.5 Kompensierende Sättel

Sättel können auf zwei verschiedene Weisen zu einer besseren Intonation einer Gitarre beitragen. Die erste Methode besteht darin, einen Sattel mit verschieden langen Kerben zu fertigen, so dass die Länge jeder Saite insgesamt verändert wird. Dabei werden Teile des Sattels weg geschnitten, so dass die Saiten eine größere Länge zum Schwingen hat, oder indem man kleine Teile ergänzt, um so die Schwingungslänge zu verkürzen.

Buzz Feiten hat eine Methode populär gemacht, die zum Teil darin besteht, den ganzen Sattel ein wenig nach vorne zu verlegen. Auch Taylor hat den Sattel um ca. 2 mm in Richtung Brücke verlegt – dies verbessert die Intonation in den ersten beiden Lagen. Diese Methode funktioniert gut. Wird das Griffbrett einer teuren Vintage-Gitarre auf diese Weise verkürzt, vermindert sich natürlich ihr Wert, da ihr Originalzustand verändert wurde.

 # Der Hals

Für den Spieler ist der Hals wohl der wichtigste Teil einer Gitarre. Denn egal, wie gut das Modell klingt, wenn der Hals schlecht geformt oder unhandlich zu spielen ist, wird der Gitarrist das Instrument ablehnen. Für den Gitarrenbauer besteht die Kunst darin, einen Hals zu schaffen, der die größtmögliche Anzahl von Musikern anspricht, ohne bei der Konstruktion und Stabilität Kompromisse einzugehen. Wenn er sich für ein kräftiges Profil entscheidet, dann wird der Hals zwar sehr stabil sein, doch viele Spieler werden ihn für zu klobig und „langsam" halten, d. h. er ist schwer zu bespielen. Entscheidet er sich für einen sehr schlanken Hals, dann wird er viele Spieler ansprechen, besonders solche, die von der elektrischen Gitarre kommen und einen „schnellen" Hals bevorzugen, wie den einer Fender Stratocaster oder Gibson Les Paul. Doch dieser wird sich bei einer Akustikgitarre eher verdrehen oder wölben.

2.1 Halstypen

In der Welt der akustischen Gitarren bestehen die allermeisten Hälse aus drei Komponenten: dem Griffbrett, dem Hals selbst, der auch den Halsfuß (engl. Heel) umfasst – dieser kann aus einem Stück Holz gefertigt oder aus verschiedenen Teilen zusammengeleimt sein – sowie einer internen Verstärkung, etwa einem metallenen Stab, einem steifen Holz wie Ebenholz oder einem Hightech-Material wie Carbon oder Fiberglas. Die Hälse sowohl von Western- und Archtop- als auch Konzertgitarren haben alle diese Bauteile gemeinsam, trotzdem werden sie für die verschiedenen Gitarrentypen jeweils anders und spezifisch gefertigt. Ein großer Unterschied besteht zum Beispiel darin, dass viele Gitarrenbauer von klassischen Gitarren auf die interne Verstärkung des Halses verzichten. Der Grund ist, dass Nylonsaiten bei diesem Gitarrentyp wesentlich weniger Spannung ausüben.

Abb. 2.1: Der schlanke Hals einer Taylor 414CE Steelstring

2.1.1 Flattop-Westerngitarren

Bei einer Flattop-Gitarre ragt das Griffbrett über die Decke und ist dort aufgeleimt. Diese Vorrichtung unterstützt die Stabilität des Halses und verhindert, dass er sich seitlich verzieht. Einige moderne Hersteller wie Taylor und Dana Bourgeois schrauben das Griffbrett von unten durch die Decke fest. Diese Variante bietet dieselbe Stabilität wie ein angeleimtes Griffbrett, hat aber den Vorteil, dass es wesentlich leichter ist, den kompletten Hals bei größeren Reparaturen zu entfernen. Die Hälse von Westerngitarren werden normalerweise aus einem einzigen Stück Holz gefertigt, allerdings verwenden einige Hersteller wie Taylor eine verzahnt angeleimte Kopfplatte und einen mehrstöckigen Halsfuß.

2.1.2 Gitarren mit Nylonsaiten

Bei den klassischen Gitarren des späten 17. Jahrhunderts endete das Griffbrett am Korpus, und die höheren Bünde waren in die Decke eingearbeitet, so wie schon bei der Laute. Anfang des 18. Jahrhunderts war diese Konstruktion jedoch abgelöst worden von einem Griffbrett, das über den Halsansatz hinaus ging und auf der Decke aufgeleimt wurde. Diese Methode bot nicht nur Fertigungsvorteile, sondern garantierte auch mehr seitliche Stabilität. Für klassische Gitarren wird seither ausschließlich diese Methode angewandt. Die Hälse vieler Nylonsaiten-Gitarren besitzen angeleimte Kopfplatten und Halsansätze, die aus mehreren Teilen zusammengeleimt sind. Doch es gibt noch eine nicht unerhebliche Minderheit, die Hals, Ansatz und Kopfplatte aus einem einzigen Stück Holz fertigt.

Abb. 2.2: Klassikgitarren wie diese Hirate H8SS (links) und die Hopf F314B8 haben breitere Hälse

2.1.3 Archtops – Gitarren mit gewölbter Decke

Bei den ersten Archtop-Gitarren, die Orville Gibson im späten 19. Jahrhundert baute, wurde das Ende des Griffbretts wie bei den Western- und den klassischen Gitarren dieser Zeit auf die Decke geleimt. Diese Konstruktionsmethode wurde bis 1923 beibehalten. Dann überarbeitete der Designer Lloyd Loar die Jazzgitarre (Archtop) und entwickelte die L-5. Dabei stellte er ein Griffbrett vor, das über die Decke hinausragte, sie aber nicht berührte. Diese frei schwebende Konstruktion ermöglichte es einem größeren Teil der Decke, frei zu schwingen, als es mit einem Griffbrett möglich war, das auf die Decke geleimt war. Diese Fertigungsweise erhöhte zusätzlich die Lautstärke des Instruments. Die meisten Jazzgitarren, die nach der Einführung der L-5 gebaut wurden, besaßen diese frei schwebende Konstruktion. Doch es gab auch einige Hersteller, besonders solche von preisgünstigen Modellen, die der herkömmlichen Methode die Treue hielten. Martin ist zum Beispiel die einzige Firma, die nie eine frei schwebende Griffbrettkonstruktion für ihre Archtops ins Programm aufgenommen hat. Das ist aber auch mit ein Grund dafür, warum ihre Jazzgitarren nie besonders erfolgreich waren!

Abb. 2.3: Bei Archtops wie dieser Epiphone Triumph (links) und der Gibson L-5 schwebt das Ende des Griffbretts über dem Korpus

2.1.4 Resonator-Gitarren

Bei Resonator-Gitarren reicht das Griffbrett über die Decke, wo es mit Hilfe von vier Schrauben befestigt wird. Die Schraubenköpfe werden normalerweise mit Perlmutt- oder Kunststoffpunkten abgedeckt.

2.1.5 Halsübergänge

Gitarrenhälse gehen normalerweise am 12. oder 14. Bund in den Korpus über. Bei klassischen Gitarren ist der Übergang am 12. Bund die Regel. Und wenn ein Hersteller einmal eine Konzertgitarre mit 14 Bünden baut, wie Takamine mit der NP-65C, dann charakterisiert sie das Publikum als

Instrument für Jazz oder lateinamerikanischen Pop. Die meisten Western-gitarren weisen heute einen Halsansatz am 14. Bund auf, doch auch hier gibt es die Variante mit 12 Bünden.

Die ersten Westerngitarren, die Anfang des 20. Jahrhunderts von Martin und Washburn gebaut wurden, besaßen einen Hals/Korpus-Übergang am 12. Bund. In den 1920er Jahren, nachdem der Übergang bei einigen Instrumenten auf den 14. Bund verlegt worden war, fiel die ursprüngliche Konstruktion in Ungnade. Doch die Verlängerung des Halses um zwei Bünde zwang die Gitarrenbauer, die Form des Korpus zu verändern und die Brücke näher ans Schallloch zu verlegen. Diese Veränderungen verbesser-ten zwar den Zugang zu den höheren Bünden, aber weil die Brücke nun näher ans Schallloch heran gerückt war, also dem steiferen Teil der Decke, wurde der Klang dieser Gitarren kompakter, heller und brillanter.

In den 1950er Jahren begannen Gitarristen, sich wieder den alten Instru-menten mit dem 12-Bund-Übergang zuzuwenden, weil diese den wärme-ren, volleren Sound der frühen Gitarren versprachen. In den 1990er Jahren fertigten auch zeitgenössische Gitarrenbauer neue Versionen von Western-gitarren mit 12-Bund-Übergang, entweder als Kopien, wie die 000-2H von Collings und die Martin 000-28S, oder auch neu entwickelte Modelle wie die Goodall Parlor, die McCollum Skyforest oder die A-Serie von Lakewood. Doch obwohl neues Interesse für Westerngitarren mit einem 12-Bund-Übergang geweckt wurde, stellen doch Modelle mit einem Übergang am 14. Bund die überwiegende Mehrzahl der angebotenen Instrumente dar.

Archtop-Gitarren, die nach 1924 gebaut wurden, haben fast ausschließlich einen Hals/Korpus-Übergang am 14. Bund, doch die Instrumente von Gibson, die davor hergestellt wurden, besaßen einen Übergang am 12. Bund. Die Gitarren, die Mario Maccaferri für Selmer baute, hatten ur-sprünglich 12-Bund-Übergänge. Nachdem er jedoch die Firma verlassen hatte, wurden die Hälse um zwei Bünde verlängert. Alle 12-Bund-Modelle von Selmer hatten ein großes Schallloch in Form eines D, und die mit 14 Bünden ein kleines ovales Schallloch. Aber in der Übergangszeit zwischen den beiden Konstruktionsmethoden wurden auch 12-Bund-Modelle mit ovalen und mit runden Schalllöchern hergestellt.

Obwohl Gitarrenbauer sich auf die beiden Maße 12 und 14 Bünde als Standard festgelegt haben, hat es in der Gitarrengeschichte auch andere Versionen gegeben. So begann der Hals/Korpus-Übergang der National Tricone mit dem runden Hals in den 1920er Jahren am 11. Bund. Etwa zur selben Zeit experimentierte man bei Gibson mit einem 13-Bund-Hals für das Nick-Lucas-Modell, und in den 1950er Jahren stellte die gleiche Firma eine J-160E vor, deren Übergang am 15. Bund lag. In der heutigen Zeit kopierte die Firma Santa Cruz mit ihrem ersten Modell E das Gibson Nick-Lucas-Modell und stattete es mit einem Übergang am 13. Bund aus.

Abb. 2.4: Martin Dreadnoughts mit Halsübergängen am 12. und 14. Bund (D-28VS und D-28)

2.1.6 Halsformen
(engl. Shapes)

Die Form des Halses variiert je nach dem Musikstil, für den die Gitarre gebaut wurde. Klassische Gitarren weisen eine eher flache Halsform ohne größere Rundungen auf. Der Grund ist, dass die Spieltechnik der klassischen Gitarre den Spieler zwingt, den Daumen in der Mitte des Halses zu platzieren. Der flache Hals hilft dabei, dass der Daumen nicht leicht abrutscht. Dagegen besitzen die meisten Westerngitarren, besonders solche, die am Sattel 42,86 mm breit sind, eine rundere Halsform. Diese ermöglicht es dem Spieler, eine Vielzahl von Griffpositionen einzunehmen, einschließlich solcher, bei denen der Daumen die tiefe E- und sogar die A-Saite greift.

Bevor Gibson 1921 den einstellbaren Stahlstab für Westerngitarren erfand, waren deren Hälse recht klobig und wiesen eine deutliche V-Form auf. Diese Bauform und die Masse machten die Hälse steifer. Außerdem waren sie in der Lage, der Spannkraft der Stahlsaiten zu widerstehen. Einige Spieler vertreten die Ansicht, dass sich die Masse der großen V-Hälse positiv auf den Klang des Instruments auswirkt – also haben einige zeitgenössische Gitarrenbauer diese spezielle Halsform wieder belebt. Auch Martin hat sie für einige ihrer Vintage-Modelle wieder entdeckt. In den 1970er Jahren begann Taylor, Halsformen mit einem sehr flachen Profil anzubieten, die denen von elektrischen Gitarren nachempfunden waren. Diese Halsform wurde sehr populär, vor allen Dingen bei Spielern, die oft zwischen elektrischen und akustischen Gitarren wechselten, und über die Jahre haben sich auch andere Hersteller diesem Trend angeschlossen und die Hälse ihrer Gitarren abgeflacht.

2.2 Materialien

Für die Decke und den Korpus haben Gitarrenbauern die Wahl zwischen einer Vielzahl von Materialien, doch was den Hals angeht, scheinen sie in der Holzauswahl sehr eingeschränkt zu sein. Die Vorgaben sind klar: Das Holz für den Hals muss widerstandsfähig sein, so dass es der Zugkraft der Saiten standhalten kann, aber auch leicht, so dass die Gitarre nicht kopflastig wird, und schlussendlich muss es auch noch gut aussehen.

2.2.1 Holzsorten für den Hals

Es sei gleich gesagt, zur nun folgenden Regel gibt es einige Ausnahmen, doch allgemein gilt: Westerngitarren (Flattops) haben Hälse aus Mahagoni, die klassischer Gitarren sind aus Zeder oder Mahagoni und solche für Archtops sind aus Ahorn gefertigt. Die meisten Gitarrenbauer im 19. Jahrhundert benutzten für die Hälse ihrer Instrumente Zedernholz, weil es leicht, aber auch sehr stabil für sein geringes Gewicht war. Zum Ende des Jahrhunderts hin fertigten mehr und mehr Werkstätten größere Gitarren an, für die eine höhere Zugkraft der Saiten notwendig war. Hälse aus Zedernholz konnten dieser höheren Zugkraft nicht standhalten. Besonders bei Stahlsaiten-Gitarren, etwa denen von Martin in Amerika, war dieses Problem akut. Also suchte man nach einer Lösung. Die erste Wahl fiel auf Mahagoni, ein Holz, das sehr steif, aber auch recht leicht ist. Darüber hinaus ist es stabil und verwindet nicht unter dem größeren Druck der stärkeren Saiten. In den 1920er Jahren hatte jeder Hersteller in Amerika den Wandel zu Mahagoni vollzogen, und nur einige klassische Gitarren wurden noch mit Hälsen aus Zedernholz ausgeliefert. Einige Gitarrenbauer begannen zu der Zeit, Hals und Korpus ihrer Instrumente aus Ahorn zu fertigen. Zu ihnen zählten Archtops und Jumbo-Westerngitarren, wie die Gibson SJ-200 und die Guild F-50. Mario Maccaferri legte fest, dass für seine für Selmer entwickelten Gitarren, nur Hälse aus Walnuss in Betracht kamen. Kurze Zeit, bevor die Firma ihre Gitarrenproduktion in den frühen 1950er Jahren einstellte, wechselte man jedoch das Material und fertigte die Hälse aus brasilianischem Palisander. Die meisten Werkstätten, die sich dieser Selmer-Tradition verschrieben haben, setzen auch weiterhin auf Walnussholz.

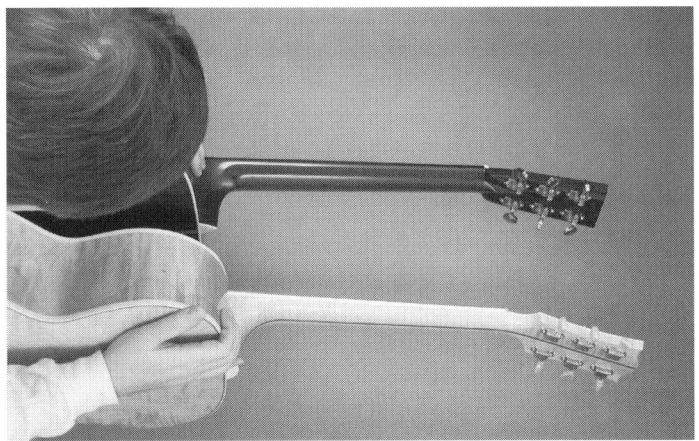

Abb. 2.5: Zwei typische Hälse von Martin und Gibson: ein Mahagoni-Hals (dunkles Holz oben) und ein Ahorn-Hals (helles Holz unten)

In den vergangenen Jahren sind sich Gitarrenbauer der Knappheit von tropischen Harthölzern wie Mahagoni bewusst geworden. Deshalb begannen verschiedene Hersteller, mit unterschiedlichen Hölzern für den Hals zu experimentieren. Für manche Gitarren der Modellserie 16 hat Martin zum Beispiel auf Spanisches Zeder zurückgegriffen, während Seagull die Hälse einiger ihrer Instrumente aus Kirschholz gefertigt hat.

2.2.2 Massiv oder laminiert?

Weil das Holz so stabil ist, werden Mahagonihälse fast ausschließlich aus einem Stück geschnitzt. Die einzigen Ausnahmen bilden die Hälse einiger

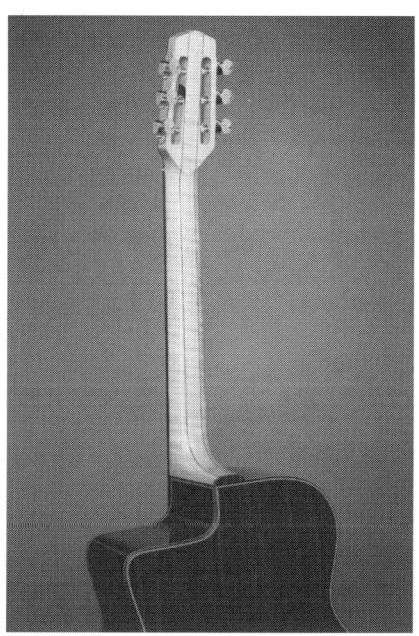

Abb. 2.6: Der mehrteilige Hals einer Dell'Arte-Gitarre

klassischer Gitarren, die mit einem oder zwei Streifen Ebenholz oder Palisander gefertigt werden. Diese sollen dem Hals Steifheit verleihen, haben jedoch nicht das extra Gewicht eines Stahlstabes. Dagegen wird Ahorn vielfach mit anderen, steiferen Hölzern kombiniert, denn wird es alleine benutzt, neigt es oft zum Verdrehen. Also wechseln sich Schichten aus Ebenholz, Palisander oder einem anderen verwindungsfesteren Holz mit Ahorn ab. Dabei werden Streifen in entgegen gesetzter Richtung der Maserung zusammengeleimt. So können Gitarrenbauer steifere Hälse anfertigen, die weit weniger Neigung zum Verdrehen haben als massive Ahornhälse. Die Laminierungen bestehen immer aus einer ungeraden Anzahl von Streifen, also drei, fünf, sieben etc.

Einige Hersteller von Flattops, wie Ovation, Lowden, Fylde, James Olsen und Lance McCollum stellen Mahagonihälse auf die gleiche Weise her, indem sie das Holz mit anderen dichten Holzarten kombinieren, so wie es die Hersteller von Archtops mit Ahornhälsen tun. Diese Konstruktion gewährt den Hälsen mehr Stabilität, und darüber hinaus glauben einige Gitarrenbauer auch, dass es den Klang verbessert und eine klare Ansprache der Instrumente zur Folge hat.

Einige wenige Gitarrenbauer spalten den Hals in der Mitte in zwei Teile und leimen diese dann wieder zusammen. Diese Methode löst ein wenig die Spannung, unter der besonders Ahornhälse stehen, und verhindert so das Verdrehen. Framus stellte in den 1960er und 1970er Jahren einige Hälse aus Dutzenden von schmalen Holzstreifen her, weil man der Überzeugung war, auf diese Weise die stabilsten Hälsen zu produzieren. Doch obwohl diese multi-laminierten Hälse sehr stabil und verwindungsfest sind, haben andere Hersteller sich dieser Konstruktionsmethode nicht angeschlossen. Eine bedeutende Ausnahme bildet Martin, wo man einen solchen vielfach laminierten Hals unter der Bezeichnung „Stratobond" in die Modelle der X-Serie einbaut.

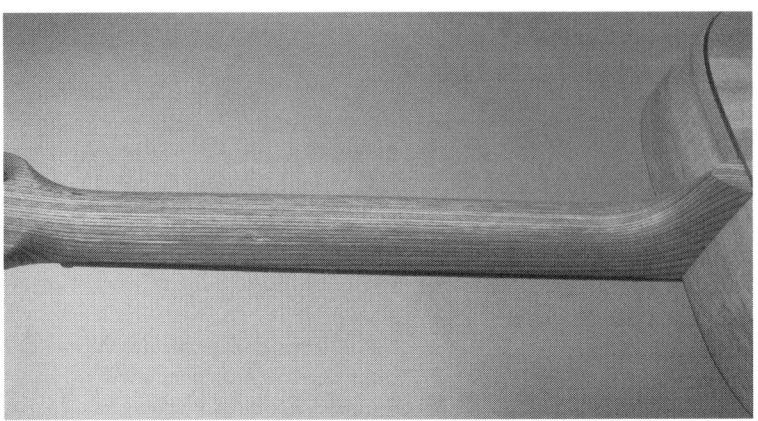

Abb. 2.7: Martin setzt bei der X-Serie auf laminierte Stratobond-Hälse

2.2.3 Maserung des Holzes

Die Bezeichnungen Flat-sawn (liegende Jahresringe) und Quarter-sawn (stehende Jahresringe) beziehen sich auf die Weise, wie das Holz aus einem Baumstamm herausgesägt wird. Mehr dazu in Kapitel 6. An dieser Stelle soll die Aussage genügen, dass Holz, das Quarter-sawn geschnitten ist, die erste Wahl von Gitarrenbauern darstellt, weil es weniger zum Verdrehen neigt, als Holz, das Flat-sawn ist.

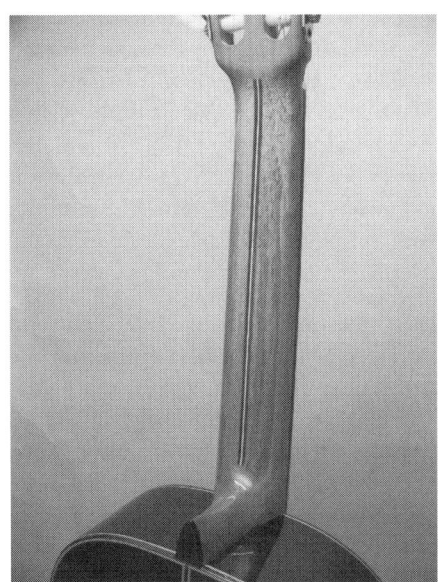

Abb. 2.8: Eine Halsverstärkung aus Ebenholz bei einer Klassik-Gitarre

2.2.4 Graphit und Metallverstärkungen

Seit Jahrhunderten haben Gitarrenbauer nach Wegen gesucht, wie man den Hals verstärken kann, so dass er sich unter der Spannkraft der Saiten nicht verdreht oder wölbt, ohne das Instrument jedoch dabei mit zusätzlichem Gewicht zu belasten. Im 19. Jahrhundert arbeitete man einen Streifen hartes Holz wie Ebenholz unter dem Griffbrett in den Hals ein. Viele zeitgenössische Gitarrenbauer sehen auch heutzutage Ebenholz für diese Aufgabe vor. In den 1930er Jahren experimentierte Maccaferri mit Aluminiumstäben (Blades), um dem Hals extra Stabilität zu verleihen. Moderne Hersteller wie Taylor und Collings haben für ihre Instrumente eine ähnliche Methode entwickelt.

In den 1980er Jahren begannen einige Firmen, mit Graphit als Material für Stäbe zu experimentieren. Graphit ist sehr leicht, aber auch sehr stabil, außerdem hält es den Hals gerade, ohne ihn mit zusätzlichem Gewicht zu belasten. Dieses Material ist mittlerweile besonders bei einigen progressiven Herstellern von Konzertgitarren wie Greg Smallman und Thomas Humphrey sehr beliebt. Manche Gitarrenbauer verlängern diesen Stab sogar bis zur Kopfplatte und verstärken so die potentiell schwache Stelle hinter dem Sattel. Ein zusätzlicher Vorteil dieser Methode ist, dass sie Vibrationen der Kopfplatte vermindert und so zu einem etwas klareren Ton beiträgt.

2.2.5 Lackierung
(engl. Finish)

Hälse werden normalerweise mit der gleichen Lackierung behandelt wie die Rückseite und die Seiten des Korpus. Bei klassischen Gitarren ist es z. B. Tradition, dieselbe Hochglanz-Lackierung zu benutzen wie die des Korpus. Einige Spieler bevorzugen jedoch das Feeling von unbehandeltem Holz, und für diese Gitarristen bietet die Industrie Hälse, die gänzlich unlackiert sind. Manche Hersteller von Westerngitarren sind dazu übergegangen, einige ihrer Modelle mit einem seidenmatten Lack zu bestreichen, auch dann, wenn der Korpus ein glänzendes Finish besitzt. Archtops werden fast immer mit Hochglanz-Halslackierungen ausgeliefert. Griffbretter aus Ebenholz und Palisander werden fast nie lackiert.

2.3 Der Hals/Korpus-Übergang

Der Hals/Korpus-Übergang ist großem Druck ausgesetzt und muss deshalb sehr verwindungssteif und stabil sein. Gitarrenbauer haben mit verschiedenen Methoden experimentiert, wie der Hals mit dem Korpus verbunden werden kann und haben eine Reihe von Designs entwickelt, die auch gut funktionieren. Alle diese Konstruktionen werden unter der Bezeichnung Halsansatz (engl. Neck joint) zusammengefasst.

2.3.1 Schwalbenschwanz

(engl. Tapered dovetail)

Einer der am weitesten verbreiteten Hals/Korpus-Übergänge bei Stahl-saiten-Gitarren ist die so genannte Schwalbenschwanz-Verbindung. Dabei handelt es sich um eine komplexe Version der Verzapfung, die optisch tatsächlich einem gespreizten Schwalbenschwanz ähnelt. Diese Art der Verbindung setzt eine sehr akkurate Verarbeitung voraus, doch wenn er sauber und präzise gefertigt ist, ist dieser Übergang äußerst haltfest und stabil.

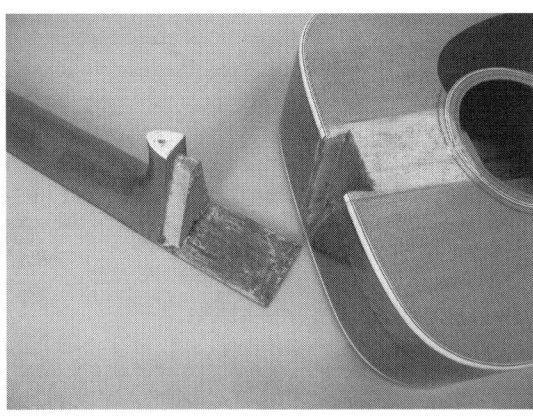

Abb. 2.9: Die auseinandergenommene Schwalbenschwanz-Verbindung bei einer Martin D-28

Der Zapfen ist am Griffbrett am breitesten und verjüngt sich zum Halsansatz hin. Diese Konstruktion wird in eine passende Aussparung im Halsblock eingelassen. Der Halsblock (im Englischen manchmal auch Headblock genannt) ist fast immer aus Mahagoni gefertigt. Aufgrund des gespreizten Zapfens hält diese Konstruktion fast von allein, und je sauberer und behutsamer die Verbindung gearbeitet ist, desto fester sitzt sie in der Aussparung. So ist es tatsächlich möglich, eine sauber gearbeitete Schwalbenschwanz-Verbindung zusammenzusetzen und die Saiten aufzuziehen, ohne die Hölzer zu verleimen.

Abb. 2.10: Auch Larrivée benutzt Schwalbenschwanz-Verbindungen

Weil der Übergang vom Griffbrett überlagert wird, ist es äußerst schwierig, den Hals/Korpus-Übergang später wieder zu lösen, sollte der Hals zu Reparaturzwecken einmal abgenommen werden müssen. Die moderne Methode, eine solche Schwalbenschwanz-Verbindung zu lösen, besteht darin, heißen Dampf in die Fugen zu leiten, um den Leim aufzuweichen. Das kann allerdings Schaden anrichten, wenn die Arbeit nicht umsichtig ausgeführt wird. Einige Gitarristen behaupten, dass der Klang des Instruments verbessert wird, da die Schwalbenschwanz-Verbindung dermaßen stabil ist, doch das ist die Meinung einer Minderheit. Die Traditionsfirmen Martin, Gibson und Guild verwenden fast ausschließlich solche Hals/Korpus-Übergänge, obwohl Martin bei einigen ihrer preisgünstigeren Modelle auch mit anderen Methoden experimentiert hat. Schwalbenschwanz-Verbindungen trifft man zumeist bei Stahlsaiten-Gitarren an, seien es Western- oder Jazzgitarren. Von Ausnahmen wie z. B. Fleta-Gitarren abgesehen finden sie so gut wie nie bei klassischen Gitarren Verwendung, und nie bei Instrumenten, die in Spanien gebaut werden.

Abb. 2.11: Bei einer Martin wird ein Hals angeleimt

2.3.2 Geschraubte Hälse

(engl. Bolt-on necks)

Geschraubte Hälse gibt es schon seit den 1830er Jahren – einige Stauffer-Gitarren und einige wenige frühe Martin-Modelle wurden mit einer komplexen Schraubkonstruktion gefertigt, um den Hals in Position zu halten. Doch erst als Bob Taylor in den 1970er Jahren einen geschraubten Hals vorstellte, der dem Zug der Stahlsaiten wirklich standhielt, begannen auch andere Hersteller, solche Konstruktionen der Schwalbenschwanz-Verbindung den Vorzug zu geben. Taylor versieht den Hals mit einer flachen Ansatzfläche (engl. Butt joint), die passgenau gegen den Korpus gesetzt wird. Dieser Ansatz besitzt zwei Metallfassungen, die zwei durch den Halsblock geführte Schrauben aufnehmen. Das Ende des Griffbretts wird auf die Decke geleimt, und die Schraubenköpfe werden von einem Papierplättchen verdeckt, auf das Modell- und Seriennummern aufgedruckt sind.

Taylor hat die Entwicklung weitergeführt und einen angeschraubten Hals/Korpus-Übergang mit der Bezeichnung „New Technology Neck Joint" patentieren lassen. Dieser Hals besitzt zwar noch die beiden eingelassenen Gewinde und die beiden Schrauben, die durch den Halsblock verlaufen, doch hier ist der Hals an seinem Ansatz etwas in die Korpusseite eingelassen und nicht plan dagegen gesetzt. Auch das korpusseitige Ende des Griffbretts ist nun etwas in die Decke eingeführt und wird mit kleinen Inbusschrauben von unten an die Decke angeschraubt.

Abb. 2.12: Taylors NT-Hals wird komplett angeschraubt und erlaubt eine sehr einfache Einstellung

Bevor Taylor geschraubte Hälse benutzte, konnten sich die meisten Gitarrenbauer mit der Idee nicht anfreunden, doch nun verwenden immer mehr eine Variante geschraubter Hals/Korpus-Übergänge. Geschraubte Hälse sind wesentlich schneller zu fertigen als Schwalbenschwanz-Verbindungen, und sie sind wesentlich leichter auseinander zu nehmen, wenn der Hals für eine Reparatur abgenommen werden muss. Heute ist die Schraubverbindung von Hals und Korpus weit verbreitet, besonders bei jungen Herstellern wie Lakewood oder Seagull, die sich keiner eigenen Schwalbenschwanz-Tradition verpflichtet fühlen.

2.3.3 Verzapfung
(engl. Mortise and tenon)

Die so genannte „Mortise and Tenon"-Verbindung war früher äußerst rar, doch in letzter Zeit kommt sie häufiger vor. Da diesem Übergang die Form fehlt, die allein schon den sicheren und stabilen Zusammenhalt einer Schwalbenschwanz-Verbindung gewährleistet, ist die normale Mortise-and-Tenon-Verbindung nicht stabil genug, um alleine der Zugkraft von Stahlsaiten zu widerstehen. Um sie noch stabiler zu gestalten, benutzen manchen Gitarrenbauer (unter anderem Collings) spezielle Schrauben, die der Konstruktion den nötigen extra Halt geben. Hier wird der Hals mit zwei so genannten Hanger-Schrauben und einem Ahorndübel am Halsansatz befestigt. Diese speziellen Schrauben werden durch den Halsblock geführt, wo sie wiederum mit Muttern verankert werden. Das Cumpiano-System funktioniert auf ähnliche Weise, es benutzt jedoch zwei Gewinde, die durch den Halsansatz verlaufen, und ähnelt der Taylor-Konstruktion.

Werden sie mit dem Einsatz von Schrauben kombiniert, bilden Mortise-and-Tenon-Übergänge vielleicht die stabilsten Verbindungen überhaupt. Die Firma Martin verwendet heutzutage eine Kombination aus Verzapfung und Verschraubung bei allen ihren günstigeren Modellen bis hin zur 16er Serie. Allerdings spürt man beim Traditionshersteller immer noch einen Hauch von Skepsis gegenüber geschraubten Hälsen, wenn in deren Prospekt behauptet wird, dass die Verschraubung nicht dazu da sei, den Hals an seinem Platz zu befestigen, sondern lediglich die Funktion habe, den Hals am Korpus zu halten, damit bei der Fertigung keine Klammerung mehr nötig ist.

2.3.4 Der spanische Fuß
(engl. Spanish foot)

Bei klassischen Gitarren, besonders bei solchen aus der spanischen Fertigungstradition, werden Hals, Halsansatz und Halsblock aus einer Einheit gefertigt, und die Seiten, der Rücken und die Decke dann darum herum gearbeitet. Wenn Sie einmal in eine solche Gitarre hineinschauen, werden Sie sehen, dass das Unterteil des Halsansatzes, der Teil also, der mit der Rückseite verbunden ist, ein kleines Stück in den Korpus hineinragt. Diese Erweiterung ist im Amerikanischen und Englischen unter der Bezeichnung Spanish Foot oder auch Spanish Boot bekannt. Unter der Decke finden Sie eine ähnliche Erweiterung, doch die ist schwerer zu erkennen. Sie unterfüttert das Griffbrett. Diese Art der Konstruktion funktioniert gut bei Gitarren, die mit leichten Nylonsaiten bespannt werden. Doch da der Hals, der Halsansatz, die Decke, die Seiten und die Rückseite alle ineinander integriert sind, ist es fast unmöglich, den Hals falls nötig zu lösen. Obwohl diese Methode fast nur bei klassischen Gitarren zum Einsatz kommt, greifen auch einige wenige europäische Gitarrenbauer wie Stefan Sobell und Albert & Müller bei ihren Stahlsaiten-Gitarren auf diese Konstruktion zurück.

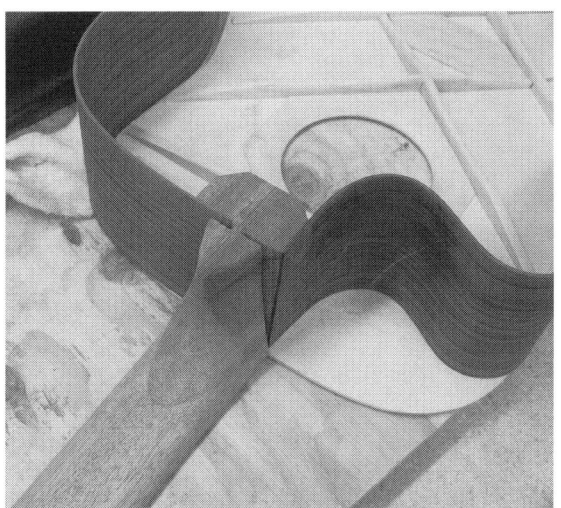

Abb. 2.13: Beim spanischen Fuß (hier bei einer Pimentel-Gitarre) werden die Zargen in einen Schlitz im Halsfuß geleimt

2.3.5 Variationen (Fenders Schraubmethode, Turner/Howe-Orme, etc.)

Es gibt aber auch weniger gebräuchliche Methoden, den Hals am Korpus einer Gitarre anzubringen. In den späten 1960er Jahren stellte Fender einen Übergang für eine Serie von akustischen Gitarren vor, bei der der Hals wie bei den elektrischen Gitarren des Herstellers von hinten angeschraubt wurde. Diese Konstruktion stellte sich aber als instabil heraus, und der große Halsansatz, der benötigt wurde, um das System zu stabilisieren, hatte zudem

Abb. 2.14: Bei Taylors Big Baby wird der Hals mit zwei Holzschrauben durch das Griffbrett verschraubt

ein zu großes Gewicht. Obwohl sich auch einige andere Hersteller an dieser Konstruktion versuchten, wie beispielsweise Epiphone in Japan, Framus und Höfner in Deutschland und EKO in Italien, wird diese Methode bei akustischen Gitarren heute kaum noch angewendet. Taylor hat einen Hals/Korpus-Übergang für seine Baby- und Big-Modelle entwickelt, bei denen der Hals keinen Halsfuß besitzt – und damit der alten Fender-Konstruktion ähnelt – doch hier wird der Hals mit Schrauben befestigt, die von oben durch das Griffbrett geführt werden. Um Kosten zu sparen, werden die Köpfe der Schrauben nicht verdeckt oder verkleidet, doch da sie schwarz sind, stechen sie im dunklen Griffbrett kaum hervor.

Der kalifornische Gitarrenbauer Rick Turner hat eine ungewöhnliche Verbindung vorgestellt, bei der der Halsansatz auf drei drehbaren Schrauben sitzt. Der Hals wird mit einem großen Bolzen am Korpus befestigt. Diese ungewöhnliche Konstruktion hat ihren Ursprung in den Instrumenten, die von der Howe Orme Company im frühen 20. Jahrhundert gebaut wurden, und erlaubt, den Winkel des Halses zum Korpus schnell zu verändern. Diese Bauweise ermöglicht es außerdem, dass das Griffbrett über dem Korpus schwebt.

Bei einigen preiswerten Modellen wird der Hals nur mit Dübeln befestigt, was allerdings nicht besonders stabil erscheint. Da aber die meisten Spieler von diesen billigen Instrumenten binnen kurzer Zeit sowieso auf bessere Modelle umsteigen, hat sich das bei neuen Instrumenten nicht als gravierendes Problem erwiesen. Es bedeutet aber, dass man beim Kauf von gebrauchten, billigen Gitarren ein Augenmerk auf die Hals/Korpus-Verbindung werfen sollte, um sicher zu gehen, dass der Hals keinen Bewegungsspielraum zulässt und stabil am Korpus sitzt.

2.4 Der Halsfuß

Der Halsfuß führt den Hals in einem geschwungenen Block weiter und wird am Korpus befestigt. Er bietet für das Anleimen eine größere Fläche und unterstützt das Einstellen eines korrekten Hals/Korpus-Winkels. Obwohl der Halsfuß grundsätzlich ein funktionales Element ist, benutzen ihn einige Gitarrenbauer als auch stilistische Komponente und setzen ihn ein, um eine ästhetische Aussage zu unterstützen.

2.4.1 Halsfuß-Abdeckung
(engl. Heel cap)

Weil das Ende des Halsansatzes für gewöhnlich das offene Holzes zeigt und dieses Feuchtigkeit aufnehmen kann, verbergen Gitarrenbauer ihn normalerweise unter einer Abdeckung. Bei klassischen Gitarren ist es üblich, einen Teil der Rückseite so zu erweitern, dass sie auch den Halsansatz abdeckt. Bei Westerngitarren greift man normalerweise auf ein kleines Stück Kunststoff zurück, das farblich mit der Korpus-Einfassung harmoniert. Es kann aber auch aus Holz gefertigt sein, das zu dem Holz der Rückseite und den Seiten des Korpus passt. Bei sehr teuren Einzelstücken kann dieses Abdeckplättchen auch graviert, in einigen Fällen sogar mit Einlegearbeiten versehen sein. Manchmal benutzen Gitarrenbauer dafür Metall oder auch Permutt, doch das kommt eher selten vor.

Abb. 2.15: Der amerikanische Hersteller Froggy Bottom benutzt die Halsfuß-Abdeckung für Custom-Gravuren

2.4.2 Ein- oder mehrteilig

Der Halsfuß wird entweder aus dem gleichen Stück wie der Hals geschnitzt, oder aus zwei oder mehr Stücken zusammengeleimt. Normalerweise besitzen Gitarren mit angesetzter Kopfplatte laminierte, und Instrumente, deren

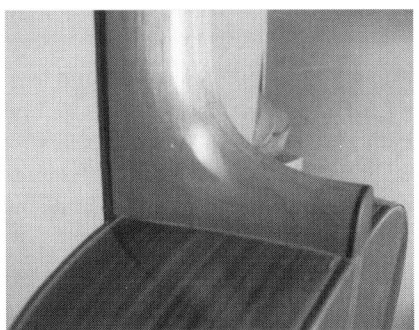

Abb. 2.16: Dieser mehrteilige Halsfuß besteht aus vier Segmenten

Kopfplatte und Hals aus einem Stück gearbeitet sind, nicht angesetzte, massive Halsfüße. Zwischen beiden Bauarten gibt es keinen funktionellen Unterschied. Laminierte Halsansätze findet man häufiger bei klassischen, weniger jedoch bei Stahlsaiten-Modellen, wie z. B. denen von Taylor. Viele der von Selmer in den 1930er und 1940er Jahren produzierten Instrumente besaßen solche Halsansätze. Heute weisen aber auch preisgünstige Modelle, die in Fernost gefertigt werden, dieses Feature auf.

2.4.3 Flach oder spitz

Ein Halsfuß kann entweder flach oder spitz zulaufend gearbeitet sein. Weil er den Zugang zu den hohen Bünden erleichtert, findet man den flachen Typ normalerweise bei Gitarren mit Cutaways, besonders bei Archtops und den Modellen, die sich an den Selmer-Stil anlehnen. Westerngitarren werden dagegen weniger häufig mit flachen Halsfüßen ausgeliefert, auch wenn diese Cutaways besitzen. Guild ist einer der ganz wenigen Hersteller von Flattop-Gitarren, die ihre Instrumente mit flachen Halsfüßen fertigen. Klassische Gitarren haben fast ausschließlich die spitze Form. Einen funktionellen oder strukturellen Unterschied zwischen den beiden Typen gibt es nicht.

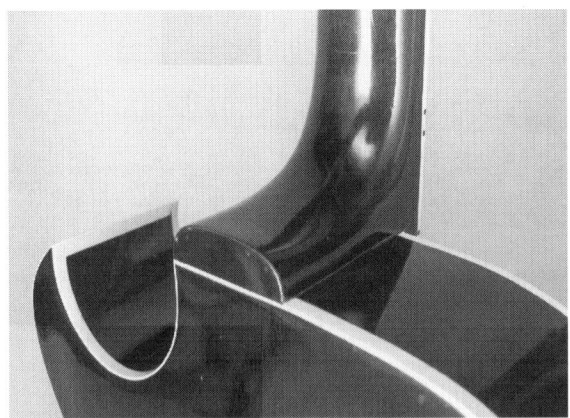

Abb. 2.17: Ein flacher Halsfuß an einer Gibson L-4C Archtop

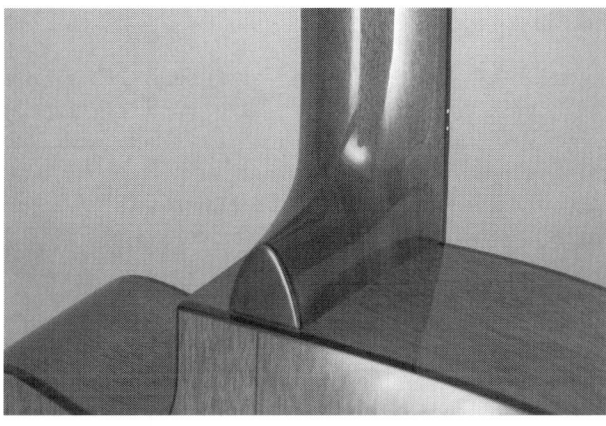

Abb. 2.18: Martin benutzt einen eher spitzen Halsfuß

2.5 Der Halswinkel

(engl. Neck angle, Neck pitch)

Die geometrische Beziehung des Halses zur Decke einer Gitarre beschreibt den Halswinkel.

2.5.1 Westerngitarren

Bei Westerngitarren wird der Hals in einem sehr flachen Winkel von 1/2 bis 3/4 Grad vom Korpus weggeführt. Die Regel besagt, je größer der Steg bei einer Stahlsaiten-Gitarre ist, desto mehr Druck üben die Saiten auf die Decke aus, was wiederum die Lautstärke des Instruments erhöht. Ist der Halswinkel jedoch zu steil, kann der zusätzliche Druck dazu führen, dass die Decke sich wölbt, besonders bei solchen Modellen, die wenig strukturelle Unterstützung haben. Einige Hersteller, die Dreadnought-Modelle für das Bluegrass-Flatpicking bauen und großen Wert auf Lautstärke legen, erhöhen den Halswinkel noch ein wenig mehr, als das bei kleineren Gitarren üblich ist.

Weil der Winkel jedoch allgemein recht flach ist, können sich schon geringe Unterschiede merklich auf die Bespielbarkeit der Gitarre auswirken. Mit der Zeit beugt sich die Korpusdecke der konstanten Zugkraft der Saiten, so dass es am Halsansatz zu strukturellen Veränderungen kommen kann, z. B. zu einer sehr hohen Saitenlage. Wenn das passiert, muss der Hals abgenommen und im ursprünglichen Winkel wieder eingesetzt werden. Bei Stahlsaiten-Gitarren sollte man alle 20 bis 30 Jahre mit solch einer Reparatur (engl. Neck reset) rechnen.

2.5.2 Klassische und Flamenco-Gitarren

Klassische Gitarren werden mit den gleichen Halswinkeln gebaut wie Westerngitarren, etwa zwischen einem 1/2 und 3/4 Grad. Weil Nylonsaiten jedoch wesentlich weniger Zugkraft auf das Instrument ausüben, wird eine Halsreparatur, wie bei einer Stahlsaiten-Gitarre, kaum notwendig werden, was schon deshalb positiv ist, weil der Spanische-Fuß-Halsansatz bei diesen Instrumenten solch einen Eingriff sehr erschweren würde.

Flamenco-Gitarren werden meistens mit einem noch flacheren Halswinkel gefertigt als klassische Gitarren. Der Grund liegt darin, dass die Decken dieser Instrumente wesentlich weniger Unterstützung durch niedrigere Zargen haben, und auch die tiefer liegenden Stege und Sättel verhindern, dass die Decke sich wölbt. Dazu kommt, dass die Saiten aufgrund des tiefer gesetzten Stegs näher an der Decke liegen, was dem Spieler ein perkussives Anschlagen von Saite und Decke wesentlich erleichtert. Diese Taps sind ein wesentlicher Bestandteil des Flamenco-Stils.

Der Gitarrenbauer Thomas Humphrey hat das so genannte „Millenium Model" entwickelt, eine Gitarre mit einem negativen (!) Halswinkel. Bei diesem Modell verjüngen sich die Korpusseiten auf dem Weg zum Halsansatz, d.h. sie werden schmaler. Der Hals verläuft relativ hoch über der Decke, und die Bünde sind in eine Griffbrett-Erweiterung über der Decke gearbeitet. Die Hals zeigt also schräg auf die Decke der Gitarre, wodurch die Saiten – ähnlich einer Harfe – ebenfalls in einem Winkel schräg von oben Zugkraft auf Steg ausüben. Das frei schwebende Griffbrett erleichtert zudem den Zugang zu den hohen Bünden.

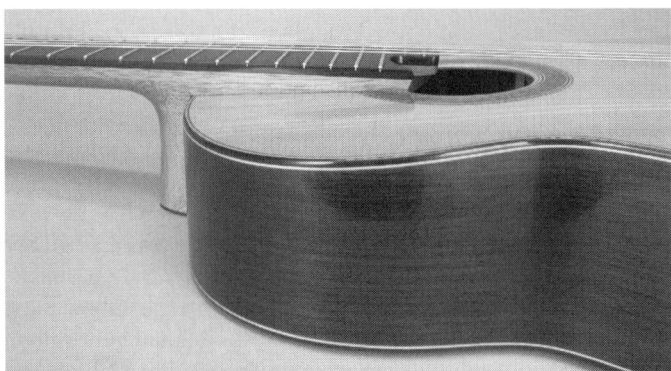

Abb. 2.19: Ein negativer Halswinkel bei einer Cervantes Kopie einer Humphrey Millenium Gitarre

2.5.3 Archtops – Jazzgitarren

Bei Jazzgitarren ist der Druck, den die Saiten ausüben, nach unten gerichtet, statt wie bei Westerngitarren Zug nach oben auszuüben. Weil es eines größeren Drucks bedarf, eine Decke nach unten zu drücken, haben Archtops einen Halswinkel von etwa 2,5 Grad. Diese Tatsache zusammen mit einem hoch angelegten Steg und einem Trapeze-Saitenhalter übt jedoch erheblichen Druck nach unten aus.

2.6 Das Griffbrett
(engl. Fretboard, fingerboard)

Der Begriff Griffbrett hat im Englischen die Pendants Fingerboard oder Fretboard, die beliebig austauschbar scheinen. Geht es allerdings um Gitarren, so ist der Ausdruck Fretboard der korrektere. Denn Instrumente aus der Violinenfamilie besitzen zwar Fingerboards, jedoch wird kaum eines davon mit Bünden gefertigt. Griffbretter sind am Korpusende des Halses breiter und verjüngen sich zum Sattel hin. Bei einigen Modellen, wie zum Beispiel der Selmer/Maccaferri-Gitarre mit einem 12-Bund-Halsansatz, ist das Griffbrett auf der Diskantseite erweitert und verläuft über einen Teil der Decke. Diese Verlängerung des Griffbrettes macht das Greifen höherer Noten leichter, als es mit einem Standard-Griffbrett der Fall ist.

2.6.1 Materialien

Für Griffbretter verwenden Gitarrenbauern am liebsten afrikanisches Ebenholz, auch Gabon-Ebenholz genannt, denn es ist verwindungssteif, so dass ein Hals stabil bleibt, und sehr dicht, was eine schnelle Abnutzung verhindert. Die meisten Ebenhölzer sind schwarz, einige zieren aber auch braune Streifen, was so manchen Gitarrenbauer dazu anregt, das Holz einzuschwärzen, damit es eine gleichmäßige Färbung aufweist. Indisches Palisander, ein Holz, das wesentlich billiger ist, kommt an zweiter Stelle. Palisander ist zwar auch recht steif und dicht, doch es nutzt sich eher ab als Ebenholz. Ein Palisander-Griffbrett färben Gitarrenbauer fast nie, sie belassen es in seiner natürlichen dunkelbraunen Färbung. Einige Spieler behaupten, dass ein Griffbrett aus Ebenholz einer Gitarre einen helleren, brillanteren Klang verleiht, als Griffbretter aus anderen Hölzern, doch wenn das überhaupt stimmt, dann nehmen die meisten Leute solch einen subtilen Unterschied nicht wahr. Es ist allgemein üblich, dass Hersteller billiger Gitarren auf eine recht weiche, preisgünstige Holzart für das Griffbrett zurückgreifen und es dann schwarz einfärben, damit man es für Ebenholz hält.

Griffbretter für akustische Gitarren werden niemals lackiert. Afrikanisches Ebenholz (der botanische Name ist Diospyros crassiflora) sollte man nicht mit Macassar-Ebenholz (diospyros celebica) verwechseln. Das letztere ist ein weniger dichtes Holz aus Indonesien, das manchmal für den Korpusbau herangezogen wird.

Die Firma Martin hat damit begonnen, ein synthetisches Material mit Namen Micarta für die Griffbretter ihrer 16er Serie zu verwenden. Dieses Material stellt eine sehr gute Wahl dar, denn es ist steif, widerstandsfähig und besitzt dennoch eine weiche Oberfläche. Doch man muss abwarten, ob Gitarristen dieses neue, ungewöhnliche Material akzeptieren werden. Ovation fertigt schon lange Griffbretter aus schwarzem Walnussholz, das mit einem künstlichen Harz behandelt wird. Die Firma ist überzeugt, dass das die Abnutzung erheblich vermindert.

2.6.2 Der Radius

Die Griffbretter fast aller modernen Stahlsaiten-Gitarren weisen eine leichte Wölbung auf. Diese Wölbung wird als ein Ausschnitt eines Kreises kalkuliert, dessen halber Durchmesser normalerweise zwischen 25,45 und 43,18 cm liegt. Je kleiner dieser Radius ist, desto stärker ist die Wölbung des Griffbrettes. Viele Gitarristen sind der Meinung, dass Barré-Akkorde auf einem gewölbten Griffbrett leichter zu spielen sind als auf einem flachen Griffbrett, dass ein flaches Griffbrett aber andererseits das Ziehen von Saiten erschwert. Hersteller von Westerngitarren begannen in den 1920er Jahren, ihre Gitarren mit gewölbten Griffbrettern auszustatten. Doch viele ältere Modelle, besonders die mit einem Hals/Korpus-Übergang am 12. Bund, besitzen flache Griffbretter. Bluesgitarristen, die Bottleneck- oder Slide-Stil spielen, ziehen flache Griffbretter vor, weil hier die Saiten alle auf gleicher Höhe liegen. Hersteller neuer Reso-

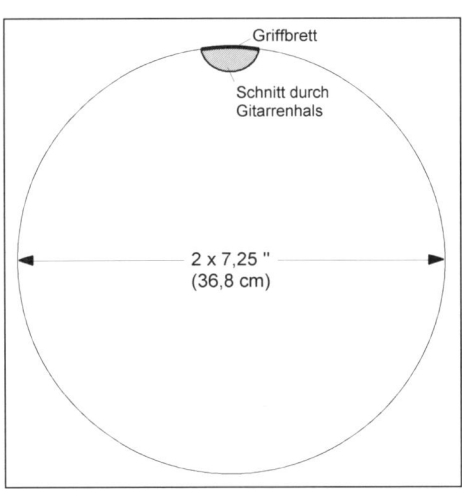

Griffbrett

Schnitt durch Gitarrenhals

2 x 7,25 "
(36,8 cm)

Abb. 2.20: Der halbierte Durchmesser wird Radius genannt

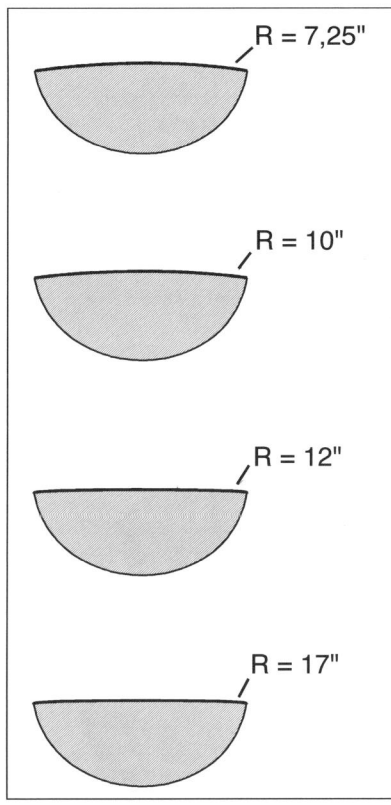

R = 7,25"

R = 10"

R = 12"

R = 17"

Abb. 2.21: Vier verschiedene Variationen des Radius

nanzgitarren wie National oder Beltona, die von vielen Bluesgitarristen bevorzugt werden, rüsten ihre Instrumente immer noch mit flachen Griffbrettern aus. Klassische und Flamenco-Gitarren besitzen traditionell flache Griffbretter, allerdings weisen heutzutage einige Modelle, die für das Jazzspiel gedacht sind, gewölbte Griffbretter auf. Einige progressive Gitarrenbauer wie Thomas Humphrey bauen klassische Gitarren mit gewölbten Griffbrettern.

2.6.3 Positionsmarkierungen

Griffbretteinlagen können sehr einfache Punkte sein, aber auch mit äußerst komplexen, anspruchsvollen Mustern aufwarten. So faszinierend solche komplizierten Arbeiten auch sein mögen, lenken sie doch von ihrer eigentlichen Aufgabe ab, nämlich dem Spieler anzuzeigen, wo er sich auf dem Hals befindet. Einlagen, die dem Gitarristen die Orientierung erleichtern sollen, werden Positionsmarker genannt. Sie befinden sich normalerweise am 5,. 7., 9., 12., 15. und 17. Bund. Es ist nicht unüblich, solche Marker auch am 1. und 3. Bund zu platzieren. Einige Hersteller markieren den siebten Bund gesondert, z. B. mit einem Doppelpunkt, um die Dominante zur leeren Saite anzuzeigen, sowie am 12. Bund, um die Oktave hervorzuheben. Bei den Modellen der Firma Selmer findet man eine Markierung am zehnten Bund statt des neunten, doch die allermeisten heutigen Gitarrenbauer, die in dieser Tradition arbeiten, setzen diese Markierung am neunten Bund.

Viele Jahre lang haben Gitarrenbauer ihre Westerngitarren mit simplen Perlmutt-Punkten oder kleinen diamantartigen Einlagen versehen. Doch in letzter Zeit haben es Computer unterstützte Fräsen ermöglicht, wesentlich vielfältigere Formen und Muster zu günstigeren Preisen anzubieten. Hersteller von Archtop-Gitarren benutzen zumeist große Rechtecke, die „Blök-ke" genannt werden, statt Punkten.

Abb. 2.22: Rechteckige Griffbretteinlagen aus Perlmutt und Abalone bei einer Guild D-55 (links) sowie einfache Perlmutt-Punkte bei einer Taylor 414CE

Die Griffbrettseite, die dem Spieler zugewandt ist, wird in den allermeisten Fällen mit kleinen Punkten versehen (engl. Edge dots), die an den gleichen Bundpositionen wie die Griffbretteinlagen angebracht werden. Bei klassischen und Flamenco-Gitarren sind Einlegearbeiten auf dem Griffbrett nicht üblich, doch viele sind mit Orientierungspunkten an der Griffbrettseite ausgestattet.

2.6.4 Einlegematerialien

Das am häufigsten verwendete Material für Einlegearbeiten ist Perlmutt, denn es nutzt sich kaum ab, und seine weißliche Färbung setzt sich gut gegenüber einem dunklen Griffbrett ab. Perlmutt, im Englischen Mother of

Pearl oder auch MOP genannt, wird aus dem inneren Schalenüberzug von Austernmuscheln gewonnen. Obwohl es in den meisten Fällen eine weiße Färbung aufweist, ist es auch in einem goldenen oder rauchgrauen Muster erhältlich. Eine weitere häufig benutzte Muschelart ist Abalone, die eine große Auswahl an Färbungen bietet, darunter rot, grün, blau und purpur. Der bevorzugte Teil einer Abalone-Muschel ist der Bereich, an dem die Muschel selbst befestigt ist. Dieser Teil wird „das Herz" genannt und ist durch ein sehr farbenreiches, schillerndes Muster gekennzeichnet.

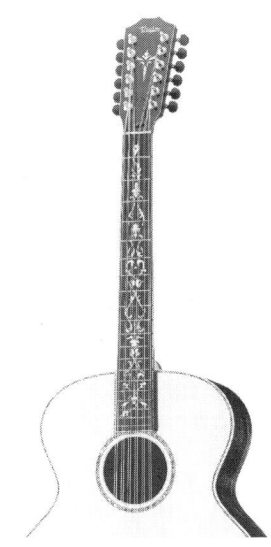

Abb. 2.23: Griffbretteinlagen können sehr aufwändig und äthestisch sein, wie hier bei einer Custom Goodall KJKC und einer Taylor aus der Presentation-Serie

Weniger teure Gitarrenmodelle werden oft mit Kunststoffeinlagen ausgeliefert, die wie Perlmutt aussehen. Dieser Kunststoff wird auch für andere Produkte eingesetzt, eine Tatsache, die diesem Plastik eher abwertende Bezeichnungen eingebracht haben wie „Mother of Toilet Seat" oder „Mother of Dinette Set".

In den letzten Jahren haben einige Hersteller ein Material mit dem Namen AbaLam entdeckt, einem Stoff aus natürlichem Abalone und Epoxidharz. AbaLam ist in viel größeren Stücken erhältlich als natürliches Abalone, was es wiederum beliebt in Werkstätten macht, die in größeren Stückzahlen arbeiten. Einige Gitarrenbauer wie Grit Laskin oder der Einlagespezialist Larry Robinson arbeiten mit unterschiedlichen Materialien inklusive Edel-

Abb. 2.24: Gibson J-200 - die Einfassung des Griffbretts ist aus Kunststoff gearbeitet

steinen, wie Jade, Lapis Lazuli und Achat, verschiedenen Hölzern, Edelmetallen wie Gold und Silber, und sogar synthetischen Materialien wie Corian.

2.6.5 Einfassung
(engl. Binding)

Es gibt drei Arten, das Griffbrett einer Gitarre einzufassen. Die älteste Methode besteht darin, die Ränder des Griffbrettes mit einem Streifen Holz zu umrahmen, das dem des Griffbrettes ähnlich ist bzw. farblich zu ihm passt. Diese Methode, die man zumeist bei Nylonsaiten-Gitarren antrifft, verdeckt die Bundenden und lässt das Griffbrett sehr sauber und abgeschlossen aussehen. Auf die beiden anderen Methoden trifft man eher bei Stahlsaiten-Gitarren.

Die erste ist die Gibson-Methode. Hier stoppt das Bundende an der Einfassung, das hier einen kleinen erhöhten Bereich besetzt, der die Bundenden sauber abdeckt. Die meisten anderen Hersteller entscheiden sich jedoch für eine Methode, bei der der Teil des Bunddrahtes abgeschnitten wird, der über die Einfassung hinaus ragt. Diese Enden werden dann mit der Einfassung plan geschliffen. Wenn bei einer Gibson-Gitarre die Bünde ausgetauscht werden, dann wird das immer im so genannten Martin-Stil getan, und die kleinen, für Gibson typischen Köpfe der Einfassung werden abgefeilt.

Bei Westerngitarren passt die Einfassung farblich immer zu der des Korpus und der Kopfplatte.

Abb. 2.25: Die aufwändige Einfassung einer Vintage-Archtop

2.7 Der Stahlstab

(engl. Truss rod)

Ein Stahlstab ist eine Form von Verstärkung, die in den Hals einer Gitarre eingelassen wird, um der Zugkraft der Saiten entgegenzuwirken. Er kann aus Metall, Carbon-Fiberglas oder dichtem Holz wie z. B. Ebenholz gefertigt sein. Halsstäbe können passiv, d. h. nicht einstellbar sein, wie im Fall eines Ebenholzstabes oder eines künstlichen Materials, oder aktiv, wie bei den einstellbaren Metallstäben in fast allen Stahlsaiten-Gitarren.

2.7.1 Geschichte

Schon seit Anfang des 18. Jahrhunderts haben Gitarrenbauer mit verschiedenen Formen der Halsverstärkung experimentiert. Die ersten Halsstäbe bestanden lediglich aus einem Streifen Ebenholz. Da die Spannkraft der Darmsaiten damals keine große Spannung ausübte, genügte diese Methode völlig. Viele Gitarrenbauer von damals wie auch solche, die heute klassische und Flamenco-Gitarren fertigen, legen keinen Wert auf eine Verstärkung des Halses.

Als aber amerikanische Gitarrenbauer zu Beginn des 19. Jahrhunderts anfingen, Stahlsaiten-Gitarren herzustellen, stellten sie fest, dass Ebenholzstäbe unter der Zugkraft der Saiten nachgaben. Anfangs gestalteten die Firmen die Hälse einfach dicker, damit sie dem Druck standhalten konnten. Doch dadurch fielen sie wiederum zu klobig aus, und die Bespielbarkeit litt. Irgendwann in den frühen 1920er Jahren erfand ein Gibson-Angestellter namens Ted McHugh den einstellbaren Stahlstab, der es Gibson ermöglichte, die Hälse ihrer Gitarren schlanker zu gestalten. In den frühen 1930er

Jahren entwickelte Epiphone ihr eigenes Stahlstab-Design und vermarktete es unter der Bezeichnung „Thrust rod", statt dem üblichen „Truss rod".

Im Allgemeinen entschieden sich Gitarrenbauer aber für Stäbe, die nicht einstellbar waren. Als Gibsons Patent Anfang der 1950er Jahre jedoch ablief, wechselte jeder Gitarrenhersteller außer Martin zu diesem Design. Martin hatte es nie besonders eilig, Neuerungen einzuführen. Die Firma benutzte noch bis in die frühen 1930er Jahre Stäbe aus Ebenholz, erst dann führte man nicht-justierbare Metallstäbe in Form eines T ein. Diese wurden bis 1967 beibehalten und dann von eckigen Stäben abgelöst. Erst ab 1985 verwendete auch Martin endlich Stahlstäbe, die justiert werden konnten.

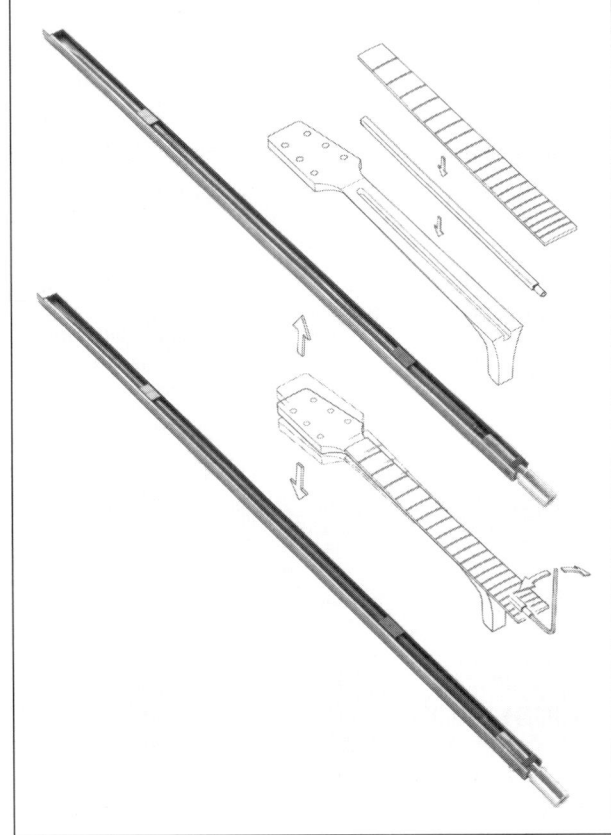

Abb. 2.26: Moderne Einstellstäbe (Truss rods)

In den 1980er Jahren begannen Gitarrenbauer auch, sich für Materialien aus der Weltraumforschung wie Carbon-Fiberglas und Graphit zu interessieren. Solche Stäbe sind zwar nicht verstellbar, dafür aber sehr stabil. Diese Materialien werden von größeren Firmen zwar immer noch sehr zögerlich eingesetzt, aber kleine Gitarrenbauer wie Rick Turner und Thomas Humphrey greifen solche Ideen gerne auf.

Bei manchen billigen Gitarrenmodellen weist ein Aufkleber darauf hin, dass das Instrument einen mit Stahl verstärkten Hals besitzt (engl. Steel reinforced neck). Doch das heißt noch lange nicht, dass es sich dabei auch um einen verstellbaren Stahlstab handelt!

2.7.2 Funktion

Die meisten justierbaren Stahlstäbe funktionieren auf die gleiche einfache Weise. Ein Ende des Stabes ist entweder am Halsansatz oder nahe dem Griffbrett verankert, während das andere mit einer Schraube oder einer Mutter abschließt. Der Stab, der etwas gebogen verläuft, ist in eine kanalähnliche Vertiefung eingelegt, die in den Hals unter das Griffbrett gefräst wurde. Wird der Stab gelöst, ziehen die Saiten den Hals in einer weichen Wölbung nach vorne. Diese Wölbung nennt man im Amerikanischen „Relief". Wird die Stabmutter angezogen, spannt sich der Stab leicht, was wiederum dazu führt, dass der Hals nach hinten gedrückt wird. Er dehnt sich und wird gerader.

Stahlstäbe sind nicht in erster Linie dazu entwickelt worden, den Halswinkel oder die Saitenlage zu verändern. Das letztere erreicht man, indem man den Sattel und den Steg höher oder tiefer einstellt. Doch manchmal, wenn man neue Saiten mit anderer Stärke aufzieht, muss man den Stahlstab justieren, um die Veränderung in der Saitenspannung zu kompensieren. Vorsicht: Ziehen Sie den Stahlstab zu sehr an, kann er brechen oder aber die Mutter kann abreißen. Außerdem kann sich sein Gewinde abnutzen, beides Dinge, die bei einer Reparatur sehr teuer kommen können.

2.7.3 Verschiedene Designs

Beim Gibson-Design des Stahlstabes sitzt das eine Ende fest im Halsansatz, und das andere justierbare Ende schließt mit einer Mutter ab. In die Kopfplatte ist eine kleine Vertiefung eingefräst, so dass die Mutter erreichbar ist. Meist ist sie unter einem Stahlstab-Plättchen verborgen. Weil Gibson sich dieses Design hatte patentieren lassen, mussten sich andere Hersteller ihre eigenen Konstruktionen einfallen lassen. Sein System „Thrust rod"-System entwickelte Epiphone in den 1930er Jahren. Hier wurde das eine Ende in Sattelnähe fest verankert, das andere justierbare Ende befand sich an der Korpusseite des Griffbretts. 1952 wechselte Epiphone dann zu einem System, das ebenfalls am Sattelende eingestellt wurde. In den späten 1970er Jahren belebte Ovation die Idee, den Stahlstab am Korpusende des Griffbretts einzustellen. Hier verlief der Stab innerhalb einer Rille aus Aluminium, dem so genannten Kaman-Bar, was später zu K-Bar abgekürzt wurde und nach dem Gründer der Firma benannt ist.

In den frühen 1980er Jahren begannen auch japanische Hersteller wie Takamine ein ähnliches Stahlstab-System mit einer U-förmigen Aluminium-Röhre zu verwenden. Weil der Stahlstab durch das Schallloch eingestellt wird, muss der Gitarrenbauer nicht Teil der Kopfplatte ausfräsen, damit die Mutter dort erreichbar ist. So wird diese sensible Stelle nicht weiter geschwächt. 1985 begann auch Martin, eine ähnliche Konstruktion in ihre Modelle einzubauen. Obwohl diese Firma nicht ein einziges System erfand, bei dem man den Stahlstab durch das Schallloch justiert, wird diese Konstruktion allgemein als die Martin-Methode bezeichnet.

Abb. 2.27: Bei Martin und vielen anderen Firmen erfolgt der Zugang zum Truss-Rod durch das Schallloch

Einige kleine Gitarrenbauer wie Collings, Ted Thompson und die Santa Cruz Guitar Company wenden ein abgeändertes System der Martin-Methode an. Bei ihren Gitarren findet die Justierung tatsächlich im Halsansatz statt, und die Mutter ist nur über das Schallloch mit Hilfe eines speziellen

Schraubenschlüssels erreichbar. Es gibt einige Gründe, die für diese Konstruktion sprechen. Der erste besteht darin, dass bei der normalen Martin-Konstruktion ein kleines Loch in die Zarge unter dem Griffbrett gebohrt werden muss, was diese Stelle instabiler und schwächer macht. Der zweite Grund ist, dass Justierungen des Stahlstabes normalerweise ein Unterfangen ist, das sehr viel Feingefühl verlangt. Gitarrenbauer sind der Meinung, dass solch ein Eingriff besser von geschultem Personal vorgenommen werden sollte, als von einem darin relativ ungeübten Laien, der dadurch möglicherweise sogar den Hals ruinieren kann. Aus diesem Grund wird der Eingriff bewusst erschwert. Beide Methoden funktionieren sehr gut, und keine der beiden hat gegenüber der anderen einen entscheidenden Vorteil.

In den 1960er Jahren verlegte Guild in den Hälsen ihrer Zwölfsaiten-Gitarren zwei Stahlstäbe nebeneinander. Das ermöglichte die separate Justierung der durch den erhöhten Saitenzug besonders beanspruchten Bassseite des Halses. Einige Hersteller haben mit einem beidseitigen Stahlstab experimentiert, bei dem beide Enden eingestellt werden können.

2.7.4 Nicht-justierbare Hälse

Vor der Erfindung einstellbarer Stahlstäbe in den frühen 1920er Jahren hatten alle Gitarren Stäbe, die nicht justierbar waren, wenn den Hälsen überhaupt irgendeine Art von Verstärkung zugedacht war. Klassische Gitarren besaßen seit den frühen 1900er Jahren normalerweise eine Einlage aus Ebenholz, doch die geringe Spannung der Nylonsaiten machte das nicht zwingend erforderlich. Einige zeitgenössische Gitarrenbauer, wie Greg Smallman und Thomas Humphrey setzen einen oder zwei Stäbe aus Carbon Fiberglas ein, um dem Hals mehr Steifheit zu verleihen. 1985 war Martin die letzte große Herstellerfirma, die zu einem System mit justierbaren Stahlstäben überging. Trotzdem stellt sie jedes Jahr einige wenige D-28 Modelle her, die über nicht einstellbare Stäbe verfügen. Dies sind spezielle Bestellungen von Gitarristen, die exakte Kopien der Modelle aus den 1930er Jahren wünschen.

Ebenfalls in den 1930er Jahren entwickelte Mario Maccaferri eine Konstruktion mit zwei nicht verstellbaren Platteneinlagen für die von Selmer hergestellten Gitarren. Die Firma stellte diese Konstruktionsweise aber Mitte der 1940er Jahre ein und fertigte die Hälse aus massivem Palisander. Die meisten Gitarrenbauer, die ihre Instrumente in der Selmer-Tradition bauen, benutzen heute justierbare Stahlstäbe, die über das Schallloch erreichbar sind.

2.8 Bünde
(engl. Frets)

Bünde sind die kleinen Metallstäbe, die in das Griffbrett eingearbeitet werden. Sie dienen als Auflagepunkt für die gegriffenen Saiten und bestimmen deren Tonhöhe. Im 17. Jahrhundert bestanden Bünde noch aus Darmstreifen, die am Griffbrett festgebunden wurden. Im frühen 18. Jahrhundert wurden diese Darmbünde durch kleine Streifen aus Knochen oder Elfenbein abgelöst, die wiederum in den späteren Dekaden des Jahrhunderts durch Metallstäbchen ausgetauscht wurden. Metallbünde sind auch heutzutage der Standard.

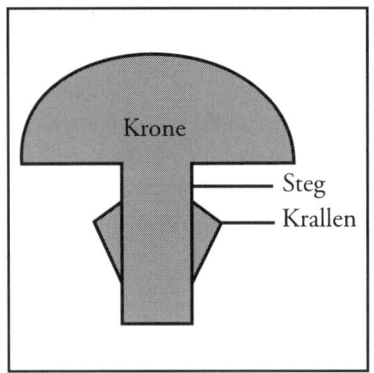

Abb. 2.28: Querschnitt durch einen Bund

Akustische Gitarren haben typischerweise 21 Bünde, allerdings gibt es auch Cutaway-Modelle, die ein oder zwei Bünde mehr aufweisen. Ein moderner Bund besteht aus zwei Teilen. Der so genannte Steg (engl. Tang) ist der untere Teil, der in die vorgearbeitete Rille im Griffbrett passt. Er besitzt kleine Erweiterungen, die sich in das Holz krallen. Die so genannte Krone ist der sichtbare Teil, auf den die Saiten niedergedrückt werden.

Abb 2.29: Bei Martin werden die Bünde mittels einer pneumatischen Maschine eingepresst

Abb. 2.30: Bei dieser Hernandez Konzertgitarre erlaubt ein verlängertes Griffbrett Zugang zu ein paar mehr Bünden

2.8.1 Bundmaterial

Moderne Bundstäbchen werden aus einer Mischung aus Nickel und Stahl hergestellt, das Nickelsilber oder auch deutsches Silber genannt wird – und das, obwohl es eine Metalllegierung ist, die keinerlei Silber enthält. Nickelsilber lässt sich recht gut bearbeiten, ist aber trotzdem so widerstandsfähig, dass Bünde eine lange Zeit halten, bevor sie aufgrund von Abnutzung ausgetauscht werden müssen. Manche billigen Gitarren besitzen Messingbünde, ein Metall, das sich recht schnell abnützt. Diese Bünde sind leicht an ihrer bronzenen Farbe zu erkennen. Einige elektrische Gitarren wie etwa die des Herstellers Parker besitzen rostfreie Stahlbünde, doch weil diese im Griffbrett eingeklebt werden müssen, sind sie bei akustischen Instrumenten noch rar.

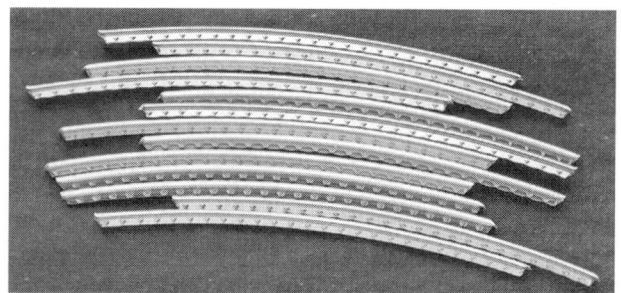

Abb. 2.31: Bunddrähte

Der Gitarrenbauer Boaz Elkayam hat mit Bünden aus Delrin, einem Nylonderivat experimentiert. Er ist der Meinung, dass dieses Material die

Nebengeräusche reduziert, die entstehen, wenn die Saiten auf Metallbünde aufschlagen. Außerdem soll es die Lebensdauer der Saiten und der Bünde verlängern. Den Anstoß für seine Versuche mit Delrin erhielt Elkayam vom Gitarrenbauer Richard Schneider, der das Material für seine, im Kasha-Stil gebauten Instrumente verwendete.

2.8.2 Größe

Um sich jedem Spielstil anzupassen, ist die Krone eines Bundes in verschiedenen Größen und Höhen erhältlich. Wie alles im Leben ist die Wahl der Bundgröße eine Frage von Geben und Nehmen, von Vor- und Nachteilen. Im Allgemeinen fördern hohe Bünde einen helleren, strahlenden Klang, während niedrigere Bünde zu einem etwas dumpferen Sound beitragen, dafür aber eine schnellere Spielgeschwindigkeit und eine tiefe Saitenlage begünstigen. Schmale Bünde fördern eine gute Intonation, während breitere Bundstäbchen das Ziehen der Saiten (etwas) erleichtern. Die meisten akustischen Gitarren werden mit Bünden ausgeliefert, die in Bezug auf Höhe und Breite einen goldenen Mittelweg beschreiten. Klassische Gitarren haben etwas breitere Bünde, während Jazzgitarren, besonders elektrifizierte Modelle mit Tonabnehmern, breitere, höhere Bundstäbchen besitzen.

2.8.3 Moderne Bünde mit Steg und Vintage-Bundstäbchen

Die frühesten Metallbünde bestanden lediglich aus einem dünnen Metallstreifen, der im Griffbrett eingelassen wurde. Mit dieser Art von Bünden, die im Englischen „Barfrets" heißen, wurde jede Gitarre vor etwa 1900 ausgerüstet. In den 1890er Jahren wurde dann der moderne Bundstab mit einem Steg erfunden (der Name des Erfinders ist nicht überliefert). Um die älteren Bünde einzubauen, bedurfte es schon eines gewissen Könnens. Die Nut musste auf die exakte Tiefe gefräst werden, sonst stand der Bund zu hoch über dem Griffbrett oder er lag zu tief. Außerdem musste die Rille die korrekte Breite besitzen, sonst hing der Bundstab zu lose im Griffbrett. War sie nicht breit genug, passte er überhaupt nicht hinein.

Bünde mit Steg lösten diese beiden Probleme. Durch ihre T-Form, ist es so gut wie unmöglich, die falsche Höhe einzustellen. Der Gitarrenbauer muss sie nur solange vorsichtig in die Nut hämmern, bis sie exakt sitzen. Dazu kommt, dass sich die kleinen Krallen des Steges in das Holz beißen, so dass es relativ einfach ist, moderne Bundstäbchen einzubauen. Darüber hinaus vermittelt die abgerundete Oberfläche ein besseres Spielgefühl als die eher kantigen Barfrets, die in ihrem Äußeren an Bahnschienen erinnern.

Doch obwohl die modernen Bünde leichter einzubauen sind und die allermeisten Spieler das bessere Spielgefühl bevorzugen, haben die alten Bundstäbchen zwei Vorteile. Erstens, wenn diese Bundstäbchen korrekt eingelassen sind, erhöhen sie die Steifheit des Halses. Zweitens sind die alten Bundstäbchen aus einer viel härteren Metalllegierung gefertigt als die modernen T-Bünde. So hat die Firma Martin bis 1934 gewartet, bis sie sich für T-Bünde entschied, also fast ein viertel Jahrhundert nach ihren Mitbewerbern. Das bedeutet, dass die ersten Modelle der berühmten 14 Bund OM-Instrumente noch mit den altmodischen Bundstäbchen ausgeliefert wurden. Der Hals dieser Modelle war so steif, dass man keine Stahlstäbe benötigte, und die Bünde selbst waren so hart, dass sie jahrzehntelang gespielt wurden, ohne dass sie ausgetauscht werden mussten. Eric Schoenberg ist einer der wenigen zeitgenössischen Gitarrenbauer, die auch heute noch die alten Bundstäbe benutzt. Man kann sie als Sonderbestellung für alle seine Gitarrenmodelle bekommen.

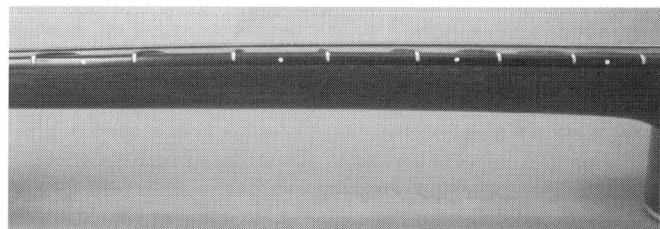

Abb. 2.32: Das Griffbrett dieser Vintage-Martin wurde mit Barfrets bestückt

2.9 Die Mensur
(engl. Scale length)

Mit Mensur bezeichnet man den frei schwingenden Teil einer Saite zwischen dem Sattel und dem Steg. Im Allgemeinen kann man sagen: je länger die Mensur, desto lauter klingt die Gitarre. Die größere Spannkraft wirkt sich auf die Höhenübertragung besonders aus, doch das Instrument wird aufgrund der größeren Saitenspannung schwerer zu bespielen sein. Außerdem liegen die Bünde etwas weiter auseinander.

Die Mensur wird vom Auflagepunkt der Saite auf dem Sattel gemessen, und weil Westerngitarren schräg eingesetzte Stege besitzen, wird der Messpunkt zwischen der dritten und vierten Saite festgelegt. Oder man misst vom Sattel bis zum 12. Bund und verdoppelt dann diesen Wert. Weil Westerngitarren ihren Ursprung in Amerika haben, wird die Mensur normalerweise in Zoll angegeben. Andererseits wird die von klassischen Gitarren in Zentimetern gemessen, diese wurden schließlich in Europa entwickelt.

24 in = 609,6 mm	650 mm = 25.59 in
24.75 in = 628,7 mm	660 mm = 25.98 in
25.5 in = 647,7 mm	664 = 26.14 in

2.9.1 Einige Standardmensuren

Obwohl es theoretisch möglich ist, Gitarren mit jedweder Mensur zu bauen, haben sich einige wenige Standardmaße eingebürgert bzw. haben sich Gitarrenbauer und Spieler auf diese Maße verständigt. In der Welt der Stahlsaiten-Gitarren, wie den Dreadnoughts und den Jumbos hat sich eine Mensur von 25.4" (= 64,5 cm) etabliert, diese ist als „lange Mensur" (engl. Long scale) bekannt. Einige Hersteller wie Collings strecken diese zu 25.5", um ihren Instrumenten einen etwas helleren Klang zu verleihen. Auch einige kleinere Modelle wie die OM und die zwölfbündige 000 besitzen eine 25.4"-Mensur. Viele Instrumente mit kleinerem Korpus, wie die Concert und Grand Concert, aber auch manche Dreadnoughts von Gibson, weisen kürzere Mensuren von 24.9" (= 63,24 cm) auf. Taylor gehört zu den wenigen Firmen, die auch Grand-Concert-Modelle mit einer langen Mensur von 25.4" bauen. Auch Selmer-Gitarren mit 12 Bünden haben eine 25.4"-Mensur, während 14-Bund-Instrumente eine extralange Mensur von 26.5" (= 67,31cm) besitzen.

Im Reich der klassischen Gitarren sind die Mensuren seit den 1930er Jahren stetig gewachsen. Im frühen 19. Jahrhundert haben Gitarrenbauer wie Stauffer und Panormo Instrumente gebaut, die Mensuren zwischen 60 oder 62 cm aufwiesen. In den 1850er Jahren baute Torres Konzertgitarren mit Mensuren zwischen 63,5 und 65 cm. Diese Mensurmaße hatten ungefähr ein Jahrhundert lang Gültigkeit, bis Jose Ramirez eine Mensur von 66,6 cm einführte. Er wollte eine Gitarre bauen, deren Klang laut genug für einen Konzertsaal war. Obwohl diese Mensur eine Zeitlang populär war, sind viele Gitarrenbauer und Spieler inzwischen wieder zu der 65 cm-Mensur zurückgekehrt.

2.9.2 Fanned Frets – Fächer-Griffbrett (Novax etc.)

Viele Gitarristen bevorzugen das Spielgefühl, das eine kurze Mensur vermittelt, wo es zum Beispiel leichter ist, die Saiten zu ziehen. Andererseits sagt ihnen auch die wuchtige Basswiedergabe zu, die für eine lange Mensur charakteristisch ist. Der kalifornische Gitarrenbauer Ralph Novak entwickelte ein so genanntes Fächergriffbrett, um diese beiden Bedürfnisse zu vereinen. Seine Griffbretter zeichnen sich dadurch aus, dass die Bünde für die hohen Saiten enger zusammen liegen und zur Bassseite hin ausfächern. Auch der Sattel und der Steg sind schräg eingearbeitet und verleihen der Gitarre im Grunde genommen zwei Mensuren, eine kürzere für die hohen Saiten, um das Saitenziehen zu erleichtern, und eine für die Basssaiten, um einen volleren, tieferen Klang zu erzeugen. Obwohl diese Griffbretter auf den ersten Blick sehr fremdartig aussehen, gewöhnt man sich als Spieler schnell an sie. Novak selbst stellt zwar keine akustischen Gitarren her, doch hat er seine Fächergriffbretter an einzelne Gitarrenbauer wie Rick Turner und Jeff Traugott lizensiert.

2.10 Intonation

Mit dem Begriff Intonation wird die Eigenschaft einer Gitarre beschrieben, auf der ganzen Länge des Halses Töne in passender Stimmung zueinander und zu erzeugen. Im Westen benutzen wir das Wohltemperierte Tonsystem, das eine Oktave in eine Skala von 12 gleichen Tonintervallen bzw. Halbtönen einteilt. Intonation ist eine komplizierte Materie, und ein Gitarrenbauer, der eine Gitarre anfertigt, muss zahlreiche Variablen einbeziehen,

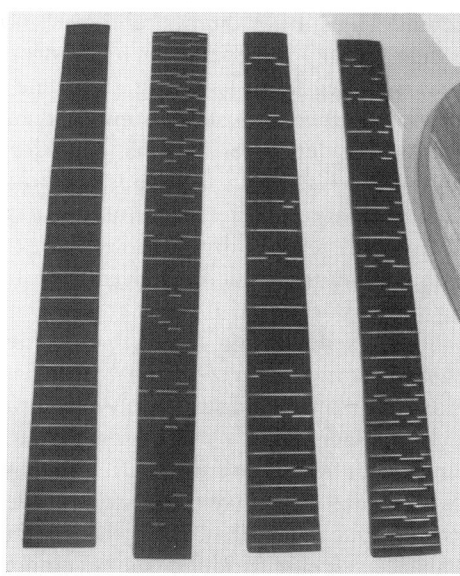

Abb. 2.33: Griffbretter mit speziellen Bünden für mikrotonale Musik

damit die Intonation seines Instruments in sich stimmt. Dazu gehören die Saitenstärken, die Mensur, die Saitenlage, der Halswinkel und die Höhe des Sattels. Gitarrenbauer benutzen eine Reihe von Methoden, um die Gitarre so einzustellen, dass sie in der richtigen Stimmung gespielt werden kann. Der wichtigste Schritt, um die richtige Intonation zu gewährleisten, besteht darin, die korrekte Position der Bünde festzulegen. Bei modernen Gitarren ist das für gewöhnlich kein Problem. Doch es gibt billige Exemplare, bei denen die Bundabstände nicht korrekt eingehalten worden sind. Weil jede Saite einen anderen Durchmesser besitzt, müsste eigentlich jede eine etwas andere Mensur haben. Bei vielen Stahlsaiten-Gitarren ist der Steg deshalb ein wenig schräg in die Brücke eingelassen, so dass der Auflagepunkt für die tiefe E-Saite etwas nach hinten und der für die hohe E-Saite etwas weiter nach vorne gesetzt ist.

Dies ist ein einfacher Versuch, das Problem der Intonation in den Griff zu bekommen. Manche Gitarrenbauer gehen noch weiter und verwenden einen Steg, bei dem die G-Saite etwas weiter vorne und die H-Saite eine Idee weiter hinten aufliegt, um das Instrument in sich noch stimmiger zu machen. Jazzgitarren hatten schon immer besondere Stege, die solche Unterschiede mit Hilfe von einzelnen Saitenreitern im Steg ausglichen. Der Steg bei klassischen Gitarren ist immer gerade eingesetzt. Der Grund ist, dass Nylonsaiten keine solchen Unterschiede im Durchmesser aufweisen wie Stahlsaiten. Sie brauchen also keinen derartigen Ausgleich.

2.10.1 Das Buzz-Feiten-System

Das wahrscheinlich am weitesten entwickelte Intonationssystem für eine Gitarre wurde vom Amerikaner Buzz Feiten entwickelt, einem Studiogitarristen, der der Ansicht war, dass die Intonation seiner Gitarren noch wesentlich verbessert werden könnte. Feiten führte eine Reihe von Kalkulationen durch, die auf Saitenstärke und Mensur beruhten, und die einem Gitarrenbauer genau anzeigen, wie weit der Steg für jede Saiten nach vorne oder hinten verschoben werden muss. Der Steg selbst ist kantig, statt rund, um der Saite einen noch exakteren Auflage- und damit Intonationspunkt zu geben. Feitens System setzt auch voraus, dass der Sattel etwas näher an den ersten Bund versetzt wird. Zusammen mit den mechanischen und strukturellen Veränderungen, rät Feiten auch zu einer temperierten Stimmung des Instruments. Statt sich exakt an die vorgeschriebenen Intervalle zu halten, (ver)stimmt er einige Saiten eine Idee nach unten, andere wiederum etwas mehr nach oben, abhängig von der Saitenstärke und ihrer Mensur. Der japanische Hersteller Korg bietet ein spezielles Stimmgerät an, das eine Gitarre nach dem Buzz-Feiten-System stimmt. Das Buzz-Feiten-System ist nur auf einigen wenigen neuen Serien-Gitarren erhältlich, z. B. von Washburn und Garrison, doch jede Gitarre kann nachträglich auf dieses System umgerüstet werden. Das sollte man jedoch versiertem und autorisiertem Fachpersonal überlassen. Weil der Einsatz dieses Systems strukturelle Veränderungen an der Gitarre nach sich zieht, die nicht mehr rückgängig gemacht werden können, sollte man sich solch eine Modifikation bei einem Vintage-Modell besonders gut überlegen, denn dies wirkt in den meisten Fällen wertmindernd.

3 Saiten

3.1 Saitentypen

Wenn Musiker über Gitarren diskutieren, wird das Thema Saiten meist stiefmütterlich behandelt. Dabei sind sie doch eigentlich der wichtigste Teil des Instruments, schließlich sind es die Saiten, die man drückt, greift, zupft, anschlägt, zieht und manchmal sogar streichelt, um die Gitarre zum Singen und Klingen zu bringen. Und ohne Saiten ist eine Gitarre lediglich ein seltsam geformter Kasten. Saiten sind so wichtig, dass das Material, aus dem sie gefertigt werden, die beiden Gattungen von Akustikgitarren definiert: jene Instrumente, die für Stahlsaiten gebaut sind und jene, die mit Nylonsaiten bespannt werden.

Für Anfänger kann die Nomenklatur der Saiten etwas verwirrend sein, und auch manch fortgeschrittener Spieler steht damit auf Kriegsfuß. Die Benennung der Saiten erfolgt nach dem Material, das für die glatten Saiten sowie für den Kern der umsponnenen Saiten verwendet wird, nicht jedoch nach dem Wicklungsdraht, mit dem der Kern umgeben wird. Da der Saitenkern der drei Basssaiten bei einem handelsüblichen Set für Klassikgitarre aus Nylonseide besteht und die drei Diskantsaiten aus einem Nylonmonofil erzeugt werden, bezeichnet man sie als Nylonsaiten. Und weil bei den mit Messing oder Bronze umsponnenen Saiten der Kern und die zwei dünnen Diskantsaiten aus reinem Stahl bestehen, nennt man sie folgerichtig Stahlsaiten.

3.1.1 Stahlsaiten

Zwar experimentierten Gitarrenbauer schon im 16. Jahrhundert mit draht-bespannten Instrumenten – die Cister, auch Englische Gitarre genannt, die Bandora und das Orpharion sind alles frühe Verwandte der Gitarre, die mit

Metallsaiten bespannt wurden –, trotzdem ist die moderne Stahlsaiten-Gitarre ein Produkt des 20. Jahrhunderts. Stahlsaiten-Gitarren lassen sich in drei Kategorien unterteilen: Archtop-Gitarren, Flattop-Gitarren mit Bauformen wie etwa der Dreadnought, und jene Gitarren, die im Stil von Selmer/Maccaferri gebaut und manchmal auch als Zigeuner-Jazzgitarren bezeichnet werden. Spezialinstrumente wie die zwölfsaitige, die Harfen- und die Tenorgitarre werden fast immer mit Stahlsaiten bestückt, ebenso Resonator-Modelle wie etwa solche von National und Dobro. Diese Gitarren sind ganz verschieden, aber bei allen ist die Besaitung im Grunde identisch.

3.1.2 Glatte Saiten, Saitenkern und Wicklungsmaterial

Stahlsaitensätze enthalten fast immer eine Kombination aus glatten und umsponnenen Saiten. Die nicht umwickelte Saite ist lediglich ein Stück glatter, unlegierter Hartstahl, der mitunter zum Schutz vor Korrosion verzinnt ist. Bei C.F. Martins SP-Serie und D'Addarios EXP-Serie haben die Diskantsaiten eine Messingauflage. An einem Ende wird der Saite ein kleines Metallröllchen eingezwirbelt, das so genannte Ballend.

Die umwickelten Saiten bestehen aus drei Teilen: Kern, Wicklung und Ballend. Flattop-Gitarren, die für Stahlsaiten ausgelegt sind, haben in der Regel einen Steg mit Endpins. Die Saite wird mit dem Ballend in ein Loch im Steg eingeführt und mit einem kleinen Stift aus Plastik, Holz, Metall (Messing) oder (bei manchen Gitarren aus dem 19. und dem frühen 20. Jahrhundert) aus Knochen oder Elfenbein festgeklemmt. Die Saitenhalterung (Tailpiece) von Archtop- und Resonator-Gitarren dient ebenfalls zur Aufnahme von Stahlsaiten mit

Abb. 3.1: In Rollen werden die Drähte für die Saitenproduktion in der Martin-Fabrik angeliefert

Ballends. Stahlsaiten können auch in einer Schlaufe enden, doch kommt dieser Saitentyp vornehmlich bei Banjos und Mandolinen und nur sehr selten bei Gitarren zum Einsatz. Die einzigen Gitarren, die normalerweise mit solchen Schlaufensaiten bestückt werden, sind jene, die in der Selmer/Maccaferri-Tradition stehen. Das Tailpiece dieser Instrumente ist insofern etwas Besonderes, weil man sowohl Saiten mit Ballends als auch solche mit Schlaufen aufziehen kann.

Abb. 3.2: Ein Blick in D'Addarios Saitenfabrik

Der Wickelkern der umsponnenen Saite besteht aus einem rund oder sechseckig gezogenen Stahldraht. Bei einem runden Kern kann die Wicklung fester aufgebracht werden, was ihr Sustain angeblich verbessert und die Biegsamkeit erhöht, wie manche Spieler behaupten. Der runde Kerndraht war noch vor einigen Jahrzehnten Standard, ist aber heutzutage relativ selten zu finden. Die Firma DR gehört zu den ganz wenigen Herstellern, die noch Rundkern-Saitensätze für Akustikgitarre fertigen. Ihre „Sunbeams" sind bei Besitzern von Vintage-Gitarren beliebt, die sich Saiten wünschen, welche möglichst genau der Originalbesaitung ihrer ursprünglichen Instrumente entsprechen sollen. Da die Wicklung bei mangelhafter Fertigungsqualität von einem Rundkern abrutschen oder sich aufdröseln kann, sind die meisten Saitenmanufakturen auf einen sechseckigen Wickelkern umgestiegen. Die Kanten des Kerndrahts sorgen hier für einen sicheren Halt der Wicklung und verhindern, dass sie durchrutscht. Alle namhaften Firmen, ob nun amerikanische wie D'Addario, GHS und Dean Markley oder europäische wie Pyramid und Galli verwenden einen sechseckigen Kerndraht, und man darf mit Gewissheit annehmen, dass heutzutage alle umsponnenen Saiten – wo nicht anders gekennzeichnet – auf diese Weise hergestellt werden.

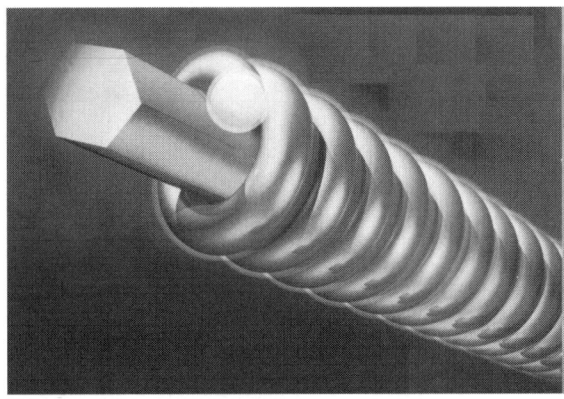

Abb. 3.3: Eine EXP-Saite von D'Addario mit hexagonalem Kern

Die österreichische Firma Thomastik-Infeld produziert eine Saite mit einem geflochtenen Stahlkern, der dem Kern mancher Geigensaiten ähnelt. Diese Saiten, die unter dem Namen Thomastik verkauft werden, vereinen die Biegsamkeit des Seidenkerns von umsponnenen Nylonsaiten mit der tragfähigen Klangbrillanz von Stahlsaiten. Eine kleine amerikanische Firma namens Rohrbacher stellt Saiten mit einem Kern aus Titan her, der die Vorteile eines runden und eines eckigen Kerns miteinander kombiniert. Nachteil: Titan ist deutlich teurer als Stahl!

Für die Herstellung der Wicklung eignen sich eine Reihe von Metallsorten. Das mit Abstand beliebteste Material für Akustikgitarren ist jedoch Bronze, die es in unterschiedlichen Legierungen gibt. Alternativ dazu finden auch Nickel, Kupfer mit Silberauflage, Gold sowie Stahl Verwendung, der, was nicht unerwähnt bleiben soll, bei akustischen Flattop-Gitarren selten verwendet wird.

3.1.3 Bronzestahlsaiten

Die Wicklung bei 80/20 Bronzesaiten besteht aus 80% Kupfer und 20% Zinn. Diese Saiten haben eine hell goldgelbe Farbe und einen klaren, tragenden Ton. Bei 85/15 Bronzesaiten ist das Verhältnis 85% Kupfer und 15% Zinn. Sie klingen etwas wärmer als 80/20 Bronzesaiten und sind aufgrund des höheren Kupfergehalts im Farbton etwas dunkler. 80/20 Bronzesaiten sind die Standardausrüstung für viele Gitarrenbauer, und die meisten Neuinstrumente werden damit ausgeliefert.

3.1.4 Messing-Stahlsaiten

Die für die Wicklung von Messingsaiten verwendete Legierung kann, je nach Hersteller, ein Kupfer/Zinkverhältnis zwischen 80/20% und 60/40% aufweisen. Messingsaiten haben einen sehr brillanten, obertonreichen Ton und halten etwas länger als 80/20 Bronzesaiten, ehe ihre Klangqualität nachlässt. Mit dem Wort Messing assoziiert man unter Klangaspekten nicht nur Gutes, daher bezeichnen sie viele Hersteller als Bronze oder weichen gelegentlich auch auf Namen wie Bell Bronze (Glockenbronze) oder Bright Bronze aus.

3.1.5 Phorphorbronze-Stahlsaiten

Saiten aus Phosphorbronze bestehen zumeist aus einer Legierung von 90% Kupfer und 10% Zinn, der noch im geschmolzenen Zustand während des Veredlungsprozesses Phosphor beigemischt wird. Der Phosphoranteil macht die Saiten geringfügig härter und widerstandsfähiger gegen Korrosion. Phosphorbronze-Saiten klingen etwas weicher als 80/20 Bronze- oder Messingsaiten und halten länger. Auch ist ihre Farbe etwas dunkler als bei 80/20 Bronzesaiten. Obwohl sie ein bisschen teurer als Messing- oder 80/20 Bronzesaiten sind, dürften Saiten aus Phosphorbronze wohl der meistverkaufte Stahlsaitentyp in den Musikgeschäften sein.

3.1.6 Nickelstahlsaiten

Der Großteil der unter der Bezeichnung Nickel vermarkteten Saiten besteht eigentlich aus einer vernickelten Stahllegierung. Da Stahl ein Eisenmetall ist, eignet es sich gut für den Einsatz von Magnettonabnehmern, weshalb vernickelte Saiten eine gute Wahl für Flattop-Gitarren mit im Schallloch montierten Pickups und elektrifizierte Archtop-Gitarren darstellen. Vernickelte Saiten haben einen sehr weichen, fast dumpfen Ton und werden üblicherweise nicht auf Flattops ohne Magnettonabnehmer aufgezogen. Mancher Musiker mit einer sehr brillant klingenden Gitarre, etwa einer Archtop, sieht jedoch in vernickelten Saiten eine Möglichkeit, seinem Instrument zu einem etwas wärmeren Sound zu verhelfen.

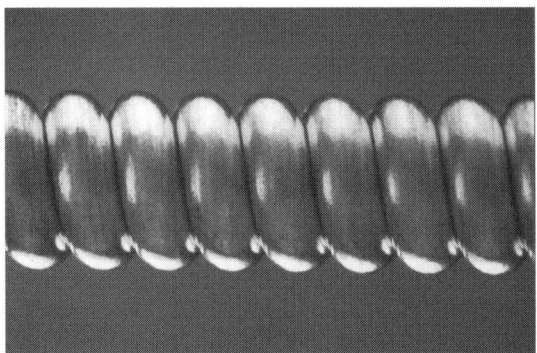

Abb. 3.4: Eine unschliffene Saite in Großaufnahme

Saiten mit einer Umwicklung aus reinem Nickel werden in sehr dünnen Stärken für Elektrogitarre hergestellt, sind allerdings nur selten in dickeren Stärken für Akustikgitarre zu finden. Dickere Nickel- oder nickelbeschichtete Saiten werden mitunter als Jazzsaiten bezeichnet. DR produziert einen ungewöhnlichen Saitensatz namens „Zebras", bei dem die Saiten abwechselnd mit Strängen aus vernickeltem Stahl und Phosphorbronze umsponnen sind. Diese Zebras sind gut für Magnettonabnehmer geeignet, zeichnen sich aber trotzdem durch einen brillanten Akustikton aus.

3.1.7 Flatwounds (Geschliffene Saiten)

Flatwounds sind Stahlsaiten, die anstatt mit einem Runddraht mit einer bandähnlichen Wicklung umsponnen sind. Bei Flatwounds treten kaum Greifgeräusche auf, sie haben aber auch einen recht dumpfen Klang. Akustikgitarristen, die eine Flattop spielen, ziehen fast nie geschliffene Saiten auf. Andererseits stehen manche Archtop-Spieler – vor allem Jazzmusiker, die Magent-Tonabnehmer verwenden – auf den weichen Sound.

3.1.8 Halfrounds (Halbgeschliffene Saiten)

Bei Halfround-Saiten, manchmal auch als Groundwounds bezeichnet, wird ein normaler rundumwickelter Saitensatz sorgfältig angeschliffen und poliert. Obwohl das Ergebnis einer Flatwound-Saite ähnelt, besitzen Halfrounds mehr von der Klarheit und Tiefenansprache eines regulären Roundwound-Saitensatzes. Halbgeschliffene Saiten sind bei Gitarristen beliebt, die viel Zeit im Studio zubringen und Greif- und Rutschgeräusche vermeiden wollen.

3.1.9 Beschichtete Saiten

Infolge von Schmutz, Hautabrieb und Fingerschweiß klingen umsponnene Saiten wesentlich früher dumpf, als es nötig wäre. Zu Beginn der 1980er Jahre experimentierte man bei Kaman, der Mutterfirma von Ovation, mit teflonbeschichteten Saiten, doch mit den damals verfügbaren Technologien war ein dauerhafter Auftrag des Teflons nicht möglich und so zog man sie vom Verkauf zurück.

Einige Jahre später entwickelte W. L. Gore & Associates (jene Firma, die auch das wasserdichte Goretex-Gewebe herstellt) ein Verfahren, bei dem die Saiten mit einem Polymer namens Polyweb beschichtet werden. Ihre neuen Saiten bekamen den Namen Elixir, und sie erlangten rasch große Beliebtheit, speziell als Firmen wie Taylor ihre neuen Gitarren mit ihnen auszurüsten begannen. Die Polyweb-Beschichtung wird nach der Umspinnung des Kerns auf die Saiten aufgebracht – etwa so, wie man einen Strumpf über ein Bein zieht –, wodurch verhindert wird, dass sich Schmutz und Schweiß in den Wicklungen festsetzen. Zudem sorgt die Beschichtung der Saiten für verringerte Griffgeräusche.

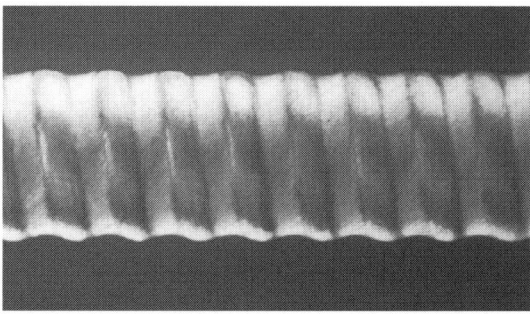

Abb. 3.5: In Großaufnahme ist die Beschichtung der Elixir-Saite gut zu erkennen

Manche Spieler hatten den Eindruck, der Klang wäre durch die Polyweb-Beschichtung etwas matter. Daher entwickelte W.L. Gore die dünner beschichteten Nanoweb-Saiten, die zwar denselben Fertigungsprozess wie die Polywebs durchlaufen, allerdings mit deutlich geringerem Materialauftrag.

D'Addario verwendet für ihre Saiten der EXP-Series ein ähnliches Verfahren, wobei hier der bronzene Wicklungsdraht bereits vor Umspinnen des Kerns beschichtet wird. Die EXPs klingen brillanter als die Elixirs, da jedoch die Beschichtung nicht die „Lücken" zwischen den Wicklungen füllt, sind hier die Greifgeräusche deutlicher vernehmbar. Beschichtete Saiten sind mittlerweile so beliebt, dass die meisten Manufakturen ihre eigenen Versionen eines beschichteten Saitentyps anbieten. Ein paar Herstellerfirmen haben inzwischen auch beschichtete Nylon-Basssaiten im Angebot.

3.1.10 Seide und Stahl

Saiten aus Seide und Stahl sind ein Mittelding aus Nylon- und Stahlsaiten. Der Name rührt daher, dass der Kern der umsponnenen Saiten eine Kombination aus einem ganz dünnen Kerndraht und einem Seiden- oder Nylonfaden ist. Wie bei einer umsponnenen Nylonsaite besteht auch hier die Wicklung aus versilbertem Kupfer, obgleich GHS auch einen Satz mit einer Umwicklung aus Phosphorbronze namens „Silk and Bronze" im Programm hat. Die beiden Diskantsaiten sind aus glattem Stahl.

Saiten aus Seide und Stahl besitzen eine geringere Spannung als gewöhnliche Stahlsaiten, die aber immer noch höher ist als die von normalen Nylonsaiten. Sie liefern einen warmen, runden Ton, der sich gut für Fingerpicking eignet. Aufgrund ihrer geringeren Spannung harmonieren sie gut mit filigranen Parlor-Gitarren aus dem frühen 20. Jahrhundert wie etwa jenen der Firmen Martin und Washburn. Für die Verwendung auf einer normalen Klassikgitarre sind sie aber immer noch zu dick.

Viele Leute glauben, dass Savarez-Argentine-Saiten (ein Saitensatz, der üblicherweise auf Selmer/Maccaferri-Gitarren zum Einsatz kommt), aus Seide und Stahl bestehen, doch dies ist ein Irrtum. Argentines und andere, in ähnlicher Weise hergestellte Saiten, sind sehr dünne Stahlsaiten mit einer versilberten Kupferumspinnung. Der Kern enthält keine Seide.

3.1.11 Kryogenisch behandelte Saiten

Unter Kryogenie versteht man einen Prozess, bei dem die Saiten in einem computergesteuerten Kühlaggregat mit flüssigem Stickstoff bis auf eine Temperatur von -196 Grad Celsius gekühlt werden. Dort bleiben die Saiten rund 15 Stunden lang und werden anschließend langsam wieder auf Raumtemperatur gebracht. Viele Gitarristen meinen, dass dieser Prozess die Molekularstruktur des Metalls verändert und die Lebensdauer der Saiten erhöht. Auch behaupten sie, die kryogenisch behandelten Saiten hätten ein besseres Sustain und reinere Höhen. Dean Markley machte dieses Verfahren mit ihren Blue-Steel-Saiten populär, inzwischen haben aber auch viele andere Saitenfabrikanten solche „Tiefkühlsaiten" im Programm. Das Verfahren funktioniert nur bei Metall und kann bei Nylonsaiten nicht angewendet werden.

3.1.12 Darmsaiten

Die ersten Saiten für Akustikgitarren wurden aus Därmen hergestellt. Auch wenn das Material mitunter die Bezeichnung „Catgut" (Katzendarm) trägt, mussten hierfür die Innereien von Schafen herhalten. In den 1940er Jahren verdrängten Nylonsaiten auf breiter Front die Darmsaiten. Trotzdem werden sie noch von manchen Spielern verwendet, insbesondere jenen, die sich mit alter Musik beschäftigen. Darmsaiten reagieren empfindlich auf Klimaänderungen – sie ziehen die Feuchtigkeit an und klingen bei zunehmender Luftfeuchte dumpf, wogegen sie bei fallender Luftfeuchtigkeit austrocknen und sogar reißen können. Doch wenn die klimatischen Bedingungen stimmen, überzeugen sie durch einen sehr klaren Ton mit reichlich Sustain, den viele Musiker nach wie vor für den perfekten Klang halten. Dank der wachsenden Beliebtheit der Laute in Ensembles für alte Musik und dem Wunsch, frühe Klänge so authentisch wie möglich nachzubilden, sind Darmsaiten nun wieder erhältlich. La Bella gehört zu den wenigen großen Saitenherstellern, die Darmsaiten für Klassikgitarre serienmäßig im Programm führen.

3.1.13 Glatte Nylonsaiten

Um 1945 brachte Albert Augustine auf Drängen von Andres Segovia die erste Klassikgitarrensaite aus Nylon auf den Markt. Segovia war auf der Suche nach einer Saite, die zwar den Klang einer Darmsaite, nicht jedoch deren Probleme hinsichtlich Klima und Haltbarkeit haben sollte. Mittlerweile ist Nylon erste Wahl für die nicht umsponnenen Saiten von Klassikgitarren, und im Laufe der Jahre haben die Saitenhersteller immer wieder Mittel und Wege zu ihrer Verbesserung ersonnen. Glatte, unbehandelte Nylonsaiten haben einen hellen, klaren Ton, jedoch aufgrund kleinster Schwankungen im Durchmesser nicht unbedingt eine gleichbleibend gute Intonation über die gesamte Länge. Manche Hersteller haben ein Verfahren entwickelt, bei dem die Saite durch eine Reihe immer kleinerer Metallösen gezogen wird, um so ihre konstante Dicke zu gewährleisten. Dieser Vorgang, den man als Homogenisierung bezeichnet, verbessert zwar die Intonation, beschert der Saite andererseits aber einen etwas weicheren Klang und eine rauere Oberfläche.

Manche Spieler, vor allem Flamenco-Gitarristen, bevorzugen schwarze

Diskantsaiten anstelle von transparenten. Der schwarze Farbstoff, der während des Fertigungsprozesses beigemengt wird, macht die Saite etwas steifer, wodurch manche höheren Obertöne etwas klarer klingen.

Etliche Saitenhersteller haben neben Nylon auch mit anderen Polymeren für die Diskantsaiten experimentiert. Da viele dieser Polymere keine so einprägsamen Markenprädikate wie Nylon, Delrin oder Kevlar besitzen, sondern vielmehr mit ihrem chemischen Formelnamen bezeichnet werden, umschreiben Saitenhersteller sie oft mit vagen Aussagen wie „Polymer der 4. Generation". Das ist zwar nicht unbedingt hilfreich, aber immer noch besser als sich den Kopf zu zerbrechen, was denn wohl ein Adipinsäure-Hexamethylendiamin-Harz sein mag (was übrigens die chemische Bezeichnung für Nylon ist).

Der Unterschied zwischen den neuen Polymeren und Nylon kann sehr subtil ausfallen, jedoch bietet Zyex, eines der wenigen Polymere mit einem leicht zu merkenden Namen, in einem Punkt einen klaren Vorteil. D'Addario setzt bei der dritten Saite der LP-Composite-Series-Sätze auf das Material Zyex. Die Zyexsaite hat einen kleineren Durchmesser als eine normale G-Saite aus Nylon, was ihr einen brillanten Ton verleiht, der die Klangunterschiede zwischen den glatten und den umsponnenen Saiten reduzieren hilft. Savarez fertigt eine G-Saite mit einem kunststoffummantelten Nylonkern, bei der viele Spieler das Gefühl haben, dass sie für einen ausgewogenen tonalen Übergang von den umwickelten zu den glatten Saiten sorgt.

3.1.14 Umsponnene Nylonsaiten

Die drei umsponnenen Saiten haben in der Regel einen Kern aus ganz dünnen Nylonfasern, auch „Floss" genannt, welche die Seidenfäden, wie sie früher üblich waren, abgelöst haben. Der Nylonfloss wird zumeist mit versilbertem Kupferdraht umsponnen. Manchmal ist der Wicklungsdraht auch mit einer Goldauflage versehen, was der Gitarre einen wärmeren Klang verleiht. Da Gold nicht so leicht anläuft wie Silber, haben vergoldete Saiten eine deutlich längere Lebensdauer als versilberte, was die höheren Kosten zum Teil aufwiegt. Durch Variieren von Wicklungsstärke und Kerndurchmesser können die Saitenhersteller eine Vielzahl unterschiedlicher Spannungen und Klangfarben realisieren. Da Klassikgitarren leichter gebaut sind als Stahlsaiten-Gitarren, können sich bereits kleine Veränderungen der Saitenspannung und des Wicklungsmaterials drastisch auf den Ton auswirken. Es ist nicht ungewöhnlich, dass Musiker in dem Bestreben, den optimalen Klang aus ihrer Gitarre herauszuholen, für die Diskantsaiten die eine Saitenmarke und für die Basssaiten eine ganz andere verwenden. Das ist auch der Grund, weshalb bei Klassikgitarrensaiten Diskant- und Basssaiten separat erhältlich sind. Zudem ist es praktisch, weil die umwickelten Saiten viel schneller ihre Brillanz verlieren als die glatten. So ist es für einen Musiker eine Kleinigkeit, nur die Basssaiten zu wechseln und die oberen Saiten noch etwas länger draufzulassen.

Sowohl die Bass- als auch die Diskantsaiten von Nylonsätzen werden im Allgemeinen um den Steg geknüpft. Allerdings wurden manche Gitarren aus dem 19. Jahrhundert mit Pinbridges ähnlich denen ausgestattet, wie man sie auf modernen Stahlsaiten-Gitarren findet. In diesem Fall sollte man das Ende der Saite verknoten, das dann in das Loch im Steg gesteckt und mittels eines kleinen Stifts aus Holz, Knochen oder Elfenbein festgeklemmt wird. Manche Saitenhersteller fertigen auch Nylonsaiten mit Ballends. Diese werden mitunter als Folksaiten angeboten und so gut wie nie auf Gitarren für klassische Musik aufgezogen.

3.1.15 Diskantsaiten aus Kohlenstoff

Die neueste Innovation bei Klassikgitarrensaiten stellt die Einführung von so genannten Karbon-Diskantsaiten dar. Das Material ist eigentlich kein Karbon.

3.1.16 Polierte Basssaiten

Spielgeräusche auf den umsponnenen Basssaiten sind der Albtraum jedes Klassikgitarristen, insbesondere im Studio, wo jedes Geräusch verstärkt und für die Nachwelt festgehalten wird. Manche Saitenhersteller haben daher auch einen Satz mit leicht angeschliffenen und polierten Basssaiten im Angebot, bei denen die äußere Rundung der Wicklung entfernt wurde. Durch diese Prozedur werden die gefürchteten Geräusche drastisch vermindert, während sich der Klang nicht merklich verändert. D'Addario kombiniert ihre polierten Basssaiten mit einem Kern aus Zyexfloss.

Sätze mit polierten Basssaiten kosten deutlich mehr als solche mit rund gewickelten, aber da sie länger ihre Vitalität behalten, sind sie in den Augen vieler Spieler langfristig der bessere Kauf. GHS fertigt einen Saitensatz namens „Vanguard Classic", bei dem die mit einer Wicklung aus reinem Nickel rund umsponnenen Basssaiten gewalzt werden, wodurch sie die grundlegenden Proportionen von polierten Basssaiten erhalten. Die Vanguard Classics gehören außerdem zu den ganz wenigen Saitensätzen für Klassikgitarre, die eine metallumsponnene G-Saite enthalten.

3.2 Saitenstärken und -spannung

Stahlsaiten sind in den Stärken „extra-light", „light", „medium" und „heavy"
erhältlich. Die Saitendurchmesser werden selbst in jenen Ländern, die das
metrische System verwenden, in tausendstel Inch (Zoll) angegeben. Die
Saitenstärken werden z. B. mit .012 oder .056 beschrieben. Obwohl es
keinen einheitlich gültigen Standard gibt, soll Ihnen die nachfolgende
Tabelle eine Vorstellung von den gängigen Saitenstärken der meisten
Saitensätze geben, die sich größtenteils innerhalb eines Bereichs von einem
oder zwei tausendstel Inch der angebebenen Größen bewegen. Bei all diesen
Sätzen sind die beiden ersten Saiten glatt und die restlichen umsponnen.

Extra-light:	.010	.014	.022	.030	.038	.048
Light:	.012	.016	.024	.032	.042	.053
Medium:	.013	.017	.026	.034	.045	.056
Heavy:	.014	.018	.027	.039	.049	.059
Bluegrass:	.012	.016	.024	.034	.045	.056

Manche Saitenhersteller haben eine so genannte „Bluegrass Gauge" im
Angebot: eine Kombination von dünnen Diskantsaiten, die sich beim
Solospiel gut ziehen lassen, und mitteldicken Basssaiten, welche die nötige
Lautstärke und Durchsetzungskraft für die beliebten „G-Runs" besitzen.
Zwar bieten einige wenige Hersteller auch Heavy-Gauge-Saiten an, doch
werden diese fast nie in der Standardstimmung auf Flattops verwendet.
Diese Heavys waren früher üblich, als es noch keine Tonabnehmer gab und
die einzige Möglichkeit, Flattop-Gitarren eine höhere Lautstärke zu entlo-
cken, in einem kräftigeren Anschlag bestand. Aber seit ungefähr 20 Jahren
ziehen die meisten Spieler höchstens noch Mediums als dickste Saiten auf.
Und so ist es auch nicht verwunderlich, dass viele Gitarrenbauer, die
Flattops mit dünner Deckenbeleistung produzieren, bei Verwendung von
Heavy-Saiten jegliche Gewährleistung ablehnen. Musiker, die mit Open
Tunings arbeiten, verwenden gelegentlich Heavy-Saiten. Wenn Sie dies
vorhaben, sollten Sie jedoch die Gitarre unbedingt tiefer als normal stimmen.

Allgemein gilt: je dünner die Saite, desto bequemer lässt sie sich spielen, aber
um so leichter scheppert oder schnarrt sie auf den Bundstäbchen. Fingerpicker
mit leichtem Anschlag verwenden in der Regel dünnere Saitenstärken. Wer
jedoch wie Swing-Gitarristen oder Bluegrass-Picker auch mal kräftiger
hinlangt, der muss dickere Saiten aufziehen, um das Schnarren zu minimie-

ren. Es gibt keine Faustregel, welche Saiten am besten zu einer bestimmten Korpusgröße passen. Im Allgemeinen fühlen sich jedoch größere Gitarren wie Jumbos und Dreadnoughts mit dickeren Saiten am wohlsten, während kleinere Instrumente wie OMs und 000s mit dünneren Saiten besser klingen.

Umsponnene Saiten, aus identischem Material und in derselben Stärke gefertigt, können sich dennoch in Klang und Handling merklich unterscheiden. Das liegt daran, dass die eine Saite vielleicht einen dünnen Kern und eine dickere Umwicklung aufweist, während es bei der anderen umgekehrt ist. Eine Saite mit einem dünneren Kern ist biegsamer, klingt brillanter und ist leichter zu ziehen. Ein dickerer Kern macht dagegen die Saite starrer, sie bekommt einen wärmeren Ton und hält auch etwas länger.

Nylonsaiten werden üblicherweise nach ihrer Härte (Spannung) und nicht nach ihrer Stärke gradiert. Das kommt daher, weil unterschiedliche Nylonmischungen bei gleichem Durchmesser fester oder steifer sein können als andere. Saitensätze aus Nylon werden als „light", „medium", „hard" oder „extra hard tension" angeboten. Manche Hersteller kennzeichnen ihren Medium-Satz auch als „normal tension". Wie bei Stahlsaiten gilt auch hier: je geringer die Spannung, desto leichter ist die Bespielbarkeit, aber um so eher schnarren die Saiten. Dickere Saiten lassen außerdem die Decke kräftiger schwingen und haben oftmals eine sattere Basswiedergabe.

3.2.1 Saiten für Spezialinstrumente

Die meisten „Exoten" in der großen Gitarrenfamilie wie etwa Tenor- und Baritongitarren, zwölfsaitige Gitarren, Hawaii- und Resonator-Gitarren verwenden Stahlsaiten, die der Besaitung normaler sechssaitiger Gitarren entsprechen. Mit dem einzigen Unterschied, dass die Wahl der Saitenstärke nach der typischen Stimmung des Instruments erfolgt.

Die Saiten für akustische Bassgitarren bestehen aus demselben Material wie umsponnene Stahlsaiten, nämlich einem sechseckigen Kerndraht mit einer Wicklung aus 80/20 Bronze oder Phosphorbronze. Auch sie sind in allen Stahlsaitenvarietäten erhältlich wie etwa halbgeschliffen, kryogenisch behandelt und beschichtet.

Wie die regulären Sätze für 6-Strings sind auch jene für 12-Strings in den Stärken „light" und „medium" erhältlich, allerdings entspricht hierbei die Saitenstärke „light" der 6-String-Stärke „extra-light" und der Medium-Satz basiert auf dem regulären Light-Satz. Dies gilt es zu beachten, wenn man einmal einen zwölfsaitigen Satz aus Einzelsaiten zusammenstellen muss.

Wer dann aus Gewohnheit hier zur Stärke „medium" greift, kann die Gitarre infolge des zu hohen Saitenzugs beschädigen.

Harfengitarren amerikanischer Herkunft wie die Gibson oder die Dyer sind meist für die Verwendung von Stahlsaiten ausgelegt. Europäische Harfengitarren, auch unter der Bezeichnung Kontragitarren bekannt, spiegeln ihre klassische Herkunft wider und sind im Allgemeinen für Nylonsaiten gebaut.

3.3 Saitenpflege

Saiten nutzen sich natürlich im Laufe der Zeit ab, allerdings gibt es eine Reihe von Tricks, mit denen man ihre Lebensdauer verlängern kann. Eine kleine Mühe, die sich lohnt: Wischen Sie die Saiten nach jedem Spielen mit einem Tuch ab. Damit werden Schweiß und Schmutz entfernt, die sich während des Spielens ablagern. Es empfiehlt sich, unbedingt einen sauberen, trockenen und fusselfreien Lappen zu verwenden, den man zwischen den Saiten und dem Griffbrett durchzieht.

Die umwickelten Saiten kann man auch leicht vom Griffbrett abheben und auf die Bünde schnalzen lassen. Hierdurch können Schmutzreste und Hautschüppchen gelockert werden, die sich in den Zwischenräumen der Wicklung festgesetzt haben.

Am besten ist trotz allem jedoch ein regelmäßiger Saitenwechsel, denn alte Saiten leiern aus, sie verlieren ihre Elastizität und lassen sich irgendwann nicht mehr stabil stimmen. Der alte Gitarristen-Trick, verbrauchte Stahlsaiten sauber auszukochen, lohnt daher nicht die Mühe.

Manche bedauernswerten Musiker haben einen ausgesprochen sauren Handschweiß und müssen daher ihre Saiten häufiger wechseln. Falls Ihre Saiten an den Griffstellen schon nach kurzer Zeit anlaufen, zählen Sie womöglich zu jenem Personenkreis.

# 4 Korpusformen

Obwohl es nur ganz wenige Gitarren gibt, die man für etwas völlig anderes halten könnte, kann man ob der Vielfalt an Größen und Formen durchaus verwirrt sein. Ihre grundlegende Sanduhrform lässt sich bis zu mittelalterlichen Instrumenten zurückverfolgen, doch wurde die Gitarre im Laufe ihrer Entwicklungsgeschichte in Form und Größe immer wieder an die Musikstile einer jeden Epoche angepasst. Während andere Elemente des Gitarrendesigns – wie etwa der Hals oder die Kopfplatte – zwar von gleicher Bedeutung sein mögen, ist es dennoch meist die Korpusform, auf die unsere Aufmerksamkeit bei der Identifizierung eines Instruments gelenkt wird. Nicht nur, dass dieser größte Bauteil der Gitarre dem Zuschauer als erstes auffällt, er ist auch ihr wichtigstes Klang prägendes Element. Als ein Balanceakt zwischen der Notwendigkeit, dass der Spieler sie halten muss, und dem Wunsch nach optimalem Klang stößt die Korpusform und -größe einer Akustikgitarre an mancherlei Grenzen. Dies hat jedoch Gitarrenbauer und Konstrukteure nicht davon abgehalten, eine schier unglaubliche Fülle von Optionen zu kreieren.

Beim Betrachten einer Akustikgitarre muss man sich vor Augen führen, dass ihre Korpusform lediglich einer von vielen Klang bestimmenden Faktoren ist. Eine unterschiedliche Deckenbeleistung, Holzauswahl und individuelle Details können eine Gitarre mit einer bestimmten Form im Gegensatz zu einem anderen Modell dramatisch anders klingen lassen, wodurch der Spieler oder Zuhörer rasch lernt, ein bestimmtes Gitarrendesign mit typischen Sounds oder Stilrichtungen zu assoziieren.

4.1 Formen und Größen bei Flattops

4.1.1 Dreadnought

Wer heute ein Gitarrengeschäft betritt, kommt nicht umhin festzustellen,

Abb. 4.1: Dreadnought-Korpusform, hier das Beispiel einer Huss & Dalton

dass die Dreadnought-Form die beliebteste aller Formvarianten ist. Benannt nach dem größten Kriegsschiff, das die Welt zur Zeit ihrer Premiere je gesehen hatte, zählt diese Bauform mit zu den größten im Akustikgitarrenbereich und kann als solche mit einer sehr hohen Lautstärke, Basswiedergabe und Spieldynamik aufwarten.

Die erste Dreadnought wurde 1917 von C. F. Martin unter dem Markennamen Ditson gebaut (Oliver Ditson war ein Großhändler aus Boston, der eine Instrumentenserie unter seinem eigenen Namen fertigen ließ). Zu einer Zeit, als die meisten Gitarren einen vergleichsweise kleinen Korpus besaßen, strebte Ditson nach einem Modell, das auch mit lauteren Instrumenten mithalten konnte, und das Konzept, mit dessen Verwirklichung er Martin beauftragte, ging voll auf. Bei einer Breite von 15 5/8" (39,7 cm) an der unteren Schulter umschloss der neue Korpus ein maximales Luftvolumen, indem er eine deutlich weniger ausgeprägte Taille und eine größere Korpustiefe verwendete als frühere Gitarren. Martin übernahm die lange 25.4"-Mensur (64,5 cm) vom 000-Modell jener Tage (es war bis dato die größte Gitarre der Firma), wodurch die Saiten die nötige Spannung erhielten, um solch ein großes Instrument in Schwingung zu versetzen. Aufgrund der geradezu spektakulären Fähigkeit der Dreadnought, in den unteren Klangregistern Druck zu machen, wurde sie zeitweilig sogar als Bassgitarre bezeichnet.

Obwohl Martin dem neuen Design mit einer typischen Dosis konservativer Skepsis begegnete, konnte die Firma nicht bestreiten, dass Ditsons Idee funktionierte. Deshalb nahm Martin das Dreadnought-Konzept 1931 unter seinem eigenen Namen ins Programm und schuf die inzwischen legendären

Modelle D-18 (mit Boden und Zargen aus Mahagoni) und D-28 (wie oben, nur aus Palisander). Nachdem man über mehrere Jahre hinweg Ditsons Konzept verfeinert hatte, waren Martins eigene Dreadnoughts aus dem Stand erfolgreich. Die Gitarren erfuhren im Lauf der Jahre zwar einige Modifizierungen (erwähnenswert ist hierbei vor allem der Wechsel zu einem 14-Bund-Hals im Jahr 1934 und zu einer „non-scalloped" Deckenbeleistung um die Mitte der 1940er Jahre), doch hat sich das grundlegende Konzept zur Basis des Firmenerfolgs entwickelt. (Wenn im Folgenden der Begriff 12- oder 14-Bund-Hals auftaucht, bedeutet das natürlich nicht, dass der Hals nur 12- oder 14 Bünde hat, sondern, dass der Hals/Korpus-Übergang am 12. bzw. 14. Bund stattfindet.)

Abb. 4.2: Die wichtigste Dreadnought aller Zeiten: Martins D-28

Als Antwort auf die stetige Nachfrage nach Dreadnoughts mit den ursprünglichen Maßen nahm Martin bereits 1976 „Vintage style"-Modelle ins Programm auf. Die Reise in die Vergangenheit beginnt bei der HD-28 mit ihren Herringbone-Randeinlagen und einem Scalloped Bracing (ausgehöhlte Deckenbeleistung) und endet gegenwärtig bei den Neuauflagen der Ur-Dreadnoughts aus der „Goldenen Ära" des Unternehmens. So können Musiker inzwischen unter nahezu allen Designs wählen, die im Lauf der Jahre jemals angeboten wurden.

Da man sich vom Hauptkonkurrenten nicht die Schau stehlen lassen wollte, dauerte es nicht lange, bis auch Gibson eine Gitarre im Dreadnought-Format anbot. Das 1934 vorgestellte Modell mit dem passenden Namen Jumbo wurde schließlich als die J-45 bekannt und zählt noch immer zu Gibsons beliebtesten Akustikgitarren. Wichtig ist hierbei, dass Gibsons Namensgebung Jumbo im zeitlichen Kontext gesehen werden muss, damit es keine Verwechslungen mit den späteren Jumbo-Gitarren der Baureihe J-200 gibt, die heute diesen Begriff defi-

Abb. 4.3: Gibsons „Round-Shoulder"-Dreadnought: die J-45

nieren (siehe Seite 116). Ein interessanter Aspekt bei Gibsons Design ist, dass die Firma zwar im Wesentlichen Martins frühe längliche Dreadnought-Form kopierte, jedoch den Halsfuß zum 14. Bund hin verlagerte, indem man den Steg nach vorn versetzte, anstatt die Korpusschultern zu verkürzen. Diese als Rundschulter-Dreadnought bezeichnete Form kam bei verschiedenen Gibson-Modellen zum Einsatz und wird auch fleißig von anderen Herstellern kopiert.

1960 brachte Gibson mit ihrem Modell Hummingbird eine Dreadnought mit geraden Schultern (engl. Square shoulder) auf den Markt, die in Wirklichkeit Martins Styling nach 1934 imitierte. Zur kunstvoll gestalteten Hummingbird, die noch heute produziert wird, gesellten sich bald die nicht minder aufwändige Dove, und mit Modellen wie der J-30, der J-40 und der Gospel hielt Gibsons Square-shoulder-Dreadnought-Korpus schließlich auch bei schlichteren, erschwinglicheren Modellen Einzug.

Obwohl es nicht leicht ist, Pauschalaussagen über die klanglichen Unterschiede zwischen gerad- und rundschultrigen Dreadnoughts zu treffen, kommen einem insbesondere bei der Diskussion über Martins und Gibsons ursprüngliche Designs doch einige Charaktereigenschaften in den Sinn. Während eine Dreadnought in Martin-Bauweise generell eine hervorragende Transparenz, eine druckvolle Wiedergabe und ein langes Sustain besitzt, zeichnen sich viele Instrumente in Gibson-Bauweise durch klare Mitten, wuchtig-knackige Bässe und eine gewisse „Trockenheit" im Sound aus, die schwer erklärbar ist, ohne dass man eine Gitarre als Demonstrationsobjekt zur Hand hat.

Abb. 4.4: Eine Gibson Hummingbird (links) und eine neue Gibson Dove Artist

Zwar kommen beide Gitarrenkonzepte in praktisch jeder Musikrichtung vor, wo eine Stahlsaitengitarre gebraucht wird, trotzdem kann man mit Fug und Recht behaupten, dass Dreadnoughts in Martin-Bauweise de facto das Instrument für Flatpicker sind. Der Besitz einer Palisander-Dreadnought im Stile einer D-28 ist beinahe schon fast zwingend notwendig, um Bluegrass zu spielen, doch sind diese Instrumente auch Favoriten für das Rhythmus-spiel im Akustikrock, dessen Wegbereiter Musiker wie Stephen Stills waren (1998 brachte Martin sogar ein Stephen-Stills-Signature-Modell in limitier-ter Auflage heraus). Sie sind ein gewohnter Anblick unter Folkspielern, und sogar Fingerstyle-Artisten wie Ulli Bögershausen oder der inzwischen verstorbene Michael Hedges haben Lakewood- bzw. Martin-Dreadnoughts zur Gitarre ihrer Wahl gemacht. Gibson-Dreadnoughts bleibt die Bewunderung in der eingeschworenen Bluegrass-Fangemeinde versagt, doch durch ihren ausgewogenen Klang sind sie bei Vertretern praktisch jeder anderen Stilrichtung beliebt und haben insbesondere bei Blues-Fingerpickern einen sehr guten Ruf.

Aufgrund ihrer stattlichen Größe und vor allem ihrer breiten Taille ist die Dreadnought nicht gerade komfortabel zu spielen, dafür werden ihre potenziellen ergonomischen Nachteile durch ihren großen Sound mehr als wettgemacht. Mit Medium-Saiten bespannt und mit einem Plektrum gespielt, sind Dreadnoughts zweifellos die lautesten Akustikgitarren überhaupt.

Abb. 4.5: Eine Martin-ähnliche Collings D-2H (links), daneben die eher Gibson-förmige Slope-D von Bourgeois

Wie von einem so verbreiteten Design wie der Dreadnought nicht anders zu erwarten, finden sich mittlerweile Gitarren dieser Bauweise in allen Preissegmenten. Selbst viele Einsteigermodelle aus Fernost sehen aus der Entfernung wie eine Martin-Dreadnought aus, und Nobelfirmen wie Bourgeois,

Collings und Santa Cruz legen die Messlatte ständig höher und zeigen, was in diesem Gitarren-Design noch steckt.

4.1.2 Die Größen 0, 00, 000 (Concert, Grand Concert, Auditorium)

Wie es bei der Dreadnought (und im Prinzip den meisten Dingen im Zusammenhang mit Stahlsaiten-Flattops) der Fall war, wurden die Korpusformate 0, 00 und 000 (man spricht „oh", „double-oh" und „triple-oh") ursprünglich von Martin eingeführt und im Laufe der Jahre von anderen Herstellern übernommen. Alternativ entsprechen diese Ziffernangaben in etwa Modellen mit der Bezeichnung Concert, Grand Concert und Auditorium.

Moderne Gitarristen, die an die heutigen größeren Instrumente gewöhnt sind, wären vielleicht überrascht zu erfahren, dass die 0-Größe, als sie kurz nach 1850 von Martin eingeführt wurde, die größte Gitarre im Firmenkatalog darstellte. Mit der Bezeichnung „0" wurde die bereits bestehende Methode der Firma zur Identifizierung ihrer Instrumente fortgesetzt. Frühere Modelle trugen die Ziffern 1 bis 5, wobei 1 die größte und 5 die kleinste Ausführung markierte. Gemäß Martins Logik machte es Sinn, dass „0" noch größere Abmessungen haben würde. Entworfen als Antwort auf die Bitten der Musiker nach lauteren und kraftvoller tönenden Instrumenten, besaß die 0 eine Breite von 13,5" (34,3 cm) an der breitesten Stelle bei einer Korpuslänge von 19 1/8" (48,6 cm).

Während heutzutage nur noch wenige Hersteller Gitarren in Größe 0 fertigen, wurde diese Bauform bis in die 1930er Jahre von vielen Herstellern gepflegt. Etliche Vintage-Gitarren von Firmen wie Washburn, Lyon & Healey oder Vega entsprechen von ihren Abmessungen her der Größe 0. Nach modernen Standards sind diese Instrumente mit einem vergleichsweise feinen Klang ausgestattet und haben bis heute ihre Fans: von Wohnzimmerpickern, die den Spielkomfort des 0-Korpus schätzen, bis hin zu Studiogitarristen, die den „kleineren" Ton und die dröhnfreien Bässe dieser Gitarre für Aufnahmen bestimmter Musikstile geradezu optimal finden. Ian Anderson von Jethro Tull ist ein Beispiel für einen Musiker, der Stahlsaitengitarren der Größe 0 erfolgreich in einen Akustikrock-Kontext integriert (er spielt eine alte Martin 0-16NY und ein Custom-Modell des britischen Gitarrenbauers A. B. Manson).

Als Antwort auf die stetige Jagd nach mehr Lautstärke wurde Martins Produktlinie in den Jahren nach 1870 dann um die Größe 00 ergänzt. Wie nicht anders zu vermuten, kennzeichnet die zusätzliche „0" einen weiteren

Größenzuwachs. Mit einer maximalen Breite von 14 1/8" (35,9 cm) bei einer Länge von 20 15/16" (53,2 cm) ebnet der 00-Korpus den Weg in den Bereich der modernen Gitarren mit kleinem Korpus. Ein interessantes Detail am Rande: Es ist bemerkenswert, dass Martins ursprüngliches 12-Bund-Modell 00-21 am längsten in einer im Wesentlichen unveränderten Ausführung im Firmenkatalog vertreten war, nämlich vom späten 19. Jahrhundert bis zum Jahr 1993 (wobei später wieder Sondermodelle in begrenzten Stückzahlen angeboten wurden). Rockgitarrist Steve Howe (Yes) ist vielleicht der prominenteste Spieler der späteren 14-bündigen Martin 00 und erhielt 1999 folglich ein spezielles Signature-Modell 00-18 gewidmet.

Abb. 4.6: Die 14-bündige Vintage Martin 0-15 (links) und die neue 12-bündige 00-15S

Neben der Produktion von Gitarren, die im Wesentlichen Kopien älterer Instrumente sind, benutzen viele Hersteller die 00-Größe als Ausgangsbasis für zeitgemäßere Modelle. Taylors Grand-Concert-Serie gehört vielleicht zu den beliebtesten modernen Designs mit diesen Abmessungen, und während sie besonders für Fingerstyle geeignet ist, beeindrucken diese Instrumente auch durch ihre Vielseitigkeit. Größe und Silhouette sind zudem häufig Ausgangspunkt für die Entwicklung von elektro-akustischen Modellen, die im Unterschied zum Originaldesign oft einen Cutaway und eine geringere Korpustiefe besitzen.

Abb. 4.7: Links die Taylor 512CE, rechts die Gibson L-00 Bluesking

Gitarren der Größen 0 und 00 spielen auch eine gewichtige Rolle in der Geschichte der Gibson-Flattops. Allerdings ist die Bezeichnung dieser Instrumente etwas verwirrender als bei Martins relativ geradliniger Methode der Namensgebung. Gibson-Modelle, die in diese Kategorie fallen, sind unter anderem die Korpusformen L, LG, B und Nick Lucas. Selbst mit diesen Bezeichnungen gewappnet, muss man wissen, dass zum Beispiel die L-1 ursprünglich 1902 als Archtop das Licht der Welt erblickte, bevor die Bezeichnung für die kleine Flattop verwendet wurde, an die die meisten Leute bei diesem Namen denken. In ähnlicher Weise beziehen sich die „0s" und „00s" bei L-0- und L-00-Modellen auf den Ausstattungsumfang und nicht auf die Korpusgröße.

Die L-0 und L-1, 1926 erstmals vorgestellt, waren Gibsons erste serienmäßig produzierte Flattops. Bei einer Korpusbreite von 13,5" (34,3 cm) besaß die Gitarre eine sehr markant gerundete untere Wölbung und einen 12-Bund-Hals. Die Gitarre, die für alle Zeiten mit dem Bluesmusiker Robert Johnson verbunden sein wird (der auf einer der wenigen von ihm existierenden Fotografien eine L-1 in Händen hält), wurde schon viele Male neu aufgelegt, sowohl von Gibson selbst als auch von anderen Firmen (darunter Samick, wo man kurz nach 1990 ein „offizielles" Robert-Johnson-Gedenkmodell herausbrachte). Trotz des legendären Image, das ihr heute anhaftet, war die ursprüngliche L-Style seinerzeit nur kurzlebig und wurde 1929 durch einen etwas größeren (14 3/4" = 37,5 cm breiten) und schwächer gerundeten Korpus abgelöst. Diese zweite Generation des L-Korpus wurde dann bis in die 1940er Jahre in zahlreichen Versionen gebaut, und zwar sowohl mit 12- als auch mit 14-Bund-Hälsen.

Eine historisch sehr bedeutsame Variante von Gibsons L-Instrumenten stellt das Nick-Lucas-Modell des Unternehmens dar. 1928 als die allererste offizielle Signature-Gitarre im Rahmen eines Endorsements präsentiert, wurde die Gitarre gemeinsam mit dem frühen Jazzstar entwickelt. Lucas, der sich eine größere Lautstärke und mehr Bassvolumen in einem Instrument mit kleinem Korpus wünschte, regte an, die Zargen einer L-Style-Gitarre auf 4 7/8" (12,4 cm) zu vertiefen und einige geschmackvolle, aber dezente Verzierungen hinzuzufügen. Das Instrument, das ursprünglich exakt den Konturen der ersten Generation von L-0 und L-1 entsprach, wurde 1929 zusammen mit den übrigen Modellen dieser Baureihe auf die neuere Form umgestellt. Frühe Nick-Lucas-Modelle hatten einen ungewöhnlichen Hals mit 13 Bünden, und während einige auch mit 12-Bund-Hälsen hergestellt wurden, erhielt die Standardversion des Instruments schließlich 14 Bünde. Gerühmt für ihre erstaunliche Tonfülle und einen ausgewogenen Sound, der sich gleichermaßen für Flat- wie Fingerpicking eignet, wurde diese Gitarre von Musikern wie Bob Dylan (der sie bis ca. 1965 intensiv einsetzte), Norman Blake und Roy Book Binder verwendet. Obwohl Gibsons Nick-Lucas-Modell relativ unbekannt geblieben ist, hat es trotzdem eine beachtliche Anzahl zeitgenössischer Instrumente inspiriert. Das H-Modell von Santa Cruz (so benannt nach seinem Entwickler Paul Hostetter) basiert auf dem Konzept eines tiefen 00-formatigen Korpus. Taylor produzierte nach 1980 eine Reihe von Grand Concerts mit Dreadnought-Tiefe, und der Kenner entdeckt bei Tacoma mit Leichtigkeit das Parlor-Vermächtnis. Darüber hinaus hat Gibson in seinem Werk in Montana selbst häufig limitierte Auflagen dieses Designs produziert.

1942 präsentierte Gibson eine neue Bauform für ihre Gitarrenserie mit

Abb. 4.8: Santa Cruz H-Model

kleinem Korpus. Die neue LG-Linie war zwar mit 14 1/8" (35,9 cm) unten herum etwas schmäler als das L-Modell, dafür aber an den Schultern wesentlich breiter, was ihr ein Aussehen verlieh, das dem einer Klassikgitarre im Torres-Stil nicht unähnlich ist. Obwohl beide Gitarren einige Jahre lang gemeinsam im Gibson-Katalog vertreten waren, verdrängte 1945 die LG letztlich doch die ältere Version. LGs wurden in verschiedenen Preiskategorien hergestellt, wobei Boden und Zargen gewöhnlich aus Mahagoni oder Ahorn bestanden. Trotz wechselnder Ausstattung wurden diese Instrumente jedoch nie in einer ausgeprägten Edelversion angeboten. Erschwinglicher Preis und Klangqualität standen bei diesen Modellen stets im Vordergrund und machten sie bis weit in die Sechziger zu Bestsellern. Schließlich wurde die LG-Serie von den Modellen B-15 und B-25 abgelöst, die zwar die gleiche Korpusgröße, aber eine abweichende Ausstattung und in manchen Fällen auch einen schmäleren Hals hatten. Diese Instrumente wurden bis etwa 1975 angeboten, und vielleicht weil sie auf dem Gebrauchtmarkt reichlich zu finden sind, hat Gibson nie Reissue-Modelle mit einem Korpus im LG- oder B-Stil herausgebracht.

Bis Martin im Jahr 1997 einen 0000-Korpus auf den Markt brachte (eine flache Jumbo, die vorher nur mit einem „M" gekennzeichnet wurde), war die 000 die größte Gitarre (immerhin 15" = 38,1 cm breit), die eine Anzahl Nullen in ihrem Namen trug. Insbesondere das 12-Bund-Design der Urgeneration ist bei Fingerpickern äußerst begehrt, die den ausgewogenen, vollen und satten Klang des Instruments sehr schätzen. In vielerlei Hinsicht sind 000er mit 12 Bünden so nahe an einer Klassikgitarre, wie es eine Stahlsaiten-Gitarre nur sein kann, und nach vielen Jahren des Mauerblümchendaseins hat sich das Konzept in den letzten Jahren mittlerweile einen neuen Freundeskreis erworben.

Abb. 4.9: Links eine Martin 000-15, rechts die Lakewood Auditorium

Das spätere 000-Design mit einem 14-Bund-Hals, das sich seit seiner Einführung 1934 stetiger Beliebtheit erfreut, ist ein echtes Arbeitspferd. Mit einem dünneren Hals und einer kürzeren Mensur sind diese Gitarren leicht bespielbar, und für viele Musiker stellt dieses Konzept die Quintessenz einer „Folk"-Gitarre dar. Bevor man allerdings den 000ern unterstellt, dass sie zu nichts anderem taugen als darauf „Blowing in the Wind" oder „Sag mir, wo die Blumen sind" zu klampfen, sollte man bedenken, dass die Gitarren auch in den Händen von Popstars wie Elvis Costello, Rockmusikern wie Eric Clapton oder Skifflepionier Lonnie Donegan eine gute Figur machen, von denen die beiden letzteren mit Martin-Signature-Modellen geehrt wurden. Diese Vielseitigkeit hat die 000 zur virtuellen Urmutter für die vielen neuzeitlichen Stahlsaiten-Gitarren mit kleinem Korpus gemacht. Dank ihres nahezu perfekt gelungenen Kompromisses zwischen Lautstärke, Klang und Spielkomfort ist dieser Gitarrentyp auch eine ausgezeichnete Wahl für Musiker mit kleineren Händen

4.1.3 OM (Orchestra Modell)

Die OMs bilden den Schlusspunkt dieser Serie von Gitarrenstilen, die bei Martin ihren Anfang nahm. Mit exakt den gleichen Korpusmaßen wie eine 14-bündige 000 mögen diese Gitarren im Grunde identisch aussehen, wären da nicht die lange Mensur von 64,5 cm und ein breiterer Sattel von 1 3/4" (44,5 mm) gegenüber den 1 11/16" (42,9 mm) bei der 000. Der optisch auffälligste Unterschied ist ein kleineres Schlagbrett. Was scheinbar völlig nebensächliche Unterschiede sind, verleiht der OM einen signifikanten Zuwachs an Lautstärke und Projektion, und der breitere Saitenabstand macht die Gitarre besser bespielbar für Fingerpicking-Techniken.

Der OM kommt in Martins Firmengeschichte eine enorme Bedeutung zu,

denn sie war die erste Gitarre dieses Herstellers mit einem 14-Bund-Hals und ihr Erfolg lieferte den Anstoß, zu Beginn bis Mitte der 1930er Jahre praktisch die gesamte Linie auf das neue Korpusdesign umzuarbeiten. Nachdem der Wechsel vollzogen war, beschloss man bei Martin, auch die gleichen Hälse zu verwenden, wie sie bereits für die neuen 0- und 00-Modelle produziert wurden, und bis Ende 1934 hatte die 14-bündige 000 die ursprüngliche OM abgelöst. Als Folge davon wurden die wenigen hundert, zwischen 1929 und 1933 hergestellten Original-OMs zu äußerst begehrten Sammlerstücken und zählen bis heute mit zu den teuersten Vintage-Instrumenten.

Abb. 4.10: Martin OM18V

Als nach 1970 neue amerikanische Gitarrenbauer die Szene betraten, sollte die OM eine bemerkenswerte Renaissance erleben. Da Vintage-Exemplare rar und die Preise für die meisten Musiker unerschwinglich wurden, begannen diese jungen Hersteller mit dem Bau von Kopien oder nahmen das Konzept einer 14-bündigen Gitarre mit 000-Maßen, breitem Hals und langer Mensur als Inspiration für eigene Kreationen. Zu den Vorreitern dieser neuen Gitarrenbauer gehörten die Santa Cruz Guitar Company und

Abb. 4.11: Santa Cruz OM im Style 42-Design

Franklin Guitars (letzterer erlangte durch seine Verbindung mit den Fingerpicking-Stars John Renbourn und Stefan Grossman große Anerkennung). Während die Firma Franklin nicht mehr existiert, ist Santa Cruz heute einer der führenden Hersteller von Gitarren im OM-Stil, und die OM/PW des Unternehmens hat erst kürzlich neue Maßstäbe für eine erschwingliche „Highend"-Gitarre gesetzt.

Der Umstand, dass man bei Martin bis 1990 selbst keine OM im Standardkatalog anbot (von gelegentlichen Sondermodellen in limitierter Auflage abgesehen), verstärkte nur die Nachfrage bei den kleineren Herstellern. Zufällig war es die direkte Zusammenarbeit mit einer jener winzigen Firmen, die Martin schließlich wieder ins OM-Geschäft brachte. Der Gitarrist und Konstrukteur Eric Schoenberg, selbst ein treuer Fan des OM-Designs, hatte mit mehreren Gitarrenbauern eine Zusammenarbeit angeregt, um mit ihnen seine Lieblingsinstrumente nachzubauen. Schließlich gelang es Schoenberg, Martin als Partner für sein Projekt zu gewinnen, eine eigene Serie von Vintage-Style OMs aufzulegen. Diese besaßen teilweise moderne Merkmale wie Cutaways. Die hieraus entstandenen Instrumente stießen bei Fingerstyle-Gourmets auf regen Zuspruch, und letztlich erkannte Martin, dass man höhere Profite einfahren könnte, wenn man anfing, ähnliche Instrumente mit dem eigenen Namen auf der Kopfplatte zu verkaufen. Nachdem versuchsweise mehrere limitierte Auflagen berühmter Modelle vorgestellt wurden, brachte die Firma die OM-28 auf den Markt und später die OM-28 Vintage Reissue, die zu einem Markstein in der Firmengeschichte wurde.

Heute werden OMs von etlichen Herstellern gebaut. Nicht jeder verwendet die gleiche Namensgebung, doch die Daten und Maße finden sich überall, und für viele Gitarristen ist und bleibt die Original-OM der Heilige Gral.

4.1.4 Martins Wechsel von 12 zu 14 Bünden

Gerade als sich die Korpusformate 0, 00 und 000 etabliert hatten, kommt im Jahr 1934 Martins überraschende Entscheidung, bei der Mehrzahl ihrer Modelle den Hals/Korpus-Übergang vom 12. zum 14. Bund hin zu verlagern. Angesichts der schwindenden Popularität des Banjos in der Musik jener Tage stiegen viele Musiker auf die Gitarre als Hauptinstrument um. Doch da sie vom Banjo her die leicht erreichbaren oberen Lagen gewöhnt waren, erschien vielen Spielern das Gitarrenkonzept jener Zeit mit 12 Bünden eher hinderlich.

Abb. 4.12: Links eine Martin 000-28VS im 12-Bund-Design der 1920er Jahre, rechts eine 000-28 im späteren 14-Bund-Design

Gibson hatte erstmals 1932 Flattops mit 14 Bünden ins Programm genommen, und obwohl dieses Konzept bereits 1929 bei der OM eingeführt wurde, zögerte man bei Martin anfänglich zunächst. Als sich die Firma endlich doch zur Umstellung entschloss, wurden fast alle Modelle zügig zur Aufnahme des neuen Halses umgerüstet. Da man bei Martin die Positionen von Steg und Deckenbeleistung unverändert lassen wollte, wurden die oberen Schultern der Gitarren verkürzt, um so Platz für die zwei zusätzlichen Bünde zu schaffen. Und wo man schon mal dabei war, rüsteten die Gitarrenbauer der Firma auch gleich auf einen schmaleren Hals um (der nun am Sattel 42,9 mm statt 44,5 oder 47,6 mm wie bei den bisherigen Hälsen maß), ersetzten die klassisch anmutende Fensterkopfplatte durch eine massive, und verkürzten bei der 000 die Mensur von 64,5 auf 63,2 cm (die 0er und 00er besaßen schon in der alten Version die kürzere Mensur). Die Dreadnoughts erfuhren ähnliche Modifikationen, aber als die größte Gitarre im Katalog sollte das Instrument als einziges Modell die lange Mensur behalten.

Während alle diese Veränderungen im Endeffekt unseren heutigen Standard für die moderne Flattop-Gitarre definieren, können sie auch für Verwirrung unter Gitarristen sorgen, denn eine Martin 000 Baujahr 1929 hat weder vom Klang noch vom Spielgefühl viel mit demselben Modell aus dem Jahr 1934 gemein. Ähnlich verwirrend sind auch Martins Vintage-Reissue-Modelle, die ähnlich unterschiedliche Spezifikationen besitzen, je nachdem, welcher Modelljahrgang als Vorlage für die jeweilige Neuauflage dient.

Heute basiert die Mehrzahl der Gitarren mit Korpusgröße 0, 00, 000 und Dreadnought auf dem 14-Bund-Konzept. Es gibt allerdings Firmen wie Collings, Santa Cruz und Stevens, die Instrumente fertigen, die vom älteren Stil geprägt sind. Manche Hersteller bieten ihre Modelle mit der Option für einen 12- oder 14-bündigen Hals an. Die Auditorium von Lakewood ist ein gutes Beispiel für diese Praxis.

In einem ultimativen Versuch, selbst altgediente Experten völlig durcheinander zu bringen, begann Martin nach 1990 mit der Produktion von 14-bündigen 000ern mit langer Mensur. Tatsächlich besitzen jene 000er, die aus der 16er Serie oder darunter stammen, diese Maße, was sie eigentlich zu OMs mit schmalem Hals (42,9 mm Breite am Sattel) macht. Modelle aus der Standard-Serie (aktuell nur die 000-28 und diverse Limited Editions wie das Eric-Clapton-Modell) werden noch immer mit kurzer Mensur gefertigt.

4.1.5 Jumbo

Im Unterschied zu anderen Korpusformen und -größen ist die Jumbo weit weniger wegen ihrer Klangeigenschaften in die Geschichte eingegangen als die meisten anderen Gitarrendesigns. Auch wenn Gibson ihre erste

Dreadnought-förmige Gitarre „Jumbo" (und später „Advanced Jumbo") nannte, ist doch eher die üppige Form der späteren J-200 (auch Super Jumbo genannt) gemeint, die man mit diesem Begriff assoziiert. Mit ihren abgerundeten oberen und unteren Schultern (letztere sind 16 7/8" = 42,9 cm breit) und einer relativ schmalen Taille bot die Gitarre bei ihrer Premiere 1937 einen völlig neuen Look und Sound. Dank ihrer protzigen Ausstattung, einem frechen Moustache- (Schnurrbart-) Steg und einer insgesamt kühnen Ästhetik (unter anderem mit Boden und Zargen aus Riegelahorn, obwohl auch Versionen aus Palisander hergestellt wurden), war die Gitarre ein spontaner Erfolg bei so geschniegelten Countrymusikern wie Ray Whitley und Gene Autrey.

Abb. 4.13: Gibson J-200

Da sie vorrangig für Plektrum-Akkordspieler konzipiert wurden, sind die meisten Gibson-Jumbos relativ massiv gebaute Instrumente. Und obwohl es die bevorzugte Gitarre des verstorbenen Blues-Fingerpickers Rev. Gary Davis war (der mit sicherer Technik und metallenen Fingerpicks spielte), halten die meisten Leute das Instrument für geeigneter zum begleitenden Rhythmusspiel, eine Eigenschaft, die von Musikern wie Emmylou Harris und Alvin Lee geschätzt wird.

Auch wenn kleinere Firmen wie Larsen Brothers aus Chicago ebenfalls bereits in den 1930er Jahren Gitarren im Jumbostil gebaut hatten, war es doch die Firma Guild, die sich mit den vielseitigen Klangeigenschaften ihres Modells F-50 einen guten Ruf erwarb. Die 1954 vorgestellte Gitarre war die erste ernst zu nehmende Konkurrenz für Gibsons Bahn brechende Jumbo. Wie viele andere Guild-Modelle besitzt die Gitarre einen markant gewölbten Boden, ein Merkmal, das bei Archtop-Gitarren häufiger zu finden ist. Während die Ausführung mit Ahornboden und

-zargen vielleicht die berühmteste ist, produzierte Guild die Gitarre auch aus anderen Holzarten, darunter ein Palisander-Modell mit der Bezeichnung F-50R, das 1965 auf den Markt kam. Dieses Modell ist nach wie vor bei Musikern unterschiedlicher Stilrichtungen beliebt. Der verstorbene Dave van Ronk war vielleicht der berühmteste Spieler einer Guild Jumbo. Er setzte dieses Instrument während seiner gesamten Karriere für sein Ragtime-inspiriertes Fingerpicking ein. Bonnie Raitt ist nicht nur wegen ihrer alten Fender Stratocaster, sondern auch wegen der Guild Jumbo berühmt, die mit einem doppelseitig aufgebrachten Schlagbrett ausgestattet ist. Besonderen Erfolg hatte Guild mit der zwölfsaitigen Version ihres Jumbo-Designs. Diese von so unterschiedlichen Künstlern wie Slash, Neil Young und Ralph Towner eingesetzte Variante mit ihren Doppelsaiten ist ein echter Klassiker und hatte über viele Jahre praktisch keine ernsthafte Konkurrenz.

Abb. 4.14: Die F212XL ist Guilds zwölfsaitiges Modell ihrer populären Jumbo

Während Gibson und Guild nach wie vor bei Fans von Jumbo-Gitarren beliebt sind, haben mehrere andere Hersteller die mächtige Korpusform auf eine ganze Palette möglicher Klangfarben getrimmt. Goodalls und Lakewoods Jumbo und Lowdens O-Serie sind Beispiele solcher Modelle, die ein großes Luftvolumen mit einer leichteren Deckenbeleistung und einem sorgsam ausgewogenen Ton kombinieren. Diese Instrumente sind mit ihrer schnellen Ansprache, dem weichen Attack und einer überragenden Lautstärke ideale Kandidaten für das Fingerpicking. Die Firma Taylor Guitars bot schon früh in ihrer Geschichte Jumbos an und hat stets behauptet, dass die Gitarren klanglich ihren Dreadnoughts sehr ähnlich seien. Angesichts der radikal anderen Formgebung mag diese Aussage zunächst befremden, sie ergibt jedoch einen Sinn, wenn man sich vor Augen hält, dass die innere Bauweise und Beleistung der beiden Modelle praktisch identisch sind.

Abb. 4.15: Das Lowden-Modell 025 (links), rechts die Jumbo von Steve Klein

Der Gitarrenbauer Steve Klein aus Kalifornien verwendete ein mächtiges Jumbodesign (mit bis zu 18" = 45,7 cm untere Schulterbreite) für seine als Einzelstücke gefertigten Edel-Akustikgitarren. Mit einer revolutionären, Kasha-inspirierten Innenbeleistung (siehe Abschnitt 5.3.4) und oft kunstvollen Intarsien zählen seine Gitarren zu den wirklich einmaligen Kreationen unserer Zeit. Eine weitere orginelle Jumbo-Gitarre kommt aus der Werkstatt der kleinen Ryan Guitar Company. Das Instrument mit dem Namen Cathedral wurde mit dem Ziel entwickelt, die ultimative akustische Lautstärke und Präsenz fürs Fingerpicking zu liefern. Ein asymmetrisches Design mit einer abgeschrägten Armauflage bietet einen ergonomischen Spielkomfort, den man dem Instrument angesichts seiner riesigen Abmessungen gar nicht zutraut.

4.1.6 Mini-Jumbo

Was einem von der Bezeichnung her zunächst paradox anmutet, ist in Wahrheit eine der beliebtesten Korpusformen unserer Zeit. Diese Gitarren mit der wohlgerundeten Jumbo-Form bei gleichzeitig reduzierter Größe haben ähnliche Abstufungen zu bieten, wie sie bei ihren größeren Vettern zu finden sind, angefangen mit der Namensgebung durch die verschiedenen Hersteller. Als Fortsetzung ruhmreicher Firmentradition erfand Gibson praktisch die Mini-Jumbo mit der Einführung des Modells J-185 im Jahr 1951. Das Instrument, das als preisgünstige Alternative zur teuren J-200 gedacht war, besaß ähnliche Korpusproportionen, allerdings auf eine untere Schulterbreite von 16" (40,6 cm) verkleinert. Die Gitarre verzichtete auf den Moustache-Steg, und auch die übrige Ausstattung geriet aus Kostengründen weniger aufwändig.

Abb. 4.16: Gibsons J-185: die „etwas kleinere" Jumbo

Obwohl diese Größe für eine Flattop neu war, glich sie vom Umriss her im Prinzip den Archtop-Modellen ES-125, ES-150, L-48 und L-50 aus gleichem Hause, hatte jedoch mit 4 7/8" (12,4 cm) eine größere Tiefe. Man hatte hier zwar ein ausgezeichnetes Instrument mit reichlich Druck und einem im Vergleich zur J-200 angenehmeren, weniger bassigen Klang geschaffen hatte, doch räumte Gibsons Marketingabteilung dem Modell nie den gebührenden Platz im Firmenprogramm ein, und die erste Auflage wurde 1959 eingestellt. Gibson ließ allerdings die Form schon bald darauf mit der Einführung des speziellen Everly-Brothers-Signature-Modells 1962 wieder aufleben. Doch trotz ihrer umwerfenden Optik und des Endorsements durch Starmusiker war der Gitarre kein besonderer Erfolg beschienen, denn sie hatte eine geringere Korpustiefe und das zwar markante, aber übergroße Doppel-Pickguard – Faktoren, die den Klang der Gitarre negativ beeinflussten. Von Einzelanfertigungen abgesehen, wurde erst nach dem Umzug von

Gibsons Akustikabteilung nach Bozeman (Montana) in den 1980er Jahren unter der Anleitung von Gitarrenbaumeister Ren Ferguson eine neue, nun deutlich bessere Version der ursprünglichen J-185 Mini-Jumbo entwickelt.

Mit der Einführung des F-Modells 1977 und als Teil der ursprünglichen Modellpalette leisteten Bruce Ross und Richard Hoover, die Firmengründer der Santa Cruz Guitar Company, schon früh in ihrer Karriere einen Tribut an die Korpusform der J-185. Die Gitarre, mit der man sich von Gibsons hochgestyltem Schnickschnack abkehrte, hatte ein schlichtes Äußeres. Dank ihres eigenständigen Klangcharakters geriet dieses Modell zu einem überaus flexiblen Instrument, das sich in vielen Musikrichtungen wohl fühlt. Abgesehen vom F-Modell verwendete Santa Cruz diese Korpusform auch als Ausgangsbasis bei der Entwicklung des FS-Modells, einer Gitarre, die speziell für Fingerpicker gebaut wurde. Mit ihrer schwingungsfreudigen Zederndecke, einer dünnen Beleistung, ganz schlichten Ornamenten und einem tief ausgeschnittenen Cutaway hat der Ton der Gitarre nur wenig mit jenem Instrument gemein, das zu seiner Formgebung inspirierte. Aber sie markierte einen Trend, dem mehrere Top-Gitarrenbauer unserer Tage folgten. Zu ihnen zählen James Olson und Kevin Ryan, deren SJ- bzw. Mission-Grand-Concert-Modelle ähnliche Abmessungen besitzen und die nach Meinung vieler Fingerstyle-Enthusiasten zu den besten Instrumenten überhaupt gehören. Diese Auffassung teilt auch Superstar James Taylor, der live wie auch im Studio drei Olson SJs als Hauptgitarren verwendet. 2002 nahm Olson die ersten Aufträge für ein limitiertes James Taylor Signature-Modell entgegen – mit einem Preisschild von 25.000 Dollar. Pro Stück, versteht sich...

Abb. 4.17: Collings SJ

In erschwinglicheren Preisregionen konnte Takamine mit einem ähnlich gestylten NEX-Korpus einen großen Erfolg verbuchen. Er bildet die Grundlage für ein komplettes Sortiment, beginnend mit der preisgünstigen G-Series bis hinauf zu den jährlichen limitierten Sammlermodellen. So hat Takamine einen Weg gefunden, das Konzept für Instrumente zu nutzen, die durch großartige Allroundqualitäten für unterschiedliche Spielstile bestechen. Zusätzlich bietet der Hersteller die meisten dieser Instrumente auch mit dem hauseigenen Pickup- und Preamp-System an, weshalb sie auch bei Bühnenprofis beliebt sind.

Abb. 4.18: Takamine hat viel Erfolg mit seinem Mini-Jumbo-NEX-Design, hier die Vertreter EAC48C (links) und ENV460SC

4.1.7 Parlor-Gitarren

Von allen Flattops haben Parlor-Gitarren den kleinsten Korpus. Diese Instrumente, die ursprünglich etwa um die gleiche Zeit entwickelt wurden, als Stahlsaiten-Gitarren im ausgehenden 19. Jahrhundert beliebt wurden, stellen einige der frühesten Beispiele dessen dar, was wir als die moderne amerikanische Gitarre ansehen. (Viele alte Parlor-Gitarren werden aber noch immer wie eine Klassikgitarre mit Saiten aus Nylon oder Seide und Stahl bespannt.)

Um die Parlor-Gitarre zu verstehen, hilft ein Blick auf die Entstehungsgeschichte des Instruments, die in Europa und den USA ganz unterschiedlich verlief. Bis kurz vor 1850 waren europäische und amerikanische Gitarren im Grunde identisch, wobei die auf beiden Kontinenten hergestellten Instrumente nach heutigen Maßstäben relativ klein waren. Dann aber setzten sich in Europa die Ideen des spanischen Gitarrenbauers Antonio de Torres auf breiter Front durch, und man begann mit der Produktion von größeren, mit einer fächerförmigen Deckenbeleistung ausgestatteten spanischen Gitarren. Dagegen nahmen die amerikanischen Firmen kaum Notiz von der Revolution im Klassikgitarrenbau und stellten weiterhin ihre Instrumente im früheren pre-Torres-Stil her. Während in der Folge europäische Hersteller wie Ramirez und Hauser die klassische Gitarre zu Beginn des 20. Jahrhunderts auf ein beachtliches Niveau gehoben hatten, waren amerikanische Gitarren im Vergleich dazu regelrecht hausbacken. Sobald aber amerikanische Firmen wie Martin und Washburn mit dem Bau von solideren Instrumenten für Stahlsaiten zu experimentieren begannen, übernahmen sie die vertraute Form und schufen dadurch eine neue und inzwischen klassische Instrumentengattung.

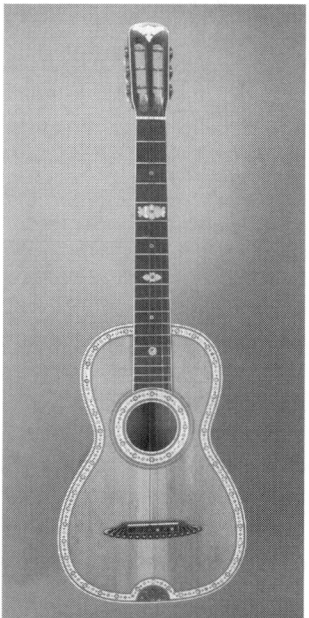 

Abb. 4.19: Links eine Parlor-Gitarre unbekannter Herkunft aus dem 19. Jahrhundert, rechts eine Washburn gleichen Typs aus den 1920er Jahren

*Abb. 4.20: Larrivées moderne
Parlor-Gitarre*

Parlor-Gitarren haben ihren Namen von ihrem ursprünglichen Verwendungszweck – nämlich der Unterhaltung von Gästen in den Parlors der eleganten viktorianischen Häuser jener Zeit – und wurden folglich oft von Frauen gespielt. Neben dem kleinen Korpus mit den schmalen Schultern haben Parlor-Gitarren meist auch eine kurze Mensur (zwischen 55,9 und 63,5 cm) sowie einen 12-Bund-Hals, was ihnen insgesamt sehr kompakte Abmessungen verleiht. Vintage-Exemplare mit superbem Klang finden sich mit Herstellernamen wie Washburn, Lyon & Healey oder Maurer auf der Kopfplatte, und während diese Gitarren in aller Regel keine „Soundriesen" sind, können sie sich mit ihrer süßlichen Stimme als unübertroffene Wahl im Aufnahmestudio erweisen. Musiker wie etwa Mark Orton vom Tin Hat Trio haben Wege gefunden, Parlor-Gitarren für ihren jeweiligen Stil einzusetzen und das Folk-Revival der Sechziger belebte unter den Folksängern die Nachfrage nach Instrumenten dieser Gattung.

Angesichts der wachsenden Popularität größerer und lauterer Gitarren stellten die meisten Hersteller zu Beginn des 20. Jahrhunderts die Produktion von Gitarren mit Parlor-Korpus ein. Da der schieren Lautstärke bei modernen Verstärker- und Aufnahmetechniken keine solche Bedeutung mehr zukommt, haben in letzter Zeit viele Musiker aber den Charme der Parlor-Gitarre wieder entdeckt und mittlerweile werden derartige Modelle gleich von mehreren Herstellern wieder angeboten. Die vielleicht größte Erfolgsstory hat Larrivees Parlor-Modell geschrieben, das ursprünglich als preiswerte Reisegitarre auf den Markt kam, inzwischen aber für anspruchsvollere Geschmäcker auch aus exotischen Hölzern gefertigt wird. Yamaha hat vor kurzem die Modelle CSF35 und CSF60 mit Parlor-Maßen herausgebracht, und im Highend-Sektor bieten Firmen wie Santa Cruz oder Albert & Müller edelste Custom-Parlor-Modelle an.

Erwähnenswert ist auch, dass manche Hersteller bestimmte Modelle deshalb als „Parlors" bezeichnen, nur weil sie einen kleinen Korpus mit 12-Bund-Hals besitzen. Viele dieser Instrumente würde man jedoch besser irgendwo zwischen den Größen 0 und 000 einordnen. Daher sollten Sie nicht nur den Bezeichnungen trauen, falls Sie auf der Suche nach einem Parlor-Instrument sind.

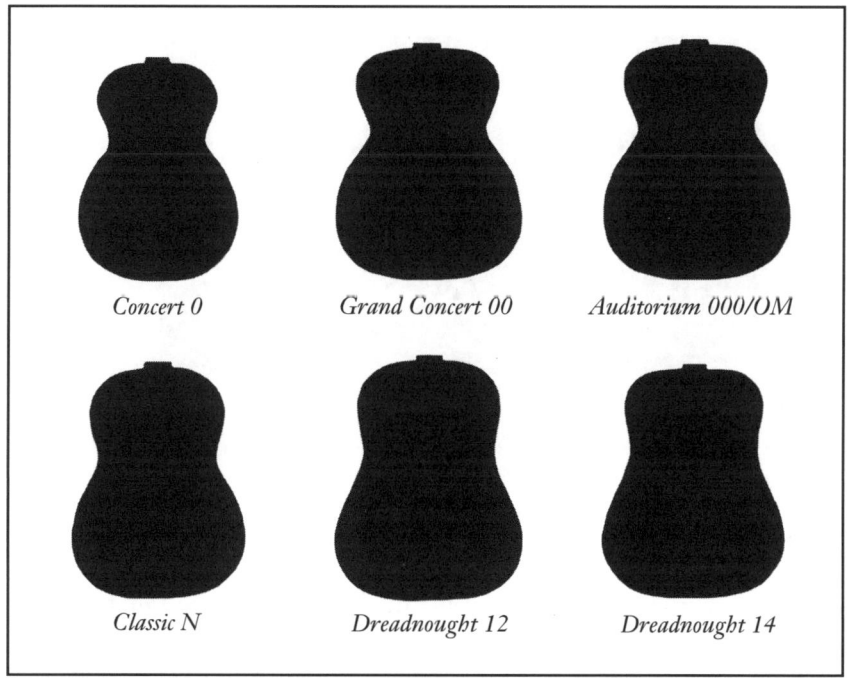

Concert 0   *Grand Concert 00*   *Auditorium 000/OM*

Classic N   *Dreadnought 12*   *Dreadnought 14*

Abb. 4.21: Verschiedene populäre Größen und Formen bei Martin-Flattops

4.1.8 Andere Flattop-Formen

Im Gegensatz zu Elektrogitarren, deren massive Bauweise so ziemlich jede erdenkliche Form erlaubt, sind die Hersteller akustischer Gitarren in der Regel etwas konservativer in Designfragen. Ergonomische Aspekte stehen beim Experimentieren mit neuen Formen oft im Vordergrund, und es haben tatsächlich schon einige Gitarrenbauer Konzepte für den Bau von Gitarren vorgestellt, die sich komfortabler spielen lassen. Linda Manzer und William Cumpiano verwenden bei vielen ihrer Flattops einen keilförmigen Korpus, dessen obere (zum Spieler hinzeigende) Seite schmäler ist als die Unterseite.

Dadurch erhält man den Komfort eines flachen Instruments, ohne auf den Ton eines tieferen Korpus zu verzichten. Michael Baranik und Harry Fleishman gehören zu jenen Herstellern, die einem asymmetrischen Korpusdesign den Vorzug geben, das nach Meinung mancher Musiker auch bequemer in der Hand liegt. Etwas völlig Abgedrehtes hat Fred Carlson mit einer Gitarre namens „Dreadnautilus" geschaffen, die an eine Spirale erinnert, aus der ein Hals ragt.

Abb. 4.22: Fred Carlsons pfiffiges Dreadnautilus-Modell

Es überrascht nicht, dass Elektrogitarren auch als Inspirationsquelle für ungewöhnlich geformte Akustikgitarren dienten. So erinnerte Takamines Modell EA-360, das zu Beginn der Achtziger angeboten wurde, an Gibsons ultimative Heavy-Metal-Axt: die Flying V. Der deutsche Gitarrenbauer Boris Dommenget hat kürzlich zwei ähnliche Instrumente (eine 6-String und eine 12-String) für Scorpions-Rocker Rudolf Schenker gebaut. Wie ihre Namen vermuten lassen, handelt es sich bei Fenders Telecoustic und Stratocoustic um akustische Gitarren, die den klassischen E-Gitarrenmodellen Telecaster und Stratocaster der Firma nachempfunden sind.

Speziell für Reisen entwickelte Gitarren stellen eine relativ neue Kategorie im Gitarrenbau dar, und da dort die Größe ein Hauptgesichtspunkt ist, wurden einige interessante Formen entwickelt. Martins Backpacker ist vielleicht die prägnanteste: mit einem Korpus, der im Grunde eine Verbreiterung des Halses darstellt (ihre Zargen bestehen denn auch aus demselben Stück Holz wie der Hals) und mit einer Gesamtbreite, die kaum größer ist als die eines typischen Gitarrenstegs. Die Gitarre, die in einer Stahl- und einer Nylonsaiten-Version (sowie als Ukulele und Mandoline) erhältlich ist, lässt sich perfekt auf einen Rucksack schnallen, und eine Custom-Ausführung reiste sogar schon an Bord eines Space Shuttles durchs Weltall. Taylor hatte einen immensen Erfolg mit seinem Modell Baby. Mit einem dreadnought-förmigen Korpus, der etwa halb so groß ist wie eine Standard-gitarre und einer Kurzmensur von 55,9 cm ist die Gitarre bei Vielfliegern beliebt und stellt zudem eine exzellente Wahl für Kinder dar.

Abb. 4.23: Martins Backpacker (links) und die Papoose von Tacoma

Eine noch kleinere Gitarre gefällig? Weiter als bis Tacomas Papoose brauchen Sie nicht zu suchen. Obwohl diese Mini-6-String auf den ersten Blick wie ein Spielzeug erscheinen mag, ist sie dennoch ein vollwertiges Instrument. Dieses Kerlchen, das eine Quarte über der Normalstimmung gestimmt wird (was einem Kapodaster im 5. Bund entspricht), liegt klanglich irgendwo zwischen einer Gitarre und einer Mandoline.

4.2 Formen und Größen bei Klassikgitarren

Vielleicht aufgrund der strengeren Auffassung klassischer Gitarristen vom idealen Klang zeigt die mit Nylonsaiten bespannte Gitarre nicht annähernd so viele Form- und Größenvarianten wie ihre mit Stahlsaiten bespannte

Schwester. Die überwältigende Mehrheit aller Nylonsaiten-Gitarren besitzt eine Form, die sich stark an das um die Mitte des 19. Jahrhunderts von Antonio de Torres entwickelte Konzept anlehnt. Erstaunlicherweise trifft dies sogar auf Instrumente zu, die in ihrer Bauweise ansonsten eine radikale Abkehr von Torres' Ideen darstellen.

Torres, der gemeinhin als Vater der modernen Gitarre gilt, vergrößerte die Dimensionen des bis dahin viel zierlicheren Instruments (das von den Maßen eher der oben beschriebenen Parlor-Gitarre entsprach) – ein Schritt, der zusammen mit seiner innovativen Fächerbeleistung der Gitarre einen respektablen Zuwachs an Lautstärke, Spieldynamik und möglichen Klangfarben bescherte. Torres schuf nicht nur ein Instrument, das dem Wunsch der aufstrebenden Generation virtuoser Klassikgitarristen nach einem lauteren Instrument Rechnung trug, für viele Musiker bleibt sein Konzept bis zum heutigen Tage unübertroffen.

Getrieben von dem Wunsch, die Lautstärke- und Klangeigenschaften des Instruments zu erweitern, wurde oft mit den Konturen des Korpus experimentiert. Doch keines der hieraus hervorgegangenen Instrumente hinterließ bleibende Spuren. Zu den noch bemerkenswertesten Ansätzen gehört das von Manuel Contrera gebaute Modell Carlevaro (benannt nach dem uruguayischen Gitarristen Abel Carlevaro) von 1983. In dem Bestreben, die schwingende Fläche der Decke zu maximieren, erhielt die Gitarre eine asymmetrische Form, bei der die Oberseite keine Taillierung mehr aufweist. Als weitere radikale Abkehr vom traditionellen Gitarrenbau besitzt das Instrument kein herkömmliches Schallloch, aber dafür zwei zusätzliche Zargen, die den schwingenden Teil des Instruments vom Körper des Spielers isolieren. Contreras entwickelte das Design während der gesamten 1980er Jahre weiter, und während viele die Idee als Grund legenden Erfolg bewerten, konnte sich die oftmals konservative Klassikgemeinde zu keiner Zeit dafür erwärmen.

Wenn Torres auch die Grund legende Linienführung für den Korpus der modernen Klassikgitarre erfand, so wurden doch kleine Größenabweichungen zum Markenzeichen bestimmter Designschulen. Torres' Gitarren hatten eine Korpusbreite (an der unteren Schulter) von etwa 13 15/16" (35,4 cm), woran sich viele andere Instrumentenbauer orientierten. Namentlich die frühen Hauser-Gitarren sind allgemein dafür bekannt, dass auch sie einen relativ kleinen Korpus hatten. Beispiele für voluminösere Klassikgitarren findet man bei bestimmten Modellen von Ignacio Fleta, Jeronimo Pena Fernandez und Thomas Humphreys Millenium, die alle eine Breite von ca. 15" (38,1 cm) aufweisen.

Abb. 4.24: Contreras Klassikgitarre (links) und eine Kenny Hill-Gitarre im Torres Stil

4.2.1 Klassik contra Flamenco

Hinsichtlich Form und Größe gibt es praktisch keinen Unterschied zwischen klassischen und Flamenco-Gitarren. Da sie den gleichen Ursprung haben, waren die für beide Stilrichtungen verwendeten Instrumente bis zu den modernen Virtuosen wie Ramon Montoya und Andres Segovia praktisch austauschbar. Manche Flamenco-Gitarren haben inzwischen einen etwas dünneren Korpus, und die Verwendung von Zypressenholz für Boden und Zargen, eine leichtere Bauweise und eine ultraflache Saitenlage verleihen ihnen den typischen, perkussiven Klang.

Abb. 4.25: Eine Flamenco-Gitarre von Cervantes (links) und das CG171SF Flamenco-Modell von Yamaha

4.2.2 Hybrid-Instrumente

Wie ihr Name bereits andeutet, handelt es sich bei Hybrid-Instrumenten um Gitarren, die Merkmale verschiedener Designs in sich vereinen. Am häufigsten liegt der Schwerpunkt auf einer Gitarre, die mit Nylonsaiten bespannt ist und klanglich einer Klassikgitarre sehr nahe kommt, vom Gefühl her jedoch eher einer Stahlsaiten-Gitarre entspricht. Mit einem schlankeren Hals, einem Hals/Korpus-Übergang oft am 14. Bund, einem gewölbten Griffbrett und einem Korpus, dessen Maße eher einer 00er oder 000er Stahlsaiten-Gitarre als dem Torres-Design entsprechen, kehren diese Gitarren der Tradition den Rücken.

Obgleich „richtige" Klassikgitarristen diese Instrumente in der Regel ablehnen dürften, bescheinigen ihnen Musiker, die an Stahlsaiten-Gitarren gewöhnt sind, oft einen gegenüber herkömmlichen Nylonsaiten-Gitarren deutlich besseren Spielkomfort. Hybrid-Gitarren sind besonders bei Jazzmusikern beliebt, und da sie oft mit Tonabnehmern ausgerüstet sind, begegnet man ihnen auch im Pop- und Rockbereich. Einige Vertreter dieser Instrumentengattung sind Takamines NP-65C mit dem zuvor erwähnten NEX-Korpus als Ausgangsbasis, Taylors Nylon-Serie, die auf einer tieferen Version ihrer Grand-Concert-Form basiert, die Lakewood Classic und Martins 000-16NGT, die auf das bewährte 12-bündige 000-Korpusdesign der Firma vertraut.

Abb. 4.26: Populäre Hybrid-Gitarren: die Takamine NP65C (links) und die Taylor NS-72 mit Nylonsaiten

4.3 Größen und Formen bei Archtops

Archtop-Gitarren sind von der Form her ebenfalls nicht besonders variabel, doch gibt es mehrere Standardgrößen, die üblicherweise an den unteren Rundungen gemessen werden. Zwar hatte Orville Gibson schon gegen Ende des 19. Jahrhunderts eine frühe Form der Archtop-Gitarre gebaut, die moderne Geschichte dieser Instrumentengattung beginnt aber eigentlich erst mit der 1924 von Lloyd Loar entworfenen Gibson L-5. Obwohl die Gitarre mit ihrer Breite von 16" (40,5 cm) uns heute klein vorkommt, stellte sie zu jener Zeit eine spektakuläre Größe dar. Sie wurde als Ergänzung der in den Zwanzigern populären Mandolinenorchester entwickelt und gewann dank ihres vollen und tragenden Tons rasch Freunde unter jenen Spielern, die einen neuen amerikanischen Musikstil kreierten – Jazz.

Abb. 4.27: Gibsons ursprüngliche 16-Zoll L-5 und die spätere 17-Zoll breite Version des gleichen Modells

In typischer „Größer-ist-besser"-Philosophie ersetzte Gibson 1934 die ursprüngliche L-5 mit 16"-Breite (40,6 cm) durch eine unter dem Namen „advanced" vorgestellte Neuschöpfung mit 17" (43,2 cm). Im selben Jahr brachte man auch das 18" (45,7 cm) breite Modell Super 400 auf den Markt, die größte Archtop der Firma. Anfänglich als reine Akustikgitarren konzipiert, entwickelten sich in den Fünfzigern schließlich sowohl die L-5 als auch die Super 400 zu Hollowbody-Elektrogitarren, denen man in die Decke einen Tonabnehmer einsetzte. Während diese Schlusspunkte der Modellreihe, die auch über einen Cutaway verfügten, das verkörpern, wofür die Bezeichnungen L-5 und Super 400 in den Augen vieler Archtop-Fans stehen, haben diese Instrumente tatsächlich nicht mehr viel mit den Originaldesigns gemein.

Mit der wachsenden Lautstärke der Swingbands wurde auch die Archtop größer. In dem Bemühen, eine möglichst hohe Lautstärke aus einer unverstärkten Gitarre herauszuholen, begannen Gitarrenbauer sogar Gibsons Super 400 zu übertrumpfen. So besaß die Epiphone Emperor bereits einen 18,5" (47 cm) breiten Korpus, der mit Strombergs Master 400 gar auf 19" (48,3 cm) gesteigert wurde.

Abb. 4.28: Zwei Epiphone Archtops: links eine Vintage-Emporer, daneben eine neue Emporer Regent aus koreanischer Produktion

Parallel zum Siegeszug der elektrischen Archtop im Jazz verschwanden rein akustische Archtops in den Sechzigern praktisch von der Bildfläche. Einige wenige Kleinhersteller wie der New Yorker John D'Angelico und sein Lehrling Jimmy D'Aquisto bauten diesen Instrumententyp zwar auch weiterhin, er wurde aber nun von keiner der großen Firmen mehr angeboten. Von einigen Ausnahmen abgesehen, erinnern die heutigen Archtops stark an jene Designs, die in der Blütezeit dieses Instruments entstanden waren. Gitarrenbauer wie John Monteleone, Linda Manzer, Bob Benedetto, aber auch Europäer wie z. B. die beiden Deutschen Stefan Sonntag und Stefan Hahl sowie der Finne Markku Henneken legen die Messlatte für die diversen heute erhältlichen akustischen Archtops ständig höher.

Abb. 4.29: Preislich liegen Welten zwischen der Artist Award, Guilds Top-Modell, und der billigen Kaufhaus-Archtop von S. S. Stewart aus den 1940er Jahren

4.4 Thin-Body Elektro-Akustikgitarren

Je besser eine Gitarre als rein akustisches Instrument klingt, desto mehr Probleme treten gewöhnlich auf, sobald es mit hohen Pegeln verstärkt wird. Dies rührt daher, dass jene Eigenschaften, die einen vollen akustischen Klang mit reichlich Lautstärke und satter Basswiedergabe erzeugen – in erster Linie eine resonanzfreudige Decke, die beträchtliche Luftmengen bewegen kann –, nach dem Einstöpseln just die Sündenböcke für Rückkopplungen sind. Folglich besitzen viele Gitarren, die speziell für hohe Lautstärkepegel konzipiert sind, einen dünneren Korpus und eine steifere Decke. Diese Instrumente, welche Musiker ansprechen sollen, die ansonsten E-Gitarre spielen, haben meist auch tief ausgeschnittene Cutaways sowie einen schlankeren Hals als bei vielen reinen Akustikgitarren.

Guilds F-45 CE und Washburns Festival-Serie aus den frühen 1980er Jahren gehörten zu den ersten weithin erhältlichen Vertretern dieser Kategorie. Diese Gitarren wiesen einen Korpus von annähernd 00-Format auf (aber mit einer geringeren Tiefe von nur rund 3" = 7,6 cm) und besaßen so genannte Piezo-Tonabnehmer, die unter der Stegeinlage eingebaut waren, und in der Zarge montierte Regler. Sie wurden so zu Wegbereitern für viele andere Hersteller.

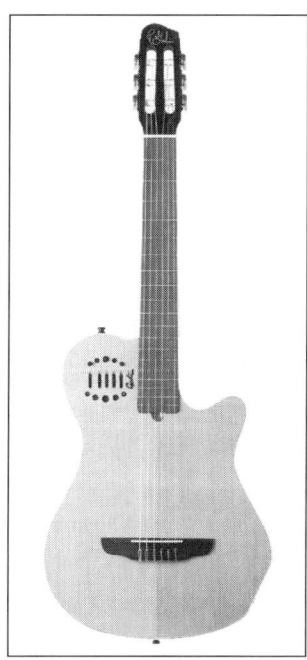

Abb. 4.30: Guild Thinbody F65CE, rechts eine Godin Multiac Classic

Wie dünn allerdings diese Gitarren sind, variiert innerhalb der erhältlichen Modellauswahl. Manche wie etwa die Epiphone PR-5 sind nur unwesentlich dünner als Standardmodelle mit ansonsten vergleichbaren Maßen. Andere Beispiele wie die Godin Multiac, die Rick Turner Renaissance oder die Vogel/Kirkland Balance-Modelle sind so schmal wie eine Solidbody-E-Gitarre. Diese Instrumente sollten vielleicht besser zu den E-Gitarren gerechnet werden, die wie eine verstärkte Akustikgitarre klingen.

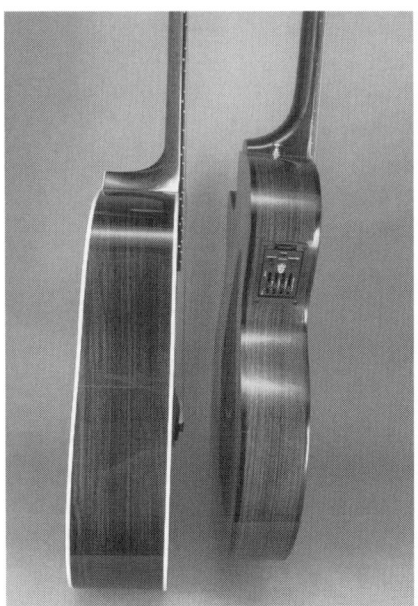

Abb. 4.31: Dreadnought und Thinbody im Vergleich. Rechts die APX9 aus Yamahas beliebter Elektro-Akustik-Serie

4.5 Ovations

Ovation-Gitarren bilden eine eigenständige Kategorie. Anstelle von Böden und Zargen, die in traditioneller Holzbauweise gefertigt sind, verwenden sie eine synthetische „Plastikschüssel". Entworfen und gebaut von einer Tochterfirma von Kaman Aerospace (einem angesehenen Hersteller von Helikoptern), profitieren die Gitarren von den Hightech-Ressourcen ihres Stammhauses. Unter Einsatz von ähnlicher Glasfasertechnologie, mit der Charles Kaman erfolgreich Rotorblätter konstruiert hatte, begann er 1966 mit dem Bau der Ovation-Gitarren. Die auch als „Roundbacks" bekannten Ovations hoben sich vom Fleck weg von alle anderen Gitarren ab, obwohl ihre Grund legende Korpusform der einer minimal vergrößerten Klassikgitarre ähnelt. Die frühen Ovations besaßen alle einen Korpus, der heute als „deep bowl" bekannt ist und von der Tiefe her ungefähr einer herkömmlichen Dreadnought entspricht. Mittlerweile kann man neben dem ursprünglichen „deep" noch unter den Korpustiefen „medium-depth", „shallow" und „super-shallow" wählen.

Abb. 4.32: Ovations sechssaitige 1860 Custom Legend mit Cutaway sowie eine zwölfsaitige 1751 Balladeer (rechts)

Cutaways wurden bereits 1982 zu einer Option bei vielen Ovation-Modellen, und heute kommt die Mehrzahl aller Gitarren dieser Firma als Cutaway-Version in die Läden. 1998 brachte Ovation ein limitiertes Modell mit Parlor-Maßen heraus, das jedoch nie so beliebt wurde, um eine Aufnahme ins reguläre Programm zu rechtfertigen.

Im Lauf der Jahre haben sich sowohl die Stahl- als auch die Nylonsaiten-Gitarren von Ovation bei einer eindrucksvollen Liste von Profimusikern unentbehrlich gemacht. Da sie die erste – und während der 1970er Jahre praktisch auch die einzige – moderne Elektro-Akustikgitarre war, wurde sie zur bevorzugten Wahl von Musikern, die eine akustische Gitarre in einer lauten Auftrittsumgebung spielten. Es gibt heute zwar viele Alternativen für Akustikgitarren mit eingebautem Tonabnehmersystem, doch schätzen insbesondere viele Rockmusiker die problemlose Plug-and-play-Fähigkeit einer Ovation. Diese Form der Popularität zeigt sich anhand einer beeindruckenden Liste von Endorsern, auf der sich so unterschiedliche Spieler wie Glen Campbell, Josh White, Al di Meola und Melissa Etheridge finden.

Abb. 4.33: Das Ovation Al DiMeola-Modell, daneben die Celebrity Deluxe Double-Neck mit sechs- und zwölfsaitigen Hälsen

4.6 Cutaways

Da sie eine leichte Bespielbarkeit der obersten Lagen des Instruments erlauben, sind Cutaways bei sämtlichen Typen von Akustikgitarren immer beliebter geworden. Ein solcher Cutaway bringt frischen Wind in den ansonsten symmetrischen Korpus und peppt die rechte obere Schulter durch eine schwungvoll gekrümmte Linie auf. Nun kann die Greifhand des Spielers ohne Behinderung am Hals/Korpus-Übergang mühelos bis zum höchsten Bund auf dem Griffbrett hoch turnen. Obwohl man schon bei einigen Gitarren aus dem frühen 20. Jahrhundert Beispiele für Cutaways sehen kann, begann ihr Siegeszug erst als Ausstattungsoption für Gibson Archtop-Gitarren. Der Cutaway, erstmals 1939 bei der L-5 Premier einge-führt, wurde rasch von anderen Herstellern imitiert.

Ein weiteres Beispiel für Cutaway-Gitarren der ersten Generation finden wir bei Mario Maccaferris Gitarrenentwürfen aus den frühen Zwanzigern, aus denen schließlich das Selmer-Instrument hervorging, das durch den französischen Zigeunerstar Django Reinhard für alle Zeiten unsterblich gemacht wurde. Bei den amerikanischen Flattops dauerte es recht lange, bis die ersten Cutaway-Designs in Serie gingen. Da die meisten Musiker, die eine solche Gitarre spielen, hauptsächlich in Folk- und Countrymusik Akkorde in den ersten drei Lagen schrammeln, waren die Töne jenseits vom dritten Bund nicht wichtig gewesen. Doch durch das Aufkommen neuer Spielstile änderte sich schon bald die Auffassung über den Einsatzzweck von Flattops. Gibsons CF-100 aus dem Jahr 1951 war eine der ersten Flattops mit Cutaway, die allerdings aufgrund mangelnder Nachfrage 1959 wieder aus dem Programm gestrichen wurde.

Wie bei so vielen Kapiteln in der Geschichte der Gitarre sollte der Rock 'n' Roll schon bald einen bedeutenden Einfluss auf das Flattop-Design haben. Da immer mehr Spieler als Background auf die E-Gitarre verweisen konnten, beantworteten die Firmen die Bitten nach erhöhtem Spielkomfort mit der Entwicklung von Akustikgitarren mit Cutaway. Guild bot als eine der ersten Firmen eine Gitarre an, die für Rock statt Bluegrass konzipiert war, und ihre D-40C von 1975 dient bis heute als Vorlage für viele moderne Instrumente. 1977 hatte Martin die erste neue Korpusform seit Einführung der Dreadnought vor fast einem halben Jahrhundert entworfen. Diese ursprünglich als M-38 vorgestellte Bauform sollte als erste einen serienmäßigen Cutaway erhalten und die hieraus hervorgegangene MC-28 wurde auch gleich ein eindrucksvoller Erfolg.

Obwohl die meisten konzertierenden Klassik- und Flamenco-Gitarristen nach wie vor Gitarren ohne Cutaway bevorzugen (und die obersten Lagen stattdessen dank ihrer technischen Finesse erreichen), hat das Designelement selbst bei diesen Instrumenten Einzug gehalten. Die besonders bei Jazzern so beliebten Cutaways findet man heute bei Klassikgitarren in nahezu allen Preisklassen einschließlich edler Stücke von Gitarrenbauern wie Robert Ruck, Linda Manzer und Jim Redgate.

Ob ein Cutaway den Klang einer Gitarre beeinflusst, ist ein viel diskutiertes Thema. Natürlich bedeutet ein Cutaway eine Verringerung des im Korpus eingeschlossenen Luftvolumens. Tatsache ist aber auch, dass bei den meisten Gitarren die oberen Schultern aufgrund ihrer Steifigkeit nur wenig Einfluss auf Klang und Lautstärke haben. Daher sind sich die meisten Experten einig, dass es bei einer korrekt berechneten Gitarre kaum einen bzw. gar keinen Unterschied zwischen Modellen mit oder ohne Cutaway gibt.

So ist es denn eher eine persönliche Entscheidung, ob man nun einen Cutaway unbedingt braucht oder nicht. Klassikspieler sind ein perfektes Beispiel dafür, dass Virtuosität allein nicht das Design diktiert, und Steelstring-Gitarristen wie Bluegrass-Star Tony Rice oder der legendäre Fingerpicker John Renbourn scheinen ebenfalls prima ohne auszukommen. Dennoch können Jazzakkorde in den oberen Lagen, Melodieläufe, ja sogar bereits der Gebrauch eines Kapos dazu führen, dass ein Cutaway einem Gitarristen das Leben erleichtert.

4.6.1 Venezianisch, florentinisch oder Maccaferri-Stil

Die drei häufigsten Cutaway-Formen heißen venezianisch, florentinisch und Maccaferri-Stil. Mit seiner abgerundeten Spitze wird der venezianische Cutaway aus demselben Stück Holz wie die untere Zarge des Instruments gebogen. Wegen des bei dieser Form notwendigen engen Biegeradius kann sich die Herstellung eines venezianischen Cutaways bei besonders steifen oder brüchigen Hölzern wie Vogelaugen-ahorn oder Paduak problematisch gestalten, da diese beim Biegen leicht brechen.

Ab. 4.34: Ein venezianischer Cutaway am Beispiel der Guild F-65CE

Für einen florentinischen Cutaway mit seiner markanten Form wird ein separates Stück Holz benötigt. Das macht seine Herstellung arbeitsintensiver. Dank seiner spitzen Zacke erlaubt das Design verschiedene Formvarianten, deshalb stellt er die erste Wahl für Gitarrenbauer dar, die einen möglichst tief ausgeschnittenen Cutaway anstreben. Eine interessante Variante des florentinischen Cutaways sieht man zuweilen bei den Gitarrenbauern Judy Threet und Dana Bourgeois (letzterer verwendet das Design bei seinem Martin-Simpson-Signature-Modell). Nachdem die untere Zarge der Gitarre so gebogen wurde, als sollte das Instrument keinen Cutaway erhalten, wird ein Teil der oberen Schulter weg geschnitten und umgedreht, was ihr ein einzigartiges Aussehen verleiht und das Biegen eines zusätzlichen Holzstücks überflüssig macht.

Ein Cutaway im Maccaferri-Stil ähnelt zwar der venezianischen Variante, besitzt aber trotzdem eine unverwechselbare, eigenständige Form. Anstatt sich in Richtung Korpusmitte einzuwölben, bildet diese Cutaway-Form eine mehr oder weniger gerade Linie in einem ca. 90-Grad-Winkel zum Hals. Wie der Name schon andeutet, findet sich dieser Cutaway-Typ am häufigsten bei Gitarren in der Tradition von Selmer/Maccaferri, ist aber auch z. B. beim Leo-Kottke-Signature-Modell von Taylor mit von der Partie.

Abb. 4.35: Eine Gibson L-4C mit ausgeprägtem florentinischen Cutaway and eine Taylor Leo Kottke 6 mit einem Cutaway im Maccaferri-Stil

4.6.2 Doppel-Cutaway

Was bei E-Gitarren gang und gäbe ist, stellt bei Akustikgitarren eine Rarität dar. Zwar wird durch sie die Symmetrie eines cutawaylosen Instruments wiederhergestellt, ansonsten aber haben Doppel-Cutaways keinerlei zusätzlichen praktischen Nutzen und viele Gitarren, bei denen man dieses Konstruktionsmerkmal umgesetzt hatte, wiesen klangliche Mängel auf.

Abb. 4.36: Dean Frana mit Double-Cutaway

Eine Ausnahme stellen die Gitarren der deutschen Firma Gottschall dar, in deren beide Cutaways die Schalllöcher der Gitarre angebracht sind. Auf der Decke befindet sich dafür kein Schallloch mehr – der Erbauer begründet sein Design damit, dass so die Decke ungehindert schwingen kann und der Gitarrist durch das Schallloch im oberen Cutaway seine Gitarre besser, d. h. lauter hört.

Frühere Beispiele für Gitarren mit Doppel-Cutaway finden sich bei den Weissgerber-Instrumenten von Richard Jacob, und sowohl Martin als auch Guild haben erfolglos mit diesem Design experimentiert. Erst kürzlich hat Dean ihre elektro-akustische Frana mit Doppel-Cutaway vorgestellt, und auch für Gitarrenbauer Abe Wechter ist dieses Design ein fester Bestandteil seiner Pathmaker-Modellreihe.

4.7 Variationen

4.7.1 12-Strings

Obwohl die Geschichte der vielchörigen, mit Metallsaiten bespannten Instrumente wie der Zister bis ins 16. Jahrhundert zurückreicht, hatten diese keinen oder nur geringen Einfluss auf die Entstehung der modernen zwölfsaitigen Gitarre. Sie wurde höchstwahrscheinlich in Mexiko in der zweiten Hälfte des 19. Jahrhunderts erfunden. Anfangs wurde sie nur in diversen mexikanischen Volksmusikstilen eingesetzt, doch um 1920 entdeckten amerikanische Bluesmusiker wie Leadbelly, Barbecue Bob und Blind Willie McTell das von Stella gefertigte Instrument mit dem großen Korpus und der langen Mensur von 66 cm für sich. Diese Version der 12-String hatte einen Hals mit 12 Bünden und eine Fensterkopfplatte. Einige Modellvarianten hatten einen Steg mit Endpins, andere waren dagegen mit einer Metall-Saitenhalterung ausgestattet. Diese frühen Gitarren waren dafür vorgesehen, dass man sie auf D oder gar C herunterstimmte.

Nach Leadbellys Tod 1949 ging die Popularität der 12-String erst einmal zurück, ehe sie durch Folkmusiker wie Erik Darling, Fred Neil und Roger McGuinn aus der Versenkung geholt wurde. Bevor er die Byrds gründete, spielte McGuinn übrigens als Sessionmusiker bei vielen Aufnahmen eine akustische 12-String, und Martin hat ihm in den späten 1990er Jahren sogar ein Signature-12-String-Modell gewidmet.

In den 1960er Jahren waren Gibsons B12-45 (eine zwölfsaitige Version der J-45) und Guilds F-412 (Basis war die 17"-Jumbo F-50) die gefragtesten

Abb. 4.37: Dell'Arte-Kopie einer Stella 12-String aus den 1920er Jahre

Modelle. Beide Firmen fertigten auch 12-Strings mit kleinerem Korpus, doch mit überwältigender Mehrheit gaben die Musiker den auf Dreadnoughts und Jumbos basierenden Modellen den Vorzug. Außerdem fanden sie heraus, dass sich die Instrumente durch Aufziehen von extradünnen Saiten statt auf D oder C nun auf E hoch stimmen ließen. Seitdem wurden die meisten neuen zwölfsaitigen Gitarren für den Einsatz dünnerer Saiten und die höhere Stimmung entwickelt. Taylors Leo-Kottke-Modell hingegen wurde für die Verwendung dickerer Saiten und ein Tuning in C# gebaut.

Normalerweise werden die beiden oberen Saitenpaare gleich gestimmt, die restlichen Basspaare dagegen im Oktavabstand. Vom Greifen her besteht prinzipiell kein Unterschied zu einer herkömmlichen sechssaitigen Gitarre. Allerdings ist bei den zwölfsaitigen Modellen das Griffbrett mit 1 7/8" bis 2" (4,76 bis 5,1 cm) Breite am Sattel breiter als bei regulären 6-Strings.

Die meisten der heutigen 12-Strings besitzen die gleiche X-förmige Deckenbeleistung, wie man sie bei 6-Strings findet, wegen des erhöhten Saitenzugs sind sie jedoch etwas robuster. Ein leichtes Scalloped Bracing sucht man hier vergebens. Die älteren Stellas besaßen eine schlichte Leiter-Beleistung. Diese alten Schätze sind rar und stehen bei Bluesspielern hoch im Kurs. Aber es gibt einige moderne Gitarrenbauer wie die Firma Dell'Arte in Kalifornien und Peter Howlett in Wales, die davon gute Repliken anfertigen.

4.7.2 Gitarren im Selmer/Maccaferri-Stil

Im Jahr 1932 taten sich der Gitarrenbauer Mario Maccaferri und die Pariser Blasinstrumentenfabrik Selmer zusammen, um gemeinsam das von Maccaferri entworfene Modèle Orchestre zu bauen. Sein ursprüngliches Design sah zwar eine mit Darmsaiten bespannte Klassikgitarre vor – Maccaferri war selber ein hervorragender Klassikgitarrist, ehe er auf Gitarrenbauer umsattelte –, er ließ sich aber zur Entwicklung einer Stahlsaitenversion überreden, die schon bald das Standardmodell wurde.

Abb. 4.38: Links die ursprüngliche von Mario Maccaferri entworfene Selmer-Gitarre mit großem Schallloch und 12-Bund-Hals, rechts das spätere Modell mit kleinem Schallloch und 14-Bund-Hals

Das Modèle Orchestre besaß viele einzigartige Merkmale, zum Beispiel ein großes, D-förmiges Schallloch und einen Innenresonator, der den Klang in Richtung des Publikums abstrahlen sollte. Außerdem hatte die Gitarre einen Cutaway, was zu jener Zeit eine Seltenheit war, einen Hals mit 12 Bünden sowie gekapselte, dauergeschmierte Mechaniken – mittlerweile ein Standard-feature, das auf eine Idee Maccaferris zurückgeht.

Die Gitarren hatten eine leicht gewölbte Fichtendecke, Boden sowie Zargen aus Palisander und waren mit einem frei schwebenden Steg mit Tailpiece ausgerüstet – ganz ähnlich den typischen Archtop-Modellen. Die Gitarre maß rund 16" (40,6 cm) an der unteren Schulter, womit sie etwa so groß war wie eine Gibson L-5 mit ihrem kleinen Korpus. Maccaferris radikales Konzept war nur teilweise von Erfolg gekrönt – der Innenresonator erwies sich als bautechnisch zu kompliziert, und die Gitarristen waren nicht von seinen Vorzügen überzeugt – und nach ungefähr einem Jahr stieg Maccaferri bei Selmer aus, um andere Interessen zu verfolgen.

Nach seinem Weggang überarbeitete ein unbekannter Angestellter die Gitarre, indem er den Resonator wegließ, den Hals von 12 auf 14 Bünde verlängerte und das große D-förmige Schallloch auf ein kleineres ovales reduzierte. Dieses Modell mit dem neuen Namen Modèle Jazz wurde von dem Zigeunergitarristen Django Reinhardt und von den Musikern, die im Paris der Dreißiger den von ihm begründeten Zigeuner-Swing spielten, begeistert aufgenommen. Gitarrenbauer wie Busato und DiMauro began-nen fast unverzüglich mit dem Kopieren des Selmer-Designs, und nachdem sich die Firma 1953 aus der Gitarrenproduktion zurückzog, traten Gitarren-bauer wie Favino auf den Plan, um die Lücke zu schließen. Heutzutage ist Zigeuner-Jazz populärer denn je, und überall in Europa und Amerika finden sich Gitarrenbauer wie z. B. Stefan Hahl in Deutschland, hervorragende Repliken in der Selmer-Tradition fertigen.

4.7.3 Baritongitarren

Eine Baritongitarre, die von der Stimmung her zwischen der normalen 6-String und einer Bassgitarre liegt, hat eine lange Mensur (bis zu 68,6 cm) und sollte drei oder vier Halbtöne tiefer gestimmt werden. Baritongitarren haben in den letzten Jahren zunehmend an Beliebtheit gewonnen und werden überwiegend von unabhängigen Gitarrenbauern wie James Goodall und Ralph Bown hergestellt. Einen maßgeblichen Einfluss auf die Förde-rung der Baritongitarre hatte der Gitarrist Bob Brozman, der auch für Santa Cruz den Anstoß zur Entwicklung des Bob-Brozman-Modells, einer zwölf-

Abb. 4.39: Alvarez-Yairi JB1 Baritone

bündigen Mahagoni-Dreadnought sowie der National Resophonic Style 1 Baritongitarre lieferte.

Baritongitarren werden in der Regel auf H (HEADF#H, von unten nach oben) bzw. A (ADGCEA) gestimmt. Auch einige größere Firmen produzieren Baritongitarren, so etwa Alvarez-Yairi mit ihrem Modell YB-1 oder Ovation, deren langmensurige Gitarre den Namen „Long Neck" trägt. Diese beiden Firmen empfehlen, dass man ihre Gitarren nur einen Ganzton tiefer auf D (DGCFAD) stimmen soll.

4.7.4 Akustikbässe

Mindestens schon seit dem Ende des 19. Jahrhunderts haben sich Gitarrenbauer an einer praxistauglichen akustischen Bassgitarre versucht, doch erst Ernie Ball sollte dies Anfang der 1970er Jahre mit seinem Earthwood-Bass gelingen. Anstatt eine Gitarrenversion eines Standbasses zu bauen, wie es frühere Gitarrenbauer probierten, schuf Ball eine akustische Version des populären Fender Precision-Basses. Der Earthwood-Bass war etwas größer als eine Jumbo-Gitarre, aber trotzdem leicht genug gebaut, damit er für eine satte Tiefenwiedergabe die notwendigen Resonanzeigenschaften besaß. 1976 stellte Guild den B-50 vor, der einen 6" (15,2 cm) tiefen Korpus besaß und an der unteren Schulter 18" (45,7 cm) maß. Der Guild war immerhin so beliebt, dass er im Programm blieb, aber er inspirierte andere Hersteller nicht zu eigenen Kreationen.

In den späten Achtzigern brachte Martin dann den auf ihrem 16"-Jumbokorpus basierenden B-40 auf den Markt. Er war kleiner als der B-50 von Guild und folglich leiser. Auch fehlte ihm dessen Bassfundament, aber die Musiker spielten ihn jetzt zunehmend mit einem Piezo-Tonabnehmer, um den Lautstärkeunterschied auszugleichen. Im Sog des Martin-Basses begannen nun auch andere Firmen, eigene Akustikbässe anzubieten, viele davon mit eingebautem Tonabnehmer. Zu den interessanteren akustischen Bassgitarren gehört die von Steve Klein entworfene Taylor mit ihrer Deckenbeleistung im Kasha-Stil, und die Dobro, welche über einen Aluminium-Resonator verfügt. Eher der Kategorie „Groß & Laut" zuzurechnen ist der riesige Akustikbass von Christian Scholl aus Deutschland, den es sogar als 5-Saiter-Modell gibt. Akustikbässe haben in der Regel eine Mensur zwischen 78,7 und 86,4 cm und werden zumeist mit Messing- oder Phosphorbronze-Saiten bestückt.

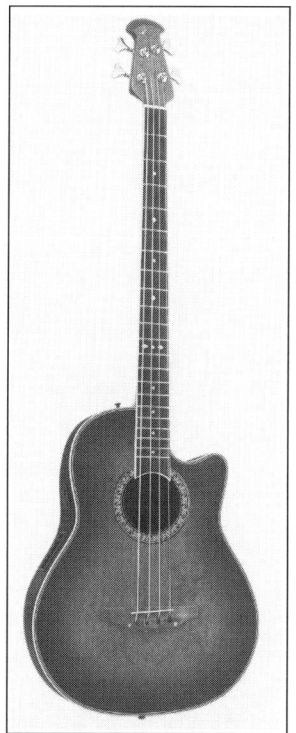 

Abb. 4.40: Ovation Celebrity Bass, daneben zwei Guild Acoustic Basses, der B-4E und der bundlose B-30

Eine weitere Variante des Akustikbasses ist das Guitarron, eine große mexikanische Gitarre mit einem bundlosen Kurzhals, sechs umsponnenen Nylonsaiten und einem markanten, V-förmigen Boden sowie die riesige, dreisaitige Bass-Balalaika mit ihrem dreieckigen Korpus, dessen unterste Ecke gleichzeitig als Ständer dient – so groß ist dieses Instrument, dass es nur im Stehen gespielt werden kann!

4.7.5 Resonator-Gitarren

Statt mit einer hölzernen Decke wie bei einer herkömmlichen Gitarre verstärken Resonator-Gitarren die Saitenschwingungen mittels einer kegel- oder trichterförmigen Membran aus Aluminium. Die erste Resonator-Gitarre wurde in den frühen 1920er Jahren von Rudy Dopyera erfunden, dem Firmengründer der National Guitar Company. Dopyera entwickelte zwei Versionen von Resonator-Gitarren, die beide einen Metallkorpus besaßen. Die erste hatte drei kleine Alu-Membrane, die über eine T-förmige Brücke miteinander verbunden waren. Die Tricone, mitunter auch Triplate genannt, hatte zumeist ein kantiges Halsprofil für das Spielen mit einem Steelbar und wurde auch Hawaii-Gitarre genannt. Diese Instrumente werden manchmal auch als Steelguitars bezeichnet, doch bezieht sich der Name auf die Spieltechnik und das Spielzubehör, bei der ein „Steel" genannter Metallstab zum Einsatz kommt, und nicht auf das Korpusmaterial, welches aus Neusilber bestand.

 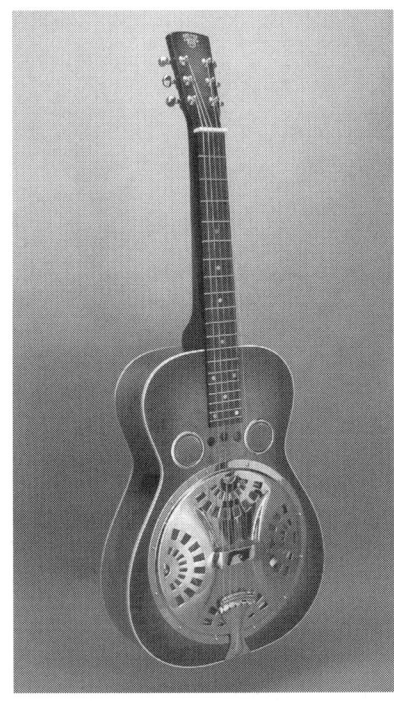

Abb. 3.41: National Tricone mit Metallkorpus (links), und Dobro Squareneck mit Holzkorpus

Die andere Version der National-Gitarre besaß nur einen, aber dafür größeren Trichter. Die Saiten liefen hier über eine kleine, keksförmige Holzscheibe, „Biscuit" genannt. Diese war mit dem Trichter verbunden, der an einen umgedrehten Suppenteller erinnerte. Die Tricone hatte einen weichen, warmen Klang, der für Hawaii-Musik wie geschaffen war. Die Singlecone-National hatte dagegen einen lauteren und raueren Ton, der sie zu einem Favoriten für Bluesmusiker und insbesondere Bottleneck-Spieler machte.

Gegen Ende der 1920er Jahre stieg Dopyera bei National aus und gründete die Dobro Company. Statt jedoch die National-Konzepte zu übernehmen, erfand er eine dritte Form der Resonator-Gitarre. Die Dobro, die nun einen Holzkorpus besaß, war mit einem schüsselförmigen Resonator ausgestattet, der mit einer achtarmigen Aluspinne verstärkt war. Daran war der Steg befestigt. Bezeichnenderweise heißt diese Konstruktion im Englischen „Spider bridge". Die Dobro-Gitarren wurden fast ausnahmslos mit einem vierkantigen Hals gebaut und erlangten bei Country- und später Bluegrass-Musikern große Beliebtheit.

Abb. 4.42: Die National Estralita mit Holzkorpus und Single-Cone

Heute gibt es eine Reihe von Firmen, die Resonator-Gitarren produzieren, darunter auch wieder National Resophonic, wo man ausgezeichnete Resonator-Gitarren nach alter Tradition herstellt. Allerdings gibt es keine direkte Verbindung zur ursprünglichen Firma National mehr. Zu diesen Herstellern gehören der Ex-Dobro-Mitarbeiter und Nashville-Musiker Richie Owens sowie die in Neuseeland ansässige Firma Beltona und natürlich Dobro selbst, mittlerweile im Besitz des Gibson-Konzerns. Außerdem gibt es noch einige Firmen, die preisgünstige Resonator-Gitarren in Asien fertigen, zum Beispiel Johnson, Epiphone und Regal. Der deutsche Hersteller Manzanita baut auch Sonderformen von Resonator-Gitarren, z. B. Lapsteel-

Gitarren oder aber Weissenborn-Modelle (siehe Abschnitt 4.7.11) mit eingebauten Resonatoren.

4.7.6 Requintos und Terzgitarren

Die Requinto ist eine Gitarre mit kleinerem Korpus, die normalerweise eine Quarte oder Quinte höher gestimmt wird als eine normale Gitarre. Requintos werden überall in Spanien und Lateinamerika gespielt, erfreuen sich aber in Mexiko besonderer Beliebtheit. Die mexikanische Version der Requinto hat in der Regel einen tieferen Korpus als eine Standardgitarre, während die spanische Variante in etwa die gleiche Korpustiefe aufweist. Ihre Mensurlänge beträgt gewöhnlich 57 bis 58,5 cm.

Abb. 4.43: Pimentel Requinto, rechts eine Martin 5/18 im Vergleich mit einer Dreadnought

Die Terzgitarre ist ebenfalls eine Gitarre mit kleinem Korpus, die im 19. Jahrhundert beliebt war. Terzgitarren lagen in der Stimmung eine Terz über der normalen Gitarre. Sie hatten einen brillanten, durchsetzungsfähigen Ton und wurden üblicherweise im Duett mit normal großen Gitarren eingesetzt. Als Instrumente mit Nylonsaiten sind Terzgitarren im Grunde ausgestorben, doch die Korpusgröße lebt weiter in der Martin 5-18, die trotz ihrer Stahlsaitenbespannung auf dieser Korpusform aus dem 19. Jahrhundert basiert.

4.7.7 Tenorgitarren

Die Tenorgitarre wurde kurz nach 1920 erfunden, um Musikern, die vom

viersaitigen Tenorbanjo kamen, den Umstieg auf die Gitarre zu erleichtern. Diese hatte das blechern tönende Banjo in Tanzbands verdrängt. Etliche Gitarrenbauer produzierten in den 1920er und 1930er Jahren eine Vielfalt an Modellen: von preisgünstigen Versionen wie Martins 2-17, einer ganz aus Mahagoni bestehenden Gitarre mit sehr kleinem Korpus bis zur Gibson TGL-5, einer Tenorversion ihres Archtop-Spitzenmodells L-5.

Zu jener Zeit stimmten die meisten Musiker die vier Saiten ihrer Tenorgitarre im Quintabstand auf CGDA, was der Stimmung des Tenorbanjos entspricht. Ende der 1950er Jahre jedoch stimmte Nick Reynolds von der Folkband Kingston Trio seine Tenorgitarre auf DGHE, was in Stimmung und Tonlage den oberen vier Saiten einer normalen 6-String entspricht. Die Tenorgitarre war im Wesentlichen ein amerikanisches Phänomen, doch auch die französische Firma Selmer baute ungefähr 150 Tenorgitarren.

Abb. 4.44: Die Martin 0-18T Tenorgitarre

4.7.8 Siebensaiter

Siebensaitige Klassikgitarren waren im Russland des 19. Jahrhunderts recht beliebt, allerdings starb dieser Modetrend zu Beginn des 20. Jahrhunderts aus. Gegen Ende der 1930er Jahre ließ sich der Jazzgitarrist Fred van Eps von

Epiphone eine siebensaitige Archtop bauen – ein Gitarrentyp, dem er sein Leben lang treu blieb. Van Eps stimmte seine siebte Saite, die als zusätzliche Basssaite diente, auf das tiefe A, während viele von ihm beeinflusste Gitarristen sie auf H stimmten.

Lenny Breau ging die Sache von vornherein anders an: Er legte seine siebte Saite über die hohe E-Saite und stimmte sie auf A hoch. Siebensaitige Flattops sind sehr selten, einer ihrer raren Vertreter ist Gallaghers Custommodell für den Bluegrass-Flatpicker Steve Kaufman. Ibanez ist vielleicht der einzige große Hersteller, der mit der AJ-307CE eine siebensaitige Flattop-Westerngitarre mit Cutaway und Tonabnehmersystem im Programm hat.

4.7.9 Solid-Bodies

Manche Musiker brauchen eine höhere Bühnenlautstärke als ihre verstärkten Akustikgitarren rückkopplungsfrei liefern können. Und so wurde die Akustikgitarre mit Massivkorpus geboren. Einer der ersten Vertreter dieser neuen Instrumentengeneration war die Gibson Chet Atkins CEC (= Cutaway Electric Classic), die von vorn die Silhouette einer Klassikgitarre zeigte, jedoch kaum 4 cm dünn war. Die Gibson Chet Atkins CEC hatte einen unter dem Steg montierten Piezo-Tonabnehmer. Obwohl die Gitarre wie eine massive E-Gitarre aussah, besaß sie Resonanzkammern, die das Gewicht reduzieren halfen und ihr einen etwas akustischeren Klang verliehen. Der Erfolg des Nylonsaiten-Modells ließ Gibson eine Stahlsaiten-Version sowie ein 12-String-Modell nachschieben.

Auch andere Firmen griffen nun das Konzept einer Akustikgitarre mit Massivkorpus auf. Guild brachte 1983 die FS-Serie auf den Markt, die jedoch nach einigen Jahren wieder eingestellt wurde. Der erfolgreichste Herausforderer für die Chet-Atkins-Gitarren war Rick Turners Renaissance-Serie, bei der es sich eigentlich um eine ganz flache Hollowbody mit einer Massivholzdecke ohne Schallloch handelt. Die Renaissance ist unter anderem als 12-String-, Bariton- und Bassversion erhältlich.

Die vielleicht ungewöhnlichste Solidbody-Akustikgitarre ist die Parker Fly Concert, eine Gitarre aus massiver Fichte mit einem Piezo-Pickup im Steg, und die Spanish Fly, die Nylonsaiten-Version derselben Gitarre.

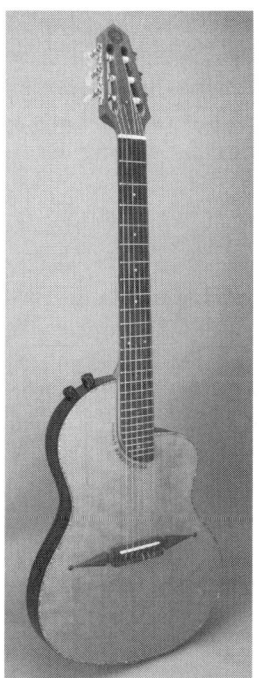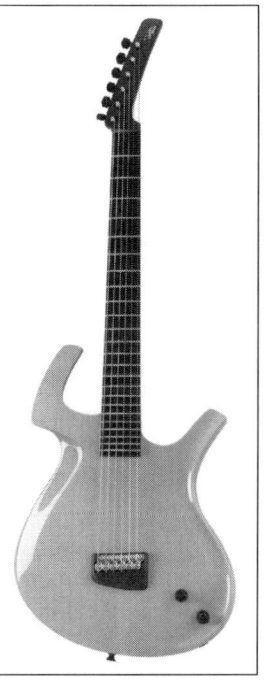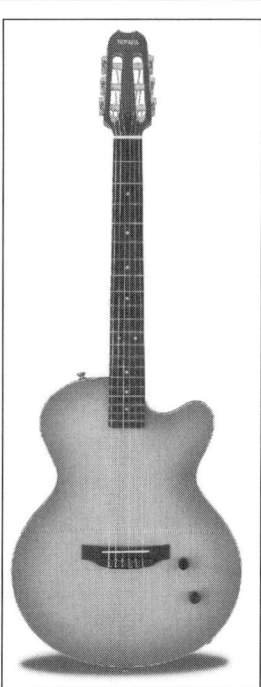

Abb. 4.45: Turner Renaissance Nylon, Parker Fly Concert, Yamaha AEX500NS

4.7.10 Harfengitarren

Harfengitarren haben einen ganz normalen 6-String-Hals und dazu noch eine bis 12 zusätzliche Basssaiten, welche von einem Extrahals, einer verlängerten oberen Schulter oder einer Querstange gehalten werden. Die Harfen- oder Resonanzsaiten können mit der rechten wie mit der linken Hand gezupft werden, aber da sie meist ohne Griffbrett darunter frei schwebend aufgehängt sind, werden sie nie gegriffen.

Es gibt zwei Hauptformen der Harfengitarre: den europäischen und den amerikanischen Stil. Ersterer wurde im frühen 19. Jahrhundert von Gitarrenbauern aus Österreich wie Stauffer und Schertzer, Italienern wie Mozzani und Franzosen wie LaCote geschaffen. Die europäischen Modelle waren für Darmsaiten ausgelegt und wurden vorwiegend für die Darbietung klassischer Musik verwendet. Ein moderner Verfechter eines solchen Instruments war der Klassikgitarrist Narsisco Yepes. In der zweiten Hälfte des 19. Jahrhunderts setzte sich in Wien eine „Schrammelmusik" genannte Stil-

159

Abb. 4.46: Vintage Gibson Harfengitarre mit zehn Basssaiten

richtung durch, bei der als Rhythmus-instrument eine Harfengitarre zum Einsatz kam. In Amerika produzierten Gitarrenbauer wie Knutsen, die Gebrüder Larson und natürlich Gibson zahlreiche Harfengitarren, die für die Bespannung mit Stahlsaiten solide verstrebt waren.

Die Harfengitarre erlebte eine kurze Blütezeit zu Beginn des 20. Jahrhunderts, sie verschwand jedoch in den 1930er Jahren fast völlig aus dem Bewusstsein der Öffentlichkeit. In den 1980er Jahren wurde Michael Hedges oft mit einer Harfengitarre der Gebrüder Larson fotografiert. Obwohl er sie nur selten in Konzerten verwendete und nur eine Hand voll Songs damit aufnahm, löste er ein Mini-Revival des Instruments aus, und vermutlich gibt es heute mehr Harfengitarren-Spieler als je zuvor in ihrer 200-jährigen Geschichte.

4.7.11 Weissenborn-Gitarren

Irgendwann um 1910 herum begann im US-Bundesstaat Washington der Gitarrenbauer Chris Knutsen mit dem Bau von Gitarren mit hohlen Vierkanthälsen, die für das Hawaii-Slidespiel optimiert waren. Die Gitarre liegt dabei vor dem Spieler auf seinen Oberschenkeln und wird mit einem Metallstab (= Steelbar) intoniert. Entlang der Westküste gab es eine Reihe von Herstellern, die nun ebenfalls in dieses Geschäft einstiegen, und kurz nach 1920 stand in Los Angeles ein Gitarrenbauer namens Hermann Weissenborn im Ruf, die besten Instrumente dieser Art zu fertigen. Seine Gitarren übertrafen in der Tat die Instrumente jenes Mannes, der sie erfunden hatte.

Gitarren im Knutsen/Weissenborn-Stil waren in den 1920er Jahren populär, gerieten aber mit dem Siegeszug der von National und Dobro produzierten lauteren Resonator-Hawaii-Gitarren in Vergessenheit. In den 1970er Jahren begannen dann Musiker wie Bob Brozman und David Lindley, alte Weissenborns zu spielen und lösten damit ein reges Interesse an diesen

Gitarren aus. Der vielleicht auffälligste zeitgenössische Spieler ist Ben Harper, der einen interessanten Bluesstil spielt. Zu den modernen Herstellern gehören Bill Hardin, der unter dem Namen Bear Creek Gitarren baut, Michael Dunn sowie Manfred Pietrzok von der deutschen Firma Manzanita, von dem sich David Lindley einige Weissenborn-Modelle bauen ließ. Marc Silber lässt in Mexiko Gitarren im Weissenborn-Stil fertigen, die er unter dem Label K & S vertreibt. Der eigentliche Markenname Weissenborn befindet sich heute im Besitz des amerikanischen Gitarristen, Erfinders und Saitenherstellers John Pearse, der zurzeit aber keine Gitarre dieses Typs auf den Markt bringt, sondern nur Weissenborn-Saiten für diese spezielle Gitarre in der Stärke .017 bis .064 anbietet.

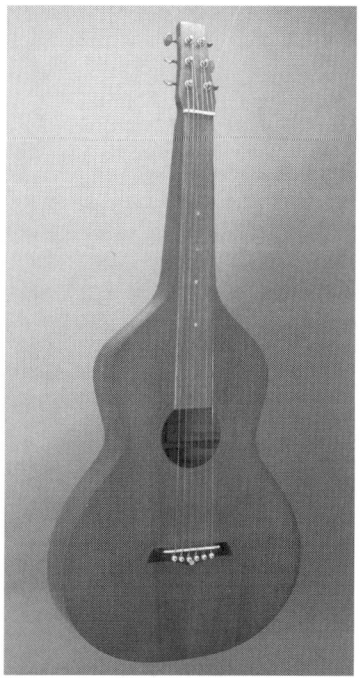
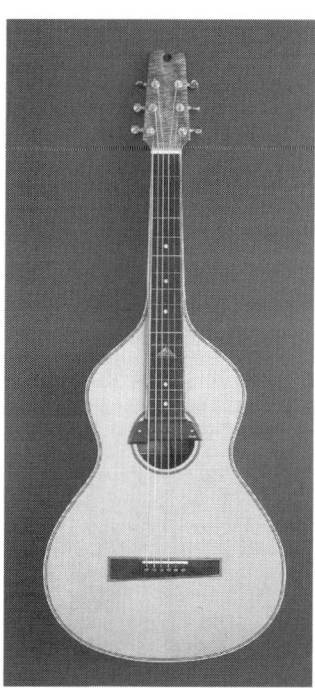

Abb. 4.47: Weissenborn Style 1, daneben das Manzanita H-Modell

5 Die Decke

5.1 Der wichtigste Teil der Gitarre

Die Decke ist der wichtigste Teil jeder Gitarre, denn sie ist es, die maßgeblich den Klang des Instruments prägt. Boden und Zargen haben gewiss auch Einfluss auf den Ton und die Lautstärke, ebenso wie die Dichte und Steifigkeit des Halses, jedoch sind diese Einflüsse nur von geringer Bedeutung, wenn die Decke nicht von vornherein einen wertigen Klang erzeugt. Andererseits: Wenn Sie einem erstklassigen Gitarrenbauer eine Billigheimer-Gitarre der untersten Güteklasse in die Hand drücken und ihn beauftragen, die Decke durch eine seiner besten zu ersetzen (falls er dazu bereit ist), dann wird das Ergebnis ein Instrument sein, das weit besser klingt als vorher.

5.1.1 Massiv oder gesperrt

Bei allen in Frage kommenden Gitarrenarten ist die Decke entweder aus Massivholz oder aber aus miteinander verleimten Holzschichten. Massiv bedeutet, dass die Decke in ihrer gesamten Dicke – und nicht notwendigerweise über die ganze Breite – aus einem Stück besteht. Wie bei Geigen wird bei praktisch allen Gitarren mit massiver Decke diese aus zwei in der Mitte zusammengefügten Hälften gefertigt. Tradition und der Wunsch nach Symmetrie verlangen, dass die beiden Deckenhälften spiegelbildlich zusammengefügt werden (man spricht dann von „bookmatched"), was bedeutet, dass ein dickeres Brett in zwei dünnere Teile gesägt werden muss, welche anschließend spiegelbildlich verleimt werden.

Gesperrte Decken bestehen aus dünnen Holzschichten, wobei in der Regel Ober- und Unterseite furniert sind. Die Maserung verläuft in Längsrichtung, also rechtwinklig zu den Bünden. Zwischen diesen beiden Furnieren befindet sich gewöhnlich eine Lage (oder manchmal auch zwei oder mehr), deren Maserung im 45°- oder 90°-Winkel zu den äußeren Lagen verläuft. Bei den billigsten Instrumenten wählt man solche Furnier-Konstruktionen allein aus Kostengründen, und weil es praktischer ist. Jedoch können manche Schichtholzdecken aus dünnen Fichtenfurnieren so gut klingen, dass selbst erfahrene Musiker ins Grübeln kommen. Um die Verwirrung noch zu steigern, sind die Furniere auf der Oberseite bei praktisch allen gesperrten Decken ebenfalls spiegelbildlich verleimt, was es schwer macht, sie von einer echten, massiven Fichtendecke zu unterscheiden.

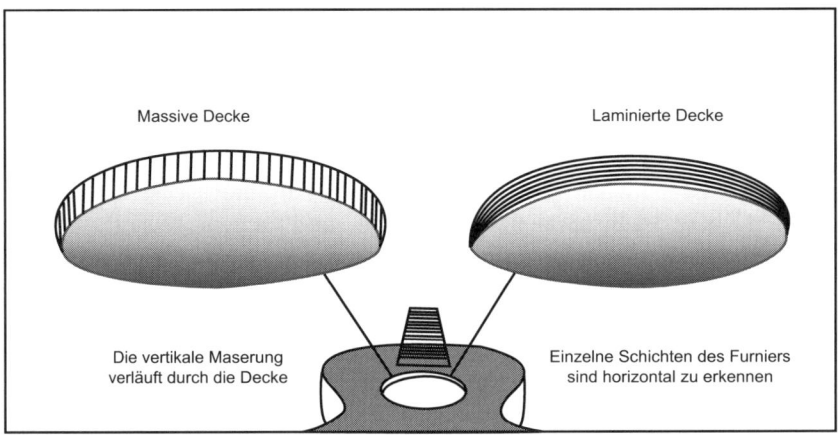

Abb. 5.1: Der Blick in das Schallloch einer akustischen Gitarre zeigt: links eine massive Decke, rechts eine laminierte

Eine gesperrte Decke kann man am ehesten durch einen Blick auf die Schalllochkante erkennen. Wenn hier die Maserlinien von der Oberseite quer über die gesamte Dicke des Holzes durchgehend verlaufen, so handelt es sich um eine massive Decke. Sieht man dagegen rings um das Schallloch eine dunklere Linie mit hellerem Fichtenholz darüber und darunter, dann ist die Decke sehr wahrscheinlich gesperrt.

5.1.2 Fichte

Soweit sich die Geschichte der Gitarre zurückverfolgen lässt, war Fichte das bevorzugte Holz für die Decke, so wie auch bei den Mitgliedern der Geigenfamilie. Als jene Gitarrenform, die am engsten in der Tradition der Geigenfamilie verwurzelt steht, wird für die geschnitzten Decken von akustischen Archtops nach wie vor Fichte als einziges Holz verwendet. Bis vor rund dreißig Jahren achteten die meisten Gitarrenbauer nur auf die

Herkunft des für die Decken verwendeten Fichtenholzes, und hier galt die europäische Fichte der nordamerikanischen als überlegen. Heutzutage wird jedoch ein viel größeres Augenmerk auf die Fichtenart an sich gelegt, und davon wachsen in Kanada und den USA mindestens drei von Grund auf verschiedene.

Am meisten verbreitet ist die Sitkafichte, die im Nordwesten der USA heimisch ist. Deckenholz aus dieser Fichtenart wurde für praktisch alle amerikanischen Stahlsaiten-Gitarren verwendet, die seit Ende der 1940er bis in die 1990er Jahre gebaut wurden, als die Hersteller endlich auch die Klangeigenschaften anderer Fichtenarten für spezielle Modelle auszuloten begannen (mit Sitka wird heute noch immer der größte Teil der nordamerikanischen Gitarren hergestellt, ebenso die meisten Instrumente aus Asien). Dank des großen Durchmessers vieler Sitkastämme und der riesigen Wälder, in denen sie geschlagen werden, ist Sitkafichtenholz nach wie vor problemlos erhältlich. Es ist bekannt für seine bemerkenswerte Stabilität, und obwohl es beim Holzeinschlag oft noch ganz hell ist, dunkelt es unter Lichteinfluss deutlich nach und nimmt nach nur wenigen Monaten einen honiggelben Farbton an. Diese Sorte eignet sich hervorragend als Deckenholz für Westerngitarren, dagegen ist es den meisten Konzertgitarrenbauern zu hart und steif. Es produziert einen klaren, hellen Ton und verträgt auch einen sehr kräftigen Anschlag, jedoch ist es bei den Herstellern von Highend-Gitarren inzwischen nicht mehr so geschätzt, hauptsächlich weil es recht „gewöhnlich" klingt und vergleichsweise billig ist.

Eine weitere nordamerikanische Art ist die Engelmannfichte, die allerdings meist teurer ist, weil die Bäume kleiner sind und ihre Maserung oft spiralförmig verläuft, wodurch ein Großteil des Holzes sich nicht für den Gitarrenbau eignet. Diese Neigung zu einem Drehwuchs ist einer der Gründe, warum viele Engelmanndecken oft und in erheblichem Umfang „auslaufen", was sich in einem deutlichen Farbwechsel entlang der Mittellinie zeigt. Engelmann ist weicher als Sitka und daher anfälliger für Beschädigungen. Es ist auch heller und entwickelt nie den bräunlichen Farbton einer in Ehren gealterten Sitkadecke. Engelmannfichte ist das perfekte Holz für Fingerstyle-Spieler, denn es produziert auch ohne harten Anschlag einen warmen, offenen Klang.

Das begehrteste Tonholz für Gitarrendecken ist, zumindest in der Gemeinde der Flattop-Spieler, die Adirondackfichte, auch Appalachenfichte genannt. Und wie der Name schon andeutet, wächst sie nur im Osten der USA. Dies war die Holzsorte, die von den Firmen Gibson und Martin vor dem Zweiten Weltkrieg verwendet wurde – was zweifellos der Hauptgrund für ihre Attraktivität ist, denn um den Klang der Gitarren dieser Epoche ranken sich viele Lobeshymnen. Adirondack ist steif wie Sitka, aber heller im Farbton. Es ist berühmt für seine Fähigkeit, auch bei sehr kräftigem Anschlag nicht gepresst oder harsch zu klingen und ist bei Flat- wie Fingerpickern gleichermaßen beliebt. Daher ist es erste Wahl für Gitarrenbauer, die Repliken von Martins und Gibsons aus den 1930er Jahren herstellen, dem „Goldenen Zeitalter" des amerikanischen Gitarrenbaus. Martin verwendet dieses Deckenholz ausschließlich für ihre GE- (Golden Era) Modelle, die innerhalb der Vintage-Reissue-Serie des Unternehmens den Spitzenplatz einnehmen.

Europäische Fichte, bei Konzertgitarrenbauern noch immer die Nummer eins, ähnelt sehr der Engelmannfichte, ist aber etwas härter und steifer als Sitka, dafür jedoch leichter und heller. Europäische Fichte, die unabhängig von ihrem Wuchsort oft als „Deutsche Fichte" betitelt wird, ist eine beliebte Option auf den Preislisten der meisten großen wie auch kleinen nordamerikanischen Hersteller. Dieses Deckenholz scheint die besten Eigenschaften aller nordamerikanischen Fichtenarten zu vereinen und eignet sich ideal für jeden Spielstil unter allen denkbaren Bedingungen.

Abb. 5.2: Fichtendecken mit Rosetten in der Werkstatt von Froggy Bottom

5.1.3 Zeder

Für Flattop-Gitarren (sowohl für klassische wie auch Stahlsaiten-Modelle) ist außerdem Rot-Zeder ein beliebtes Deckenholz. Von spanischen Gitarrenbauern wird es seit Mitte des 20. Jahrhunderts häufig verwendet. So stand Zeder zum Beispiel in Madrid zur Zeit des großen Booms der Konzertgitarre in den 1960er und 1970er Jahren unangefochten auf Rang eins, und während dieser Zeit definierte der volle, dunkle Ton des mit einer Zederndecke versehenen Ramirez-Modells IA Segovia im Wesentlichen den Klang, wie er von den besten Klassikspielern erwartet wurde. Da aber Flamenco-Gitarren einen brillanteren, perkussiveren Ton benötigen, gibt man, unabhängig vom Hersteller, für jene Instrumente nach wie vor der Fichte den

Vorzug. So richtig beliebt wurde Zeder bei den Herstellern von Stahlsaiten-Gitarren erst in den Achtzigern, als man es in großem Stil für Fingerstyle-Gitarren einsetzte, vor allem jenen, die in Europa produziert oder verkauft wurden. Namentlich der irische Hersteller Lowden etablierte mit seinen O-Modellen die Zeder als Deckenholz für Stahlsaiten-Gitarren.

Zedernholz besitzt einen warmen, rötlich-braunen Farbton und ist weicher und elastischer als Fichte. Es ist dafür bekannt, dass es selbst auf feinste Spielnuancen sensibel anspricht und nur eine ganz kurze Einspielphase benötigt. Von den amerikanischen Gitarrenbauern hat Taylor es am meisten verwendet. Jedoch bieten fast alle kleineren Firmen es als Option an, und James Goodall aus Hawaii hatte z. B. außergewöhnlichen Zuspruch mit seinen Zeder-Modellen. Andere Weichhölzer, die halbwegs erfolgreich für Deckenmaterial eingesetzt wurden, sind Lärche und Redwood.

Abb. 5.3: Für das Fingerspiel besitzen Decken aus Zeder eine schnelle Ansprache (hier eine Goodall Concert Jumbo)

5.1.4 Mahagoni

Als Holz für Gitarrendecken trat Mahagoni erstmals nachdrücklich in Erscheinung, als Martin es in den frühen 1920er Jahren zu benutzen begann. Obwohl es technisch zu den Harthölzern gehört, ist Mahagoni leicht und weich genug, um als Decke auf Stahlsaiten-Gitarren Verwendung zu finden. Zwar fehlt ihm die flinke Ansprache und Tonklarheit der Fichte, doch dafür spricht die Wärme und Tiefe seines Klangs viele Musiker an. Mahagoni-Decken findet man gewöhnlich nur auf Gitarren, deren Boden und Zargen ebenfalls aus diesem Holz bestehen. Die Firma C. F. Martin brachte diese Kombination äußerst vorteilhaft bei ihren Modellen Style 15 und 17 zum Klingen. Diese Bauweise erlaubte den Verzicht auf ein Binding sowohl an der Ober- als auch der Unterkante des Gitarrenkorpus und ermöglichte so die Vermarktung eines Gitarrenmodells zu einem weitaus günstigeren Preis. Diese mitunter auch „Chocolate Martins" genannten schlichten, kleinen 0-15- und 00-17-Modelle, deren Produktion Anfang der 1960er Jahre eingestellt wurde, entwickelten sich zu so begehrten Gitarren, dass Martin ihren Erfolg durch eine Neuauflage Ende der 1990er Jahre wiederholte.

Abb. 5.4: Erfolg hatte Martin mit der preisgünstigen, ganz aus Mahagoni gefertigten D-15

5.1.5 Koa

Koa-Decken sind das Ergebnis des Modewahns, den die Hawaii-Musik um 1915 auslöste und der bis zum Ende der 1920er Jahre dauerte, als dieses Holz vor allem von der Firma Martin zum Bau von Hawaii-Gitarren verwendet wurde. Nachdem man entdeckt hatte, dass diese Instrumente für traditionell (also im spanischen Stil) gespielte Stahlsaiten-Gitarren einen interessanten Klang besaßen, wurde die Materialliste der Gitarrenbauer erweitert. Heute bevorzugen manche Musiker sogar den Klang einer Koa-Decke.

Abb. 5.5: Taylor benutzt Koa-Decken für viele ihrer Modelle, wie dieser 12-Strings K65

Wie bei Mahagoni finden sich Koa-Dekken nur auf Gitarren, deren Boden und Zargen ebenfalls aus Koa bestehen. Aufgrund ihres Gewichts produziert eine Koa-Decke einen leicht komprimierten Ton in geringerer Lautstärke, jedoch mit ausgezeichnetem Sustain. Im vergangenen Jahrzehnt hat Taylor weitaus mehr reine Koa-Gitarren verkauft als Martin, und ihre größte Attraktivität liegt zweifelsohne in der kräftigen Färbung und intensiven Maserung dieses Holzes, ein bunter Fleck in der monotonen Landschaft ebenmäßig gemaserter Fichtendecken.

5.1.6 Andere Hölzer

Auch Ahorn wurde schon für Gitarrendecken verwendet, allerdings nur für elektro-akustische Modelle, wo der Dämpfungseffekt eines so harten und schweren Holzes im verstärkten Betrieb bewirkt, dass sich bei höheren Lautstärken nicht so leicht Rückkopplungen aufschaukeln können. Einige Gitarrenbauer, namentlich Taylor und Adamas/Ovation, haben auch schon Decken aus Walnussholz gefertigt. Da sich das Einsatzgebiet der Akustikgitarre stetig ausweitet und die Hersteller auf der Suche nach neuen Sounds und Alternativen zu den bald erschöpften Vorräten traditioneller Gitarrenhölzer sind, werden zweifellos noch viele andere Holzarten zum Einsatz gelangen, insbesondere bei elektroakustischen Modellen.

5.1.7 Alternative Materialien

Alternativen zu Fichte und ähnlichen Deckenhölzern hielten bereits Einzug, als Holzverknappung noch längst kein Thema war. Da man zu Fichte hauptsächlich wegen ihres hohen Festigkeit/Gewicht-Koeffizienten greift, müsste man logischerweise annehmen, dass ein Material mit ähnlichen Eigenschaften, aber mit einem höheren Festigkeit/Gewicht-Verhältnis noch besser sein müsste. Dies war die Grund legende Überlegung, warum sich Kaman Corporations bei der Materialwahl für die Decken ihrer Mitte der 1970er Jahre vorgestellten Adamas-Modelle auf ultradünne Kohlenstoff-Graphit-Fasern festlegte, mit denen ein dünner Kern aus Birkensperrholz beidseitig beschichtet wurde.

 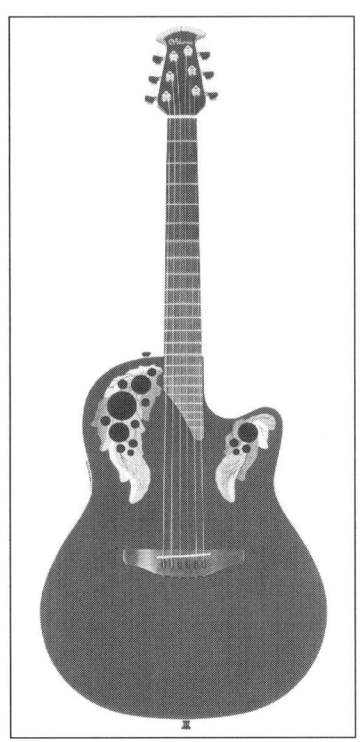

Abb. 5.6: RainSongs vollkommen aus Graphit hergestellte DR1000, rechts daneben die Ovation Adamas 1597 mit Graphitdecke

Seitdem hat auch die Martin Guitar Company konsequent ihre eigenen Konzepte für alternative Deckenmaterialien verfolgt. Martin verwendet für die Decke ihrer preisgünstigen X-Serie ein Hochdruck-Holzfaserlaminat (ähnlich Formica) mit aufgedrucktem Fichtenfinish – jawohl, eine fotografische Reproduktion – auf der Oberseite. Und um nicht als holzbesessen und altmodisch zu gelten, hat Martin außerdem für die Decken einiger Thinbody-Versionen aus derselben X-Serie Aluminium verwendet. Bei Martin will man nicht die traditionelle Holzgitarre ersetzen. Vielmehr hat man sich vorgenommen, die Vorstellung des fachkundigen Publikums hinsichtlich der möglichen Werkstoffe, aus denen sich Gitarren herstellen lassen, zu erweitern. Außerdem will man bereit sein für den Tag, an dem Holz für amerikanische Gitarren der unteren Preisregionen einfach zu teuer geworden ist.

5.2 Deckenbeleistung

Es ist schon merkwürdig, dass der wichtigste Teil der Gitarre (zumindest was den Klang betrifft) am schwierigsten zu begutachten und noch schwieriger zu beurteilen ist. Während sich die Beleistung der Decke nicht vollständig verbergen lässt wie z. B. eine Lackformel, entzieht sie sich dennoch dem Auge des flüchtigen Betrachters und zwingt andere Hersteller, mit Lampen und Spiegeln bewaffnet durch das Schallloch ins Innere zu spähen. Bei einem Treffen mehrerer Gitarrenbauer sind Decken und die sie stützende Beleistung wahrscheinlich das meistdiskutierte Thema, und das mit gutem Grund.

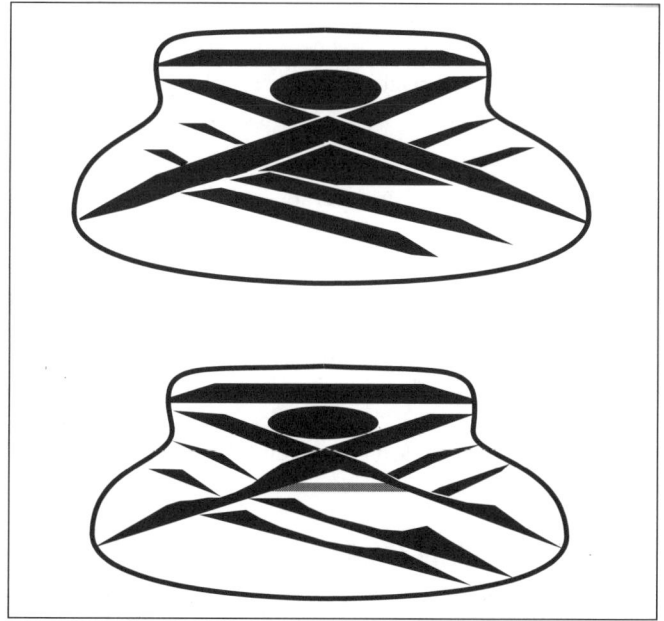

Abb. 5.7: Oben die Darstellung eines non-scalloped X-Bracing, darunter eine scalloped Beleistung

Eine ausgesucht schöne Fichten- oder Zederndecke, aufgesetzt auf einen perfekten Boden mit prächtigen Zargen und mit dem ultimativen Hals verbunden, wird trotzdem ein bestenfalls durchschnittliches Instrument ergeben, wenn der Gitarrenbauer bei der Verstrebung der Decke nicht die gleiche Sorgfalt und Sachkenntnis aufwendet. Bei vielen Instrumenten wie etwa Flamenco-Gitarren ist es eine heikle Gratwanderung, ob man die Gitarre nun für eine lange Lebensdauer oder eine kurze, aber brillante Karriere verstrebt. Wenn sich aber alles so zusammenfindet, wie es sein sollte, wird die Gitarre optimal klingen und trotzdem mehrere Musikergenerationen überdauern.

5.2.1 Funktion

Die Leisten auf der Unterseite einer Gitarrendecke erfüllen zwei wichtige Funktionen. Die entscheidende besteht darin zu verhindern, dass die Decke einbricht, sich auswölbt oder unter dem Saitenzug verzieht und über diese Aufgabe gibt es in der Fachwelt nur kleinere Differenzen. Jede Gitarrendecke zeigt gewisse Spuren der Abweichung von ihrer ursprünglich planen Oberfläche, weil das Holz Saitenzugkräften von etwa 35 bis 90 kg ausgesetzt ist, doch mit einer angemessenen Beleistung – und bei vernünftiger Pflege – können die meisten Gitarren jahrzehntelang solche Spannungen ertragen, ohne dass größere Reparaturen nötig werden, wenn überhaupt.

Die zweite Funktion des Bracings besteht darin, den Klang und die Lautstärke der Gitarre zu optimieren, und gerade auf diesen Punkt konzentrierte sich, vor allem in jüngster Zeit, die heißeste Kontroverse im Bereich des Gitarrenbaus. Freilich wurde dieser Streit in den letzten 150 Jahren immer mal wieder in gedruckter Form aufgewärmt, und wir haben keinen Grund anzunehmen, dass die Diskussionen über die Beleistung von Gitarrendecken erst um die Mitte des 20. Jahrhunderts begannen. Anstatt mit der Beschreibung der diversen Theorien für Verwirrung zu sorgen, wollen wir lediglich die unterschiedlichen Gitarrendecken vorstellen und erläutern, wie sie normalerweise bei Nylon- und Stahlseiten-Flattops, aber auch bei Archtops verstrebt werden.

5.2.2 Materialauswahl für Decken-Bracings

Selbst bei den frühesten bekannten Gitarren wurden die Deckenleisten fast immer aus Fichte gefertigt, auch wenn Bodenleisten und andere innere Strukturen des Instruments aus anderen Hölzern bestanden. Ausnahmen hiervon finden sich üblicherweise im Konzertgitarrenbereich, wo einzelne Hersteller mitunter Zeder verwenden. Die einzige Ausnahme vom Fichtenmonopol bildet die Stegplatte, die gewöhnlich aus einem Hartholz wie

Ahorn oder Birke besteht (Martin verwendete über mehrere Jahre auch Palisander). Bei klassischen Gitarren oder solchen mit pinlosem Steg ist die Stegplatte oft aus Fichtenholz, einfach weil ohne den Verschleiß durch die Ballends oder Knoten der Saiten das Mehrgewicht eines harten, dauerhaften Materials verzichtbar ist. Viele Firmen haben auch schon Sperrholz als Material für Stegplatten eingesetzt, jedoch nur in der Großserienfertigung. Ebenso wurden laminierte Streben bei Stahlsaiten-Gitarren eingebaut, wobei die ungewöhnlichsten jene in den 1920er Jahren von Larson Bros. in Chicago patentierten Streben mit einem Palisanderkern waren.

5.2.3 Alternativen

Da eine Deckenbeleistung stabil und zugleich leicht sein soll, wurden schon viele Formen ausprobiert, die jedoch meistens nicht über die Versuchsphase hinausgelangten. Streben, die wie T-Träger geformt sind oder zwecks Gewichtseinsparung sogar ausgebohrt wurden, sind nichts Ungewöhnliches bei Stahlsaiten-Gitarren von unabhängigen Herstellern. Manche Gitarrenbauer haben für Deckenstreben von Stahlsaiten-Gitarren auch schon Karbonfaserlaminate eingesetzt. Die revolutionären Konzertgitarren von Greg Smallman aus Australien zeigen, wie man das Leichter-und-stabiler-Prinzip auf die Spitze treiben kann. Bei ihm werden die Deckenstreben mit winzigen Mengen Karbonfasern verstärkt. Doch trotz aller Hightech-Erfindungen sehen die meisten Deckenstreben noch immer wie eine stumpfe Klinge aus, deren breite Kante auf die Decke geleimt wird.

5.3 Deckenbeleistung bei Flattop-Gitarren

Obwohl es heutzutage unzählige verschiedene Bracing-Muster bei Flattop-Gitarren gibt, fallen die allermeisten dennoch unter etwa ein halbes Dutzend breit gefasster Kategorien. Da praktisch alle Flattops ursprünglich bis vor rund einhundert Jahren, als Steelstrings die amerikanische Gitarrenrevolution einläuteten, mit Darmsaiten bespannt wurden, werden wir beide Typen gemeinsam besprechen. Die Deckenbeleistung der Steelstrings sollte keinen großen Einfluss auf die moderne Konzertgitarrenszene haben, wohingegen die Hersteller von Stahlsaiten-Gitarren oft Anleihen auf dem weiten Feld der klassischen Gitarrenbaukunst machen.

Abb. 5.8: Bei Santa Cruz wird die Beleistung der Decke mithilfe so genannter „Go-bars", die als Klammern fungieren, aufgeleimt

5.3.1 Leiter-Bracing

Die älteste und einfachste Form der Deckenbeleistung ist das so genannte „Leiter-Bracing". Es verdankt seinen Namen dem Umstand, dass seine Streben wie die Sprossen einer Leiter aussehen. Diese Variante entspricht fast exakt der Bodenverstrebung des Instruments, weshalb man mit einem Blick durchs Schallloch auf den Boden einer typischen Gitarre einen guten Eindruck davon erhält, worum es sich bei einem Leiter-Bracing handelt. In der Regel ist eine Leiste oberhalb vom Schallloch unter dem Griffbrett angebracht. Eine zweite Leiste befindet sich unter dem Schallloch vor dem Steg, eine dritte unterhalb des Stegs. Bei dieser Anordnung geht die Stegplatte oft auf ihrer gesamten Fläche durch die Decke und dient als weitere Strebe.

174

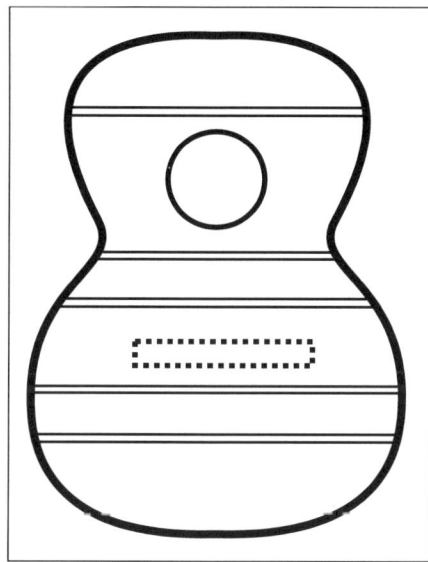

Abb. 5.9: Hier ein Beispiel für das Leiter-Bracing

Die meisten der frühen europäischen Gitarrenbauer verwendeten irgendeine Variante dieses Musters, das sich mindestens bis in die Zeit von Stradivarius zurückdatieren lässt. Da Gitarrendecken mit diesem Bracing einfach herzustellen sind, findet man es noch immer auf vielen massenproduzierten Billigheimergitarren, vor allem im Klassiksektor. In den ersten großen Gitarrenmanufakturen der USA um 1900 wie etwa Washburn waren die Streben unterhalb des Schalllochs oft gewinkelt und erinnerten an ein flaches Zickzackmuster. Gibson verwendete noch bis in die 1960er Jahre bei ihren preisgünstigsten Westerngitarren als auch beim elektro-akustischen Modell J-160E ein Leiter-Bracing. Man findet es auch heute noch bei modernen Repliken der französischen Selmer-Gitarren, wie sie Django Reinhardt spielte, sowie einigen anderen historischen Reissues. Doch von diesen wenigen Ausnahmen abgesehen, wird man es bei hochwertigen Gitarren heute nur noch selten antreffen.

Eine andere Form des Leiter-Bracings, das so genannte Straight-Bracing, bringt eine schnelle Ansprache mit reichlich Brillanzen, jedoch fehlen ihm das Sustain und die komplexen Obertöne der ausgeklügelteren Muster.

5.3.2 Cross- oder X-Bracing

Das X-Bracing ist gekennzeichnet durch zwei Hauptstreben, die sich zwischen dem Schallloch und der Stegvorderkante schneiden. Die Stegplatte ist somit zwischen den unteren Schenkeln des X eingekeilt, unterhalb davon befindet sich eine weitere Leiste oder auch mehrere. Diese Anordnung ist ideal für die größere Zugkraft, welche Stahlsaiten auf die Decke ausüben, da sie die Decke an ihrem schwächsten Punkt nahe des Schalllochs verstärkt, wobei Gitarren mit Leiter-Bracing oft versagen. Die Fläche zwischen den unteren X-Schenkeln und der Zarge wird gewöhnlich mittels „Fingerleisten" versteift, die beiderseits parallel zum oberen Schenkel des X verlau-

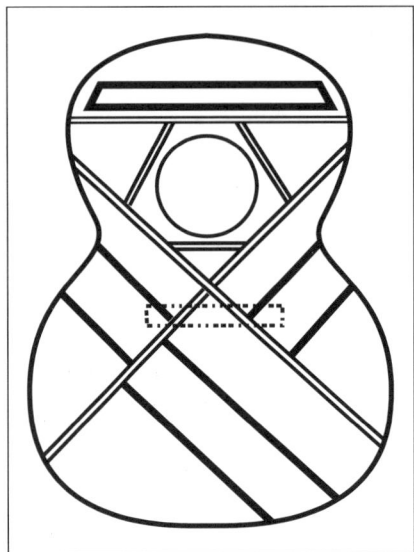

Abb. 5.10: Die schematische Darstellung des Cross- oder X-Bracing

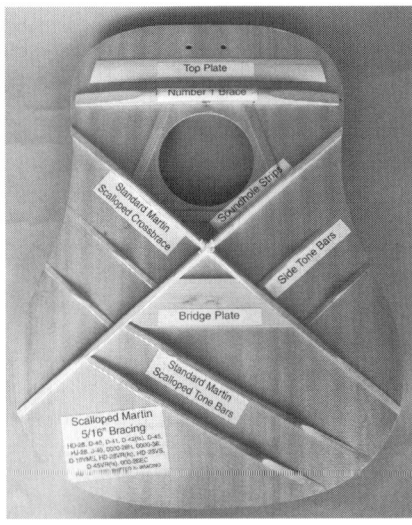

Abb. 5.11: Martins X-Bracing ist das am meisten benutzte und kopierte Beleistungsmuster für Flattop-Stahlsaiten-Gitarren

fen. Die Decke ist zudem dadurch gegen Verformungen infolge des Saitenzugs gefeit, dass die unteren X-Schenkel unter den Stegenden verlaufen. Dies ist heutzutage das gängigste Beleistungsmuster für Decken von Flattop-Steelstrings, und obwohl sich solche Gitarren hinsichtlich Größe und äußerem Erscheinungsbild schon erheblich unterscheiden, ist bei der Unterseite ihrer Decken eine bemerkenswerte Ähnlichkeit feststellbar.

Möglicherweise wurde es schon von anderen Gitarrenbauern früher benutzt, dennoch wird das X-Bracing gewöhnlich der Firma C. F. Martin zugeschrieben, die es erstmals in den 1840er Jahren verwendete. Nach 1850 setzte Martin das X-Bracing bei den meisten ihrer höherwertigen Modelle ein. Im großen Stil wurde es allerdings erst von anderen amerikanischen Gitarrenbauern kopiert, als der Gebrauch von Stahlsaiten-Gitarren um 1900 populär wurde. Martin verwendete immer eine und später zwei Querleisten unter der Stegplatte. Dadurch geriet die Diskantseite der Decke steifer, wodurch die Höhen betont wurden, während die Bassseite der Decke freier schwingen durfte. Gängige Varianten platzieren diese unteren Leisten waagerecht, parallel zu der Leiste über dem Schallloch, oder verwenden ein modifiziertes Fächermuster, bei dem die Leisten ähnlich wie bei einer Konzertgitarre strahlenförmig vom Steg ausgehen.

Fünf der verschiedenen Hölzer, die zur Fertigung des Bodens und der Zargen benutzt werden (v.l.n.r.): Mahagoni, Palisander, Curly Maple, European Flamed Maple und Quilted Maple

In der traditionellen Herstellung erfolgt das Biegen der Zargen von Hand. Dazu wird das Holz befeuchtet und dann über einem heißen Metall-Zylinder gebogen

Nachdem die Beleistung auf die Decke geleimt ist, wird sie bei Martin Guitars von Hand nachgearbeitet

Ebensfalls bei Martin Guitars: Zur Vorbereitung der Lackierung wird hier der vollständig zusammengebaute Korpus geschliffen. Der Hals wird erst später eingesetzt

Bei Taylor werden die Bünde mit einer speziellen Maschine einzeln eingepresst

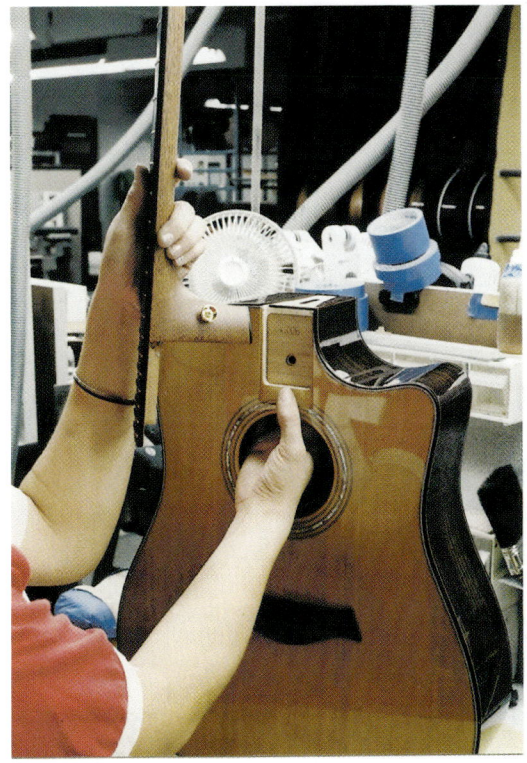

Hier ist gut zu erkennen, auf welche Weise bei Taylor der Hals mit dem Korpus verschraubt wird

Bei einer traditionellen Schwalbenschwanz-Hals/Korpus-Verbindung, wie bei dieser Martin-Gitarre, müssen Hals und Korpus von Hand genau angepasst werden

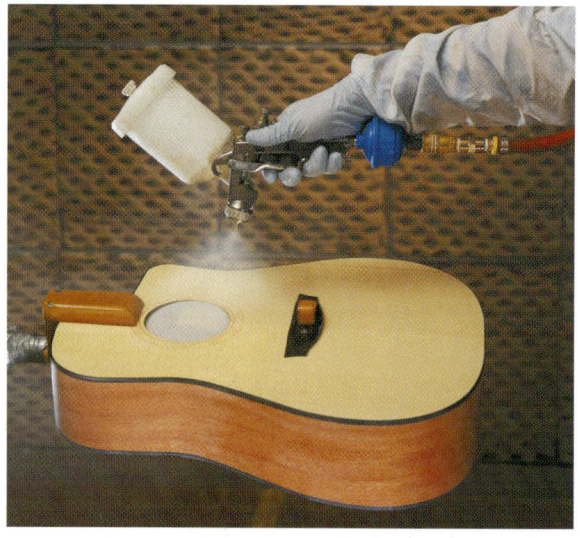

Die Lackierungen der Gitarren bestehen aus vielfach aufgetragenen Schichten, die meist – wie hier beim kanadischen Hersteller Garrison – von Hand aufgesprüht werden

Erstmals 1931 vorgestellt, ist die Martin D-28, hier in der 14-Bund-Ausführung, die wahrscheinlich wichtigste Akustikgitarre aller Zeiten. Mit ihrem großen Dreadnought-Korpus erzeugt sie eine beachtliche Lautstärke und hat sich deshalb besonders in der Bluegrass-Musik zu einem Standardinstrument entwickelt

Vor der Einführung der Dreadnought war das 000-Modell - hier als 000-28 Vintage Reissue - die größte von Martin gebaute Gitarre. Obwohl sie mit ihrer Fensterkopfplatte und dem 12-Bund-Hals an klassische Gitarren erinnert, ist ihre Konstruktion für die Verwendung von Stahlsaiten optimiert

Die Martin OM wurde erstmals 1929 vorgestellt. Sie besitzt die gleiche Korpusgröße wie das spätere 000-Modell, und war die erste Martin-Gitarre mit einem 14-Bund Hals. Durch ihren ausgeglichenen Sound und ihre leichte Bespielbarkeit ist sie bei vielen Gitarristen aus den unterschiedlichsten Stilrichtungen sehr beliebt

Selmer-Gitarren wurden vor allem durch den Zigeunerjazz-Star Django Reinhardt bekannt. Ursprünglich vom Gitarristen und Gitarrenbauer Mario Maccaferri für Selmer entwickelt, werden sie bis heute hauptsächlich für diese spezielle Musik-richtung eingesetzt. Hier ist das originale 12-Bund-Modell mit großem Schalloch abgebildet, die spätere Version besaß einen 14-Bund-Hals und ein kleines Schalloch

Nach Martin ist Taylor mittlerweile der zweitgrößte amerikanische Hersteller von Akustikgitarren. 1973 gegründet, wurde diese Firma besonders durch die Anwendung modernster Fertigungsmethoden bekannt. Links das Top-Modell Presentation Series PS14c in Grand-Auditorium-Größe, rechts das zwölfsaitige Signature-Modell für Fingerpicking-Star Leo Kottke

Unter allen Guild-Gitarren sind sicherlich die Zwölfsaitigen die bekanntesten. Diese F212XL ist eine typische Vertreterin dieser Gattung, mit Jumbo-Form, Mahagoni-Korpus und Fichtendecke

Da Guild ursprünglich 1952 von ehemaligen Epiphone-Angestellten gegründet worden war, sind auch Archtop-Modelle ein wichtiger Bestandteil des Programms. Diese Artist Award, die zeitweise auch als Johnny Smith Model angeboten wurde, ist das Top-Modell der Firma, die seit 1995 im Besitz von Fender ist

Ursprünglich von Lloyd Lloar entwickelt und 1934 auf dem Markt gebracht, war die Gibson L-5 die erste moderne Archtop-Gitarre

Die Gibson SJ-200 (auch Super Jumbo genannt) wird gemeinhin als die eigentliche, die wahre Jumbo-Gitarre bezeichnet. Mit ihrem Ahorn-Korpus, der hellen Fichtendecke und ihrer auffälligen Ausstattung bietet sie gleichermaßen viel für Auge und Ohr

Drei so genannte Custom-Instrumente: die markante Rose Jumbo von Steve Klein im Kasha-Design (oben links), ein Grand-Concert-Modell aus der Werkstatt von James Goodall (oben rechts), und eine spezielle California-Edition von Larivée (unten)

Zwei der wichtigsten Konzertgitarren aller Zeiten: Links die Ramirez 1a, eines der wenigen Standard-Modelle im Konzertgitarren-Bereich, rechts ein 1888 von Antonio de Torres gebautes Instrument, welches mit Weg weisenden Konstruktionsmerkmalen wie z. B. der Fächer-Beleistung aufwartet

Lowden-Gitarren aus Irland haben einen eigenen Stil, ein individuelles Design und einen typischen, leicht wieder zu erkennenden Klang. Die hier abgebildete O10 (links) entspricht dem ursprünglichen Jumbo-Design, das George Lowden 1973 entwarf. Zwei Steelstring-Modelle vom wichtigsten Hersteller Deutschlands: eine Lakewood New Century (rechts) sowie die kleine A-32 mit 12-Bund-Hals und Fensterkopfplatte

Bob Benedetto ist einer der bekanntesten zeitgenössischen Hersteller von Archtop-Gitarren. Diese La Venezia wird mittlerweile von Guild in Lizenz gebaut, und zeigt das typisch schlichte, jedoch sehr präzise Design Benedettos

Stefan Hahl aus Deutschland ist einer der führenden Archtop-Gitarrenbauer in Europa, auch wenn sein Schwerpunkt eigentlich auf Zigeuner-Jazzgitarren liegt. Hier abgebildet ist sein Jazz-Supreme-Modell

Moderne elektro-akustische Nylonsaiten-Gitarren: links oben die populäre Takamine NP-65c im auffälligen Santa-Fe-Design, rechts eine Rick Turner Renaissance Nylon, und unten die MIDI-fähige Godin Multiac Classic

Ovation war der erste Hersteller, der erfolgreich mit Kunststoffen im Gitarrenbau experimentierte. Außerdem war die Firma führend in der Entwicklung der modernen Elektro-Akustikgitarre, was ihre Instrumente zu beliebten Bühnen-Gitarren machte. Links ist die moderne Ovation Adamas 1597 mit ihrer ungewöhnlichen Schallloch-Platzierung und dünner Karbondecke abgebildet. Rechts erscheint der Prototyp der futuristischen Adamas Q, die komplett aus Karbon gebaut ist, und einen interessanten Blick auf die mögliche Zukunft der Akustikgitarre erlaubt

Vorwiegend fürs Slide-Spielen konzipiert: Eine aus Metall gebaute National Tricone mit drei Resonatoren (oben links), eine hölzerne Dobro Squareneck mit Single-Cone-Resonator (oben rechts), und das Manzanita H-Modell im Weissenborn-Stil mit dem für diese Bauart typischen hohlen Hals

Das X-Bracing gibt es in so vielen Variationen, dass sich nur schwer allgemeine Aussagen zu seinem Klang machen lassen, doch was Stahlsaiten-Gitarren betrifft, stimmen die meisten Hersteller überein, dass dies der beste Weg ist, um die notwendige Steifheit zu erlangen, mit der eine dünne Decke gestützt werden kann, ohne dafür ein ganzes Labyrinth zusätzlicher Strebe-leisten aufzubieten. Das Ergebnis ist ein ausgezeichnetes Sustain und – unter idealen Bedingungen – eine Decke die selbst feinste Spielnuancen wieder-gibt und trotzdem auch einem kräftigen Anschlag standhält, ohne gepresst zu klingen.

5.3.3 Double-X

Eine Variante des X-Musters, die mehr als einmal in Erscheinung getreten ist, ist das Double-X. Hier befindet sich unter der Stegplatte ein zweiter Satz von sich schnei-denden Leisten. Bei einer anderen Version wird das X über dem Schallloch wiederholt, und zwar unterhalb vom Griffbrettende (Gibson hat beide Varianten ein-gesetzt). Die zweite Version wirkt sich nicht sonderlich klangprägend aus, da die Hauptbeleistung der Decke (dort, wo es am meisten darauf ankommt) nicht gravierend verändert wird.

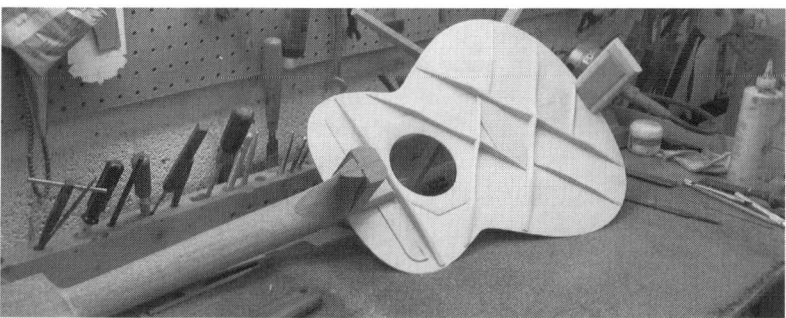

Abb. 5.12: Einige Steel-Strings, wie diese Pimentel, benutzen das Double-X-Bracing

193

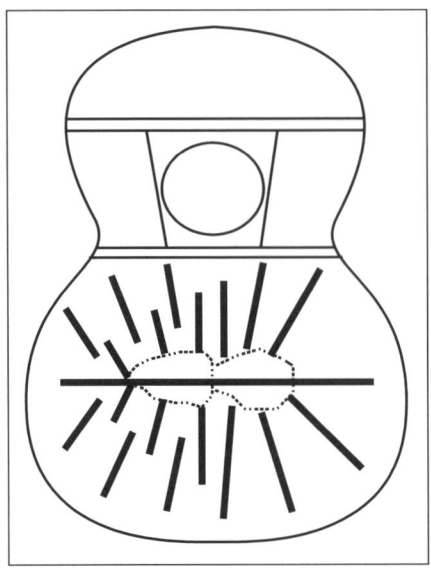

Abb. 5.13: Das Kasha-Bracing beruht auf radikalen Theorien zur Deckenbeleistung

5.3.4 Kasha

Obwohl ursprünglich nur für klassische Gitarren gedacht, sind Michael Kashas radikale Theorien zur Deckenbeleistung inzwischen auch an die Stahlsaiten-Gitarre angepasst worden. Während jedoch Steve Kleins Kasha-inspirierten Instrumenten immerhin ein mäßiger Erfolg beschieden war, entpuppte sich Gibsons Mark-Serie mit ihrem verwässerten Kasha-Bracing als Fehlschlag. Theoretisch sollten Kashas Beleistungsmuster und der dazugehörige asymmetrische Steg für eine bessere Übertragung der Energie von den schwingenden Saiten auf die Decke sorgen und so eine größere Fläche besser nutzen. Seine Theorien behandeln auch die Bass- und Diskantseite der Decke unterschiedlicher als jedes andere der herkömmlicheren Bracings. Ohne zwei annähernd identische Gitarren – die eine mit Kasha- und die andere mit X-Bracing – als Vergleichsmaßstab lässt sich nur schwer beurteilen, was Kashas Muster tatsächlich bewirkt, da Gitarren mit diesem Bracing auch noch viele andere Unterschiede hinsichtlich Größe und Bauweise zeigen.

5.3.5 A-Frame

Für ihr neues Gitarrenmodell D-1 entwickelte Martin ein einfacheres Bracing-Muster, das 1994 in Serie ging. Der so genannte „A-Frame" ist eigentlich die Beleistung rings um das Schallloch, wobei der obere Teil des „A" bis unter das Griffbrett hinaufreicht. Diese Konstruktion verstärkt die notorische Schwachstelle der Gitarrendecke, die sich von oberhalb des Schalllochs bis zum Schnittpunkt der X-Leisten erstreckt. Martins Variante ihres eigenen altehrwürdigen X-Bracings hat unterhalb des Stegs nur eine Querleiste und die Leisten sind spitz zulaufend, aber nicht scalloped. Auch andere Firmen wie etwa Lowden und Ovation setzen schon seit vielen Jahren auf den A-Frame als Bracing-Form. In allen Fällen hat das Muster lange senkrechte „Beine", die in der oberen Schulter aufeinander zulaufen und von einer oder mehreren waagerechten Leisten gekreuzt werden. Das sich so ergebende „A" sieht man beim Blick auf die Unterseite der Decke, wenn der Hals der Gitarre nach oben zeigt.

 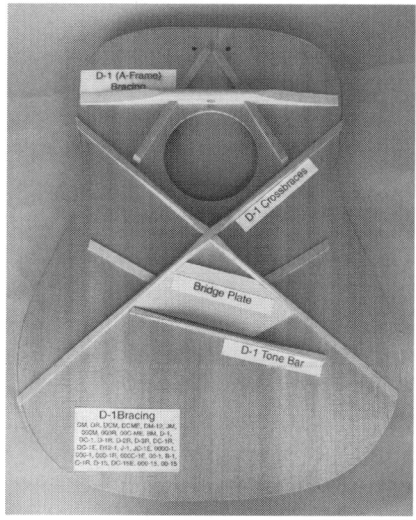

Abb. 5.14: Wegen der Form der oberen Beleistung wird das Muster A-Frame genannt, hier bei einer Martin der 1-Serie. Es soll den Bereich oberhalb des Schalllochs verstärken

5.3.6 Scalloped Bracings

Ursprünglich hat man bei Martin alle Deckenleisten „gescalloped", also erleichtert bzw. ausgehöhlt. Der Abschnitt der beiden Unterschenkel des X nahe der Stegenden wurde ausgeschabt. Eine kleine Spitze ließ man stehen, bevor zum Deckenrand hin wieder Material abgenommen wurde. In ähnlicher Weise wurde auch die Mitte jeder Querstrebe ausgehöhlt. Ab 1945 wurde diese Praxis jedoch bei Martin beendet, da die unglaublich hohe Zugspannung von Saitenstärken, die eigentlich für Archtop-Gitarren gedacht waren, eine zu starke Aufwölbung der Decke im Stegbereich verursachte. Als die Verwendung von Heavy-Gauge-Saiten nahezu völlig aus der Mode kam und die Öffentlichkeit immer lauter der überragenden Klangqualität und Lautstärke der Vorkriegs-Martins nachtrauerte, besann sich die Firma auf ihre Wurzeln und stattete viele Martin-Modelle wieder mit ausgehöhlten Deckenleisten aus. Heute besitzen die meisten X-beleisteten Gitarren wie jene von Taylor, Gibson und anderen Herstellern auch zu

195

einem gewissen Grad ein Scalloped Bracing. Nicht alle Gitarrenbauer sind jedoch von der Überlegenheit dieses Konstruktionsprinzips überzeugt, und Leute wie Jeff Traugott lassen die Unterschenkel des X lieber spitz zulaufen, statt sie auszuhöhlen. Von einzelnen Ausnahmen abgesehen, findet das X-Bracing bei Nylonsaiten-Gitarren nur selten Verwendung.

Viele Musiker finden, dass Gitarren mit einem Scalloped Bracing eine tiefere Basswiedergabe und insbesondere mehr Sustain im Tieftonbereich haben als solche mit nichtausgehöhlter Deckenbeleistung. Bei großen Gitarren, vor allem solchen mit Boden und Zargen aus Palisander, kann das zu einem Mangel an Klarheit und flacheren Höhen führen, die mit dem Bassbereich nicht Schritt halten können.

Diese Nachteile lassen sich auf unterschiedliche Weise kompensieren, und die Gitarrendecke mit Scalloped X-Bracing ist, speziell bei amerikanischen Instrumenten, seit über 20 Jahren mit weitem Abstand erfolgreicher als alle anderen Beleistungsmuster zusammen. Doch auch das spitz zulaufende X-Bracing findet nach wie vor breite Verwendung. Viele Martin-Modelle sind noch damit ausgestattet, so die normale D-28 und D-35 (ohne Herringbone-Einlagen) sowie alle preisgünstigeren Modelle mit A-Frame-Bracing. Die meisten kanadischen und europäischen Gitarrenbauer vertrauen ebenfalls auf das spitz zulaufende Tapered Bracing.

5.3.7 Ovations

Zwar wurde die erste Ovation noch mit einem modifizierten X-Bracing ausgeliefert, über dem eine Art H-Schema das Schallloch einrahmte, doch damit war die herkömmliche Schiene bei Kaman (der Mutterfirma von Ovation) beendet. Danach wurden mindestens sechs verschiedene Beleistungsmuster für Ovation-Modelle eingesetzt, vielfach fächerförmige Anordnungen, deren Leisten fast über die gesamte Länge der Decke verlaufen. Einige dieser Muster wurden erst durch die vielen, zu den Schultern hin versetzten kleinen Schalllöcher mancher Modelle ermöglicht. Allgemein fällt ein Ovation-Bracing leichter aus als bei einer traditionelleren Stahlsaiten-Gitarre, was zum Teil daran liegt, dass die harte Lackierung, auf die der Steg aufgeleimt ist, entscheidend mit zur Stabilität der Decke beiträgt.

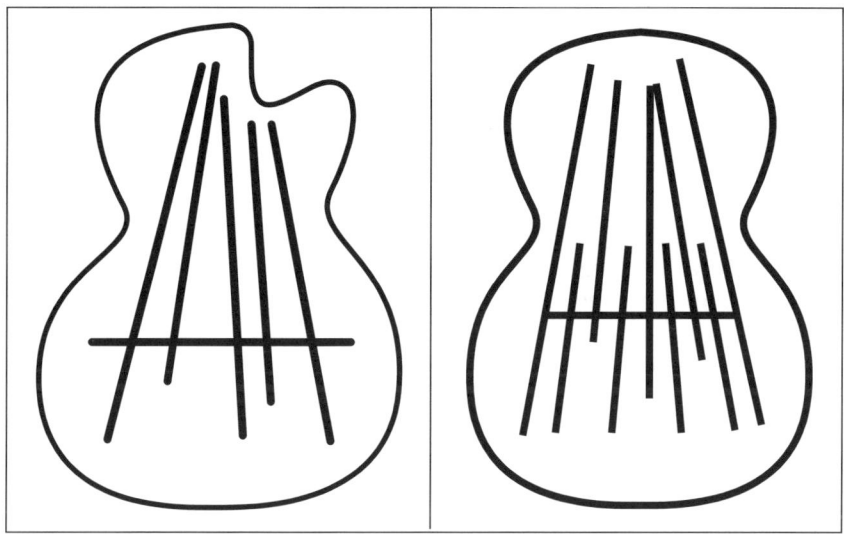

Abb. 5.15: Links das Bracing einer Ovation Elite, rechts die Beleistung einer Adamas

5.4 Die Stegplatte

Bei Flattop-Gitarren, vor allem bei Stahlsaiten-Modellen, erfordert die auf den Steg und den direkt darunter gelegenen Teil der Decke wirkende Zugkraft der Saiten eine spezielle Verstärkung. Dies wird erreicht durch eine breite, flache Leiste, deren Maserung senkrecht zur Maserrichtung der Decke verläuft.

Bei Nylonsaiten-Gitarren ist diese Verstrebung optional und, falls vorhanden, in aller Regel aus Fichtenholz. Bei Stahlsaiten-Gitarren, insbesondere solchen mit Stegpins, bildet die Stegplatte dagegen einen wichtigen Teil des Bracings und ist entscheidend für die Widerstandsfähigkeit der Decke gegen den enormen Saitenzug. Hier besteht sie meist aus Ahorn und ist fest zwischen den unteren Schenkeln der X-Verstrebung eingekeilt, direkt unter dem Schnittpunkt der Leisten. Martin verwendete in den 1970er und frühen 1980er Jahren große Stegplatten aus Palisander, doch nachdem man merkte, dass diese die Spritzigkeit des Klangs dämpften, kehrte die Firma zu Ahorn zurück.

5.5 Beleistung bei Nylonsaiten-Gitarren

Die Deckenbeleistung bei Nylonsaiten-Gitarren wirft eine Reihe von Problemen auf, die Stahlsaiten-Instrumenten fremd sind. Das vielleicht größte Hindernis ist hierbei die sehr geringe Spannung des typischen Saitensatzes einer Konzertgitarre, weshalb einem geringen Gewicht hohe Priorität zukommt. Als weitere häufige Schwierigkeit erweist sich die Suche nach einer ausgewogenen tonalen Balance zwischen der umsponnenen D-Saite und der glatten G-Saite, ein typischer Schwachpunkt bei vielen minderwertigeren Konzertgitarren. Da immer mehr Steelstring-Spieler auch gerne mal zur Konzertgitarre greifen, haben viele der von ihnen bevorzugten Hybrid-Instrumente einen Cutaway und einen eingebauten Tonabnehmer – Merkmale, wie man sie gemeinhin mit der Stahlsaiten-Gitarre assoziiert. Den meisten dieser Instrumente fehlt die robuste Klangwiedergabe und gesunde Lautstärke reiner akustischer Konzertgitarren. Man sollte sie auch nur als elektro-akustische Instrumente bezeichnen.

5.5.1 Fächerbracing

Um die Mitte des 19. Jahrhunderts (etwa zu jener Zeit, als auch Martin mit dem X-Bracing experimentierte) perfektionierte der Spanier Antonio de Torres eine nicht minder einflussreiche Variante der Deckenbeleistung einer Flattop-Gitarre. Torres, der die Arbeit des Gitarrenbauers José Pages fortsetzte, beließ die schweren waagerechten Streben über und unter dem Schallloch an Ort und Stelle, platzierte aber darunter eine Reihe viel kleinerer und leichterer Leisten, die in die untere Schulter, unter den Steg und noch weiter hinausragten. Da diese Leisten den Strahlen eines kleinen Handfächers ähneln, hat sich für dieses Muster der Name „Fächer-bracing" eingebürgert.

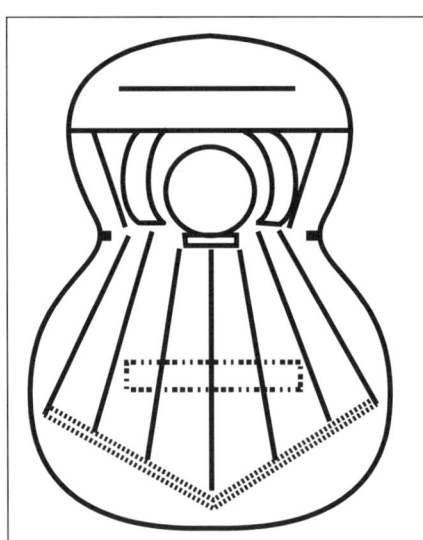

Abb. 5.16: Fächerbeleistung einer Klassikgitarre im Torres-Stil

Manche der frühen spanischen Gitarrenbauer verwendeten nur drei strahlenförmig angeordnete

Leisten, während Torres immerhin sieben Stück einbaute, zugleich aber auch den Korpus der Gitarre vergrößerte und ihre Mensur verlängerte. Diese Form der Deckenverstrebung wurde in Kombination mit einem größeren, robusteren Korpus zum Urbild der modernen Konzertgitarre.

Im Unterschied zur amerikanischen Gitarre, die hinsichtlich Größe und Besaitung bedeutende evolutionäre Veränderungen durchmachte, hat die Spanische Gitarre eher kontinuierliche Verbesserungen erfahren. Zwar wurden auch andere Bracingformen für klassische Gitarren entwickelt, jedoch fielen die meisten aus der Spielergunst und verschwanden von der Bildfläche, und heute ist das Torres-Bracing noch immer der Standard für die allermeisten in Spanien, Lateinamerika und weltweit hergestellten Nylonsaiten-Gitarren. Es stützt eine dünne Decke bei minimalem Gewicht, was trotz der niedrigen Spannung von Nylonsaiten eine hervorragende Lautstärke begünstigt. Die gängigste Variante ist jene mit der Strebe unter dem Schallloch. Diese Querleiste, auch „Harmony Bar" genannt, ist leicht winklig versetzt, um die Diskantseite der Decke zu versteifen. Viele Gitarrenbauer fügen noch zwei Leisten unter den Spitzen des Fächers hinzu, je eine links und rechts vom Tailblock. Diese Leisten verlaufen nahezu waagerecht und bilden eine angedeutete V-Form.

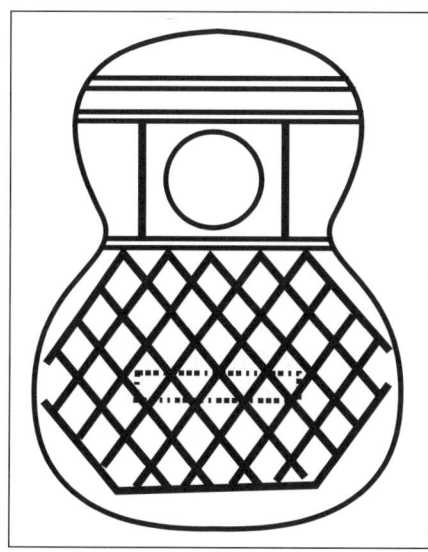

Abb. 5.17: Beispiel für eine Gitterbeleistung, ein recht beliebtes Bracing-Muster

5.5.2 Gitter-Bracing

Zu den beliebteren Bracing-Mustern, die in jüngerer Zeit für Konzertgitarrendecken entwickelt wurden, gehört eine gitterförmige Struktur aus kleinen, ineinander verschachtelten Leisten, die sich rechtwinklig schneiden (siehe Abbildung).

5.5.3 Kasha-Bracing

Der Akustikingenieur Michael Kasha entwickelte Ende der 1960er Jahre eine völlig neuartige Form der Deckenbeleistung für die klassische Gitarre. Bei seinem Muster zeigen viele kleine Leisten ringförmig von einem asymmetrischen

Steg weg. Obwohl etliche Gitarrenbauer mit Kashas Theorien experimentierten, war es letztlich Richard Schneider, der mit Beharrlichkeit den radikal neuen Ansatz zum Durchbruch führte. Das Konzept wurde außerdem für den Einsatz bei Stahlsaiten-Gitarren angepasst, in erster Linie von dem Gitarrenbauer und Konstrukteur Steve Klein (siehe Abschnitt 5.3.4).

Das Kasha-Bracing, das noch vor einem Jahrzehnt bei einer begrenzten Zahl von Gitarrenbauern beliebt war, gilt inzwischen nicht mehr als neu oder revolutionär, und bei heutigen Konzertgitarren findet man es heute nur noch selten.

5.6 Deckenbeleistung bei Archtop-Gitarren

Die Deckenverstrebung einer Archtop-Gitarre unterscheidet sich grundlegend von den bei Flattop-Gitarren verwendeten Bracings. Die geschnitzte Decke ist aufgrund ihrer Wölbung als auch ihrer größeren Dicke naturgemäß viel solider als jede Flattop-Konstruktion. Noch wichtiger aber ist der Umstand, dass die Decke einer Archtop, bei der die Saiten ja in einem Tailpiece eingehängt sind, nur dem vertikalen Saitendruck ausgesetzt ist, nicht aber ihrer Zugspannung, wodurch sich die Decke häufig hochwölbt oder gar auffaltet, wie es oft bei Flattops geschieht.

5.6.1 Beleistung für Archtops mit rundem Schallloch

Mögen auch andere Hersteller in früheren Zeiten schon Gitarren oder gitarrenähnliche Instrumente unter Verwendung einer gewölbten Decke (ähnlich wie bei einer Geige) gebaut haben – Orville Gibson gilt dennoch gemeinhin als Vater der Archtop-Gitarre, wie wir sie heute kennen. Gibsons früheste Gitarren besaßen Decken, die in der Form eines flachen Bogens geschnitzt waren, ein ovales Schallloch und eine einzelne Leiste unter dem Schallloch, unmittelbar vor dem Steg. Ab 1910 glich das Bracing mehr einem schmalen H, mit zwei langen „Tone Bars" zu beiden Seiten des Schalllochs und einer waagerechten Leiste, die wiederum direkt vor dem Steg die Lücke zwischen den beiden überspannte. Als Gibson dann steilere Halswinkel zu verwenden begann, um die Lautstärke zu erhöhen, verstärkte man auch die Beleistung bei den Archtops, um so den stärkeren Saitenzug zu kompensieren. Allgemein haben die frühen Archtops mit rundem Schallloch süßlichere Höhen und klingen ein bisschen mehr wie eine Flattop-Gitarre, jedoch fehlen ihnen die perkussive Power und Projektion eines Modells mit F-Löchern.

5.6.2 Bracing mit Tone-Bars

Die erste richtige moderne Archtop-Gitarre war Gibsons L-5, die 1922 auf den Markt kam. F-Löcher im Geigenstil links und rechts vom Steg beseitigten den Schwächungseffekt durch das große Schallloch zwischen Griffbrettende und Steg. Wie ihre kleine Schwester, die F-5 Mandoline, hatte auch die L-5 eine geschnitzte Decke, die von zwei Tone-Bars – ähnlich dem einzelnen Bass-Bar bei einer Violine – gestützt wurde. Man beachte, dass diese beiden Stäbe nicht symmetrisch sind und dass die Strebe auf der Diskantseite näher zur Mittellinie der Gitarre liegt als die Leiste auf der Bassseite, welche ganz dicht am F-Loch vorbeiläuft. Diese Form des Archtop-Bracings ist bis heute in Gebrauch, allerdings findet man bei vielen Gitarren mit großen, deckenmontierten Tonabnehmern noch eine oder mehr waagerechte Leisten zwischen den Tone-Bars.

Bei Archtop-Gitarren ist es sehr knifflig, die Streben an die Innenwölbung der geschnitzten Decke anzupassen. Eine von manchen Herstellern praktizierte Abkürzung besteht darin, Kerben in die Leisten zu sägen, so wie auch

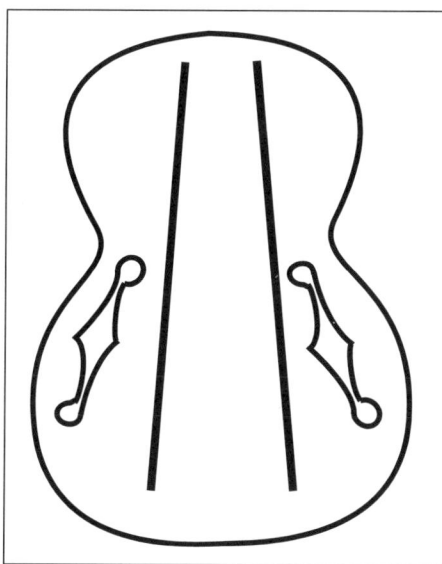

die Reifchen geschlitzt sind; jedoch liegen hier die Kerben weiter auseinander. So lässt sich die Leiste biegen und damit an die Krümmung anpassen. Nach dem Aufleimen der Leisten auf die gewölbte Oberfläche erhalten sie meist noch einen dünnen Holzstreifen aufgeklebt, der für die notwendige Stabilität sorgt. Diese Methode gilt jedoch nur als Behelfslösung, und wahrscheinlich ist sie tatsächlich dem Klang abträglich. Mit dem Aufkommen der CNC-Bearbeitungsmaschinen können jetzt die Innenseite der gewölbten Decke und die Unterseite der Deckenleisten (ob Tone-Bars oder X-Muster) beide nach demselben Computermodell gefertigt werden, was einen perfekten Sitz garantiert.

Abb. 5.18: Die Parallel-Beleistung vieler Archtop-Gitarren

5.6.3 X-Bracing bei Archtops

Gibsons nächste Version der L-5 war an der unteren Schulter 1" (2,5 cm) breiter und gab 1934 ihren Einstand. Die so genannte Advanced L-5 besaß eine Decke mit X-Bracing, dessen Schnittpunkt ungefähr unter dem Steg lag. Auch wenn diese X-verstrebten L-5 Modelle heute nicht so hoch gehandelt werden wie Gibsons spätere L-5er, die wieder eine Decken-beleistung mit zwei Tone-Bars erhielten, wird die X-Verstrebung von zeitgenössischen Archtop-Herstellern häufiger verwendet als jedes andere Design.

Die Archtop-Gitarre ist dem wilden Geschrubbe entwachsen, das solche Modelle in den Tagen vor Ankunft der elektrischen Tonabnehmer oft zu ertragen hatten, und infolgedessen machen heutige Gitarrenbauer ihre Decken oftmals viel dünner, als es bei den Riesen der Jazz-Ära in den1940er Jahren üblich war. Das X-Bracing scheint idealer zum Fingerstyle-Jazz zu passen, dem Spielstil, der mittlerweile den Archtop-Markt beherrscht.

Klang und Lautstärke von Archtop-Gitarren sind in hohem Maße von der Graduation (Dickeverlauf) sowohl der Decke als auch des Bodens abhängig, aber auch die Beleistung spielt noch immer eine entscheidende Rolle. Archtops mit X-Bracing haben nach Ansicht vieler Spieler einen wärmeren Klang mit längerem Sustain als ein vergleichbares Instrument mit Tone-Bar-Bracing. Für jene Musiker aber, die klassische Rhythmuspower und durchdringende Projektion suchen, wie sie in einer akustischen Jazzcombo oft von einer Archtop verlangt werden, stellt das Tone-Bar-Bracing ge-wöhnlich immer noch die beste Wahl dar.

5.7 Das Schallloch

In der langen und wechselvollen Geschichte der Gitarre waren das Schallloch bzw. die Schalllöcher stets eines ihrer markantesten Erkennungszeichen. Für viele Gitarrenbauer sind Kopfplatte, Schallloch und Steg die Punkte, wo sie ihre persönliche Note hinterlassen, auch wenn viele andere Teile des Instruments nahezu identisch aussehen wie bei typgleichen Vertretern anderer Firmen. Wo heutzutage immer mehr Gitarrenformen um die Gunst des Publikums buhlen, stellen Schalllöcher oft ein Identifizierungsmerkmal dar, an dem man nicht nur den Hersteller erkennt, sondern auch den speziellen Musik- oder Spielstil, für den das Instrument gedacht ist.

Zwar besaßen frühe gitarrenähnliche Instrumente oft mehrere Schalllöcher oder eines, das nicht rund war, doch als die Gitarre zu Beginn des 19.

Abb. 5.19: Einige wenige Schalllöcher wie das bei diesem Takamine Garth-Brooks-Modell weichen von der Norm ab

Jahrhunderts verbindlicher definiert wurde, war das einzelne, runde Schallloch der Standard. Doch während die Größe und Form des Schalllochs praktisch genormt waren, gab es eine Fülle von Variationen bei der Schalllochverzierung, auch Rosette genannt, nach der verschlungenen geschnitzten „Rose", welche das Schallloch früherer Lauten und vieler Gitarren aus der Renaissance zierte.

5.7.1 Größe

Die Größe des typischen runden Schalllochs, wie man es bei Flattops findet, hat sich zusammen mit der Korpusgröße der Gitarren entwickelt. Bei frühen Parlor-Gitarren betrug der Durchmesser knappe 9 cm, bei den meisten heutigen Dreadnoughts und Jumbos misst das Schallloch ziemlich genau 10 cm.

5.7.2 Rund

Runde Schalllöcher sind sowohl für Stahl- als auch für Nylonsaiten-Gitarren immer noch die Regel. In der Vergangenheit war dies nicht nur ein Modetrend, sondern auch am praktischsten für die Gitarrenbauer, da mittengeführte Kreisschneider die einfachste Methode zum Anreißen des Lochs als auch des Rings bzw. der Ringe drumherum waren. Heute, wo Lasercutter und computergesteuerte Fräsmaschinen immer mehr von diesen Schneidarbeiten übernehmen, brechen die Gitarrenbauer auch schon mal mit der Tradition und verwenden abweichende Formen mit etwa der gleichen Größe. Bis jetzt wurde diese Option allerdings nur von wenigen selbstständigen Gitarrenbauern umgesetzt.

5.7.3 Oval

Eine Variante des runden Schalllochdesigns, die immer mal wieder auftaucht, ist die Eiform. Ovale Schalllöcher waren bei den allerersten Archtop-

Gitarren üblich, waren aber im Laufe der Jahre auch bei zahlreichen Flattops zu sehen. Bis vor kurzem verwendete Martin ein ovales Schallloch bei ihren Cutaway-Modellen, weil die kürzere und dafür breitere Öffnung einfach mehr Platz ließ für eine wichtige Deckenleiste, die wegen des Cutaways versetzt werden musste.

Abb. 5.20: Einige Gitarren, wie diese Guild Thinline, besitzen ovale Schalllöcher. Dadurch wird es möglich, das Griffbrett um einen oder zwei Bünde zu verlängern

5.7.4 Die Rosette

Selbst als die frühen Gitarren noch mit filigranen Schnitzereien als Schalllochabdeckung hergestellt wurden, brachte man oftmals Zierringe drumherum als zusätzlichen Schmuck an. Und nachdem man die Schalllöcher offen ließ, waren die rings um das Schallloch eingelegten Linien und Ornamente oft das optisch beherrschende Element der Gitarrendecke. Während meist nur konzentrische Ringeinlagen aus Holz verwendet wurden, fügten manche Gitarrenbauer noch Intarsien aus Perlmutt und Elfenbein hinzu. Diese bildeten oft ein wiederkehrendes Muster aus kleinen Perlmuttrauten und -punkten, aber auch Blätter und Ranken oder schlichte Blütenmuster waren nicht ungewöhnlich. Bei den kunstvolleren Exemplaren finden wir auch schon mal komplizierte Figuren wie Vögel, andere Tiere oder sogar stilisierte Gesichter in der Schalllochrosette. Bei vielen Gitarren wurden diese Intarsien lediglich in eine schwarze, mitunter auch weiße Masse aus Leim und Lampenruß bzw. Leim und Fugenweiß gedrückt, die einen ausgestochenen Kanal um das Schallloch auffüllte.

Um die Mitte des 19. Jahrhunderts bestand jedoch die gängigste Schalllochverzierung aus kleinen eingelegten Streifen aus buntem Holz. Nachdem die spanische Konzertgitarre und die amerikanische Gitarre entwicklungstechnisch getrennte Wege gingen, gab es auch bei der Schalllochverzierung markante Unterschiede. Die amerikanische Gitarre, deren typischer Vertreter Martin ist, besaß zwei oder drei Sätze eingelegter Ringe mit Gruppen von schwarzen und weißen Linien, manchmal mit einem schmalen Einlegeband in der Mitte. Diese Intarsien wie etwa Herringbone wurden in Streifenform fabriziert. Die Spanische Gitarre besaß dagegen meist nur einen einzelnen, breiten Zierring aus winzigen Holzschüppchen, die in einem Endlosmuster angeordnet waren, mit konzentrischen Linien entlang der Ränder.

Die breite Rosette, wie man sie bei Konzertgitarren findet, war meist die kunstvollste Verzierung des gesamten Instruments. Neben den dekorativen Schnitzarbeiten oben an der Kopfplatte blieb die Rosette aufgrund des strikten Stilcodes der Konzertgitarre oft die einzige andere Stelle, wo ein Gitarrenbauer irgendeine künstlerische Aussage oder Handschrift hinterlassen konnte.

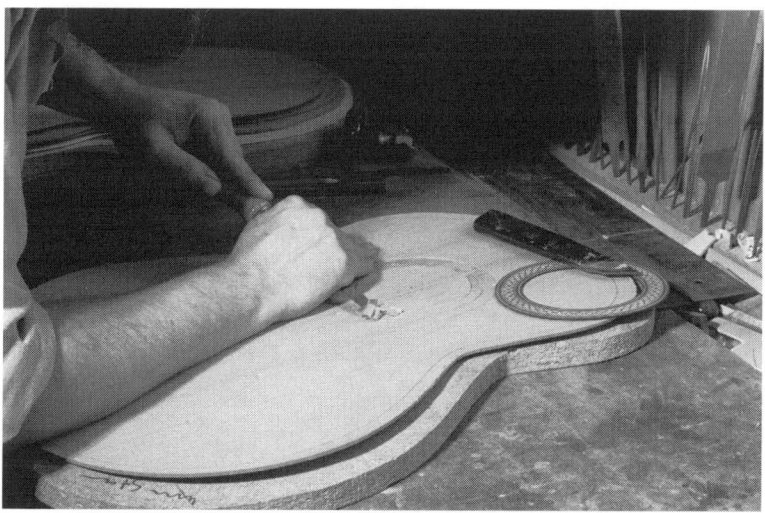

Abb. 5.21: Bei Albert & Müller wird die Einfassung für die Rosette von Hand geschnitzt

Nachdem der von Martin um die Mitte des 19. Jahrhunderts kreierte Multi-Ring-Look zunächst praktisch ohne Änderungen übernommen wurde, kam bei Gibson, wie üblich, eine charakteristische Vielfalt hinzu, als nämlich jene Firma Ende der 1920er Jahre Flattop- wie auch Archtop-Gitarren zu bauen begann. Und da man sehr darauf bedacht war, Martin nicht zu deutlich zu kopieren, verwendete Gibson bei vielen ihrer Flattop-Modelle eine schlichte Einzelring-Rosette, manchmal noch ergänzt durch ein stilmäßig zum Korpus-Binding passendes Binding am Schalllochrand.

In den 1910er und frühen 1920er Jahren verwendete Lyon & Healy als einzige Verzierung ein Binding aus elfenbeinfarbenen Zuchtperlen um den Schalllochrand. Aber das waren so ungefähr die einzigen Ausnahmen vom Martin-Stil bis Ende der 1960er und frühen 1970er Jahre, als freie Gitarren-bauer und kleine Firmen solche Giganten wie Martin, Gibson und Guild herauszufordern begannen. So entwarf Michael Gurian nach seinen Jahren als klassischer Gitarrenbauer eine Rosette für Stahlsaiten-Gitarren, wie man sie eher auf einer Nylonsaiten-Gitarre vermuten dürfte.

Mit dem Boom der freien Gitarrenbauer in den 1980er Jahren entstanden auch viele neue Schalllochverzierungen, da viele Hersteller ihren Instru-menten eine unverwechselbare Identität geben wollten. Anstatt Mehrfach-ringe aus Plastik zu verwenden, setzten die meisten freien Gitarrenbauer auf hölzerne Randeinlagen, und auch Perlmuttdesigns erlebten eine neuerliche Blütezeit. Breite Einzelring-Rosetten aus Massivholz, oft farblich auf das Kopfplattenfurnier, den Boden und die Zargen abgestimmt, kamen nun ebenfalls in Mode. Blätter, Blüten und Ranken – Motive, wie sie vor Jahrhunderten häufig bei Instrumenten zu finden waren – zierten nun wieder das Schallloch der Gitarre, jedoch unter Einsatz neuer Materialien und Techniken.

Abb. 5.22: Die einfache Rosette einer Klassik-gitarre im Torres-Stil

Abb. 5.23: Lakewood verwendet bei der Gestaltung ihrer New-Century-Gitarren „magische Symbole" als Rosetten-Einlagen (oben). Die Takamine Santa Fe trägt dagegen ein edles Muster aus Türkisen und Edelsteinen ums Schallloch

5.7.5 F-Löcher

Bei Archtop-Gitarren verlief die Entwicklung des Schalllochs und seiner Verzierung ganz anders. Frühe Gibson-Archtops aus der Zeit vor 1920 hatten ein ovales oder rundes Schallloch, mit einer breiten Rosette ähnlich denen, wie man sie bei Flattop-Gitarrem verwendet. Als Lloyd Loar um 1923 Gibsons L-5 auf den Markt brachte, hatte ihre Decke geigenartige F-Löcher ohne jedes Binding oder sonstige Verzierungen. Mitte der 1930er Jahre begann Gibson die F-Löcher ihrer größeren und reicher verzierten Archtop-Modelle mit Dreischicht-Bindings auszustatten, was im Grunde bis heute die einzige übliche Verzierung der Schalllöcher von Archtops ist.

Die Blütezeit der Archtop sah einige Varianten im Design der F-Löcher. Wie hier gezeigt, verwendete Gibson eine Öffnung, die mehr wie ein S geformt war, mit Rundlöchern oben und unten und einer verbreiterten, rautenförmigen Fläche in der Mitte der geschwungenen Linie. Einige Hersteller lösten sogar diese oberen und unteren Löcher vom Rest des Ausschnitts. Martin wählte für seine nur mäßig erfolgreichen Archtops mehr geigenhaft anmutende F-Schnecken. Bei vielen Gitarren sollten die kleinen Einkerbungen nahe der Mitte des F-Lochs die Position des Stegs anzeigen, obgleich man sich nicht zu sehr darauf verlassen sollte. Gretsch, in punkto Design schon immer etwas mutiger, verwendete bei einigen ihrer Synchomatic-Archtops länglich-tränenförmige F-Löcher. Diese werden oft als „Katzenaugen"-Schalllöcher bezeichnet.

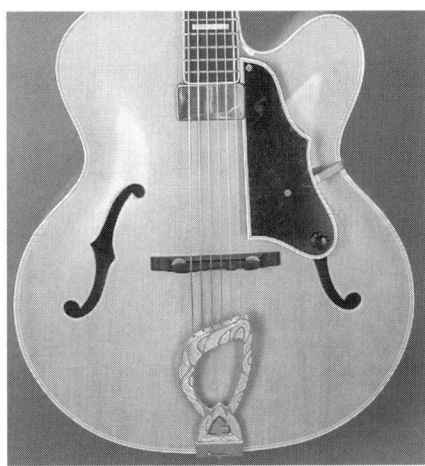

Abb. 5.24: Beispiele für F-Löcher bei Archtops, hier die Epiphone Emperor Regent und die Guild Artist Award (rechts)

In Europa fühlten sich die Archtopbauer offenbar weniger an geigenförmige Schalllochdesigns gebunden, und vor allem nach dem Zweiten Weltkrieg zeigten deutsche Hersteller wie Hopf, Höfner und andere in Form und Ausführung überaus originelle Schalllochvariationen. Als in den 1970er Jahren das Revival der Archtops begann, frischten neue Gitarrenbauer den Designcode für Archtop-Schalllöcher auf. Die interessantesten und radikalsten dieser Entwürfe stammten von Jimmy D'Aquisto, John D'Angelicos ehemaligem Lehrling und dem einzigen Mittler zwischen der Goldenen Ära amerikanischer Archtops und dem neuen Trend hin zu Archtop-Gitarren, die eine Doppelfunktion als Musikinstrument und Kunstobjekt erfüllten. Als Erstes begradigte D'Aquisto die traditionellen F-Löcher seines Mentors und verbannte vollständig die Kerben in der Mitte. Später fertigte er bei einigen Modellen Schalllöcher in Form länglicher Rauten an und gegen Ende seiner Karriere baute er sogar bewegliche Schieber in die Schalllöcher ein (diese wurden aus den ausgesägten Lochausschnitten der Fichtendecke hergestellt), mit denen sich der Klang variieren ließ.

Von allen traditionellen Beschränkungen befreit, greifen heutige Archtop-Bauer auf eine stetig wachsende Zahl von Schalllochdesigns zurück.

5.7.6 Ungewöhnliche Platzierung

Der „Konstruktionsfehler", dass man ein einzelnes, großes Schallloch genau dort platziert, wo die Decke maximale Stabilität benötigt, um dem Saitenzug standzuhalten, ist nicht von allen Gitarrenbauern ignoriert worden. Das Schallloch oder eine Öffnung von ähnlichem Format, jedoch anderer Form in die obere(n) Schulter(n) zu verlagern, ist nicht ungewöhnlich. Das erste dieser Designs, das auf breite Akzeptanz stieß, fand sich bei den Adamas-Gitarren. In anderen Fällen wurden die Schallöffnungen auch näher zum Steg hin gerückt. Die Tacoma Guitar Company verwendet bei vielen ihrer Instrumente – von hochgestimmten Reisegitarren bis zu 17" (43,2 cm) breiten Gitarrenbässen – ein einzelnes Schallloch in der oberen Schulter auf der Bassseite. Die Flattop-Gitarren-Variante, wie sie zum Hawaiian Slack-Key-Spiel eingesetzt wird, sieht man oft mit zwei kleineren Schalllöchern links und rechts vom Griffbrettende, die beide ganz ähnlich verziert sind wie ein herkömmliches Schallloch in der üblichen Position.

Abb. 5.25: Das Schallloch ist in der unteren Schulter angebracht

Die Suche nach einer stabileren, leichteren Decke mit einer größeren effektiven Schwingungsfläche wird zweifellos weitergehen und mit ihr werden neue Designs kommen, die das Schallloch aus der Belastungsachse unterhalb der Saiten herausnehmen.

Abb. 5.26: Bei manchen seiner Gitarren platziert Steve Klein das Schallloch in der unteren Schulter, bei Tacomas Chief Modell hat es seinen Platz in der oberen Schulter

5.7.7 Vergrößertes Schallloch

Eine Ausnahme von dem gewohnt gleichen Schallloch bei traditionellen, im Stil von Martin hergestellten Instrumenten ist eine vergrößerte Version, deren Vorlage die Martin D-28 von 1935 aus dem früheren Besitz des verstorbenen legendären Flatpickers Clarence White ist. Dieses Instrument gelangte hauptsächlich dadurch zu einem beachtlichen Ruhm, dass es seit Whites Tod die Hauptgitarre von Tony Rice ist. Bevor Rice die Gitarre erwarb, hatte das Schallloch aufgrund von Plektrumabnutzung zahlreiche Macken bekommen, und nachdem er den zerklüfteten Rand wieder zu einem glatten Kreis abgeschmirgelt hatte, maß die Öffnung 4,5" (11,4 cm) im Durchmesser.

Die Santa Cruz Guitar Company baute als erste Firma ein Tony-Rice-Modell mit genau dieser Schalllochgröße, und seitdem haben viele andere Firmen (darunter Collings und sogar Martin) Dreadnought-Modelle mit überdimensioniertem Schallloch herausgebracht, welches das Resultat von mangelhafter Spieltechnik in Kombination mit schlampiger Restaurierung ist.

5.7.8 Schalllöcher in den Zargen

Schalllöcher in den Zargen der Gitarre sind eine weitere Variante neben der gewohnten Deckenposition. Solche Schalllöcher in der oberen, zum Gitarristen hin zeigenden Zarge dienen oft als Minimonitore und ermöglichen dem Spieler, den Klang seines eigenen Instruments besser zu hören. Der Konzertgitarrenbauer Robert Ruck hat weitere kleine Schallöffnungen zu beiden Seiten des Halsblocks hinzugefügt.

Abb. 5.27: Ein extra Schallloch in der Zarge (John Monteleone)

5.8 Der Steg

Die drei hier besprochenen Akustikgitarrentypen haben alle einen grundverschiedenen Steg. Wie bei Kopfplatten und Schalllöchern, so eröffnen Stege Ein-Mann-Unternehmen wie Großfirmen die Möglichkeit, ihre Identität zum Ausdruck zu bringen, obgleich dies mehr auf Flattop-Stahlsaiten-Gitarren als auf Konzert- oder Archtop-Gitarren zutrifft. Von einer Hand voll Ausnahmen abgesehen, ist der Steg bei Nylon- und Stahlsaiten-Gitarren auf die Vorderseite des Instruments aufgeleimt, und obwohl die beiden Stegvarianten seit über einem halben Jahrhundert ganz verschieden aussehen, haben sie dennoch gemeinsame Vorfahren.

5.8.1 Geschichte der Stegkonstruktionen

Schon ähnliche frühe Instrumente wie etwa die Laute besaßen einen Steg, damit die Saiten auf der Decke befestigt werden konnten. Trotzdem kamen auf vielen alten Gitarren Pinstege zum Einsatz. Um die Mitte des 19. Jahrhunderts, lange bevor die Verwendung von Stahlsaiten auf Gitarren üblich wurde, hatten sich im Wesentlichen zwei Stegvarianten durchgesetzt. In Nordamerika und weiten Teilen Europas wurden Gitarren in der Regel mit einem Steg versehen, bei dem die geknüpften Saitenenden mittels Holz- oder Elfenbeinstiften in den sechs Stegbohrungen festgeklemmt wurden. Diese Stegkonstruktion war bei ähnlichen Instrumenten schon seit über hundert Jahren in Gebrauch. Gitarren, die in der spanischen Tradition hergestellt wurden, verwendeten dagegen einen Steg mit einem lauten- ähnlichen Knüpfblock anstelle von Löchern und Stiften zur Befestigung der Saiten. Heute haben Nylonsaiten-Gitarren natürlich keine Pinstege mehr, doch noch in den 1920er Jahren wurde für amerikanische Gitarren mit Darmsaiten der gleiche Stegtyp wie ihre mit Stahlsaiten bespannten Kusinen benutzt.

Pinstege auf Gitarren waren zu Beginn des 19. Jahrhunderts häufig reich mit kunstvollen Figuren oder filigranen Ornamenten verziert, die von Lauten und ähnlichen Instrumenten entliehen wurden. C. F. Martin, der noch in der deutsch-österreichischen Bautradition stand, stattete bereits in den An- fangstagen der Firma in New York viele seiner Gitarren mit verzierten Ste- gen aus. Um die Mitte des Jahrhunderts hatten jedoch die amerikanischen Gitarren (ganz egal, von welchem Hersteller) ganz schlichte, rechteckige Stege mit sechs Pins. Martins Konstruktion besaß geschnitzte Spitzen an den Enden, weshalb diese heute meist als „Pyramidensteg" bezeichnet wird.

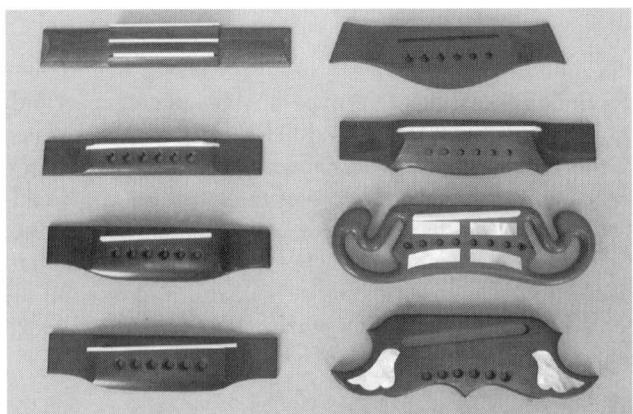

Abb. 5.28: Verschiedene Stegformen, von links nach rechts: Klassikgitarre, Taylor, Mar- tin Ende des 19. Jahrhunderts, Guild, Martin „Bauch"-Steg mit schmaler Stegeinlage, Gibson J-200 „Schnurrbart"-Steg, Martin mit breiter Stegeinlage, Gibson Dove

5.8.2 Flattop-Steelstring

Bei den meisten amerikanischen Gitarrenbaufirmen sollte dieser schmale Rechtecksteg bis in die 1930er Jahre praktisch unverändert bleiben. Um die erhöhte Zugspannung von Stahlsaiten zu kompensieren, wurde es dann aber notwendig, Stege mit einer Ausbuchtung hinter den Pins, den so genannten „Bauch", und so eine größere Auflagefläche zu entwickeln. Als Stahlsaiten-Gitarren in Mode kamen, wuchs bei den Flattops die Bedeutung des Stegs für die bauliche Einheit und somit die Langlebigkeit der Gitarre. Infolgedessen wurden die Stege breiter und länger. Heute findet man eine unendliche Vielfalt solcher Formen auf Stahlsaiten-Gitarren jeglicher Größen, Formen und Herkunft. In einigen Fällen wie etwa der um die Mitte der 1930er Jahre eingeführten Gibson Super Jumbo geriet der Steg zu einem phantasievollen Schaustück, das in einzigartiger Weise auf die übrigen Ornamente der Gitarre abgestimmt war.

Nachdem sich die Gitarrenkorpusse auf eine Hand voll genormte Formen reduziert hatten, wurde der Steg zu einem wichtigen Element für die Identität eines jeden Herstellers. Martins „Bauchsteg" etwa besaß einen so hohen Wiedererkennungswert, dass Gibson (obwohl man auch dort einen Steg benötigte, der eine erheblich vergrößerte Kontaktfläche zur Decke bot) die Ausbuchtung zur Stegvorderkante versetzte, statt sich eines Designs zu bedienen, das zu sehr an Martins erinnerte. Sowohl Guild als auch Taylor haben heute unverwechselbare Stegformen, und auch Firmen wie Breedlove und Tacoma haben diese Tradition fortgeführt. Seit mehr als dreißig Jahren wird jedoch Martins Erfindung so eifrig kopiert, dass sie inzwischen das mit Abstand beliebteste Stegdesign für Stahlsaiten-Gitarren ist. Und der Großteil der heutigen Spieler dürfte keine Ahnung haben, auf wen es zurückgeht.

5.8.3 Pinlose Stege

In den 1950er und 1960er Jahren kamen pinlose Stege auf breiter Front bei preiswerten Stahlsaiten-Gitarren wie Harmony zum Einsatz. Jedoch tauchte das Design Ende der 1960er Jahre wieder bei Ovation-Gitarren auf und wurde inzwischen bei bestimmten Edelmarken zum Standard. Breedlove und Lowden sind zwei Firmen, die ausschließlich pinlose Stege auf ihren Gitarren verwenden, während ähnliche Konstruktionen auch bei ganz billigen Instrumenten zu sehen sind. Ein Vorteil ist natürlich, dass sich der Spieler nie Sorgen um den Verlust eines Stegpins zu machen braucht! Der Nachteil dieser Konstruktion ist allerdings, dass die Ballends der Saiten bei hastigem Saitenwechsel leicht Kratzer oder Macken in der Decke verursachen, was manche Hersteller veranlasst hat, einen dünnen, selbstklebenden Kratzschutz mitzuliefern, der dann beim Saitenwechsel hinter dem pinlosen Steg angebracht wird. Ein weiterer Nachteil ist der, dass eine flache Halsneigung bei der Gitarre zu einem unzureichenden „Bruchwinkel" der Saiten über der Stegeinlage eines pinlosen Stegs führt, weil die Saite ja über der Gitarrendecke eingehängt ist und nicht darunter. Der Unterschied, wie die Saite verankert ist, bewirkt vermutlich einige Klangveränderungen, allerdings wurden bislang noch keine vorurteilsfreien Studien zu diesem Thema durchgeführt.

Eine interessante Designvariante bei Steelstrings ergibt sich, wenn der Gitarrenbauer die Saitenauflage räumlich von dem Punkt trennt, wo die Saiten in der Decke eingehängt sind. Dadurch erfüllt der untere Teil des Stegs, wo die Saiten mit Pins auf der Oberseite befestigt werden, eine ganz ähnliche Funktion wie das Tailpiece bei einer Archtop, während die separate Stegeinlage fast einer Floating Bridge entspricht. Einige Stahlsaiten-Gitarren von Alvarez-Yairi verwenden gegenwärtig dieses Design, auf das allerdings in der Vergangenheit auch einige obskure Gitarrenbauer in den USA zurückgriffen und das seine historischen Wurzeln in einer Reihe früher Vorfahren der Gitarre hat. Während solche Konstruktionen oft plump wirken – zumindest in den Augen derjenigen, die an herkömmliche Stegformen gewöhnt sind –, beseitigen sie doch nachhaltig das Problem, dass sich bei Flattop-Gitarren schon mal der Steg von der Decke löst.

Abb. 5.29: Stege ohne Pins, wie bei dieser Breedlove, basieren auf klassischem Design

5.8.4 Nylonsaiten-Gitarren

Dank ihrer Funktion als klassisches Instrument mit der gleichen Besaitung, wie sie schon Jahrzehnte früher verwendet wurde, hat der Steg der Spanischen Gitarre keine dramatischen Veränderungen erfahren, und die Gitarrenbauer begnügten sich meist mit subtilen Modifizierungen. Oft ist die „Handschrift" auf dem Steg kaum mehr als eine abweichende Verzierung

des eigentlichen Knüpfstegs oder Tieblocks. Bedeutsame Veränderungen gab es aber trotzdem, so zum Beispiel eine Verstärkung des Stegs über die gesamte Breite, um die Biegsamkeit zu begrenzen. Der aktuelle Trend hin zu historischen Modellen bedeutet jedoch, dass immer mehr Konzertgitarren im Highend-Sektor wie jene Instrumente der großen Gitarrenbauer von einst aussehen.

Abb. 5.30: Typischer Steg auf einer Hopf-Nylonstring-Gitarre. Die doppelte Verknotung der Saitenenden sorgt für einen sicheren Halt und einen besseren Winkel der Saiten über der Stegeinlage

Bei Gitarrenbauern, die das Dilemma des armen Musikers lindern wollen, der seine Saiten über den Tieblock spannt und hofft, dass sie halten mögen, werden Tieblocks mit Doppelbohrungen für jede Saite immer beliebter. Dadurch sinkt nicht nur das Risiko, dass eine E-Saite sich unter lautem Knall vom Tieblock abdröselt und eine Macke in die Decke schlägt, es vermindert auch die Neigung der umwickelten Saite, sich nach dem Einfädeln in die

Stegbohrung selbst hochzuziehen. Dadurch wird der Auflagedruck auf die Stegeinlage nämlich verringert, was sich unter Umständen klangverschlechternd auswirkt. Dies trifft insbesondere auf Gitarren mit flacher Halsneigung und niedrig eingestellter Saitenlage zu.

5.8.5 Stegmaterialien

In der Verwendung unterschiedlicher Materialien für den Steg zeigt sich, vor allem heutzutage, ein weiterer Unterschied zwischen den mit Stahl- oder Nylonsaiten bespannten Gitarren. Bei frühen Instrumenten stand das verwendete Material in direkter Relation zum Preis: Billige Gitarren hatten einen Steg aus Birken- oder Ahornholz, das durch Beizen auf einen Ebenholzlook getrimmt wurde, während man bei besseren Qualitätsgitarren Palisander verwendete; echtes Ebenholz war den edelsten Stücken vorbehalten. Die Firma Martin gönnte ihren teuersten Modellen bis 1916 sogar Stege aus massivem Elfenbein.

Abb. 5.31: Stege von Flattop-Gitarren wurden meist aus Holz gefertigt, doch war – wie bei dieser alten Martin – im 19. Jahrhundert Elfenbein als Material durchaus üblich

Mittlerweile finden sich auf sämtlichen Gitarren (außer bei importierter Billigstware) Palisanderstege. Taylor verwendet gegenwärtig Ebenholz auf all ihren Stahlsaiten-Modellen bis hinunter zu den Baby-Modellen. Bei Martin kommen sowohl Ebenholz als auch Palisander zum Einsatz. Bei vielen ihrer preisgünstigeren Modelle findet man jedoch auch schwarzes Micarta als Griffbrett- und Stegmaterial.

Abgesehen von wenigen Ausnahmen wie Ovation und Lowden, die beide für einige Modelle Walnussholz nehmen, waren Palisander oder Ebenholz bis in jüngste Zeit das Standardmaterial für Stege, als Cocobolo, Madagaskar-Palisander und andere exotische Harthölzer bei Instrumenten selbständiger Gitarrenbauer häufiger in Erscheinung traten.

Bei Stahlsaiten-Gitarren bestehen Griffbrett und Steg üblicherweise aus dem gleichen Holz, Ausnahmen bestätigen die Regel. Das gilt indes nicht für nylonbespannte Konzertgitarren, wo man schon lange der Meinung ist, dass Palisander einen besseren Klang erzeugt als Ebenholz. Bei Archtop-Gitarren ist der Steg grundsätzlich aus Palisander oder Ebenholz, doch auch hier gibt es vereinzelte Ausnahmen. Die Justiermechanik besteht meist aus Messing oder Stahl, mit einer Rändelschraube zur Höhenverstellung auf jeder Seite.

5.8.6 Sattel/Stegeinlage

Nylon- als auch Stahlsaiten-Gitarren verwenden ähnliche Sättel als Stegeinlage. Diese besteht zumeist aus Knochen (bis ca. 1960 auch Elfenbein), obgleich seit den 1960er Jahren auch Hartplastik im großen Maßstab Verwendung findet, insbesondere in der Großserienfertigung. Viele frühe und vor allem preisgünstige Gitarren besaßen als Sattel ein metallenes Bundstäbchen wie solche, die in das Griffbrett eingelassen waren. Dies war im 19. Jahrhundert selbst bei recht teuren Gitarren Standard. Sättel aus hartem, dichtem Holz wie Elfenbein waren ebenfalls weit verbreitet. Als in den 1970er und 1980er Jahren der Einfluss der E-Gitarre am stärksten war, wurden auch Metallsättel, vor allem aus Messing, gelegentlich verwendet, jedoch nie als Serienausstattung eines Herstellers.

Seit den 1970er Jahren wurde von Großproduzenten auf breiter Ebene ein Phenolharz namens Micarta benutzt. Inzwischen gewinnt allerdings ein weitaus härterer Kunststoff, der unter dem Markennamen Tusq verkauft wird, zunehmend an Beliebtheit. Ein aktueller Trend unter den Customherstellern geht in Richtung fossilen Elfenbeins als Material für die Stegeinlage, welches oft im Set mit einem passenden Sattel, Stegpins und Endpin zur nachträglichen Aufwertung angeboten werden. „Drop-in"-Sättel (siehe unten) mögen uns als ein Teil erscheinen, das eigentlich frei erhältlich sein sollte. Aber in der Regel müssen sie in den Steg der Gitarre eingepasst und ihre Höhe auf die persönliche Spielweise und Saitenwahl abgestimmt werden. Die größte Sorge dürfte hierbei der korrekten Anpassung der Stegeinlage gelten. Bei schlechtem Sitz drückt diese gegen die Seiten der Stegnut, wodurch das Holz reißen kann.

Vieles ist schon über die Auswirkungen unterschiedlicher Materialien auf den Klang und die Lautstärke einer Gitarre geschrieben worden, doch wirklich geforscht wurde bislang kaum. Harte Werkstoffe wie Knochen und Tusq halten eindeutig länger als weichere Materialien wie Micarta, die auf der Oberseite leicht Kerben oder Riefen bekommen, vor allem von umsponnenen Saiten. Bei Nylonsaiten-Gitarren ist dies dank der weicheren Saiten weniger ein Thema. Nach Meinung vieler freier Gitarrenbauer ist Knochen nach wie vor das ideale Material für Stegeinlagen und Sättel bei Akustikgitarren, denn es ist hart, leicht zu bearbeiten, bekommt mit der Zeit einen schönen Glanz und ist problemlos erhältlich.

Bei Archtop-Gitarren bildet diese Stegauflage effektiv den oberen Teil der justierbaren Floating Bridge und wird nach Bedarf längenkompensiert. Ebenholz ist hierbei unverändert erste Wahl. Härtere Kunststoffe stehen übrigens im Ruf, den Klang zu hart zu machen.

5.8.7 Stegnut

Der Steg besitzt meistens einen Schlitz zur Aufnahme der Stegeinlage. Dieser Schlitz ist entweder eine lange, an beiden Enden offene Fräsnut oder aber eine allseitig geschlossene Senknut. Auch wenn der erste Schlitztyp, die Nut für die Stegeinlage, von Martin, Gibson, Guild und vielen anderen Firmen bis um die Mitte der 1960er Jahre oder sogar noch danach verwendet wurde, hat er trotzdem den Nachteil, dass hier die Stegeinlage eingeleimt werden muss. Das ist allerdings von der Saitenspannung abhängig und davon, wie hoch der Sattel aus dem Schlitz ragt, weshalb sich das Einleimen bei Nylonsaiten-Gitarren in der Regel erübrigt.

Bei einer Stahlsaiten-Gitarre mit steilem Halswinkel und hoher Saitenspannung kann dagegen die Notwendigkeit zum Einleimen des Sattels (damit der Steg nicht am Sattelschlitz bricht) für den Besitzer im Laufe eines Gitarrenlebens einen erheblichen Mehraufwand bedeuten. Denn bei einem eingeleimten Sattel gerät die Einstellung der Saitenlage am Steg zu einer weitaus zeitraubenderen und kostspieligeren Angelegenheit, und die Montage von Tonabnehmersystemen unter der Stegeinlage wird zum Albtraum.

Dank moderner Fräsmaschinen ist zwar die geschlossene oder „Blindnut" (mitunter auch „Drop-in"-Sattel genannt) stabiler und praktischer. Der Wunsch, die Bauweise vergangener Tage nachzuahmen, zog indes bei fast allen als Vintage-Reissues designten Neugitarren die Rückkehr des antiquierten Stils nach sich. Die Nut für die Stegeinlage bietet für Musiker wie Gitarrenbauer eine Menge Vorteile: So kann man etwa zur Anpassung an

unterschiedliche Spielstile, Saitenstärken oder Klimabedingungen mal eben
rasch die Stegeinlage austauschen.

5.8.8 Längenkompensation

Eine der bemerkenswertesten Verbesserungen bei Stahlsaiten-Flattops in
den letzten zwei Jahrzehnten war eine präzisere Längenkompensation des
Sattels, die eine exaktere Intonation vor allem in den höheren Lagen
ermöglichte. Obwohl Gibson-Gitarren dank des steileren Winkels ihrer
Stegeinlage schon vor fast 40 Jahren eine richtig gute Intonation besaßen,
kümmerten sich die meisten anderen Gitarrenhersteller nie darum zu
gewährleisten, dass die gegriffene Oktavnote genau dem am 12. Bund
angeschlagenen Flageolettton entsprach. Aufgrund der schmalen Sattel-
breite und des flachen Winkels klang die H-Saite in der Regel einen Tick zu
hoch, desgleichen die tiefe E-Saite, wogegen die D- und die hohe E-Saite oft
die einzigen Saiten waren, die über das gesamte Griffbrett gut intoniert
blieben.

Daher verwundert es nicht, dass zu den am häufigsten bestellten Service-
arbeiten ein längenkompensierter Sattel gehörte – mit einer Nase an der
hinteren Oberkante, damit die H-Saite weiter hinten auflag als die hohe E-
Saite. Die Nase für die G-Saite zeigte dann nach vorn, die für die A- und die
tiefe E-Saite wieder nach hinten. Bei einem Instrument mit einem relativ
flachen Sattelwinkel wie etwa einer Martin bedeutete dies, dass man entweder einen ungewohnt breiten Schlitz fräsen oder aber den vorhandenen mit
Holz auffüllen und in einem steileren Winkel neu in den Steg fräsen musste
(wobei der Schlitz dann oft nach hinten in Richtung der Pins versetzt wurde).
In den 1970er Jahren begannen Hersteller wie Ovation und Taylor solche
Sättel serienmäßig zu verwenden.

Eine weitere Lösung, die von Lowden und anderen Firmen übernommen
wurde, stellte der Einsatz einer zweigeteilten Stegeinlage dar. Hierbei
erhielten die hohe E- und die H-Saite eine separate kurze Einlage, die
restlichen vier umsponnenen Saiten teilten sich eine größere Einlage. Durch
diesen Kniff sparte man das zusätzliche Gewicht eines Sattels, der breit
genug war, die unterschiedlichen und für eine korrekte Längenkompensation
notwendigen Saitenauflagepunkte zu beherbergen. Andererseits brachte
dies eine Reihe neuer Probleme für Spieler mit sich, die nachträglich einen
Tonabnehmer unter der Stegeinlage montieren wollten.

Abb. 5.32: Lowdens zweigeteilter Steg ist ein Versuch, eine korrekte Intonation zu erzielen

Heute achten praktisch alle Gitarrenhersteller, ob groß oder klein, darauf, dass ihre Instrumente eine viel genauere Oktavreinheit aufweisen, als früher erwartet wurde, und so gut wie alle neuen Highend-Gitarren haben Sättel mit präzise gekerbter oder gewinkelter Oberseite, damit für die einzelnen Saiten stets die richtige Intonation gewährleistet ist. Manche Gitarrenbauer bearbeiten zu diesem Zweck aber nicht nur die Stegpartie, sondern verkürzen auch den Abstand zwischen Sattel und erstem Bund um einen minimalen Betrag. Trotzdem ist die Oktavreinheit nicht alles und zu wissen, wie man eine Gitarre musikalisch korrekt stimmt, dürfte für den Musiker weitaus wichtiger sein, als dass jede Saite am zwölften Bund eine perfekte Oktave spielt.

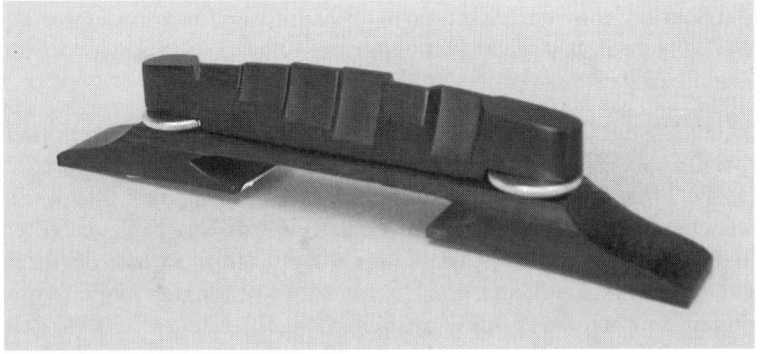

Abb. 5.33: Bei den meisten Brücken auf Archtop-Gitarren sind die Auflagen der einzelnen Saiten gestaffelt, um eine bessere Intonation zu gewährleisten

5.8.9 Stege bei Archtops

Im Unterschied zu Stahl- und Nylonsaiten-Gitarren ist bei Archtop-Gitarren der Steg nicht auf die Decke geleimt, sondern liegt nur lose auf („Floating bridge") und wird allein durch den Auflagedruck der Saiten fixiert, die hinter dem Steg in steilem Winkel abwärts verlaufen zu dem Punkt, wo sie im Tailpiece eingehängt sind. Dank dieser beweglichen Stegkonstruktion hatten Archtop-Gitarren im Prinzip von Anfang an eine bessere Intonation als Flattops.

Abb. 5.34: Die Brücken auf Archtop-Gitarren sind nicht fest geleimt oder geschraubt, sondern werden allein durch den Druck der Saiten an ihrem Platz gehalten

Obwohl frühe Gibson-Archtops – mit rundem Schallloch – keinen justierbaren Steg besaßen, verfügten sie dennoch bereits 1910 über eine längenkompensierte Saitenauflage. Und auch wenn die Standardkompensation bei diesen Stegen nicht ganz zufriedenstellend funktionierte, konnte die gesamte Stegkonstruktion leicht gekippt werden, um so die Intonation der Gitarre immerhin zu verbessern.

Eine weitere Erfindung der Firma Gibson, der justierbare Archtop-Steg, wurde Anfang der 1920er Jahre patentiert. Um die gleiche Zeit begann das Unternehmen, seine Gitarrenhälse mit einem Trussrod (Verstellstab) auszustatten. Der justierbare Steg mit längenkompensiertem Sattel verschaffte den Archtop-Gitarren einen entscheidenden Vorteil für jeden Musiker mit gut trainiertem Gehör. Neben einer verbesserten Oktavreinheit konnten Archtop-Spieler kleine Veränderungen der Saitenlage vornehmen, ohne die Saiten extra abnehmen zu müssen.

Archtop-Stege zeigen meist nicht jene beeindruckende Formen- und Stilvielfalt, wie man sie bei Flattop-Modellen findet. In der „Goldenen Ära" der Jazzgitarre kamen aber doch einige stilistische Verzierungen auf. Erwähnung verdienen hier vor allem Gretschs „Treppenstufenstege" im Art-Deco-Stil und die dreieckigen Inlays im Ober- und Unterteil der frühesten Gibson Super 400 Stege, welche die Einlagen in Griffbrett und Kopfplatte widerspiegelten.

Derart praktische Verstellmöglichkeiten auch der Flattop-Gitarre mitzugeben, schien eine gute Idee zu sein und seit dem Ende der 1950er Jahre begann Gibson ihre Flattops mit justierbaren Sätteln auszustatten. In den 1970er Jahren hatten allerdings nur noch Billiggitarren einen verstellbaren Sattel, einfach weil sich inzwischen die Erkenntnis durchgesetzt hatte, dass Klang und Lautstärke der Flattops darunter litten.

6 Boden und Zargen

6.1 Hölzer und ihr Klang

Die für Decke, Boden und Zargen verwendeten Hölzer werden mitunter auch als Tonhölzer bezeichnet. Gitarrenbauer wählen das Holz für den Boden und die Zargen nach den Kriterien Festigkeit, Stabilität, Schönheit und natürlich Klang aus. Alle sind sich darin einig, dass unterschiedliche Holzarten unterschiedliche Klangfarben produzieren – hier endet aber auch schon jeglicher Konsens. Musiker wie Gitarrenbauer können mit Leidenschaft endlose Debatten führen über die Überlegenheit dieser Palisanderart im Vergleich zu jener, über die klanglichen Variationen von quer oder längs zur Maserrichtung gesägtem Holz und sogar darüber, ob der Farbton des Holzes einen Unterschied bewirkt. All diese Diskussionen lassen sich auf eine Universalformel reduzieren: je dichter und dunkler das Holz, desto bassiger klingt die Gitarre, und umgekehrt – je leichter und heller das Holz, um so brillanter der Ton.

Ebenso debattieren Gitarrenbauer und Musiker schon seit Jahrhunderten darüber, ob der gute Klang aus dem verwendeten Material resultiert oder vom Geschick des Erbauers herrührt. In den 1850er Jahren baute der berühmte spanische Instrumentenmacher Antonio de Torres eine Gitarre mit Boden und Zargen aus Pappmaché, um zu demonstrieren, dass ein kundiger Handwerker aus allem eine gute Gitarre zaubern kann. 1998 stellte Bob Taylor denselben Punkt unter Beweis, indem er aus höchst ungewöhnlichen Zutaten eine wohlklingende Gitarre schuf: Für den Boden und die Zargen nahm er eine Versandpalette aus Eichenholz, die er auf seinem Verladedock gefunden hatte, und für die Decke ein von einem Bauprojekt übrig gebliebenes Vierkantholz aus Kiefer.

Bleibt nur noch festzuhalten, dass Palisander das beliebteste Holz für den

Bau von Stahl- und Nylonsaiten-Gitarren ist. Mahagoni wird auch gern von Steelstring-Machern genommen, während die Hersteller von Archtops mit überwältigender Mehrheit Ahorn vorziehen.

6.1.1 Langbrett, Viertelstamm, Furniere

Tonhölzer werden auf eine von drei möglichen Arten gesägt: als Viertelstämme, Bretter oder Furniere. Im ersten Fall wird der Stamm der Länge nach in vier keilförmige Teile zersägt. Das Holz wird danach von der Stirnseite jedes Keils geschnitten, wodurch die Maserung hier mehr oder weniger senkrecht zu den Jahresringen steht. Beim Langbrett wird der Stamm der Länge nach in Planken zersägt. Bei dieser Methode fällt weniger Verschnitt an und sie liefert bei Ahorn und Rio-Palisander manchmal Stücke mit sehr lebhafter Maserung. Bei vielen der auf diese Weise zugesägten Stücken verläuft die Maserung jedoch schräg oder gar senkrecht zur Breite. Wenn quergesägtes Holz infolge von Austrocknung mit der Zeit schrumpft, nimmt es gleichmäßig in allen Dimensionen ab, wohingegen längsgesägtes Holz die Neigung hat, auf der einen Seite mehr als auf der anderen zu schrumpfen, wodurch sich das Holz manchmal verzieht.

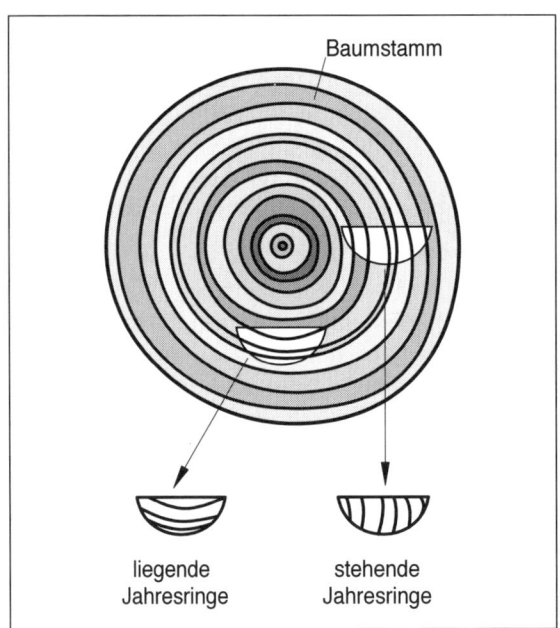

Baumstamm

liegende
Jahresringe

stehende
Jahresringe

Abb. 6.1: Querschnitt durch einen Baumstamm

Gitarrenbauer bevorzugen die Stabilität des Viertelstamms für Decken und Hälse, ebenso für die Zargen, wo es sich leichter biegen lässt. Andere Hersteller wollen jedoch den Boden, wo die bauliche Stabilität des Materials keine so große Rolle spielt, aus einer Schwarte fertigen. Im Allgemeinen aber wünschen sich Gitarrenbauer wie Musiker quergesägtes Holz, wann immer es möglich ist.

Die dritte Methode, Holz aus einem Stamm zu bekommen, ist das Zersägen in Furniere. Ein Furnier wird in einer langen, durchgehenden Platte vom Stamm abgetragen – beinahe so, als würde man einen Apfel schälen. Furniere sind ganz dünn und müssen auf irgendeinen Kern aufgeleimt werden.

6.1.2 Massiv oder laminiert

Boden und Zargen von Gitarren bestehen entweder aus Massivholz oder Laminaten. Generell bringen Massivhölzer einen satteren, volleren Klang als Laminate, die häufig sehr brillant klingen, aber dafür keine besondere Tiefe oder Resonanz aufweisen. Bei den meisten der auf der Welt hergestellten Billiggitarren, vor allem jenen asiatischer Herkunft, bestehen Boden und Zargen aus Laminat. Billige Sperrholzgitarren werden mit einem hauchdünnen Palisander- oder Mahagonifurnier veredelt, das auf einen Kern aus relativ weichem Holz aufgeleimt wird. Da die Materialkosten extrem niedrig sind, lassen sich so ganz billig Gitarren herstellen. Bei solchen Instrumenten ist die Wahl des Furniers rein optischer Natur und hat so gut wie keinerlei Auswirkung auf den Klang.

Doch obwohl die Massivbauweise im Allgemeinen die besten Instrumente liefert, sind nicht alle aus Laminat gefertigten Gitarren Billigklampfen. Um 1800 war es für Gitarrenbauer üblich, den Boden aus einem Holz wie etwa Fichte oder Zeder herzustellen und ihn danach aus Stabilitätsgründen mit einem Ahorn- oder Palisanderfurnier zu veredeln.

Auch die Zarge bestand üblicherweise aus Laminat, weil sie dann nicht so leicht Risse oder Sprünge bekam. In den 1930er Jahren besaßen die von Mario Maccaferri entworfenen Selmer-Gitarren einen mit indischem Palisander furnierten Mahagoniboden. Maccaferri tat dies, um die Höhenwiedergabe zu betonen und um ein Instrument zu bauen, dessen Boden und Zargen auch bei harter Beanspruchung nicht reißen oder splittern würden.

In den letzten Jahren hat der Konzertgitarrenbauer Greg Smallman klassische Gitarren mit sehr dicken Böden und Zargen aus laminiertem Palisander angefertigt. Seiner Ansicht nach sorgt diese Konstruktion im Verbund mit seinen ultradünnen Decken für eine verbesserte Projektion.

6.1.3 Mahagoni

Mahagoni besitzt einen hellen, rötlich-braunen Farbton mit feiner, ebenmäßiger Maserung. Das beste Mahagoni kommt aus Mittelamerika, und obwohl das Holz aus jedem beliebigen Land dieser Region stammen kann, gelangt es meist als Honduras-Mahagoni in den Handel. Gitarren aus diesem Holz haben oft einen brillanten, klaren Ton, exzellente Höhen und eine schnelle Ansprache. Es eignet sich besonders für großvolumigere Gitarren, bei denen der spritzige Klangcharakter des Holzes die tonale Balance zu dem prinzipiell dröhnanfälligeren größeren Korpus herstellt.

Mahagoni findet selten beim Bau von Archtops oder hochwertigeren Konzertgitarren Verwendung (viele klassische Schülergitarren sind aus Mahagoni), ist jedoch bei Steelstring-Machern hochgeschätzt. Mahagoni ist als Rohstoff billiger als Palisander, weshalb es von den Herstellern stets für ihre schlichteren Modelle verwendet wurde. Beispiele hierfür sind Martins D-18 und Gibsons J-45. Viele Musiker bevorzugen allerdings den crispen Ton von Mahagoni, vor allem im Studio.

Honduras-Mahagoni hat in der Regel eine gleichmäßige, gerade Maserung. Gelegentlich zeigt ein Baum aber auch eine gestreifte, mitunter als Bändchenmuster bezeichnete Maserstruktur. Außerdem gibt es mit dem so genannten Rosenmahagoni noch eine überaus lebhaft gemaserte Sorte. Bis jetzt scheint der gesamte Weltvorrat an Rosenmahagoni von einem einzigen Baumriesen zu stammen, der das Muster vielleicht als eine Art genetischer Mutation hervorgebracht hat. Rosen- und Bändchenmahagoni sind beide bruchempfindlicher als die normal gemaserte Variante und einige Gitarren-

Abb. 6.2: Boden und Zargen der Martin D-18 sind aus Mahagoni

bauer vertreten die Meinung, dass die hieraus gefertigten Gitarren zu harsch klingen. Mahagoni wächst auch auf den Philippinen, jedoch finden die meisten Gitarrenbauer diese Sorte zu weich. Trotzdem verwenden es einige Großproduzenten für ganz billige Instrumente. Außerdem gibt es ein Holz aus Sierra Leone namens *Khaya invorensis*, das mitunter als afrikanischer Mahagoni angeboten wird. Es besitzt ähnliche Klangeigenschaften wie echter Mahagoni, und in den letzten Jahren haben immer mehr Gitarrenbauer darauf zurückgegriffen.

6.1.4 Indischer Palisander

Das Farbspektrum des indischen Palisander (*Dalbergia latifolia*) reicht von einem dunklen Schokoladenbraun über Rötlichbraun bis ins Dunkelviolette. Die Maserung verläuft meist gerade und mit deutlichen Farbnuancen zwischen dunklen und hellen Partien.

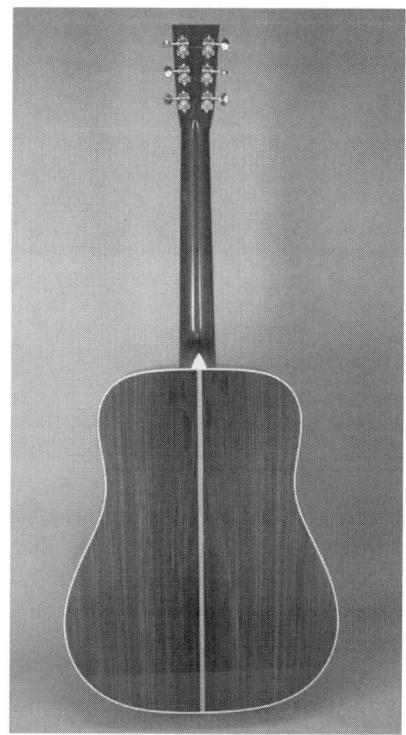

Abb. 6.3: Eine Taylor 810 mit Boden und Zargen aus indischem Palisander, daneben der Boden einer Collings D-2H aus dem gleichen Holz

Indisches Palisanderholz wird schon seit Jahrzehnten zum Gitarrenbau verwendet, doch erst mit dem Ausfuhrverbot für Rio-Palisander Mitte der 1960er Jahre stieg es zum Standard-Palisander in der Gitarrenwelt auf. Indischer Palisander besitzt eine recht hohe Dichte und bringt volle, sonore Tiefen und klare Höhen, wodurch es sowohl im Stahlsaiten- als auch im klassischen Sektor zu einem Liebling der Gitarrenbauer avancierte. Archtop-Gitarren werden dagegen fast nie aus indischem Palisander hergestellt.

Abb. 6.4: Indischer Palisander wird in der Martin-Fabrik nach Qualität sortiert

6.1.5 Rio-Palisander

Die Farbpalette des Brasilianischen oder Rio-Palisander (*Dalbergia nigra*) reicht von Grauschwarz über Dunkelbraun bis zu hellem Schokoladenbraun. Mitunter zeigt es jedoch auch rote, orangene oder sogar hellgrüne Streifen. Quergesägt verläuft die Maserung gerade und gleichmäßig, während im Längsschnitt überaus wilde Linienmuster und extreme Farbvariationen auftreten können. Aufgrund der faszinierenden Maserstruktur ist Rio-Palisander eines jener wenigen Tonhölzer, die praktisch ausnahmslos in Brettform verkauft werden.

Rio-Palisander überzeugt durch sein hervorragendes Bassfundament – tief, ohne Mulmigkeit – und strahlenden Höhenglanz. In einem Versuch, die einheimische Holzindustrie zu stärken, verhängte die brasilianische Regierung 1965 ein Ausfuhrverbot für Langholz. Gitarrenbauer wie Martin waren mit der Qualität des aus Brasilien kommenden Schnittholzes nicht zufrieden, weshalb die Firma 1969 auf indischen Palisander umstieg. Der Wechsel führte zu einem sofortigen Preisanstieg bei den zuvor gebauten Gitarren und bereits 1970 kosteten gebrauchte Martins aus Rio-Palisander mehr als vergleichbare Neuinstrumente aus indischem Palisander. Rio-Palisander war zwar noch während der gesamten 1970er und 1980er Jahre erhältlich, allerdings war es mittlerweile so teuer, dass Gitarrenbauer außer für Sondermodelle nur selten darauf zurückgriffen. In jener Zeit sattelten Firmen wie Guild und Taylor allmählich auf indischen Palisander um, ebenso die meisten Konzertgitarrenbauer in Europa und Amerika. 1992 wurde Rio-Palisander dann auf die von der Convention on International Trade in Endangered Species (CITES) herausgegebene Liste verbotener Handelswaren gesetzt. Seitdem benötigte jedes legal importierte Rio-Palisander eine CITES-Bescheinigung, dass das Holz vor dem 11. Juli 1992 geschlagen wurde.

 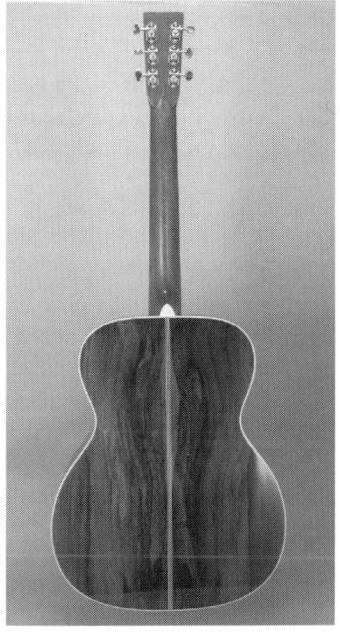

Abb. 6.5: Brasilianische Palisanderhölzer – hier im Lakewood-Lager – bevor sie zu Gitarrenböden verarbeitet werden. Rechts eine Custom Santa Cruz OM mit Boden und Zargen aus Rio-Palisander

Diese Maßnahme bewirkte natürlich, dass überhaupt kein neues Holz mehr geschlagen wurde, was wiederum den bereits saftigen Preis noch weiter in die Höhe trieb. Paradoxerweise kam mit dem steigenden Holzpreis mehr Rio-Palisander auf den Markt, da Gitarrenbauer und Holzhändler, die ihr Holz gehortet hatten, nun ihre Vorräte zu verkaufen begannen. Die Notwendigkeit des CITES-Zertifikats führte auch dazu, dass die Menschen alte Rio-Palisander-Stümpfe ausgruben, was man zuvor für unrentabel gehalten hatte.

Gitarrenbauer und Musiker diskutieren schon seit Jahrzehnten über die Überlegenheit von Rio-Palisander gegenüber indischem Palisander, wobei auf beiden Seiten starke Positionen vertreten werden. Der gängige Konsens geht dahin, dass dunkler, quergesägter Rio-Palisander mit gerader Maserung das bestklingende Tonholz ist, aber dass indischer Palisander mit den gleichen Eigenschaften fast genau so gut ist. (Im Prinzip ist man sich einig, dass dunkleres Holz dichter ist und bessere Tiefen bringt.)

Viele hochkarätige Gitarrenbauer lehnen die Verwendung von Rio-Palisander ab und sind überzeugt, dass seine angebliche Überlegenheit in erster Linie ein Hype ist. Doch auch wenn diese Sorte vielleicht tatsächlich eine Spur besser klingen sollte – der beste Rio-Palisander ist 15- bis 20-mal so teuer wie der beste indische Palisander und damit, außer für sehr gut betuchte Gitarristen, unerschwinglich.

6.1.6 Ahorn

Ahorn ist ein blass-gelbliches Holz, das einen dunkleren, mehr goldenen Farbton annimmt, wenn es dem Sonnenlicht ausgesetzt wird. Es zeigt bisweilen eine Anzahl aufregender Maserungen, von denen die bekanntesten eine Reihe von Streifen ist, die bei entsprechend breitem Abstand als Tiger Stripes (Riegelahorn), Flamed Maple oder Curly Maple bezeichnet werden. Liegen die Streifen enger beieinander, spricht man auch von Fiddleback Maple, da das Holz an die Maserung hochwertiger Geigen erinnert. Curly Maple findet man gewöhnlich bei quergesägtem Holz, während es beim Längsschnitt eine Maserung zeigen kann, die man als Quilted Maple (Wölkchenahorn) bezeichnet. Daneben gibt es noch ein Muster aus winzigen Knötchen, das man unter dem Namen Birdseye Maple (Vogelaugenahorn) kennt.

Als Baumaterial für Flattop-Gitarren bringt Ahorn weiche, dezente Tiefen mit klaren, jedoch nicht zu brillanten Höhen. Am häufigsten findet es bei Flattop-Jumbomodellen wie der Gibson SJ-200, der Taylor 615 und der Guild J-50 Verwendung. Obwohl Ahorn zwischen 1820 und 1860 in

Frankreich, Italien und Österreich im Konzertgitarrenbereich intensiv genutzt wurde, endete diese Praxis, als die Palisander-Instrumente spanischer Gitarrenbauer wie Torres beliebt wurden. Heute bestehen fast alle in Spanien hergestellten Konzertgitarren aus Palisander oder Mahagoni, doch in anderen Ländern Europas hat auch Ahorn weiterhin Konjunktur.

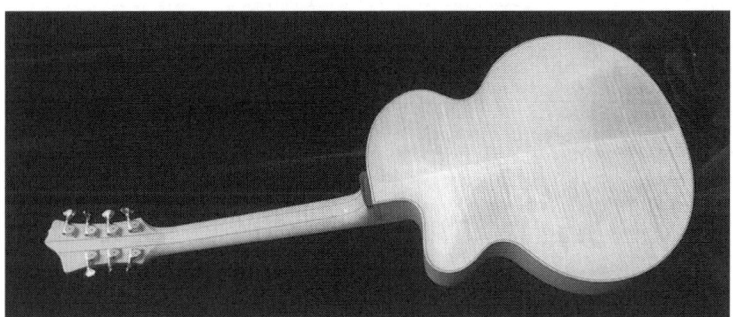

Abb. 6.6: Die siebensaitige Henniken Archtop mit Ahorn-Boden und -Zargen

Viele der ersten, gegen Ende des 19. Jahrhunderts geschnitzten Gitarren und Mandolinen aus der Werkstatt von Orville Gibson hatten Zargen und Böden aus Walnuss- oder Birkenholz. Nachdem er 1902 von einer Gruppe von Geschäftsleuten aus Kalamazoo aufgekauft worden war, stieg die neu gegründete Firma allmählich auf Ahorn um, und Anfang der 1920er Jahre waren bei allen Edelinstrumenten Böden und Zargen aus Ahorn. Dieses Holz konnte auf eine jahrhundertealte Tradition beim Bau von Streichinstrumenten wie Geigen und Cellos zurückblicken, und in den Gibson-Katalogen jener Tage wurde denn auch ausführlich zwischen den hauseigenen Gitarren und Mandolinen und den Instrumenten der großen italienischen Geigenbauer verglichen. Gibson ging sogar so weit, ihr neues Sunburst-Finish nach dem Geburtsort von Amati und Stradivarius „Cremona Brown" zu taufen.

Ahorn erwies sich als so guter Werkstoff für Archtop-Gitarren, dass die Gitarrenbauer kaum je daran gedacht haben, irgendeine andere Tonholzsorte zu verwenden. Drei Arten von Ahorn finden üblicherweise im Gitarrenbau Verwendung. Die begehrteste war früher der Bergahorn (*Acer pseudoplatinus*), der auch bei vielen der allerbesten Geigen zum Einsatz kam. In den letzten Jahren veranlasste die Verknappung des Bergahorns die Archtop-Bauer zum Umstieg auf zwei nordamerikanische Varietäten. Kanadischer oder Zucker-Ahorn ist ein sehr dichtes, helles Holz mit einer festen, glatten Maserung, welche die Gitarrenbauer sehr schätzen, weil man mit ihr leicht ein schönes Finish erzielt. Der Oregon-Ahorn (*Acer macrophyllum*) besitzt eine etwas gröbere Maserung und eine geringere Dichte als Berg- oder Schwarzahorn. Sein Holz ist auch ein wenig dunkler, mit einem mehr ins Goldgelb tendierenden Stich. Da sich Taylor seit der Firmengründung 1974 dieser Holzart widmete, haben inzwischen auch andere Gitarrenbauer nachgezogen und verwenden diese Ahornart, die aus dem Nordwesten der USA kommt und auch Soft Maple heißt, für ihre eigenen Instrumente.

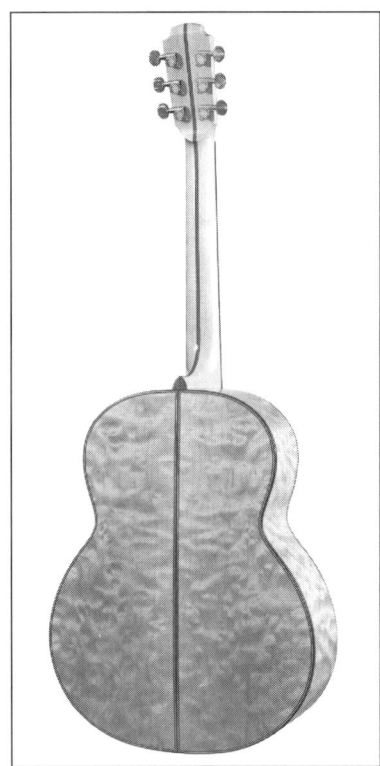 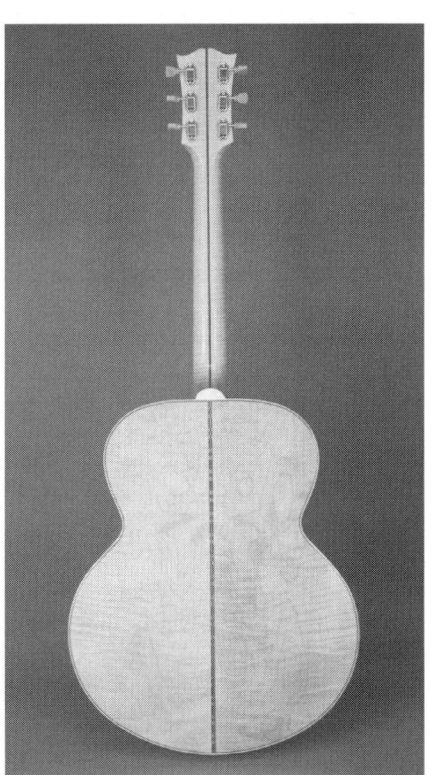

Abb. 6.7: Ahorn wird meist für Archtops, aber manchmal auch für Flattops eingesetzt. Diese Lowden F35 (links) besitzt eine „quilted" Maserung. Die Gibson L-200 war eine der ersten Flattop-Steelstrings, deren Boden und Zargen aus Ahorn gefertigt waren

6.1.7 Zypresse

Zypresse hat einen blassgelben Farbton, der manchmal einen Anflug von Orange oder Rot zeigt. Es ist bezüglich seiner Dichte ein sehr leichtes Holz,

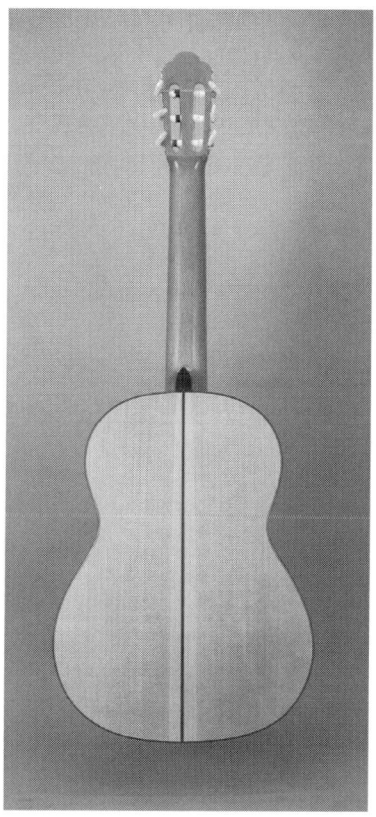

Abb. 6.8: Zypresse ist die traditionelle Wahl für Flamenco-Gitarren

Abb. 6.9: Gut zu erkennen ist die Maserung des Koa-Holzes bei dieser Gitarre von Albert & Müller

was ihm einen sehr hellen, perkussiven Klang verleiht. Das machte es zur ersten Wahl für Flamenco-Gitarren. Die gesuchteste Zypressenart gedeiht in Spanien, jedoch ist auch die Monterey-Zypresse bei Gitarrenbauern sehr beliebt, die an der nordamerikanischen Westküste heimisch ist.

Zypressenholz besitzt in der Regel eine gerade und ebenmäßige Maserung, doch manche Gitarrenbauer suchen gezielt nach Holz mit Maserknollen, was ihrer Meinung nach der Gitarre einen leicht rauen Touch gibt, der optimal zur Wildheit der Flamenco-Musik passt.

6.1.8 Koa

Die Heimat des orange-braunen Koa ist Hawaii. Es besitzt mitunter eine faszinierende Maserung ähnlich der des Riegelahorns, weshalb es bei Gitarrenbauer und Spielern gleichermaßen sehr geschätzt ist. Koa hat einen hellen, klaren Ton mit ausgeprägten Mitten. Es wurde zuerst gegen Ende des 19. Jahrhunderts für Ukulelen verwendet, bald darauf folgten Gitarren. In den 1920er Jahren war Hawaiimusik in den USA der Renner und folglich verwendeten viele Gitarrenbauer dieses Holz für ihre Instrumente, namentlich Martin und Weissenborn, der zum Slidespielen eine Gitarre mit hohem Hals konstruierte. Als in den 1930er Jahren der Boom der Hawaiimusik nachließ, ging auch die Verwendung von Koa bei Gitarren zurück.

In den Siebzigern wurde das Interesse an dem Holz durch unabhängige Gitar-

233

renbauer wie James Goodall und die Santa Cruz Guitar Company neu belebt, wo man fand, dass es eine interessante Bereicherung der üblichen Holzauswahl von Palisander, Mahagoni oder Ahorn darstellte. Obwohl Koa relativ selten ist, wird es derzeit von vielen Gitarrenbauern verwendet.

 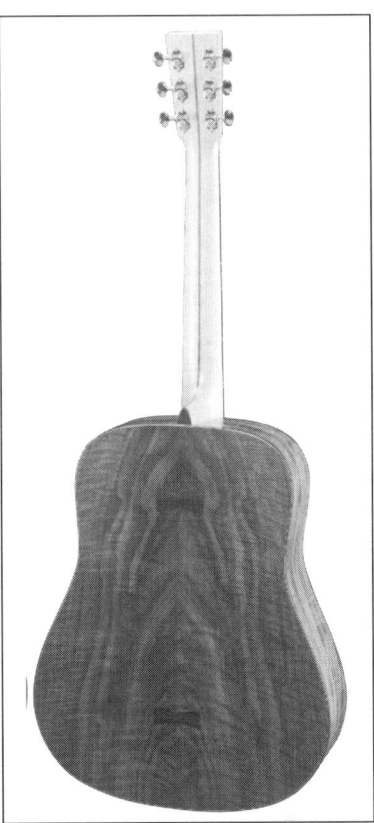

Abb. 6.10: Zu Martins Tradition gehören Gitarren aus Koa, sogar bei Einsteiger-Modellen wie der SPD16K2 (links) . Rechts Walnuss-Boden und -Zargen bei einem Martin NWD-Sondermodell

6.1.9 Walnuss

Walnuss hat eine mittel- bis dunkelbraune Farbe, die manchmal einen rötlichen oder grauen Stich zeigt. Gitarren aus Walnussholz haben oft einen Klang, der irgendwo zwischen der bassigen Fülle von Palisander und dem helleren Ton von Mahagoni liegt. Obschon Walnuss seit Jahrhunderten im Möbelbau verwendet wird, haben es die Gitarrenbauer erst in den letzten

Jahrzehnten für sich entdeckt. Größere Firmen wie Martin und Taylor haben beide schon Instrumente aus Walnuss produziert, ebenso viele kleinere Hersteller. Die häufigsten Sorten sind California Walnut (*Juglans california*) und Claro Walnut (*Juglans hindsii*). Walnuss klingt gut und sieht auch gut aus, und da es nicht bestandsbedroht ist, werden es vermutlich immer mehr Gitarrenbauer in Zukunft einsetzen.

6.1.10 Kirsche

Kirsche ist ein blassblondes Holz mit Klangeigenschaften ähnlich denen von Ahorn. Es ist als Rohmaterial vergleichsweise preiswert und hat sich zu einer beliebten Wahl für größere Firmen gemausert, die auf der Suche nach einem gut aussehenden und gut klingenden Holz für ihre billigeren Gitarren sind. Die kanadische Firma Godin hat mit großem Erfolg Kirsche bei ihrer Seagull-Produktreihe verwendet. Da Kirsche sehr schnellwüchsig und zudem nicht bestandsbedroht ist, wurde es auch gelegentlich von größeren Firmen wie Martin und Gibson eingesetzt, die nach einem Holz suchen, das keine bedrohte Art und dazu problemlos erhältlich ist.

6.1.11 Andere Hölzer

Es gibt noch viele weitere Holzarten, die sich für den Boden und die Zargen eignen. In den 1920er und 1930er Jahren verwendete man vorzugsweise Birke und Eiche, vor allem bei den nicht so teuren Instrumenten. Heute finden diese Hölzer dagegen kaum noch Verwendung. In den letzten Jahren haben Gitarrenbauer mit unterschiedlichsten Tonhölzern experimentiert. Der Großteil dieser Hölzer stammt aus den Tropenwäldern Südamerikas, Afrikas und Südostasiens und ist meist zu teuer oder zu knapp, als dass die größeren Firmen sie für die Großserienfertigung verwenden könnten. Viele von ihnen gehören zur Familie der Mahagonigewächse.

Eine der verbreitetsten Holzalternativen ist Cocobolo (*Dalbergia retusa*), ein Palisander, der in Mexiko und Mittelamerika hei-

Abb. 6.11: Der Cocobolo-Body einer Froggy Bottom

235

misch ist. Dessen Farbskala reicht von Goldgelb bis Rötlich-Orange, und sein Ton ähnelt nach Ansicht vieler Gitarrenbauer dem von Rio-Palisander.

Eine seltenere Palisanderart ist African Blackwood (*Dalbergia melanoxylon*). Das Holz dieses afrikanischen Baums ist fast so dicht und dunkel wie Ebenholz. Aus African Blackwood lassen sich nur sehr schwer Zargen biegen, aber die hieraus gefertigten Gitarren verfügen über satte, tiefe Bässe und glitzernde Höhen.

Zirkote (*Cordia dodecandra*) gehört nicht zur Mahagonifamilie, doch seine Maserung und Farbe erinnern stark an Rio-Palisander.

Makassar-Ebenholz (*Diospyrus celebica*) wächst in Indonesien und ist tiefschwarz mit goldbraunen Streifen. Breedlove hat einige gut klingende Gitarren aus diesem Holz produziert.

Die Heimat von Wenge (*Millettia laurentii*) ist Zentralafrika. Dieses Holz ist schwerer als die meisten Palisanderarten, aber auch weicher. Es hat eine schokoladenbraune Färbung und bringt als Tonholz kräftige Mitten und weiche Bässe.

Sapele (*Entandrophragma cylindricum*) ist ein mahagoniartiges Holz, das schon seit Jahrzehnten von spanischen Gitarrenbauern verwendet wird. Taylor in Kalifornien gehörte zu den ersten Steelstring-Herstellern, die sich seiner bedienten.

Ovangkol (*Guibourita ehie*) ist ebenfalls ein mahagoniartiges Holz, das schon seit Jahrzehnten von europäischen Gitarrenbauern verwendet wird und jetzt erst auf dem amerikanischen Markt Fuß fasst.

Palo Escrito schließlich ist ein Holz, das in Mexiko wächst und von den Gitarrenbauern aus Paracho bevorzugt wird, einer Kleinstadt, wo nahezu jeder Einwohner entweder Gitarren baut oder für einen Gitarrenbauer arbeitet.

Abb. 6.12: Eine Taylor 414 mit Ovangkol-Rücken und –Zargen

Abb. 6.13: Verschiedene Böden aus unterschiedlichen Hölzern warten auf den nächsten Verarbeitungsschritt

6.2 Synthetische Materialien

Da zunehmend Ungewissheit über die Verfügbarkeit hochwertiger Tonhölzer besteht, werden synthetische Materialien oft als Alternativen angesehen. Es dürfte daher kaum überraschen, dass die ersten Versuche, Gitarren aus Kunststoff herzustellen, in den plastikseligen Fünfzigern stattfanden. Fasziniert von den Möglichkeiten des Spritzgussverfahrens, entwarf der Gitarrenbauer Mario Maccaferri nach seiner Auswanderung in die USA während des Zweiten Weltkriegs eine Serie von aus Kunststoff gebauten Instrumenten. Die Reihe, die ursprünglich aus dem Wunsch geboren wurde, eine preisgünstige Ukulele für den Verkauf in einer beliebten Fernsehshow zu produzieren, umfasste schließlich mehrere Gitarrenmodelle sowie eine Geige, die einst im Mittelpunkt eines ungewöhnlichen Konzerts des New York Philharmonic Orchestra stand. Während die Ukulele ein Kassenschlager wurde, von dem hunderttausende Exemplare verkauft wurden, konnten sich die Gitarren nicht annähernd so gut durchsetzen.

Die Gitarren waren gleich in mehrererlei Hinsicht innovativ und nicht nur, weil sie aus Plastik bestanden (als weitere Punkte wären die Mechaniken, deren Planetengetriebe in eine ausgehöhlte Kopfplatte integriert waren, sowie ein leicht verstellbarer Halswinkel zu nennen). Trotzdem konnten sie einfach nicht mit dem Klang von Vollholzgitarren konkurrieren. Enttäuscht über den Mangel an Interesse, legte Maccaferri einige tausend der Instrumente auf Halde, wo sie praktisch vergessen wurden, bis man sie Ende der 1980er Jahre in einem Lagerhaus in New Jersey wiederentdeckte. Für einige Jahre waren jetzt diese brandneuen Gitarren aus den Fünfzigern plötzlich verfügbar, sehr zur Freude von Sammlern und Maccaferri-Fans. Heute tauchen die Gitarren noch immer relativ oft in den Vintage-Rubriken bei Internetauktionen auf. Da sie meist nur einen Bruchteil von dem kosten, was für andere Sammlerstücke verlangt wird, bieten sie eine gute Gelegenheit, eine richtig coole Gitarre zu erwerben, die von einem der schillerndsten Gitarrenbauer in der Geschichte dieses Instruments geschaffen wurde.

Ein weiterer früher Versuch, synthetische Materialien für Akustikgitarren einzusetzen, findet sich bei Nationals Res-o-glass Instrumenten aus den 1960er Jahren. Mit ihrem Fiberglaskorpus waren diese Einzelkonus-Resonatorgitarren in erster Linie für Anfänger gedacht. Ein mäßiger kommerzieller Erfolg und ein Klang, der sich nicht wirklich mit den berühmten Instrumenten mit Holz- oder Metallkorpus aus gleichem Hause messen konnte, führte nach nur wenigen Jahren zur Einstellung der Produktion.

6.2.1 Ovation-Gitarren

Die 1966 gegründete Firma Ovation Guitars konnte als erste einen durchschlagenden Erfolg mit Gitarren verbuchen, die großenteils nicht aus Holz bestanden. Als Tochterunternehmen von Kaman Aerospace (einer Firma, die hauptsächlich für ihre Helikopter bekannt war) verfügte Ovation über die nötigen Ressourcen, um mit einer Reihe neuer Materialien und Designs zu experimentieren, was schließlich zur Entwicklung eines einzigartigen Konzepts führte, bei dem eine Kunststoffschüssel („Round-back") das beherrschende Element des Instrumentenkorpus war.

Firmengründer Charles Kaman, der sich nicht damit abfinden mochte, dass Holzgitarren bei Temperatur- und Feuchtigkeitsschwankungen so leicht Risse bekamen, sah in Glasfaser die Lösung. Dank der Entscheidung für eine runde Form konnten Ovations Konstrukteure Boden und Zargen der Gitarre aus einem Stück fertigen, wodurch auf innere Verstrebungen verzichtet werden konnte. Obendrein schufen sie ein markantes Design, das den Instrumenten ein absolut unverwechselbares Aussehen verlieh. Kaman war auch davon überzeugt, dass die hieraus resultierende Parabolform des Bodens einen überragenden Klang erzeugen würde, da sich die Schallwellen nicht so leicht darin verirren würden wie bei einem herkömmlichen Korpusdesign.

Als Kaman erkannte, dass seiner Erfindung breitere Akzeptanz zuteil würde, wenn er seinen Glasfaserkorpus mit einer hölzernen Decke kombinierte, vertraute er zunächst auf eine relativ herkömmliche Bauweise für die Decke, den Hals und andere Teile der Ovation-Gitarren. Nachdem man bereits damit einen Erfolg verbuchen durfte, dass berühmte Gitarristen wie Josh White, Glen Campbell und Charlie Bird schon kurz nach ihrer Markteinführung Ovation-Gitarren spielten (es war übrigens Bird, der den Namen Ovation vorschlug), landete die Firma Anfang der 1970er Jahre ihren großen Coup mit der Vorstellung eines der ersten modernen Tonabnehmersysteme für Akustikgitarre. Das hauseigene Pickup-System war die ideale Ergänzung zu dem bereits ungewöhnlichen Erscheinungsbild und Image dieser Instrumente und ermöglichte hohe Bühnenlautstärken ohne Rückkopplungen, wahrte jedoch den Klang einer richtigen Akustikgitarre. Mehr als ein Jahrzehnt lang fertigte Ovation praktisch die einzige in Massen hergestellte professionelle elektro-akustische Gitarre, was der Firma einen gewaltigen Popularitätsschub bescherte.

Kaman, der mit dem Aufstieg seiner Firma zu einem Marktführer noch längst nicht zufrieden war, setzte seine Experimente mit Verbundwerkstoffen fort, was schließlich zur Entwicklung der Adamas-Serie führte. Mit einer Decke, bei der im Sandwich-Verfahren ein ultradünner Birkenholzkern zwischen zwei Lagen Karbonfasern verpackt wurde, läutete das Instrument eine neue Phase im Hightech-Gitarrenbau ein, da fast der gesamte Korpus aus Verbundmaterial bestand.

Heute bietet Ovation eine große Modellpalette in vielen Preisklassen an. Nach dem Wechsel von Glasfaser zu einem Material namens „Lyracord" für den Korpus lassen sich die Instrumente nach ihrer Korpustiefe in vier Gruppen mit einem jeweils ganz individuellen Klangcharakter einteilen. Im Allgemeinen wird ein Spieler, dem es auf den guten Ton ankommt, ein Modell mit tieferem Korpus wählen, wogegen ein Musiker, der hohe Bühnenlautstärken benötigt, von den weniger feedbackanfälligen flacheren Korpussen profitieren wird.

Im Ovation-Katalog eröffnet die preisgünstige Celebrity-Serie den Modellreigen. Diese in Korea und China produzierten Instrumente haben den gleichen Korpus wie die teureren US-Modelle, verfügen jedoch meist über gesperrte Decken, eine nicht so ausgeklügelte Elektronik und eine schlichtere Aufmachung. Diese Gitarren bieten den klassischen Ovation-Look mit dem entsprechenden Spielgefühl und verkörpern viele Eigenschaften des Ovation-Grundsounds. Wie am Preis unschwer erkennbar ist, kann die Qualität dieser Gitarren nicht mit den Highend-Modellen der Firma Schritt halten, doch für viele Musiker mit kleinem Geldbeutel sind sie eine gute Möglichkeit, eine echte Ovation zum Sparpreis zu erwerben.

Zum Zeitpunkt der Drucklegung beginnt Ovations US-Serie mit dem

Dauerbrenner, dem Modell Balladeer. Dies ist im Grunde die klassische Ovation mit einem tiefen Korpus, Fichtendecke, rundem Schallloch und Onboard-Elektronik. Eine zunehmend beliebte Wahl stellt die ungewöhnlich aussehende Elite-Serie dar. Mit ihren vielen kleinen Schalllöchern in den oberen Deckenschultern kombiniert das Modell ein Merkmal, das erstmals bei den mit einer Karbondecke ausgestatteten Adamas-Modellen vorgestellt wurde, mit einer eher traditionellen Holzdeckenbauweise. Dieses Konzept war oft schon die Basis für viele von Ovations jährlichen Collector's-Modellen, bei denen die Decke aus Redwood, Bubinga, Riegelahorn und anderen exotischen Hölzern besteht. Die Spitze der Instrumente mit Holzdecke markieren derzeit die Modelle Elite, Custom Legend sowie das Al di Meola Signature-Modell.

Während die Adamas-Gitarren der ersten Generation viele Gitarristen beim Blick auf das Preisschild geschockt zurückschrecken ließen, sind die jüngeren Mitglieder der Modellreihe in erschwinglichere Regionen gerückt. Die 1998 erstmals vorgestellte SMT-Serie gibt es mit einem oder vielen Schalllöchern und unterschiedlichen Korpustiefen, wodurch Gitarristen, die sich ein Instrument mit Karbondecke zulegen möchten, nun die Qual der Wahl haben.

Die neueste Entwicklung aus Ovations R&D-Abteilung ist die revolutionäre Adamas Q. Das fast komplett (einschließlich Hals) aus Graphit gefertigte Instrument bietet durch die offen sichtbaren, miteinander verwobenen Graphitfasern einen völlig neuen Look. Vorläufig bleibt das Instrument ein Prototyp (auch wenn es bei Musikmessen schon ausgestellt war), der trotzdem einen faszinierenden Blick in die Zukunft des Unternehmens eröffnet.

6.2.2 Graphitgitarren

Die wohl radikalsten Akustikgitarren dürften jene aus Karbonfasergraphit hergestellten Instrumente sein. Den größten Vorstoß in diesen Markt hat eine Firma namens RainSong unternommen. Die Firma, die auf Hawaii gegründet wurde, wo extreme Klimabedingungen und hohe Luftfeuchtigkeit eine ständige Herausforderung für Holzinstrumente darstellen, ist heute im US-Bundesstaat Washington ansässig. Während bei frühen RainSongs lediglich Graphit als Ersatz für Holz bei einer ansonsten traditionell hergestellten Gitarre genommen wurde, kam die Firma schließlich zu der Erkenntnis, dass sich die Vorzüge des neuen Werkstoffs nur durch einen anderen Ansatz maximal ausreizen ließen.

Durch Auftragen der Karbonfasern in strategischen Schichten (die Firma bezeichnet diesen Vorgang als „Projection Tuned Layering") machen sich die aktuellen RainSongs die unglaubliche Festigkeit des Materials zunutze und verzichten beim Innenaufbau vollständig auf Verstrebungen. Mit der Vorgabe, nirgendwo ein Gramm Holz zu verbauen, bestehen bei diesen Instrumenten der Hals, das Griffbrett, der Steg und andere Teile sowie natürlich der Korpus aus Graphit. Die Gitarren, deren Klangbild auffallend holzähnlich tönt, sind derzeit in Anlehnung an diverse Stahl- und Nylonsaiten-Modelle in den Korpusformen OM, Grand Auditorium, Dreadnought und Jumbo erhältlich.

Abb. 6.14: RainSongs WS9000 Graphitgitarre (links). Für die X-Serie benutzt Martin ein Hochdrucklaminat

Momentan ist die einzige andere Firma, die Graphitgitarren herstellt, ein noch recht junges Unternehmen mit Namen Composite Acoustics. Bewaffnet mit dem Know-how von NASA-Technikern, nahm die Firma im Jahr 2000 die Gitarrenproduktion auf. Optisch besteht zwar eine starke Ähnlichkeit zu den RainSongs (auch hier sieht man die silber-graue Farbe des Graphitmaterials und dessen Flechtstruktur), doch unterscheiden sich die Instrumente in ihrer Bauweise. Während RainSong einen normalen Hals/Korpus-Übergang mit einem Halsfuß und einem innenliegenden Halsblock verwendet, verzichtet Composite Acoustics auf den Halsfuß – was das Greifen in den hohen Lagen erleichtert – und auf innere Verstrebungen, denn man ist dort überzeugt, dass ihr Material für die notwendige Stabilität keine solchen traditionellen Merkmale benötigt. Andererseits verwendet Composite Acoustics ein herkömmliches X-Bracing für ihre Decken, dessen Leisten allerdings aus Verbundwerkstoff bestehen. Neben einem Dreadnought-Modell hat die Firma auch eine langmensurige Baritongitarre und einen Akustikbass im Programm.

Abb. 6.15: Martin DCXME aus Hochdrucklaminat

6.2.3 Martin X-Serie

Die 1998 vorgestellte X-Gitarrenserie von Martin hatte die Industrie in Erstaunen versetzt. Mit einem Korpus aus Hochdrucklaminat (HPL) stellen diese Gitarren einen Versuch zum Einsatz alternativer Werkstoffe dar und demonstrieren zugleich, dass man auch ein kostengünstiges Instrument auf Einsteigerniveau bauen kann. Das Material, ein unter extrem hohem Druck verleimtes Holzfasergemisch, ähnelt dem von Küchenarbeitsplatten und anderen Möbeln. Dank seiner ultraharten Oberfläche ist HPL äußerst stabil. Es lässt sich leicht in die gewünschte Form bringen und ist unter dem Einfluss von Hitze oder extremer Luftfeuchtigkeit absolut verwindungssteif. Mit einem Fotofinish überzogen, kann HPL jeden gewünschten Look annehmen. Während die Standard-DXM so aussieht, als hätte sie eine Fichtendecke und einen Boden und Zargen aus Mahagoni, bietet Martin noch Rio-Palisander-Finishes an, deckende Farben und – im Fall der Cowboy-X – Szenen von Cowboys, die am Lagerfeuer sitzen und Martin-Gitarren spielen...

Nur wenige Spieler würden behaupten, Gitarren aus Martins X-Serie klängen so gut wie ihre hölzernen Vettern. Dennoch ist unbestritten, dass sie es dem Hersteller ermöglichten, ein Instrument zu bauen, das zu einem nie dagewesenen Preis wie eine echte Martin aussieht und sich auch genau so anfühlt. Seit ihrer Markteinführung wurde die Serie noch durch Gitarren ergänzt, bei denen HPL-Böden und -Zargen mit einer echten, massiven Fichtendecke kombiniert sind (was einen reiferen Akustiksound bringt), ultraflache elektro-akustische Versionen wie die 00CXAE und seit neuestem auch Modelle mit Decken aus Aluminium (!) und Karbonfasern.

6.3 Bauweise

Im Unterschied zu der endlosen Debatte, welche Holzart denn nun mit dem besten Klang aufwartet, sind sich die meisten Musiker und Gitarrenbauer im Grunde darin einig, wie Boden und Zargen miteinander verbunden gehören. Diese Teile bilden im Wesentlichen einen Kasten und mit der Vorgabe, dass dieser Kasten stabil, leicht und resonanzfreudig sein soll, haben die Schöpfer von Stahlsaiten-Flattops, Nylonsaiten-Gitarren und Archtops alle ähnliche Lösungen für die gleichen Probleme entwickelt.

6.3.1 Gewölbter oder flacher Boden

Im Allgemeinen haben Stahlsaiten-Gitarren mit flacher Decke einen flachen Boden. Umgekehrt finden wir bei Instrumenten mit gewölbter Decke auch in der Regel einen gewölbten Boden. Doch wie bei allem, was mit Gitarren zu tun hat, gibt es Ausnahmen von der Regel. Bereits 1930 fertigte Epiphone Flattop-Gitarren mit einem formgepressten, gewölbten Boden aus Ahornlaminat. Ein gewölbter Sperrholzboden schwingt nicht so frei wie ein massiver Flachboden, unterstützt jedoch offenbar die Klangabstrahlung nach vorn. Epiphone experimentierte weiter mit dem gewölbten, verleimten Ahornboden, und 1947 bot die Firma das einzigartige Konzept mit dem klangvollen Namen „Tone Back" bei ihrer allerbesten Flattop an, der FT 110.

Im Jahr 1952 verlagerte Epiphone einen Teil der Produktionsstätten von New York nach Philadelphia. Einige der zurückgelassenen Arbeiter gründeten in der Folge die Guild Guitar Company, und schon nach wenigen Monaten baute man dort Flattop-Gitarren mit gewölbten Ahornböden wie die Aragon F-30 und die Navarre F-50. Im Lauf der Jahre produzierte Guild auch Gitarren wie die D-25, die einen Boden aus verleimtem Mahagoni besaßen.

Der Stil mit dem gewölbten Boden und der flachen Decke ist so was wie ein Markenzeichen von Guild geworden, doch auch Gibson wagte sich Anfang der 1970er Jahre mit der J-55 und der Gospel an dieses Design und später in den 1990er Jahren mit der neu aufgelegten Gospel. Zu Beginn der 1980er Jahre bot die Santa Cruz Guitar Company ein Modell namens FTC an, das einen massiven, geschnitzten Boden besaß. In den 1930er und 1940er Jahren setzte Martin versuchsweise geschnitzte, gewölbte Decken auf Korpusse mit Flachboden. Das Konzept war ein glatter Reinfall und wurde auch von anderen Gitarrenbauern nie mehr aufgegriffen.

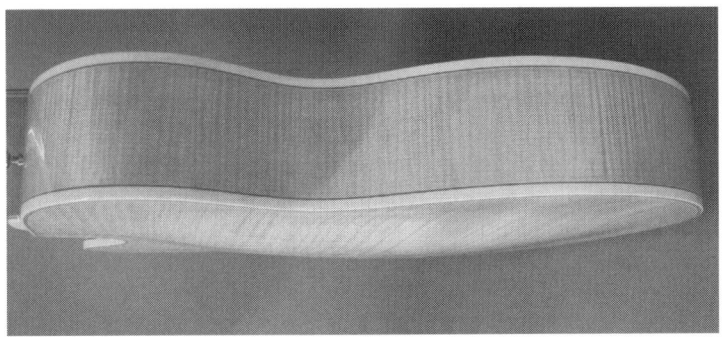

Abb. 6.16: Der gewölbte Ahorn-Boden einer Guild Artist Award Archtop

6.3.2 Geschnitzt oder gepresst (für gewölbte Böden)

Gewölbte Böden können entweder aus einem massiven Brett geschnitzt oder aber aus dünnen Massivholzteilen oder Laminaten formgepresst werden. Für den besten Akustiksound – darin sind sich praktisch alle einig – führt kein Weg an einem massiven Boden vorbei. Angeblich verleiht das massive Holz dem Klang zu einer ansonsten verborgenen Tiefe, speziell im Bassbereich, wogegen die gewölbte Form für eine verbesserte Projektion sorgt. Zu dicke Böden neigen oft zu einem dünnen Klangbild, während zu dünn gestochene Böden schwammig und in den Höhen belegt klingen können.

In der Blütezeit der Archtop-Gitarre in den 1930er und 1940er Jahren nahmen die Hersteller billigerer Gitarren manchmal ein dünnes Stück Holz und bogen es über einer Pressform in eine gewölbte Form. Diese Praxis fand zwar vorwiegend für die Decken Anwendung, jedoch wurden nach der gleichen Methode auch einige Böden geformt. Die auf diese Weise hergestellten Gitarren hatten einen dünnen, höhenlastigen Klang. Das Verfahren war auch von der Statik her nicht sehr ausgereift, denn im Lauf der Zeit gaben viele dieser Gitarren unter den Saitenkräften langsam nach und brachen irgendwann ein. Fast niemand stellt auf diese Weise heute noch gewölbte Böden her.

Die dritte Variante zur Herstellung eines gewölbten Bodens ist die Laminatpressung. Solche Sperrholzböden kommen gewöhnlich auf preiswerten Gitarren zum Einsatz – bei vielen der neuen Archtops asiatischer Herkunft und dem Großteil der einst von den inzwischen erloschenen US-Firmen wie Kay und Harmony produzierten Instrumenten. Böden aus Schichtholz findet man aber auch bei vielen teuren Archtops, die an Modelle wie Gibsons ES-5 und ES-150 oder auch Epiphones Zephyr-Serie angelehnt sind. Hier dienen die Laminate nicht als kostendämpfende Maßnahme; vielmehr macht man sich ihre bauartbedingte Starrheit zunutze, um Rückkopplungen aufgrund einer zu resonanzfreudigen Gitarre zu reduzieren.

6.3.3 Zweiteilig oder dreiteilig

Die allermeisten Gitarren werden mit einem zweiteiligen Boden ausgestattet. Die übliche Technik besteht darin, dass man ein Stück Holz entlang der Kante spaltet und die beiden neuen Teile wie ein Buch aufschlägt. Diese „Bookmatching" genannte Methode bedeutet, dass die zwei Hälften in Maserung und Farbton möglichst optimal aufeinander abgestimmt werden. Besonders wichtig ist dieses Verfahren bei längsgesägten Holzstücken, bei denen wilde Maserungen und erhebliche Farbabweichungen zutage treten können.

Gelegentlich erhält eine Gitarre auch einen dreiteiligen Boden. In diesem Fall wird das dritte Stück in die Mitte einer Dreiecksform eingesetzt, deren Spitze am Halsfuß liegt. Das dritte Stück kann aus dem gleichen Holz (meist in einer kontrastierenden Farbe) oder aber aus einer ganz anderen Holzart hergestellt werden. Die berühmteste Gitarre mit dreiteiligem Boden ist Martins D-35, die 1967 das Licht der Welt erblickte. Auf die Idee mit dem dreiteiligen Boden kam man bei Martin, als ihre Vorräte an Rio-Palisander nach dem Exportverbot von 1965 langsam zu schwinden begannen und man entdeckte, dass da ja noch eine Menge Hölzer lagerten, die für einen zweiteiligen Boden zu klein waren – aber nicht für einen dreiteiligen!

Gitarrenbauer wie Taylor und Goodall verwenden hin und wieder einen dreiteiligen Boden bei ihren Ahorn- und Koa-Gitarren. Nur ganz selten findet man eine Gitarre mit einem einteiligen Boden und wenn, dann sind

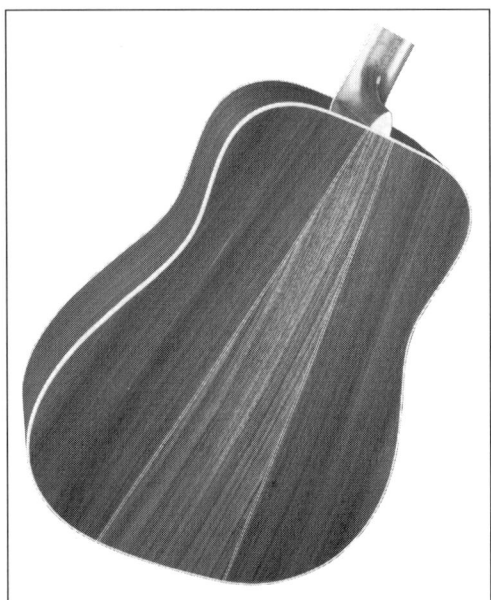

Abbb. 6.17: Die D-35 von Martin ist wahrscheinlich das bekannteste Beispiel für eine Gitarre mit einem dreiteiligen Boden

es fast immer Instrumente mit kleinerem Korpus. Gelegentlich fertigen Gitarrenbauer auch mal einen vierteiligen Boden an, doch auch dies ist äußerst selten.

6.3.4 Profilverjüngung

Bei seitlicher Betrachtung sind die Zargen einer Stahlsaiten-Flattop am Tailblock meist etwas tiefer als am Halsblock. Diese Verjüngung fällt bei Instrumenten mit größerem Korpus wie Dreadnoughts und Jumbos stärker aus als bei kleineren Gitarren wie OMs. Manche Gibson-Flattops wie die Nick Lucas und die L-00 zeigen fast keine Profilverjüngung. Diese „Zuspitzung" erleichtert geringfügig die Bespielbarkeit großer Gitarren. Auch Konzertgitarren zeigen eine minimale Verjüngung, jedoch weit weniger ausgeprägt als bei Steelstrings. Die Korpusse von Archtop-Gitarren weisen ähnlich den klassischen Gitarren eine ganz geringe Verjüngung auf.

6.3.5 Beleistung und Bodenstreifen

Bodenstreben dienen hauptsächlich zur Verstärkung der Statik, sie haben aber auch eine eindeutige, wenn auch nur subtile Auswirkung auf den Klang. Der verbreitetste Stil für die Bodenbeleistung ist ein simples Leitermuster. Die Leisten können allerlei Formen haben, unter anderem breit und flach, hoch und klingenförmig, kurz mit kantiger oder mitunter auch abgerundeter Oberseite. Wie die Deckenleisten werden Bodenstreben in der Regel aus Fichte hergestellt, einige Gitarrenbauer verwenden hierfür allerdings Mahagoni oder Zeder. Es gilt unter Fachleuten als Tatsache, dass eine leichtere Beleistung, die den Boden flexibler macht, einen bassigeren Klang erzeugt, während eine steifere Beleistung, bei der der Boden nicht so frei schwingen kann, den Gitarrenklang etwas heller macht.

Gitarrenbauer verwenden üblicherweise breitere, flachere Leisten im unteren Schulterbereich und dünnere, höhere im oberen, doch ist dies keine verbindliche Regel. Manche Gitarrenbauer wählen für den Boden ein X-Bracing ähnlich dem, wie es bei der Decke Verwendung findet. Viele Gitarren besitzen außerdem einen Bodenstreifen, meist aus Fichte oder Mahagoni, der innen entlang der Mittelnaht eingeleimt wird und verhindern soll, dass sich die beiden Hälften des Bodens voneinander lösen. Aufgrund der hohen Festigkeit und Stabilität der Bogenform kommen Gitarren mit gewölbtem Boden stets ohne Bodenbeleistung aus. Einige Gitarrenbauer wie Boaz Elkayam verwenden Bodenleisten, die sich brückenartig aufwölben und den Boden nur an den Kanten und einer oder zwei Stellen in der Mitte berühren. Sie glauben, dass dieses Konzept die Statik hinreichend verstärkt und gleichzeitig den Boden freier schwingen lässt.

6.3.6 Reifchen

Das Reifchen ist jener schmale Ring aus keilförmig gesägtem Holz, der als Verbinder entlang der Nahtstellen verläuft, an denen Decke und Boden mit den Zargen verleimt werden. Das Reifchen kann aus Fichte, Zeder, Mahagoni oder Linde bestehen. Es wird aus einem einzigen Stück Weichholz angefertigt und in Form gebogen, was bei Konzertgitarren recht häufig gemacht wird. Oder es wird aus einem Stück Holz mit einer Vielzahl von Sägeschlitzen hergestellt, die es flexibler machen. Diese Form des Reifchens wird zuweilen auch „Kerfing" genannt. Viele in Spanien oder Lateinamerika produzierte Gitarren verwenden ein Reifchen aus einzelnen keilförmigen Holzstücken.

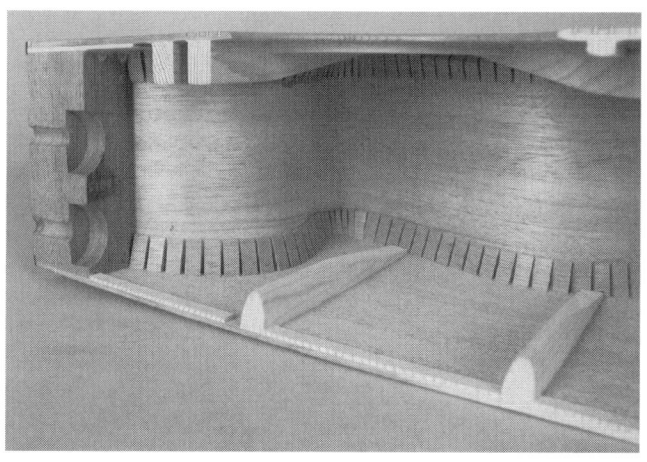

Abb. 6.18: Bei dieser aufgeschnittenen Taylor-Gitarre sind die hölzernen Reifchen, die Decke und Boden mit den Zargen verbinden, deutlich zu erkennen

247

6.3.7 Zargenverstärkungen

Bei Gitarren mit Zargen aus Massivholz wird der Gitarrenbauer diese manchmal mit kleinen Tuchstreifen oder vielleicht auch dünnen Holzleisten verstärken. Diese haben keinerlei Einfluss auf den Klang, verhindern jedoch, dass sich Risse und Absplitterungen vergrößern können. Da Schichtholz nicht splittern kann, benötigen Gitarren mit laminierten Zargen keine Verstärkung.

6.3.8 Tailblock

Der Tailblock, manchmal auch Endblock genannt, ist ein Stück Holz, das auf der Korpusinnenseite an der Stelle der unteren Schulter angesetzt wird, wo die beiden Zargen zusammentreffen. Er besteht meist aus Mahagoni. Bei vielen Stahlsaiten-Gitarren dient er zur Aufnahme des unteren Gurthalteknopfs. Bei älteren Gitarren und bei modernen Gitarren ohne Tonabnehmer wird der Gurthalteknopf einfach in eine konische Bohrung im Tailblock gesteckt, wo er durch Haftreibung gehalten wird.

Bei Akustikgitarren mit Pickup bilden der Gurthalteknopf und die Klinkenbuchse eine Einheit. In diesem Fall wird der Tailblock komplett durchbohrt, so dass die Verdrahtung ins Korpusinnere geführt werden kann. Bei einigen wenigen Gitarren ist der Gurthalteknopf angeschraubt. Da es die Spieltechnik bei Konzert- und Flamenco-Gitarren erforderlich macht, dass der Spieler sitzt, besitzen Nylonsaiten-Gitarren fast nie Gurthalteknöpfe. Manche der modernen Gitarrenbauer fertigen den Tailblock zwecks besonderer Stabilität aus Schichtholz.

6.3.9 Halsblock

Der Halsblock, manchmal auch Kopfblock genannt, ist jenes große Stück Holz, in das der Hals eingepasst wird. Er besteht fast ausnahmslos aus Mahagoni. Bei Klassikgitarren in der spanischen Tradition bildet der Halsblock eine feste Einheit mit dem Hals, um die dann Zargen, Boden und Decke drumherum gebaut werden. Der Halsblock hat zwei Auswüchse: Der eine reicht bis unter das Griffbrett, der andere ragt 5 bis 8 cm weit auf den Boden hinaus. Aufgrund der Form dieses Fortsatzes wird dieser Halsblockstil von Gitarrenbauern seither als Spanischer Stiefel oder Spanischer Fuß bezeichnet. Bei den meisten Stahlsaiten-Gitarren und vielen der in Österreich, Deutschland, Frankreich und Italien gebauten Konzertgitarren wird der Halsblock getrennt vom Hals in den Korpus eingesetzt. In diesem Fall erhält der Halsblock einen Schlitz zur Aufnahme der Schwalbenschwanz-verleimung bzw. des Zapfens einer Zapfenverbindung. Bei Schraubhälsen bohrt man zwei Löcher durch den Halsblock.

6.3.10 Binding

Die an der Außenkante von Decke und Boden eingelegten Plastik- oder Holzstreifen nennt man Binding, wogegen die schmalen Streifen aus Holz, Marketerie oder Perlmutt, die zwischen Bindung und Decken- oder Boden-holz eingelegt sind, als Rand-einlagen bezeichnet werden. Bei einer Martin HD-28 zum Beispiel ist der weiße Kunst-stoffrand das Binding und der Herringbone-Streifen die Randeinlage. Binding ist mehr als bloßes Zierwerk, denn es bietet einen gewissen Aufprallschutz für die Kan-ten, die nicht so leicht split-tern, wenn man das Instru-ment mal versehentlich an-stößt. Das Binding verhin-dert außerdem, dass die Ma-serung an den Schnittkanten im Bereich von Hals- und Tailblock Feuchtigkeit auf-nimmt. Einige Martins mit Mahagonidecke haben über-haupt kein Binding. Manche preiswerten Gibson-Gitarren aus den 1930er Jahren besa-ßen nur ein Deckenbinding,

Abb. 6.19: Die Martin HD-28 besitzt das typische „Herringbone"-Binding

jedoch keines am Boden. Bei einigen ganz billigen Gitarren ist das Binding lediglich aufgemalt. Im 19. Jahrhundert erhielten manche teuren Gitarren ein Binding aus Elfenbein, das aufgrund seiner Stoßempfindlichkeit keinen guten Schutz bot. In den 1920er Jahren begannen Gitarrenbauer Zelluloid einzusetzen, das die gleiche Farbe und Maserung wie Elfenbein aufwies. Dieses Material nennt sich Ivoroid oder Französisches Elfenbein.

Abb. 6.20: Das Binding wird an den Korpus geklebt und dann mit Klebestreifen und Fäden fest in Position gehalten (hier in der Martin-Fabrik)

6.3.11 Mittelstreifen

Der Mittelstreifen besteht in aller Regel aus demselben Material wie die Randeinlagen der Gitarre und bildet die Nahtstelle zwischen den beiden Hälften des Bodens. Er ist rein dekorativer Natur. Stahlsaiten-Gitarren haben fast immer irgendeinen Mittelstreifen, ebenso viele Konzertgitarren. Archtops haben dagegen am Boden nie einen solchen Mittelstreifen.

# Klebstoffe und Lacke

7.1 Leim

Ob in einer Großfabrik oder in der Ein-Mann-Werkstatt eines Gitarren-bauers, das Zusammenfügen der Holzteile erfolgt stets in Handarbeit. Die leistungsfähigsten Produktionsstätten setzen heute computergesteuerte Maschinen zur Herstellung präzisionsgefertigter Teile ein und verfügen teilweise auch über spezielle Montageeinrichtungen, doch das Auftragen des Klebstoffs und das Zusammenfügen der Teile zum Verleimen bleibt Aufga-be geschickter, erfahrener Hände. Angesichts der verwirrenden Vielfalt an erhältlichen Klebern bieten sich für jeden Schritt bei der Gitarrenproduktion eine Fülle von Wahlmöglichkeiten an, vom ältesten bekannten Leim bis zum modernsten katalysierten Polymer. Ein Gitarrenbauer oder eine Fabrik werden diese Entscheidungen anhand von Kriterien wie Verarbeitbarkeit, Zuverlässigkeit, Einsatzbereich, Arbeitserfahrung, Kosten und Betriebssi-cherheit treffen.

7.1.1 Hautleim

Hautleim ist genau das, was der Name vermuten lässt: ein Proteinextrakt, der aus Tierhäuten gewonnen wird. Auch wenn der Markt zahlreiche Spezialleime aus Kaninchenhaut, Schwimmblasen vom Stör und anderen exotischen Quellen tierischer Herkunft bietet, stammen die für die Leim-fabrikation verwendeten Häute dennoch vorwiegend von Rindern und Schweinen. Durch eine Behandlung mit Dampf und Säure- oder Laugenbad wird das Protein Collagen in Form von Gelatine aus den Häuten herausge-löst. Tatsächlich besteht im Grunde kein Unterschied zwischen der „tech-nischen Gelatine", die man gemeinhin als „Hautleim" bezeichnet, und der Gelatine, die wir als Nahrungsmittel konsumieren.

Der Gebrauch von Hautleim ist schon seit der Antike bekannt, und bis ins 20. Jahrhundert war er der beste Klebstoff zum Verleimen von Holzprodukten. Bis heute ist traditioneller Hautleim eine der am billigsten herzustellenden Leimsorten und wird intensiv zur Herstellung von Papiererzeugnissen wie Wellpappekartonagen, Briefumschlägen oder Schmirgelpapier verwendet. Wenn Sie eine Briefmarke oder die Klappe eines Briefumschlags anlecken, nehmen Sie dadurch ein bisschen Hautleim zu sich. Sachgerecht als Holzkleber angewandt, kann Hautleim eine Zugfestigkeit von rund 700 kg pro Quadratzentimeter entwickeln, was in etwa der Festigkeit der stärksten Holzkleber unserer Tage entspricht.

In vergangenen Jahrhunderten pflegten Instrumentenbauer Hautleim aus dem einfachen Grund zu verwenden, weil er der beste verfügbare Klebstoff aus einer Liste mit nur sehr wenig Auswahlmöglichkeiten war, darunter Stärkepasten und Casein- oder Milchleime. Als Ausbildungspunkt in allgemeiner Holzbearbeitung wurden die Anwendungsmethoden für Hautleim selbstverständlich vorausgesetzt. Hautleim muss mit kaltem Wasser angerührt und anschließend erhitzt werden, damit er eine sämige Konsistenz erhält. Dabei muss man aufpassen, dass der Leim nicht zu lange überhitzt wird, sonst löst er sich auf und verliert einen Großteil seiner Kraft. Der Leim muss aufgetragen werden, solange er noch heiß (60 Grad Celsius) ist, und die Teile müssen mit Schraubzwingen fixiert werden, bevor der Leim abbindet und in einen gelförmigen Zustand übergeht. Um den Leim flüssig zu halten, solange die Teile zusammengefügt werden (und zum Anwärmen der Teile), wird üblicherweise in einem unerträglich überhitzten Raum gearbeitet.

Hautleim reagiert besonders sensibel auf verschmutzte und oxidierte Oberflächen der zu verleimenden Teile, weshalb man diese vor dem Verleimen tunlichst noch mal sandstrahlen oder blankschmirgeln sollte. Hautleim besitzt im Grunde keine Kohäsionsfestigkeit (die Fähigkeit, Hohlräume in der Holzkonstruktion aufzufüllen), daher müssen die Teile perfekt passen, um die bestmögliche Stabilität der Verbindung zu erzielen. Hautleim hat einen hohen Wassergehalt, was ein Anschwellen der Holzteile bewirken kann und folglich neben einer langen Trockenzeit sorgsame Berechnungen erfordert, damit sich hinterher nichts verzieht.

Heutzutage gilt Hautleim als einer der am schwersten beherrschbaren Klebstoffe im Holzbau, auch weil ein so reichhaltiges Angebot an leicht zu verarbeitenden synthetischen Produkten mit vielen wünschenswerten Eigenschaften zur Verfügung steht. Warum also bevorzugen doch noch einige moderne Gitarrenbauer diesen Leim? Hautleim hat tatsächlich eine Reihe von sehr wichtigen Merkmalen, die ihn zu einem idealen Instrumentenleim machen. Erstens trocknet er vollständig hart und starr aus. Im Unterschied zu aliphatischen Harzen oder PVA-Leim dehnt sich Hautleim fast überhaupt nicht, wodurch sich Teile verschieben können, vor allem in der Bullenhitze, die in einem in der glühenden Sonne geparkten Auto herrschen kann. Jeder noch so geringe Leim-„Fluss" kann bewirken, dass sich ein Gitarrenhals unter der Saitenspannung nach vorn biegt und dauerhaft verzieht. Hautleim ist dagegen äußerst hitzebeständig. Unter Hitzeeinwirkung wird sich in solch einer Umgabung eine Steg-, Hals- oder sonstige Verbindung als Folge eines Leimausfalls bei weitem nicht so leicht verformen. Epoxy- und reguläre Holzleime versagen alle in der Regel oberhalb von 70 Grad Celsius, während Hautleim auch weit darüber hinaus noch absolut formstabil bleibt. Im Gegensatz zu anderen Holzklebern trocknet und bindet Hautleim vollständig durch Verdunstung ab, weshalb man eine alte Hautleimverbindung wieder reaktivieren kann durch Hinzufügen von heißer Leimlösung, die den Originalleim auflöst. Lose Halsverbindungen zum Beispiel lassen sich durch Einspritzen von neuem Hautleim erfolgreich fixieren. Manche Instrumentenbauer sind der Ansicht, dass die Härte des getrockneten Leims mit zur Tonentfaltung zwischen den diversen Teilen einer Gitarre beiträgt.

Heute verwendet keiner der drei größten amerikanischen Hersteller (Martin, Taylor und Gibson) mehr Hautleim für irgendeinen Teil beim Zusammenbau ihrer Instrumente. Sogar die meisten kleineren Firmen wie Collings und Santa Cruz verwenden ausschließlich aliphatisches Harz. Von den modernen Instrumentenmachern greifen noch am häufigsten einzelne Gitarrenbauer, die edle Konzertgitarren oder Repliken von Vintage-Steelstring-Gitarren anfertigen, auf Hautleim zurück. Hautleim wird in Lateinamerika noch in großem Umfang verwendet, allerdings ist dies höchstwahrscheinlich eine Frage des Preises und der Verfügbarkeit.

7.1.2 Weißleim

Der Großteil der heutigen Gitarren wird industriell von großen und kleinen Betrieben produziert. Die Probleme bei der Arbeit mit Hautleim führten schließlich dazu, dass die meisten Fabriken auf moderne Holzleime umstiegen. C. F. Martin, Amerikas konservativste Gitarrenmanufaktur, vollzog um 1965 endlich den Wechsel, als die Fabrik in ein neues, größeres Gebäude umzog und dabei den aufgeheizten Leimraum abschaffte. Die Produktion von Gitarren stieg stetig und es wurde unpraktisch, den althergebrachten Hautleim weiter zu verwenden. In jener Zeit fiel die Entscheidung für den Einsatz von aliphatischem Harzleim, einem modernen Holzleim, der oft als

„gelber Schreinerleim" bezeichnet wird zur Unterscheidung von dem Leim auf Polyvinylazetatbasis (PVA), der allgemein als „Weißleim" bekannt ist.

Für etwas Verwirrung sorgt der Umstand, dass der an Kunden in Kleinmengen verkaufte aliphatische Harzleim in den gleichen Plastikflaschen abgepackt ist wie die PVA-Leime. Um Verwirrung auf den Ladenregalen vorzubeugen, wird ersterem meist ein gelber Farbton untergemengt. Und tatsächlich: Der in den Gitarrenfabriken verwendete aliphatische Harzleim ist von einer weiße Farbe, genau wie der PVA Konsumentenleim. Es ist nicht all zu wichtig, aber wenn eine Gitarrenbaufirma behauptet, man verwende Weißleim, dann kann dies beide Typen umfassen. In der nachfolgenden Diskussion wollen wir den Begriff „Weißleim" in derselben Art und Weise verwenden und meinen damit entweder PVA oder aliphatisches Harz, weil sie so viele Ähnlichkeiten aufweisen.

Weißleim ist aus produktionstechnischer Sicht der ideale Instrumentenleim. Er ist stark und sehr leicht zu verarbeiten. Er lässt sich leicht mit Wasser wegwischen und ist relativ ungiftig. Die Arbeiter brauchen keine Spezialausbildung für den Umgang und seine Verarbeitungstemperatur ist unkritisch. Weißleim hat dieselbe geringe Kohäsionsfestigkeit wie Hautleim, daher müssen auch hier die Teile gut zusammenpassen und mit Zwingen zusammengepresst werden, um allen überschüssigen Leim aus der Verbindung herauszuquetschen. Die Trocknungszeit ist kürzer als bei Hautleim, und die Klemmzwingen können früher abgenommen werden, was die Produktion natürlich beschleunigt. Die Holzteile nehmen weniger Wasser aus dem Leim auf, was bestimmte Herstellungsschritte etwas kalkulierbarer macht. Und Weißleim ist recht preisgünstig, der Kostenfaktor spielt also bei dieser Entscheidung keine Rolle.

Oftmals ist es notwendig, Leimverbindungen für diverse Reparaturarbeiten zu lösen, zum Beispiel wenn ein Hals neu eingesetzt, ein Steg wieder festgeleimt oder irgendwelche Holzteile restauriert werden müssen. Seltsamerweise steht Weißleim im Ruf, eine Verbindung zu schaffen, die viel schwieriger zu lösen ist als eine, die mit Hautleim hergestellt wurde. Die beiden Leimtypen bereiten zwar unterschiedliche Probleme, doch stellt bei Reparaturen keiner der beiden einen echten „Angstgegner" dar. So lässt sich etwa eine mit Weißleim hergestellte Halsverbindung in Schwalbenschwanzverleimung durch Dampfinjektion ebenso problemlos lösen wie eine solche mit Hautleim. Hautleim ist weniger wasserresistent, und Weißleim löst sich leichter unter Hitzeeinwirkung.

Unterm Strich ist Weißleim der führende Klebstoff in der Akustikgitarrenindustrie, und das schließt Fabriken jeder Größenordnung und einzelne Gitarrenbauer ein. Das ist eine logische Konsequenz seiner Verarbeitungsqualitäten und leuchtet auch ein, wenn man bedenkt, dass die Anwendung von Hautleim schon seit zwei Generationen nicht mehr im Lehrplan der Berufsschulen für angehende Schreiner enthalten ist.

7.1.3 Kleber auf Lösungsmittelbasis

Viele Akustikgitarren haben Teile aus Zelluloid oder Plastik wie etwa Pickguards und Bindings, die auf den Hals bzw. Korpus aufgeklebt sind. Als Klebstoff nimmt man für diese Zwecke üblicherweise eine bestimmte Kunststoffsorte, die in einem Lösungsmittel gelöst ist, das sich mit dem Kunststoffteil verträgt. Folglich ergibt in Azeton gelöstes Zelluloid einen ausgezeichneten Klebstoff, um Zelluloid auf Holz zu kleben. Mit diesem Kleber werden seit gut einhundert Jahren Zelluloid-Bindings auf den Hals- und Korpusrändern von Gitarren angebracht.

Ein Kleber auf Lösungsmittelbasis ist generell notwendig, um eine gute Haftung zwischen Kunststoff- und Holzteilen zu erzielen; Kunststoff dürfte mit Haut- oder Weißleim allein kaum halten. Wegen der giftigen und leichtflüchtigen Lösungsmittel empfiehlt sich ein vorsichtiger Umgang beim Hantieren mit diesen Klebstoffen. Außerdem können die Plastikteile unter der Einwirkung von Lösungsmitteln beträchtlich aufquellen. Bei zu üppigem Klebstoffeinsatz quillt das Kunststoff-Binding, bevor es im Verlauf des Finishing-Prozesses glatt geschliffen wird. Wenn dann die Lösungsmittel in den folgenden Wochen verdunsten, schrumpft das Binding in hässlicher Weise zusammen. Andererseits bewirkt zu wenig Klebstoff, dass die Wirkung des Lösungsmittels nicht für eine gute Haftung zwischen den Teilen ausreicht. Lösungsmittel pur kann auch ein guter Klebstoff sein, vor allem bei Kunststoff-Bindings, die zur Erzeugung dekorativer Schichten oder zum Verdecken der Nahtstellen „verschweißt" werden müssen.

7.1.4 Epoxy

Seit seiner Erfindung um 1939 hat Epoxidharz als Klebstoff in vielen Industriebereichen zunehmend an Bedeutung gewonnen und schließlich auch Eingang in die Produktion akustischer Gitarren gefunden. Es war der Vorläufer einer ganzen Generation moderner Klebstoffe, die auf der Basis chemischer Reaktionen statt Verdunstung aushärten. Epoxy ist eine Flüssigkeit aus zwei Komponenten, die beim Mischen eine sehr starke, solide Polymermasse bilden. Im Gegensatz zu Haut- und Weißleim gibt es hier kein Lösungsmittel, das verdunsten oder vom Holz aufgenommen werden könnte. Das Harz härtet ohne Schrumpfung aus und ist daher der ideale Kleber zum Schließen von Lücken. Tatsächlich ist das Polymer so stark, dass es nicht unbedingt notwendig ist, die zu verklebenden Teile mit Zwingen zu fixieren. Die Teile brauchen sich auch nicht direkt zu berühren, weil das ausgehärtete Harz mindestens so stabil ist wie das umliegende Holz. Epoxy eignet sich optimal zum Verkleben ungleicher Materialien wie etwa bei den Verstärkungsfasern aus Stahl und Kevlar, die Gitarrenhälsen die nötige Steifheit verleihen. Es ist auch ein gutes Füllmaterial für Einlegearbeiten und wird manchmal auch als Holzfüller für offenporige Oberflächen beim abschließenden Feinschliff verwendet. Manche Hersteller bevorzugen Epoxy, weil es kein Wasser enthält und sich somit die Teile nicht infolge von Wasseraufnahme beim Verarbeiten verformen.

Epoxy ist teuer, schwierig in der Handhabung, und Reste lassen sich nur mit Lösungsmitteln wieder entfernen, die zumindest schwachgiftig sind. Das ausgehärtete Harz ist gegenüber allen handelsüblichen Lösungsmitteln resistent, weshalb manche Epoxyverbindungen praktisch als untrennbar gelten. Die Ausbesserung schadhafter Epoxyverbindungen ist wegen der schwachen Adhäsion zwischen neuem und altem Kleber unter Umständen problematisch.

7.1.5 Superkleber

Cyanocrylat, im Volksmund auch „Superkleber" genannt, gibt es fast schon so lange wie Epoxy, allerdings kam es offiziell erst 1958 auf den Markt und war erst sehr viel später allgemein erhältlich. Wie Epoxy härtet es durch eine chemische Reaktion aus und erstarrt zu einer festen Masse mit enormer Kohäsionsfestigkeit. Es ist als Flüssigkeit mit sehr hoher Fließfähigkeit erhältlich, so dass man es zum Versiegeln winziger Risse in tropischen Harthölzern wie Rio-Palisander und Ebenholz nehmen kann. Allein diese Eigenschaft macht Cyanocrylat zu einem wichtigen Element der Gitarrenindustrie, denn es hilft unzählige Stücke seltener Hölzer zu retten, die ansonsten aus kosmetischen Gründen im Müll gelandet wären.

Cyanocrylat ist berühmt für seine Fähigkeit, schnell auszuhärten. Wir alle haben schon die Geschichten von Leuten gehört, die bei der Arbeit an ihrem eigenen Kleber festgepappt sind! Seine Verarbeitungsgeschwindigkeit macht Cyanocrylat zu einer unübertrefflichen Wahl, wo Produktionstempo ein wichtiger Faktor ist. Es haftet auf allen möglichen Materialien einschließlich einer Vielzahl Kunststoffe, wodurch es sich auch zum Verkleben von

Bindings und Randeinlagen empfiehlt. Es wird hart und starr und gibt daher einen guten Kleber für die Bünde ab. Während kein Klebstoff richtig auf Metall haftet, läuft das Cyanocrylat in die Bundschlitze und verbindet sich mit dem Holz des Griffbretts, wo es kleine Lücken schließt und die Bundstäbchen mechanisch fixieren hilft. In manchen Fabriken, die hohe Stückzahlen produzieren, werden sogar die Stege von Akustikgitarren mit einem zähflüssigeren Cyanocrylat direkt auf die fertige Decke geklebt.

Azeton ist ein verbreitetes Lösungsmittel zum abschließenden Putzen, es dient aber auch zum Anlösen von ausgehärtetem Cyanocrylat.

7.1.6 Schlussbemerkung

Eine große Gitarrenfabrik in Asien verwendet für den gesamten Fertigungsprozess ihrer Gitarren Weißleim – mit drei Ausnahmen. Plastik-Bindings werden mit Kunststoff-Lösungsmittelkleber aufgeklebt. Die schwalbenschwanzverleimte Halsverbindung wird mit Epoxy realisiert, weil es dann nicht notwendig ist, die Verbindung perfekt zu machen oder sie solange zu unterkeilen, bis sie fest sitzt. Das Epoxidharz dringt einfach in alle Lücken und sorgt für einen bombensicheren Halt. Hautleim ist schließlich die beste Wahl für das Griffbrett, damit der Hals starr und gerade bleibt, auch wenn die Gitarre beim Stimmen zu großer Hitze ausgesetzt wird. Dies sind gute Beispiele dafür, wie man für jeden Einsatzzweck eine logische Wahl trifft.

Ein Hersteller von teuren Edelgitarren würde vermutlich keine Epoxy-Halsverbindung wählen, für den Fall, dass doch einmal der Hals ausgebaut und neu eingesetzt werden muss. Hier würde sich eher eine teurere, passgenaue Schwalbenschwanzverleimung oder eine Schraubverbindung für den Hals anbieten.

7.2 Lackierungen

Fast jeder Gitarrenbauer wird Ihnen erzählen, dass der schwierigste und frustrierendste Teil beim Gitarrenbau das Finish ist. Die Lackierung ist das Erste, was ein Musiker oder potenzieller Käufer von dem Instrument „hautnah" erlebt, und es kann sich nachhaltig auf die Begehrlichkeit einer Gitarre auswirken. Was schon ein bisschen ironisch ist, weil die meisten Spieler glauben, das Finish sei nicht so wichtig wie der Klang oder die Bespielbarkeit.

Einst wurden Gitarren mit Materialien und Methoden lackiert, wie sie in anderen Holz verarbeitenden Branchen üblich waren, wie etwa dem Möbelbau. Zu Stradivaris Zeit war es gängige Praxis unter den Geigenbauern, dass jeder seine eigenen Lacke entwickelte und herstellte, und dies galt auch für die Möbeltischler. Da moderne Lackierungen ein Standardelement im Schreinerhandwerk geworden sind, wurden sie zunächst von großen Gitarrenfabriken und später auch von einzelnen Gitarrenbauern übernommen.

7.2.1 Schellackpolitur

Im 19. Jahrhundert wurden Gitarren gewöhnlich mit Schellack lackiert, und zwar mittels eines Verfahrens, das man anderswo auch unter der Bezeichnung „französisch polieren" kennt. Schellack ist der älteste bekannte Klarlack für Holz und stammt noch aus der Zeit der ägyptischen Pharaonen. Er ist ein Harz, das von einem kleinen Insekt namens *Laccifera lacca* abgesondert wird. In Indien und Thailand befallen diese Lackschildläuse bestimmte einheimische Bäume und bilden schließlich gewaltige Sekretmassen, die ganze Äste umhüllen. Das Harz wird von Hand geerntet, indem man es von den Ästen herunterkratzt. Nach der anschließenden Reinigung und/oder Bleichung wird das Schellackharz verpackt und in Form von Blättchen verkauft, deren Farbspektrum von einem dunklen Orangebraun bis nahezu farblos reicht. Schellackharz ist nur in Alkohol schwachlöslich.

Abb. 7.1: Der älteste Klarlack für Holz: Schellackharz ist in Blättchen erhältlich

Vollständig in Alkohol gelöst, kennt man Schellack auch unter der Bezeichnung Spiritus- oder Schellackfirnis. Andere weichere und elastischere Naturgummis und -harze wie Kopal oder Sandarac können noch hinzugefügt werden, um dem Schellack etwas mehr Elastizität oder Festigkeit zu geben.

Schellackharz hat eine interessante Eigenschaft mit Hautleim gemein: Es ist ebenfalls ein aus dem Gitarrenbau stammendes Erzeugnis, das wir alle schon gegessen haben. Schellack ist jener glänzende Überzug auf vielen Tabletten, Bonbons und anderen Lebensmitteln.

Schellackpolitur ist ein altes Verfahren, bei dem der Schellack mittels Handreiben aufgetragen wird. Diese Methode macht sich den Umstand zunutze, dass Schellack in Alkohol nur schwachlöslich ist. Der Lackierer nimmt hierzu einen dicken Lappen und trägt damit eine Schicht einer verdünnten Schellacklösung auf. Sofort beginnt der Alkohol zu verdunsten und hinterlässt eine hauchfeine Schicht Schellack auf der Oberfläche. Nach wenigen Sekunden folgt die zweite Schicht, danach wird wieder gewischt, und so baut der Lackierer langsam einen klebrigen Film auf. Wenn dieser Film klebrig wird, sorgen ein bis zwei Tropfen Schmieröl (z. B. Leinöl) für eine Barriere zwischen der frischen und der bereits angetrockneten Schellackschicht auf dem Holz. Nach mehreren hundert Durchgängen mit dem Wischlappen ist die Lackschicht respektabel angewachsen.

Die Schellackpolitur erfolgt in Sitzungen, zwischen denen immer wieder Trocknungstage liegen, bis das gewünschte Finish erreicht ist. Auf Hochglanz gebracht wird es schließlich durch Abreiben mit reinem Alkohol, wobei noch ein wenig Öl auf den Wischlappen geträufelt wird. Bei diesem letzten Arbeitsschritt werden winzige Streifen herauspoliert und Unebenheiten geglättet, wodurch eine glatte, zart schimmernde Oberfläche entsteht. Dies ist eine weitere klassische Holzbearbeitungsmethode, die viel Anleitung und Übung erfordert, bis man sie richtig beherrscht. Heute sehen viele Holzenthusiasten in der Schellackpolitur eine „untergegangene Kunst", obwohl sie bis heute in jenen Ländern die vorrangige Lackiertechnik für Gitarren darstellt, wo Lösungsmittel, Lacke und Lackiereinrichtungen Mangelware sind.

Vor dem 20. Jahrhundert galt die Schellackpolitur als die feinste aller Lackiervarianten. Es ist wichtig, diese Aussage in ihrem historischen Kontext zu sehen. Sie war in der Tat das glatteste und glänzendste Holzfinish, weil man bei anderen Methoden nicht so sorgfältig rieb und wischte, was beides charakteristische Spuren hinterlässt. Dank der heutigen Lackiereinrichtungen, Synthetiklacke und Schwabbelmaschinen lassen sich mühelos Lackierungen erzielen, die ein handpoliertes Schellackfinish an Glanz und Klarheit übertreffen. Viele Gitarrenbauer glauben, je dünner der Lack ist, desto weniger wirkt er sich nachteilig auf den Klang aus. Die Schellack-politur erlaubt es dem Lackierer, ein Hochglanzfinish zu erzeugen, das nur einen Bruchteil der Dicke einer modernen Lackierung aufweist. Ein Schellackfinish verträgt Kälte besser und Wärme schlechter als Nitrozellu-lose- oder Polyesterlackierungen. Schon die Körperwärme des Musikers kann ausreichen, dass der Lack einer schellackpolierten Gitarre an der Rückseite aufweicht, und in der Hitze eines im Hochsommer geparkten Autos kann der Lack sogar Blasen werfen.

Dennoch verkörpert Schellack das richtige Romantikflair. Er spricht unsere nostalgischen Sehnsüchte an und hat einen ganz eigenen sanften Schimmer. Vielleicht, weil die Schellackpolitur in einer so dünnen Schicht aufgetragen wird, ist sie in den Augen mancher Hersteller und Spieler wichtig für den guten Ton einer Gitarre, vor allem bei den Decken von Konzertgitarren. Etwas, das solche positiven Eigenschaften in Verbindung mit seiner Anwen-dung besitzt, ist in unserer heutigen Welt eindeutig etwas Besonderes!

Schellack-Finish kann mit derselben Methode repariert werden, wie bei seiner Herstellung. Es ist durchaus ratsam, gelegentlich etwas neuen Lack aufzutragen, sobald die oberste Schicht Abnutzungsspuren oder Schram-men zeigt. Leider ist dies von allen Lacken derjenige, der sich mit Abstand am leichtesten abnutzt oder Macken bekommt, und die Reparaturen können gehörig ins Geld gehen. Theoretisch könnte man Schellack zwar auch aufsprühen, jedoch ist dies in der Praxis nicht sinnvoll. Denn Schellack verteilt sich nicht einfach gleichmäßig wie Farben und Lacke, sondern neigt vielmehr dazu, sich zu „sammeln" und zu verlaufen, was mehr Probleme aufwirft als die Politur von Hand. Als Holzfinish besitzt Schellackharz eine extreme Beständigkeit, da sich seine Eigenschaften mit zunehmendem Alter nicht merklich verschlechtern.

7.2.2 Nitrozelluloselacke

Nitrozellulose, das erste rein synthetische Finish, besteht aus einem trans-parenten Kunststoffharz, das in verschiedenen Petroleumdestillaten gelöst ist. Es wurde von DuPont ursprünglich als Autolack entwickelt und rasch von der holzverarbeitenden Industrie übernommen. Um 1930 hatte Nitrozelluloselack das Schellackfinish in Amerikas Fabrikationsstätten für Stahlsaiten-Gitarren weitgehend verdrängt. Wie Schellack trocknet auch Nitrozellulose gänzlich durch Verdunstung und hinterlässt einen Film-rückstand. Da sie gewöhnlich durch Sprühen aufgetragen wird, ist der Lackfilm meist glatt und einheitlich und erreicht problemlos die benötigte

Schichtdicke. Nach dem Trocknen kann der Lack angeschliffen, poliert und mit Elektromaschinen geschwabbelt werden, um eine perfekt glatte Oberfläche mit strahlendem Glanz zu erhalten.

Im Vergleich zur Schellackpolitur erfordert Lackieren weit weniger Ausbildung und Geschick, zudem bringt es eine enorme Zeitersparnis, vor allem in der industriellen Fertigung. Lack kann man alle möglichen transparenten Farbstoffe, undurchsichtige Pigmente und sogar Metallic-Flitter beigeben, wodurch sich größte Vielfalt an Farb- und Stilnuancen aller Holzlacke eröffnet. Durch Zusatz chemischer Additive trocknet der Lack entweder hochglänzend, matt oder in jeder beliebigen seidenmatten Stufe dazwischen.

Abb. 7.2: Die Beigabe von chemischen Additiven bewirkt, dass der Lack seidenmatt bis hin zu hochglänzend trocknet

Meistens verwendet man bei Instrumenten der unteren Preisklassen aus Zeit- und Kostengründen eine schwach glänzende Lackierung, weil hierbei die arbeitsintensiven Schritte des Egalisierens und Polierens wegfallen. Ein halbmattes Finish wird oft als eine Frage des persönlichen Geschmacks bevorzugt oder um Reflexionen vorzubeugen, wenn ein Instrument im grellen Scheinwerferlicht auf der Bühne gespielt wird.

Wenn der Lack zu dick aufgetragen wird oder die Formel nicht stimmt, bilden sich schon sehr bald lange Risse oder Sprünge, sobald der Überzug mit dem Alter zu schrumpfen beginnt.

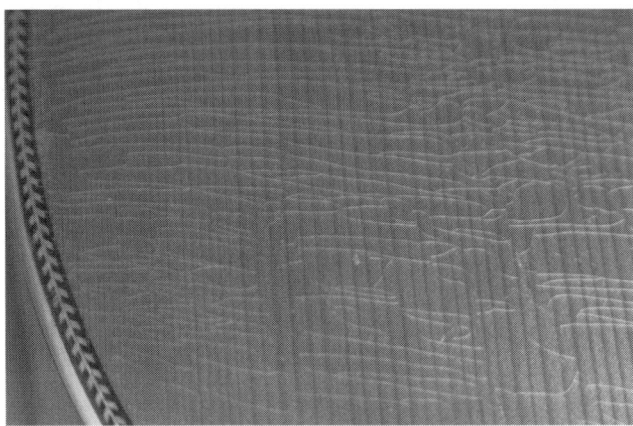

Abb. 7.3: Fehlerhafter oder falsch aufgetragener Lack führt schon bald zu Rissen und Sprüngen (hier am Beispiel einer Martin HD-28)

Auch infolge plötzlicher Kälteeinwirkung können sich Sprünge bilden, ebenso wenn das Instrument für längere Zeit dem Sonnenlicht ausgesetzt ist. Je dünner das Finish, um so geringer ist das Risiko, dass es bei Temperaturänderungen rissig wird. Alte Lackierungen verlieren ihre Resistenz gegen Wasser und Abrieb. Wenn der Lack altert, verliert er seine flüchtigen Bestandteile – er wird brüchig und zerfällt vermutlich irgendwann ganz. Wie bei Klebstoffen und den Plastikteilen, die teilweise als Ersatz für Holz, Elfenbein oder Knochenteile dienen, sind auch Synthetiklacke nicht so langzeitstabil wie ihre natürlichen Vorläufer, beispielsweise Schellack.

Da Nitrozelluloselack ein Verdunstungsfinish ist, kann es immer wieder in seinem ursprünglichen Lösungsmittel gelöst werden. So kann man jederzeit eine neue Lackschicht auftragen, die dann direkt mit dem Originallack verschmilzt und sich nahtlos mit diesem verbindet. Bei einem hochglänzenden Nitrozellulosefinish kann ein Gitarrenbauer mit genügender Sorgfalt fast perfekte Auffrischungen und Lackmischungen realisieren. Dagegen gestaltet sich das Auffrischen einer seidenmatten oder matten Lackierung sehr viel schwieriger, weil es nahezu unmöglich ist, die einheitlich abgestumpfte Oberfläche wiederherzustellen. In solchen Fällen ist es dann meistens notwendig, die Oberfläche mit einer neuen Schicht Mattlack zu überziehen, um ein ungleichmäßiges oder fleckiges Aussehen zu vermeiden.

Nitrozelluloselack verträgt Körperwärme und Kratzer besser und ist generell abriebfester als Schellack. Er reagiert allerdings auf zahlreiche chemische Einflüsse, unter anderem Schweiß, der je nach der persönlichen

Disposition des Spielers den Lackfilm bis zu dem Punkt aufweichen kann, wo er klebrig wird. Bei einer Akustikgitarre betrifft dies im Allgemeinen den Hals und die Zone, wo der Spielarm die Frontseite der Gitarre überragt. Die einzig sinnvolle Abhilfe für dieses Problem ist ein Neulackieren des Halses oder anderer Stellen mit einem anderen Lack, in der Regel einer moderneren, trägeren Oberflächenversiegelung. Andere Substanzen wie die Gummi- oder Vinylpolster von Gitarrenständern oder Gitarrengurte aus Vinyl können denselben Effekt haben und bewirken, dass sich im Lack weiche Stellen oder gar Blasen bilden.

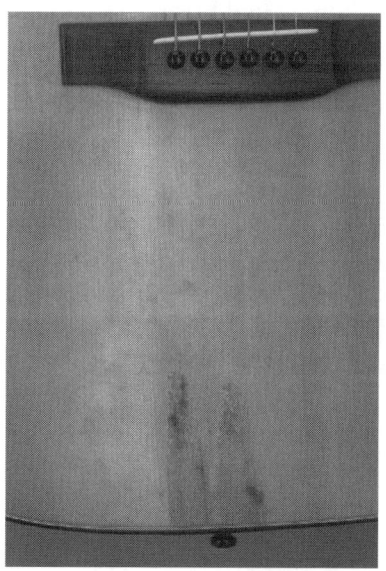

Abb. 7.4: Nitrozelluloselack reagiert auf chemische Einflüsse. Bei Beschädigungen jeglicher Art hilft nur neues Lackieren

Schäden durch Vinyl erfordern im Allgemeinen nicht das Refinishen kompletter Flächen, weil im Unterschied zum Musiker das Vinyl am Kontakt mit dem Instrument gehindert werden kann. In der Regel genügt es, den beschädigten Lack durch behutsamen Einsatz von Lösungsmittel zu entfernen und die betreffende Stelle durch Auftragen von neuem Lack aufzufrischen und dabei an die umgebende Fläche anzugleichen.

7.2.3 Katalysierte Polymerlacke

Heute erhalten die meisten industriell hergestellten Gitarren ein Finish aus irgendeinem der vielen katalysierten Polymere, die der Markt zu bieten hat. Manche dieser Lacke funktionieren wie Epoxy, mit einer Zwei-Komponenten-Mixtur, die bei der Reaktion einen relativ trägen Polymerüberzug auf dem Holz bilden. Dieser Lacktyp ist zwar sehr effektiv, macht aber Probleme in der Handhabung. So muss man zum Beispiel gut aufpassen, dass er keine Sprühapparaturen verstopft. Neue, praktischere Lackierungen wurden entwickelt, die aus einer Flüssigkeit bestehen, die sofort nach dem Aufsprühen auf das Holz katalysiert. Bei manchen geschieht das wie bei den Cyanocrylatklebern durch Luftfeuchtigkeit. Nach dem Auftrag des Sprühnebels beginnt die Reaktion, und schon nach relativ kurzer Zeit ist der Lack komplett durchgehärtet. Da Feuchtigkeit praktisch überall in der Atmosphäre vorkommt, ist es schwierig, diese Lacke nach Anbruch des Gebindes frisch und verwendungsfähig zu halten.

Derzeit benutzt der beliebteste, praktischste und effektivste katalysierende Lack ein ganz spezifisches, energiereiches UV-Licht als Agens der Polymerisation und somit der Aushärtung. Der Lack bleibt solange flüssig, bis er diesem speziellen Licht ausgesetzt wird. Er lässt sich daher problemlos frisch und verwendungsfähig halten. Unter Lichteinfluss härtet er in weniger als einer Minute vollständig aus, weshalb er sich optimal für die industrielle Großserienproduktion eignet. Er gehört jedoch zu den giftigeren Lacksorten, daher sind eine leistungsstarke Entlüftung und besondere Sorgfalt im Umgang erforderlich. Außerdem ist das hochenergetische Licht gefährlich, weshalb sich die Arbeiter gegen die Strahlung schützen müssen. Es ist verständlich, dass die Lackierer beim Hantieren mit diesem Lack Schutzanzüge und Masken tragen müssen.

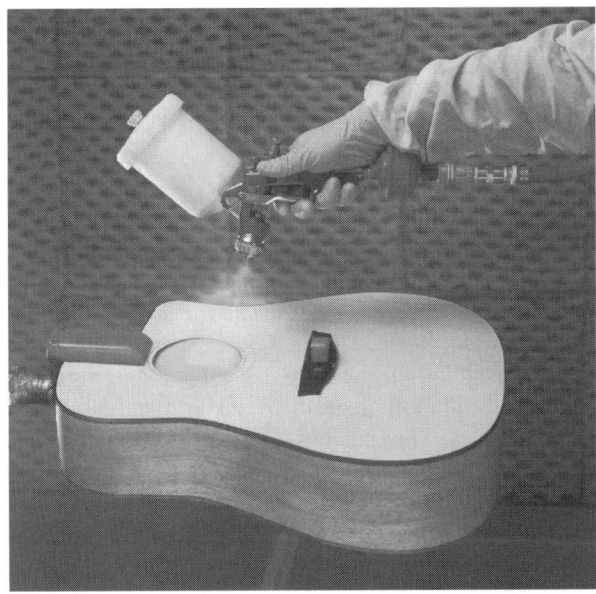

Abb. 7.5: Auch bei dem modern ausgerichteten Hersteller Garrison wird die Lackierung von Hand aufgetragen

Die katalysierten Lacke besitzen als Überzug für Akustikgitarren sehr wünschenswerte Qualitäten. Sie sind völlig transparent und lassen sich auf makellosen Hochglanz polieren, man kann ihnen aber auch stumpf machende Substanzen beimischen, um beim Aushärten jeden gewünschten Grad von seidenmatt bis stumpf zu erzielen. Katalysierte Lacke harmonieren auch mit einer Vielzahl von Pigmenten und Farbstoffen, wodurch man ihnen beinahe jede gewünschte Transparenz bzw. Farbnuance geben kann. Richtig angewandt, lässt sich der Lack in der gleichen Schichtdicke wie herkömmlicher Nitrozelluloselack auftragen und kann auch genauso aussehen. Es gibt keine eindeutigen Beweise, die darauf schließen lassen, dass dieser Lack bei korrekter Anwendung dem Klang abträglich ist.

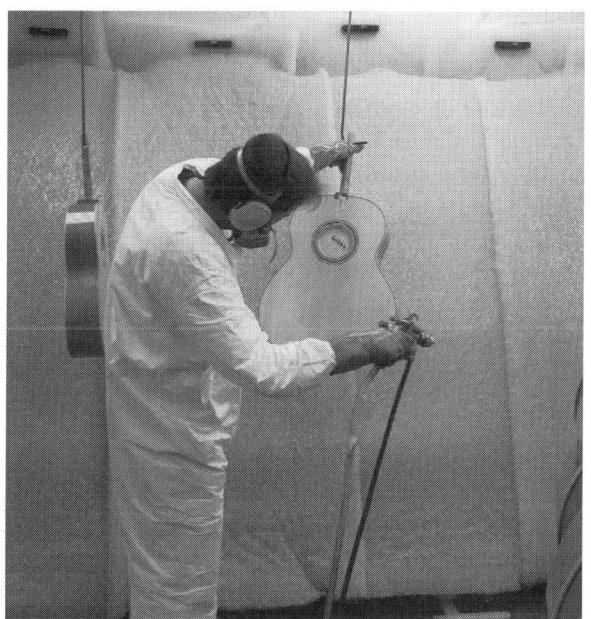

Abb. 7.6: Lackieren in der Larrivée-Werkstatt

Preiswerte Gitarren haben üblicherweise sehr dicke katalysierte Lackierungen, die Mängel in der Holzverarbeitung vertuschen sollen und problemlos mit Schleif- und Schwabbelmaschinen bearbeitet werden können. Aus diesem Grund haben die katalysierten Lacke eine Allianz mit billigeren, nicht so wertig verarbeiteten Instrumenten entwickelt. Manche Musiker nehmen irrtümlich an, es sei der Lack, der diese Instrumente im Vergleich zu denen mit Nitrozelluloselack minderwertig mache. Im Highend-Sektor benötigte daher die Akustikgitarrenindustrie eine Weile, um die Vorbehalte gegenüber Polymerlacken abzubauen. Inzwischen aber beginnen so langsam auch die konservativsten Hersteller diesen Lacktyp zu akzeptieren und einzusetzen.

Katalysierte Polymerlackierungen besitzen alle wünschenswerten Eigenschaften, wie man sie beim Finish für eine Akustikgitarre benötigt. Sie sind überaus kratzfest und unempfindlich gegenüber chemischen Substanzen wie Schweiß, Vinyl oder Gummi. Sie sind schnell und kostengünstig in der Anwendung und zeigen eine weitaus geringere Splitterneigung bei gefährlichen Temperaturwechseln. Obwohl ihre endgültige Haltbarkeitsdauer nicht bekannt ist, dürfte eine katalysierte Polymerlackierung Nitrozelluloselack wohl bei weitem überleben.

Die einzige nachteilige Eigenschaft ist die schlechte Reparierfähigkeit. Das Auffrischen von katalysierten Lackierungen ist problematisch, weil es hier keine Lösungsmittel gibt, um die Oberfläche anzulösen, damit das neue Material mit dem Originalfinish verschmelzen kann. Das gebräuchlichste Mittel zum Ausbessern solcher Lackierungen ist Cyanocrylatklebstoff, der zu einer transparenten, festen Masse aushärtet, deren Festigkeit annähernd der des Polyesterlacks entspricht. Er haftet gut auf der Oberfläche, doch da er sich mit dieser nicht wirklich verbindet, bleibt immer eine verräterische Linie zwischen dem ursprünglichen Finish und der Reparatur sichtbar. Für einen „nahtlosen" Look, bei dem keine Trennlinie mehr zwischen altem und neuem Lack zu sehen ist, muss man eine komplette Fläche wie den Boden oder eine Zarge der Gitarre neu lackieren. Doch im Unterschied zu Lack und Schellack brauchen solche Ausbesserungsarbeiten nicht so oft vorgenommen zu werden. Wie bei vielen anderen technischen Fortschritten, so sind auch hier die Kosten für katalysierte Lackierungen und die Spezialausrüstung für die UV-Bestrahlung mittlerweile auch für den einzelnen Gitarrenbauer in erschwinglichere Preisregionen gerückt. Von Jahr zu Jahr sehen wir daher mehr von diesen modernen Lackierungen.

7.2.4 Buntlacke

Es ist unmöglich, an bunte Gitarrenlackierungen zu denken, ohne dass einem dabei die von Gibson hergestellten Instrumente in den Sinn kommen. Angefangen bei den Gitarren mit ihrer schwarzen Decke aus dem Gründungsjahr der Firma (1902), hat Gibson den Weg mit leuchtend bunten Instrumenten vorgezeichnet. Vor Gibsons Einflussnahme folgte man bei Gitarren der Geigenbauertradition, den Lack mittels natürlicher, transparenter Farbstoffe zu kolorieren. Und die Gitarrenfabriken setzten damals die Farben und Lackiertechniken ein, wie sie im Möbelhandwerk üblich waren, etwa einen rötlich-braunen Farbton auf Mahagoni oder eine Bemalung mit „Faux grain", einer Pseudomaserung, um billige, schlichte Hölzer aufzuwerten.

Vor dem Ersten Weltkrieg hatte Gibson Instrumente mit schwarz oder weiß bemalten Decken produziert und außerdem das erste farbige Finish entwickelt, das ihr Markenzeichen werden sollte und einen Standard für die Akustikgitarrenindustrie setzte. Es war eine mehrfarbig abgestufte Lackierung, die von einem hellgelben Fleck in der Deckenmitte in ein tiefes Dunkelrot an den Rändern überging. Die Zargen des Instruments waren ähnlich gefärbt, mit gelben Hervorhebungen an den oberen und unteren Schultern, die in ein dunkles Rot an der Taille, im Halsbereich und am Tailblock übergingen.

Die Anregung zu dieser Farbkomposition könnten durchaus Abnutzungsspuren bei alten Geigen geliefert haben, wo infolge jahrelangen Gebrauchs das Finish an verschiedenen Stellen dünn wird und so ein charakteristisches Muster aus hellen und dunklen Partien entsteht. Jahrhundertelang war es gängige Praxis gewesen, Nachbauten der großen italienischen Meistergeigen anzufertigen, sogar bis zu dem Punkt, wo man die Färbung von abgewetzten Lackierungen kopierte.

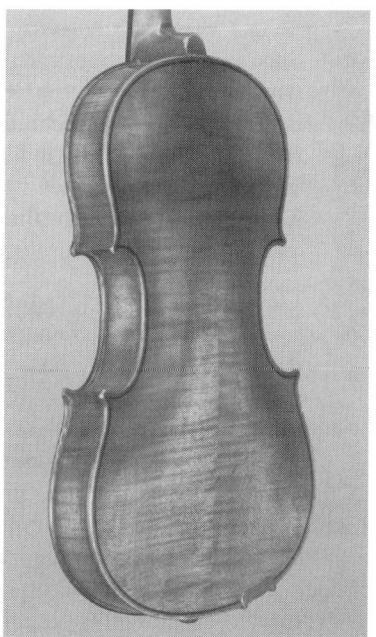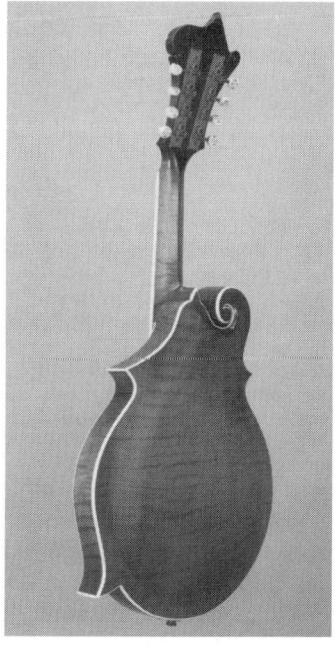

Abb. 7.7: Die Inspiration für Farblackierungen könnten alte Geigen und ihre Muster aus hellen und dunklen Bereichen geliefert haben (links). Gibson setzte ein Mehrfarbenfinish erstmals bei einer Mandoline ein

Gibsons erstes Mehrfarbenfinish wurde auf einer Mandoline angewandt (Abbildung 7.7) und erinnerte eher an den Stil jener Geigenlackierungen. Erst einige Jahre später erhielt die Färbung viel lebendigere Töne und ein symmetrisches Muster. Das „Sunburst"-Finish war geboren!

Abb. 7.8: Eine Färbung mit lebhaften Tönungen und symmetrischen Mustern führte zur Entwicklung des Sunburst-Finish

Die Sunburst-Lackierungen bestanden aus farbigen Flekken, die direkt auf das Holz gerieben wurden, worauf ein von Hand aufgetragener Klarlack oder eine Schellackpolitur folgten. Schon bald wich das Rot einem dunklen Nussbraun, und nachdem sich Nitrozelluloselack als der Standardsprühlack etablierte, wurde das Färben von Reib- auf Sprühtechnik umgestellt. So wurden für das Sunburstfinish mehrere farbige Lackschichten übereinander gelegt und abschließend das gesamte Instrument noch in herkömmlicher Weise mit Klarlack versiegelt.

Um 1930 war das Sunburstfinish zu einem solchen Standard aufgestiegen, dass die meisten Gitarrenfirmen solche bunten Gitarren als Serienmodelle anboten oder sie zumindest auf Bestellung lieferten. Als die Solidbody-Elektrogitarren zu einer dominierenden Kraft in der Gitarrenindustrie wurden, folgte eine ganz neue Farbrevolution. Les Paul hatte Gibson gebeten, ihm ein Instrument mit einer in Goldmetallic lackierten Decke zu bauen. Fender bot Gitarrenkorpusse in verschiedenen Autolackfarben an. In den folgenden Jahrzehnten gab es immer wieder mal kurze Phasen, in denen bunte Gitarren einschließlich spezieller Gedenkmodelle beliebt waren.

 # Korpus-Hardware

8.1 Pickguard (Schlagbrett)

Aufgrund ihres ursprünglichen Schicksals, nur als reine Rhythmusinstrumente mit einem Plektrum gespielt zu werden, besitzt die Mehrzahl aller Stahl-saiten-Gitarren irgendeine Art von Schlagbrett. Da es verhindert, dass die Decke eines Instruments von einem Pick, dessen Anschlag nicht das beab-sichtigte Ziel trifft, verkratzt oder gar durchgescheuert wird, kommt dem Schlagbrett eine wichtige Funktion zu.

Obwohl man auch bei sehr frühen Gitarren eine gewisse Form des Decken-schutzes finden kann, gelangten Pickguards, so wie wir sie heute kennen, erst im 18. Jahrhundert bei italienischen Mandolinen zu einem verbreiteten Einsatz. Diese ausschließlich mit einem Plektrum gespielten Instrumente wurden viel kräftiger rangenommen als die seinerzeit noch zärtlich gezupf-ten Gitarren. Die oft aus Schildpatt gefertigten Schlagbretter, die meist die gesamte Fläche zwischen Schallloch und Steg bedeckten und mit Blüten und Schmetterlingen verziert waren, glichen für den Hersteller einer weißen Leinwand, auf der er seine persönliche Note hinterlassen konnte, und dienten zugleich einem praktischen Zweck. Während sie zu jener Zeit bei europäischen Gitarren noch eher die Ausnahme waren, begannen amerika-nische Gitarrenbauer im 19. Jahrhundert ähnliche Pickguards serienmäßig auf ihren Instrumenten anzubringen. Da man bei der bevorzugten Spielwei-se jener Tage den kleinen Finger der Zupfhand auf die Decke aufsetzte, nannte man sie auch „Fingerstützen".

Mit dem Aufkommen von Stahlsaiten und den darauffolgenden Verände-rungen im Gitarrenbau sowie bei den Spieltechniken bedeckte das Schlag-brett allmählich eine größere Fläche unterhalb des Schalllochs – also weg von den Stellen, wo es nicht wirklich gebraucht wurde wie etwa unter den

Saiten. Als serienmäßiges Ausstattungsmerkmal setzte Martin ein modernes Schlagbrett erstmals bei ihrem Orchestra Model (OM-Modell) ein, das – wie der Name schon andeutet – ursprünglich als Rhythmusinstrument in großen Ensembles gedacht war.

Neben der Schutzfunktion für das Instrument bietet das Schlagbrett dem Hersteller auch Gelegenheit zur Verwirklichung einer persönlichen Stilnote. So wie die Form einer Kopfplatte besitzt ein solches Pickguard häufig ein ganz typisches Aussehen, an dem man einen Hersteller oder ein bestimmtes Modell erkennt. Als gute Beispiele hierfür mögen Taylors markengeschütztes Design dienen, aber auch die kleine Tränenform, die eine Martin OM kennzeichnet oder das kunstvoll verzierte Schlagbrett einer Gibson Hummingbird.

Abb. 8.1: Auch Schlagbretter bieten die Gelegenheit, eine persönliche Note abzuliefern. Ein besonders stilvolles Schlagbrett ist auf dieser Mandoline aus dem späten 19. Jahrhundert zu bewundern

8.1.1 Pickguards auf Flattops

Die meisten Flattop-Gitarren haben ein Schlagbrett, das direkt auf die Decke des Instruments aufgeklebt ist. Während diese ursprünglich aus Zelluloid bestanden, werden sie heute meist aus Kunststoff hergestellt. Aufgrund der Tatsache, dass Zelluloid mit der Zeit leicht brüchig und wellig wird, ist Plastik hier wirklich die bessere Wahl.

Bei vielen Vintage-Gitarren – vor allem Martins, die vor 1985 gebaut wurden – wurde das Schlagbrett noch vor dem Lackieren direkt auf das blanke Deckenholz geklebt. Leider bringt diese Methode mit zunehmendem Alter der Instrumente oft Probleme mit sich. Am gravierendsten ist hierbei, dass das Holz rings um den Schlagbrettrand zur Bildung von Rissen neigt, weil sich die Teile unter wechselnden Klimabedingungen unterschiedlich ausdehnen. Da die älteren Zelluloid-Pickguards mit dem Erreichen eines bestimmten Alters häufig schrumpfen, wird rings um den Rand herum oftmals ein schmaler Ring nackten Holzes sichtbar, was eine teilweise Neulackierung des Instruments erforderlich macht. Einige Gitarrenfirmen, die exakte Kopien von Vorkriegs-Martins bauen, befestigen ihre Pickguards immer noch auf diese Weise, obwohl sie keine klanglichen Vorteile bietet und langfristig so gut wie sicher Reparaturen notwendig macht.

Die meisten Hersteller verwenden heutzutage Kunststoffschlagbretter mit einem Selbstkleberücken von 3M. Diese lassen sich sehr leicht anbringen (sogar nachträglich, wenn eine Gitarre ursprünglich nicht mit einem Pickguard versehen war), und der Umstand, dass ihr Klebstoff nicht bombenfest haftet, erweist sich als Vorteil, indem das Schlagbrett nämlich meist abfällt, noch bevor Risse oder andere Schäden auftreten können.

Manche Flattops haben sogar ein *Zwillings*-Schlagbrett, eines auf jeder Seite des Schalllochs. Der wohl berühmteste Vertreter hierfür ist Gibsons Everly-Brothers-Modell. Doch auch wenn solche doppelten Pickguards zweifellos eine größere Fläche der Decke selbst vor den wildesten, Pete-Townshend-inspirierten Plektrumattacken schützen, können ihr Gewicht und ihre Steifigkeit auch einen Dämpfungseffekt auf den Klang haben. Doppelschlagbretter findet man manchmal auch bei Gitarren, die für Linkshänder umgerüstet wurden. In diesem Fall lassen sich mögliche Probleme beim Entfernen des vorhandenen Pickguards einfach durch Aufkleben eines passenden Zwillings an der gegenüberliegenden Stelle vermeiden.

Wer dem Schutz der Decke Vorrang einräumt, sich aber mit dem Aussehen der meisten Schlagbretter nicht anfreunden kann, der sollte sich vielleicht mal *transparente* Pickguards näher ansehen. Diese von Firmen wie Larrivée und Lowden in großem Umfang verwendeten Schlagbretter sind kaum zu sehen und verdecken nicht die Schönheit der Holzmaserung.

Abb. 8.2: Typische Pickguards (im Uhrzeigersinn von oben links): Martin Dreadnought, Taylor, Gibson Hummingbird und Guild (D-40)

Abb. 8.3: Das Doppel-Pickguard der Epiphone SQ-180 (eine Kopie des Gibson-Modells „Everly Brothers")

8.1.2 Pickguards bei Archtop-Gitarren

Da es schwierig ist, ein Pickguard direkt auf eine Decke mit vielfachen Wölbungen und F-Löchern dazwischen zu kleben, verwenden die meisten Archtop-Gitarren ein *Floating*, also freischwebendes Pickguard. Als Überbleibsel aus jenen Tagen, wo die Spieler den kleinen Finger routinemäßig auf die Gitarre aufsetzten, werden Archtop-Schlagbretter wie gesagt mitunter auch als *Fingerstützen* bezeichnet. Diese üblicherweise am Griffbrettende montierten und mittels eines Metallbügels an der Taille angeschraubten Pickguards berühren die Decke überhaupt nicht. Ähnlich wie die Schlagbretter auf Flattop-Gitarren, wurden sie ursprünglich aus Zelluloid (manchmal auch Schildpatt) hergestellt, wogegen heute Kunststoff oder Hartholz (z. B. Ebenholz) das angesagte Material ist. Hölzerne Exemplare werden oft in Farbe und Styling auf das Griffbrett und ein hölzernes Tailpiece abgestimmt. Da freischwebende Schlagbretter nicht auf eine tragende Oberfläche geklebt werden, sind sie meist ziemlich dick, wobei 3 mm für Exemplare aus Holz durchaus üblich sind. Obwohl viele dieser Pickguards nicht mehr als ein auf Maß geschnittenes Stück des gewählten Materials sind, werden sie manchmal selber zu eigenständigen Kunstwerken. Ein mehrschichtiges Binding (ungefähr in der Art, wie man es auch für den Korpus oder die

Kopfplatte nimmt) und kunstvolle Einlegearbeiten können das Gesamtbild der Gitarre beträchtlich aufwerten, aber auch ihren Ladenpreis!

Bei Archtops, die mit Floating Pickups ausgestattet sind, wird das Pickguard zur Montageplattform für die Elektrik. Obwohl der Tonabnehmer selbst oft direkt am Griffbrettende montiert ist, trägt die Pickup-Platte normalerweise die Lautstärke- und Tonregler und manchmal sogar die Ausgangsbuchse.

Abb. 8.4: Floating Pickguards bei einer Benedetto (links) und einer Gibson Archtop

8.1.3 Floating Pickguards bei Flattop-Gitarren

Es gibt ein paar Beispiele, wo Floating Pickguards im Archtopstil auch auf Flattop-Gitarren eingesetzt werden. Zwar ist dies bei heutigen Instrumenten unüblich, doch in der Vergangenheit war dieser Stil bei bestimmten Herstellern und Modellen recht beliebt. Viele alte Stella-Gitarren, manche Gibsons und sogar Resonatormodelle wie Nationals Trojan kann man teilweise noch mit dieser Schlagbrettvariante finden. Wegen der Art, wie sich die Geometrie einer Flattop von der einer Archtop unterscheidet (hauptsächlich ein viel geringerer Abstand zwischen Saiten und Decke), finden viele Gitarristen dieses Ding für ihre Picking-Technik hinderlich. Aus diesem Grund wurde es bei Flattops, die ursprünglich mit Floating Pickguards ausgerüstet waren, oft entfernt oder durch ein flacheres ersetzt.

8.1.4 Golpeador bei Flamenco-Gitarren

Wegen des rhythmischen Anschlags der Flamenco-Spieler sind die für diese Musikrichtung verwendeten Gitarren durch einen *Golpeador* geschützt. Dieser besteht, ähnlich wie das Schlagbrett auf Flattop-Stahlsaiten-Gitarren, in der Regel aus einem dünnen Stück Kunststoff, das auf die Decke geklebt wird (manche modernen Gitarrenbauer greifen hierzu auch auf dünne Hartholzfurniere zurück). Traditionell bedeckt der Golpeador eine große Fläche, die den Raum zwischen Schallloch und Steg ebenso umfasst wie beide Seiten des Schalllochs. Viele weniger aggressive Spieler finden es ausreichend, wenn nur die Diskantseite der Gitarre geschützt ist, wodurch eine größere Fläche der Decke unbedeckt bleiben und somit ungehinderter schwingen kann. Viele klassische Spieler bringen auf ihren Instrumenten auch eine kleinere Version eines Golpeadors an, wenn sie gelegentlich einen Ausflug in Flamenco-Techniken unternehmen.

Abb. 8.5: Flamenco-Gitarren sind durch einen Golpeador vor Kratzern geschützt

8.1.5 Abnehmbare Pickguards

In bestimmten Fällen ist es unpraktisch, ein Schlagbrett dauerhaft zu montieren. Mögliche Gründe wären zum Beispiel, dass man ein Vintage-Instrument nicht verbasteln möchte oder befürchtet, ein Schlagbrett könnte den Klang der Gitarre beeinträchtigen. In solchen Fällen ist ein abnehmbares Pickguard die ideale Lösung. Diese Teile aus ultradünnem, transparentem Mylar lassen sich leicht auf Maß schneiden und haften durch statische Elektrizität auf dem Instrument. Da manche Lackierungen unter Dauerkontakt mit Mylar reagieren, ist es wichtig, diesen Schlagbretttyp abzunehmen, wenn die Gitarre über längere Zeit nicht gespielt werden soll.

8.1.6 Montage oder Demontage eines Pickguards auf einer Flattop-Gitarre

Falls Ihre Flattop-Gitarre beim Kauf nicht mit einem Schlagbrett ausgestattet war, ist es normalerweise eine Kleinigkeit, bei Bedarf eines nachzurüsten. Die meisten Gitarrenläden bieten sie in mehreren Formen und Stilen an, und in der Regel braucht man auch nur die Folie von der Rückseite abzuziehen und das Schlagbrett aufzukleben. Dazu muss die zu beklebende Fläche absolut sauber sein, weil das Teil auf einer schmutzigen oder fettigen Oberfläche nicht haftet.

Manchmal lässt es sich nicht vermeiden, dass ein Pickguard entfernt werden muss. Dies könnte dann der Fall sein, wenn einem die Größe oder das Styling nicht so zusagen oder weil sich ein Teil gelöst und verwellt hat, was einen Austausch erforderlich macht. Wenn sich das fragliche Schlagbrett auf einer Gitarre befindet, bei der es nach der älteren Methode direkt auf das blanke Holz geklebt wurde, sollte man diesen Job am besten einem Fachmann überlassen, um Beschädigungen der Decke vorzubeugen. Bei den meisten heutigen Gitarren ist es dagegen ziemlich leicht, ein auf die Lackierung geklebtes Schlagbrett zu entfernen. Ein wenig Hitze von einem Fön ist im Prinzip alles, was man braucht, um den Klebstoff so weit aufzuweichen, dass man das Pickguard vorsichtig abziehen kann. In einigen Fällen kann man auch ein Lösungsmittel wie Verdünnung oder Feuerzeugbenzin nehmen (was bei den meisten Lackierungen ohne Probleme funktioniert), um den Klebstoff zu lösen.

Neben der offensichtlichen Tatsache eines verringerten Schutzes gilt es einen weiteren Punkt zu berücksichtigen, wenn Sie ein Schlagbrett komplett entfernen wollen: Außer wenn die betreffende Gitarre brandneu ist, steht zu befürchten, dass die vom Schlagbrett verdeckte Lackierung anders gealtert ist als der dem Licht ausgesetzte Rest. Die Folge ist gewöhnlich eine bleiche Stelle, wo die bislang verdeckte Fläche nun gegen den Rest der „gebräunten" Gitarre in einem deutlich helleren Farbton sichtbar wird. Bei nur geringem Unterschied werden sich die Farbnuancen irgendwann einander angleichen, aber bei vielen älteren Gitarren lassen sich die Konturen des Pickguards unmöglich beseitigen, was einen hässlichen Abdruck in einer anderen Farbe auf dem Instrument hinterlässt.

Während das Entfernen des Schlagbretts bei einer Archtop normalerweise mit dem Herausdrehen einiger Schrauben getan ist, kann das Nachrüsten bei einer schlagbrettlosen Gitarre ganz schön knifflig werden. Sollte das Instrument nicht schon über vorgebohrte Montagelöcher verfügen und Sie bereits ein perfekt passendes Modell gefunden haben, überlässt man die Sache am besten einem Fachmann, denn es gibt einfach zu viele erhältliche Formen und Größen, als dass es auf Anhieb richtig passen könnte.

8.2 Gurtpins

Wenn Sie Ihre Gitarre im Stehen spielen wollen, dann brauchen Sie ein paar Zusatzteile zur Befestigung eines Tragegurts. Traditionell werden die meisten Stahlsaiten-Gitarren mit einem *Endpin* aus Hartholz, Kunststoff oder Elfenbein im Tailblock des Korpus ausgeliefert. Dieser üblicherweise nur durch Hineindrücken fixierte Pin (der ein bisschen wie ein überdimensionierter Stegpin aussieht) erlaubt das Einhängen des einen Gurtendes; das andere wurde ursprünglich mit Lederriemchen an die Kopfplatte der Gitarre geknotet. In den letzten Jahren haben allerdings die meisten Musiker entdeckt, dass die Gitarre in einer komfortableren Spielposition hängt, wenn beide Gurtenden am Korpus befestigt werden können. Zu diesem Zweck wird noch ein *Gurtpin* entweder am Halsfuß oder an der Bassseite der oberen Korpusschulter eingeschraubt. Manche modernen Hersteller (wie etwa Seagull) verwenden überhaupt keine traditionellen Endpins mehr und installieren stattdessen auch am Ende der Gitarre einen Gurtpin.

Bei Gitarren, die mit einem Tonabnehmer bestückt sind, wird das hintere Gurtende normalerweise an einer *Endpin-Buchse* befestigt (dazu mehr in Kapitel 9 „Tonabnehmer und Elektronik"). Im Austausch für einen herkömmlichen Endpin ermöglicht dieses Zubehörteil den Einbau einer Tonabnehmerbuchse mit nur minimalen Veränderungen am Instrument.

Musiker, die befürchten, dass sich der Gurt beim Spielen auf der Bühne lösen könnte, montieren manchmal so genannte *Strap Locks* auf ihren Gitarren. Diese von Firmen wie Schaller und Dunlop angebotenen Gurtsicherungen verwenden einen einfachen Federmechanismus, der sich erst nach Ziehen (Schaller) oder Drücken (Dunlop) eines Knöpfchens öffnen lässt. Während diese Systeme bei E-Gitarren-Spielern sehr beliebt sind, sieht man sie bei Akustikgitarren nur hin und wieder, da sie sich nicht für Endpin-Buchsen eignen und oft nur schlecht sitzen, wenn einer der Gurtpins am Halsfuß angeschraubt ist.

Abb. 8.6: Zwei Möglichkeiten, einen zweiten Gurtpin an einer akustischen Gitarre anzubringen: an der Zarge (oben) und am Halsfuß

8.2.1 Montage von Gurtpins

Die Montage eines Gurtpins ist leicht, doch es gilt hierbei mehrere Punkte zu beachten. Wenn die betreffende Gitarre nicht schon einen Endpin besitzt (wie es bei den meisten Nylonsaiten-Gitarren der Fall ist), dann ist es in der

Regel sinnvoller, gleich einen Standard-Gurtpin zum Einschrauben zu montieren, statt den komplizierteren Weg zu wählen und einen traditionellen Endpin einzupassen. Vor der Montage sollten Sie sich unbedingt vergewissern, dass der Tailblock der Gitarre (jenes Stück Holz, das die Innenseite des Korpus an der Nahtstelle der beiden Zargenhälften verstärkt) auch stark genug ist, um das Gewicht des am Gurt hängenden Instruments zu tragen. Dies stellt nur in den seltensten Fällen ein Problem dar (in der Regel bei bestimmten Klassikgitarren), doch wenn hier irgendwelche Zweifel bestehen, sollte man das lieber von einem Gitarrenbauer überprüfen lassen. Für die Montage des Gurtpins braucht man nur ein Loch vorzubohren, das etwas kleiner ist als die Holzschraube, die nachher zum Befestigen dient. Mit ein paar Streifen Gaffatape sollten Sie die direkte Umgebung gegen Kratzer schützen, falls einem der Bohrer aus Versehen abrutscht. Das Einschrauben des Gurtpins beendet diese einfache Prozedur. Für einen wirklich makellosen Job kann man noch eine Unterlagscheibe aus Leder oder Filz zwischen Gurtpin und Holz spendieren.

Die Montage des zweiten Pins erfolgt wie beim ersten, jedoch müssen hier mehr Faktoren bei der Wahl der exakten Platzierung berücksichtigt werden. Am häufigsten wird er an der Unterseite des Halsfußes angebracht. An dieser Stelle kann die Gitarre gut ausbalanciert hängen, und der Pin bietet dem Gurt einen sicheren Haltepunkt.

Manchmal wird der Gurtpin auch in die rückseitige Halsfußkappe geschraubt. Manche Musiker empfinden diese Position als weniger störend beim Spielen in den oberen Lagen, doch steht dem der Nachteil gegenüber, dass die Gitarre bei dieser Befestigung gern nach vorne kippt. Ein weiterer Nachteil dieser Platzierung ist, dass der vorstehende Gurtpin im Lauf der Zeit die plüschgefütterte Innenseite des Gitarrenkoffers durchscheuert.

Eine weitere Möglichkeit zur Anbringung des Gurtpins ist direkt in der Zarge neben dem Halsfuß. Diese Platzierung hat keinerlei Nachteile, allerdings erfordert sie eine Verstärkung auf der Korpusinnenseite, da die dünnen Seitenwände nicht genügend Halt für die Befestigungsschraube bieten. Bei manchen Gitarren ragt der Halsblock seitlich in die Zargen hinein und stellt in diesem Fall eine sichere Basis für den Gurtpin dar.

Wenn die betreffende Gitarre einen Schraubhals besitzt, ist es wichtig, dass man beim Bohren des Lochs nicht die Schrauben trifft, denn dies würde irreparable Schäden verursachen. Die meisten Hersteller werden eine Schablone oder Maßangaben zum sicheren Bohren liefern können, außerdem lassen sich die Schrauben auch mit Hilfe eines starken Magneten orten.

8.3 Tailpiece

Während bei den meisten Flattop-Gitarren die Saiten direkt am Steg eingehängt werden, haben Archtops zu diesem Zweck in der Regel ein *Tailpiece*. Dieses entspricht von der Konzeption her der Saitenaufhängung bei Streichinstrumenten wie Geige oder Cello; auch das Tailpiece einer Gitarre wird auf den Endblock des Instruments geschraubt und ist etwa halb so lang wie die Entfernung vom Steg bis zum Endpin.

In den Anfangstagen wurden Archtop-Tailpieces meist entweder aus dünnem Blech oder Spritzguss hergestellt oder aus mehreren Teilen dicken Stahldrahts zusammengeschweißt. Edlere Modelle haben ein Scharnier, mit dem das Tailpiece automatisch den richtigen Winkel einnimmt und so für die korrekte Saitenspannung sorgt, wogegen schlichtere Designs eine starre Befestigung aufweisen. Tailpieces aus Metall werden in der Regel mit drei oder vier Schrauben am Endblock der Gitarre fixiert, wobei der Endpin in der Mitte noch für zusätzliche Stabilität sorgt.

 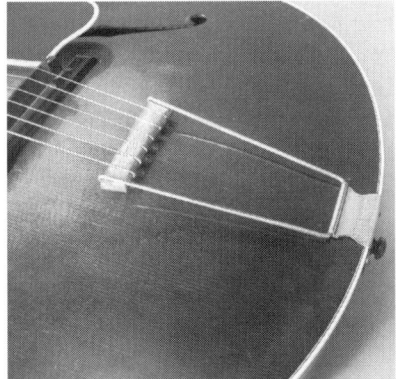

Abb. 8.7: Links das stilvolle Tailpiece einer Guild Artist Award und eine schlichte Ausführung bei einer Gibson-Archtop

Angefangen bei dem verstorbenen Jimmy D'Aquisto, haben sich viele Archtop-Macher der Neuzeit auf Tailpieces aus Ebenholz besonnen und sind damit zu der ursprünglich für Streichinstrumente gedachten Konstruktion zurückgekehrt. Diese leichteren Tailpieces können einen wärmeren Klang begünstigen und ihr Aussehen passt oft zu dem des Griffbretts. Der Gitarrenbauer Bob Benedetto befestigt sogar seine Tailpieces mit Cellodarm am Endpin der Gitarre, und seiner Ansicht nach trägt dies mit zum Klang seiner hochgerühmten Instrumente bei.

Tailpieces auf Flattop-Gitarren waren einst bei preiswerten Instrumenten beliebt, sind aber heute kaum noch zu finden. Während mit einem Tailpiece praktisch jedes Risiko eines sich lösenden Stegs ausgeschaltet wird, hat es zudem noch den Effekt, dass die Saiten auf die Decke *drücken* statt wie bei einem Pinsteg an ihr *ziehen*. Hierdurch wird der Klang der Gitarre grundlegend verändert, was meist mit einem Lautstärkeschwund einhergeht. In einigen Fällen ist dieser „billige" Sound im Zusammenhang mit bestimmten Musikstilen zu einem Klassiker geworden, den manche Spieler sehr schätzen. Ledbellys 12-saitige Stella ist ein

Abb. 8.8: Gitarrenbauer Dale Unger mit einer seiner American-Archtop-Modelle, deren Tailpiece aus Ebenholz gefertigt ist

Paradebeispiel für dieses Phänomen, was die Gitarre zu einem Kandidaten für Kopien von verschiedenen modernen Herstellern macht.

Abb. 8.9: Ein Tailpiece auf einer Flattop-Gitarre von Dell'Arte

Mario Maccaferri entwarf ein recht einfaches Tailpiece für den Einsatz auf den Selmer-Gitarren. Dieses Tailpiece wurde aus Messing gestanzt und besaß zwecks Gewichtseinsparung eine Einlage aus Ebenholz, Palisander oder Bakelit. Das Tailpiece besaß sechs Nippel mit jeweils einer mittigen Bohrung, was die Verwendung von Saiten mit Ballends als auch solchen mit Schlaufen (Loop Ends) ermöglichte. Da die Tailpieces bei Selmer im Werk fabriziert wurden, gab es sie nur auf echten Selmer-Gitarren. In den 1950er Jahren fertigte Bilardi eine grobe Kopie dieses Teils an, welches von Favino und anderen frühen Gitarrenbauern verwendet wurde, die sich an der Selmer-Tradition orientierten. Heutzutage fertigen eine Reihe von Werkstätten exakte Reproduktionen jenes Selmer-Tailpiece an.

Abb. 8.10: Das Tailpiece einer Gitarre im Selmer-Maccaferri-Stil

Resonator-Gitarren besitzen ebenfalls ein Tailpiece als Saitenaufhängung. Die Mehrzahl dieser Instrumente verwendet eine aus Blech gestanzte Konstruktion. In den meisten Fällen kann man die Saiten entweder von oben oder von unten durch das Tailpiece einfädeln, was dem Spieler die Wahl lässt, wie viel Druck die Saiten auf den Gitarrenkonus ausüben sollen.

8.4 Armauflagen und Gitarrenstützen

Obwohl man ihnen gewöhnlich nicht als Standardausstattung begegnet, sind Armauflagen und Gitarrenstützen dennoch Zubehörteile, mit denen oftmals Instrumente nachgerüstet werden. Es gibt zwar auch andere Konstruktionen, doch der John Pearse Armrest (benannt von und nach dem britischen Gitarristen und heutigen Hersteller von Saiten und Accessoires) ist die mit Abstand beliebteste. Mit solidem doppelseitigem Klebeband an der Bassseite der unteren Schulter angebracht, soll die Armauflage verhindern, dass der rechte Arm des Spielers (bei Linkshändern natürlich der linke) die Decke berührt, die so ungehinderter schwingen kann.

Abb. 8.11: Die Armauflage von John Pearse wird auf die Bassseite der unteren Schulter geklebt

Gitarrenstützen, die an der Diskantseite des Instruments angebracht werden, sind bei vielen klassischen Musikern beliebt. Sie heben die Gitarre auch ohne Einsatz eines Fußschemels in die Spielposition an und ermöglichen oft eine ergonomischere Sitzhaltung, was vor allem für Menschen mit Rückproblemen vorteilhaft ist. Die mit Gummisaugnäpfen fixierte Stütze lässt sich leicht abnehmen, wenn die Gitarre in den Koffer zurückgelegt wird.

Tonabnehmer und Elektronik

9.1 Geschichtliches

Aufgrund der Tatsache, dass die akustische Gitarre ein verhältnismäßig leises Instrument ist, ist ihre Verstärkung ein Thema, dem sich die meisten Spieler irgendwann widmen müssen. Obwohl klassische Gitarristen oft in großen Konzertsälen ohne elektronische Unterstützung gastieren (was zu einem großen Teil dem disziplinierten Publikum zu verdanken ist), haben die meisten Steelstring-Spieler das Gefühl, dass sie mehr Lautstärke benötigen, als das Instrument selbst zu geben vermag, sobald sie sich aus dem Rahmen der ganz intimen Veranstaltungen hinauswagen.

In manchen Situationen genügt schon ein gutes Mikrofon als Bindeglied zwischen der Gitarre und den Lautsprechern. Unter idealen Bedingungen – eine gute PA-Anlage, ein Saal mit einer erstklassigen Akustik, ein Musiker, der beim Spielen still sitzen bleibt sowie eine relativ leise Bühnenlautstärke – ist ein Mikrofon eindeutig die erste Wahl, um die wahre akustische Stimme des Instruments einzufangen. Die meisten Toningenieure verwenden für Akustikgitarren ein Kondensator-Mikrofon mit kleiner Membran und mit etwas Können am Mischpult lassen sich hervorragende Ergebnisse erzielen.

Wie aber jeder auftrittserfahrene Musiker bestätigen wird, gibt es zahlreiche Situationen, die weit von dem eben beschriebenen Ideal entfernt sind und oft liefert ein Mikrofon allein nicht einmal halbwegs vernünftige Klangresultate. Rückkopplungen, lascher Sound und zu wechselhafte Bedingungen von einem Veranstaltungsort zum nächsten sind nur einige der Probleme, mit denen man sich beim alleinigen Gebrauch von Mikrofonen konfrontiert sieht. Von denen jedes für sich schon Grund genug ist, Möglichkeiten auszutesten, sich den Heerscharen von Gitarristen anzuschließen, die ihre Instrumente einfach einstöpseln.

Angesichts der Fülle von spezialisierten elektro-akustischen Gitarren und Pickups zum Nachrüsten, die den heutigen Spielern offensteht, vergisst man leicht, welch beschwerliche Reise nötig war, um diese Technologie auf jenes hohe Level zu bringen, das wir heute genießen. Da wir jedoch den modernen Komfort nicht als Selbstverständlichkeit betrachten wollen, lassen Sie uns einen kurzen Blick in die Frühgeschichte der verstärkten Gitarren werfen.

Obgleich zweifellos auch andere mit unterschiedlichen Verfahren experimentierten, um das Instrument zu elektrifizieren, lassen sich einige der frühesten Entwicklungen auf Lloyd Loars elektrostatische Tonabnehmer aus den frühen 1920er Jahren zurückführen. Loar, der seinerzeit für Gibson arbeitete, installierte seine Erfindung in diversen L-5 Archtops (die er ebenfalls konstruierte). Doch die Firma war der Meinung, die Elektrogitarre habe keine Zukunft und seine Bemühungen erfuhren nur wenig Unterstützung. Nach seinem Ausstieg bei Gibson vermarktete Loar schließlich in den 1930er Jahren ein neues Magnettonabnehmer-Konzept bei seiner eigenen Instrumentenserie (darunter war sogar eine elektrische Viola!) unter dem Markennamen Vivitone.

Der Ruhm für die ersten kommerziell erfolgreichen Elektrogitarren geht trotzdem an Rickenbachers (erst später firmierte man um zu Rickenbacker) frühe Lapsteels aus der gleichen Periode. Diese für die zu jener Zeit überaus populäre Hawaiimusik gebauten Gitarren hatten einen Massivholzkorpus und magnetische Tonabnehmer – dieselbe grundlegende Technologie, wie sie E-Gitarren bis zum heutigen Tag verwenden.

Abb. 9.1: Die erste erfolgreiche Elektrogitarre war Rickenbackers Model B

Da Lapsteels für das horizontale Spielen im Sitzen mit einem Slide gebaut sind, ist ihre Vielseitigkeit für andere Musikarten begrenzt, und schon bald

Abb. 9.2: Die Gibson ES-150 mit Tonabnehmersystem

suchten die Musiker nach Wegen, wie sie auch ihre normalen Gitarren mit Tonabnehmern bestücken konnten und schufen dadurch die ersten primitiven elektro-akustischen Gitarren.

Gibson hatte nach Loars Weggang ein eigenes Tonabnehmersystem entwickelt und brachte 1936 die ES-150 heraus. Bei diesem Modell auf der Basis der beliebten L-12 Archtop wurde ein großer Magnettonabnehmer in die Decke eingebaut, und mit Hilfe eines Lautstärke- und eines Tonreglers konnte der Spieler den Klang der Gitarre nach seinen Wünschen formen. Charlie Christian war einer der ersten Musiker, die das Potenzial des Instruments erkannten (und heute wird die Gibson ES-150 oft als das „Charlie Christian"-Modell bezeichnet). Christian, der mit Benny Goodman spielte, benutzte seine verstärkte Gitarre, um Single-Note-Linien und Soli in einer Weise zu spielen, wie es zuvor nur Hornisten gekonnt hatten, und änderte damit für alle Zeiten die Auffassung, wozu eine Gitarre fähig sein kann. Vorbei waren die Tage, wo die Gitarre zum Schrammeln von Rhythmusparts und zur Begleitung von Folksängern degradiert wurde. Die Elektrizität stieß die Tür zu einer radikal neuen Ära weit auf.

Nachdem sie das Potenzial erkannt hatten, das durch die Verstärkung möglich wurde, wollten nun unzählige Gitarristen ihre vorhandenen Akustikgitarren mit einer Elektronik aufrüsten. Da die meisten Jazzer bereits Archtops spielten, war es dieser Instrumententyp, der als erster von Nachrüst-Pickups profitierte. Mit ihrem „Guitar Mic"-Pickup erfand DeArmond jenes Zubehörteil, das in den 1940er Jahren das mit Abstand beliebteste Tonabnehmermodell sein würde. Am Griffbrettende oder auf das die Pickup-Platte montiert, erforderte das Gerät so gut wie keine bleibenden Veränderungen am Instrument, und sein Klang wurde zum Synonym der Jazzgitarre. Obschon die Elektrogitarre seit Einführung des DeArmond-Pickups unbestritten große Fortschritte machte, sind ähnliche Konzepte bis heute der Standard für elektro-akustische Archtops, und Originalteile erzielen auf dem Vintage-Markt astronomische Preise.

Abb. 9.3: Epiphone Emporer Regent mit einer Kopie des originalen „Floating"-DeArmond-Pickups

Abb. 9.4: Eine der ersten Akustikgitarren mit Tonabnehmer: Gibsons J-160E (hier als Kopie von Epiphone)

Trotz der Kampagne der E-Gitarre, die Popmusik zu revolutionieren, erwies sich die erfolgreiche Verstärkung von Flattop- und Konzertgitarren als die größere Herausforderung. Obwohl DeArmond ihren Archtop-Pickup schon nach kurzer Zeit passend für das Schallloch einer Flattop-Gitarre anbot, wurde bald deutlich, dass das Klangergebnis nur ein schwacher Abklatsch der komplexen akustischen Stimme des Instruments war. Trotzdem wurden Schallloch-Tonabnehmer, als die Musik generell immer lauter wurde, zu einem beliebten Accessoire, mit dem sich Flattops selbst neben kreischenden Les Pauls und Telecasters behaupten konnten.

Sowohl Gibson als auch Martin bemühten sich schon sehr früh, elektrifizierte Akustikgitarren ins Programm zu nehmen. Gibsons CF-100E, die 1951 auf den Markt kam, besaß eine modifizierte Version des hauseigenen P-90 Pickups (das gleiche Design, wie es auch auf den frühen Les Pauls und diversen elektrischen Archtops zum Einsatz kam). Dieser war zwischen Griffbrett und Schallloch montiert und verfügte außerdem über getrennte Regler für Lautstärke und Ton, die unten auf der Decke installiert waren. Da dies außerdem Gibsons erste Flattop-Gitarre mit einem Cutaway war, kam dieses Instrument vielleicht für seine Zeit zu radikal daher, und die schleppenden Verkaufszahlen führten 1959 zur Einstellung des Modells. Allerdings sollte ein anderes elektro-akustisches Gibson-Modell bis weit nach seiner Einführung im Jahr 1954 für Aufsehen sorgen. Die bei vielen Spielern als John-Lennon-Gitarre bekannte J-160E besaß die gleiche Elektronik wie die CF-100E, bot jedoch ein traditionelleres Erscheinungsbild. Dank ihrer dicken, mit einem Leiterbracing versehenen laminierten Decke konnte die Gitarre Rock'n' Roll-Lautstärken ohne mit der Wimper zu zucken wegstecken (die nach 1991 gebauten Reissues besitzen massive Decken mit X-Bracing).

Mit der Vorstellung einer elektrischen D-18E schlug Martin 1959 in die gleiche Kerbe. Doch während man bei Gibson einen eleganten Weg gefunden hatte, den Pickup so zu montieren, dass nur ein kleiner Teil durch die Decke sichtbar war (die großen Spulen befanden sich im Korpusinneren), installierte Martin dagegen recht unbeholfen zwei DeArmond-Pickups, was den akustischen Klang des Instruments praktisch ruinierte. Obwohl die Firma schließlich eine 00-18E und D-28E nachschob, lief der Absatz infolge der fragwürdigen Ästhetik und des dürftigen Klangs nur sehr zäh, und 1964 wurde die Produktion dieser Instrumente eingestellt.

Es sollte noch ein Jahrzehnt vergehen, bis die Technologie richtig ausgefeilt war. Trotzdem bewies Gibson 1960 mit der Einführung der C-1E erneut Pioniergeist. Als Nylonsaiten-Gitarre war das Instrument ohnehin schon ungewöhnlich für das Unternehmen, doch mit einem neuen, in den Steg eingebauten Piezo-Tonabnehmer betrat man absolutes Neuland. Die bis 1967 produzierte Gitarre wurde als das „Charlie Byrd"-Modell bekannt, da der verstorbene Bossa-Nova-Star sie einige Zeit lang spielte. Eine weitere frühe, mit einem Piezo bestückte Nylonsaiten-Gitarre wurde von der Pianofirma Baldwin ins Rennen geschickt. Die von Countrystars wie Chet Atkins und Jerry Reed gespielte Gitarre erwarb sich Anerkennung auf breiter Front. Willie Nelson ließ sich den Baldwin-Tonabnehmer in seine Martin-Nylonstring einbauen und benutzt diese Kombination bis zum heutigen Tage.

Um die Verstärkung der Akustikgitarre auf die nächste Entwicklungsstufe zu heben, musste ein ganz neuer Gitarrenhersteller die Szene betreten. Die 1966 gegründete Firma Ovation ist wie erwähnt eine Tochter von Kaman Aerospace, die wiederum für ihre innovativen Hubschrauberkonzepte berühmt ist. Mit einer Glasfaserschale anstelle von herkömmlichem Holz für

Boden und Zargen waren die Ovations an sich schon revolutionär, noch ehe die Firma ihr profundes Wissen im Elektronikbereich dazu nutzte, um die moderne elektro-akustische Gitarre von Grund auf neu zu erfinden. Neben der Verwendung eines neuen piezo-elektrischen Tonabnehmers unter der Stegeinlage versetzte Ovation auch den Lautstärkeregler in die Zarge des Instruments, wodurch die Decke ungehindert schwingen konnte.

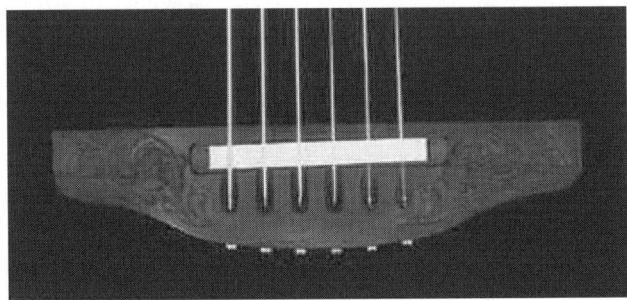

Abb. 9.5: Ovations Pickup ist in den Steg integriert und besitzt sechs einzelne Piezo-Kristalle

Ovations Konzept schlug auf dem Markt wie eine Bombe ein. Mit ihrer kontinuierlichen Modellpolitik beherrschte die Firma praktisch die gesamten 1970er Jahre hindurch den elektro-akustischen Markt allein, und ihre Popularität ist bis heute ungebrochen. Während die meisten Puristen einwenden, dass der Ovation-Sound meilenweit vom wahren akustischen Timbre entfernt ist, ist unbestritten, dass die Gitarren ein problemloses Handling bieten und dazu einen Sound, der sofort als der einer Akustikgitarre erkennbar ist.

Musiker, die nicht gleich auf den ersten Zug der ab Werk elektrifizierten Akustikgitarren aufsprangen, hatten nur wenige Optionen, ihre vorhandenen Instrumente mit einem Tonabnehmer nachzurüsten. Barcus Berry hatte in den 1970er Jahren einen beträchtlichen Erfolg mit ihren Decken-Transducern und mehrere andere Hersteller (darunter Bill Lawrence und Schaller) produzierten Schallloch-Pickups. Doch im krassen Gegensatz zu anderen Vintage-Accessoires dürften die meisten Musiker, die sich an diese Teile erinnern, die klanglichen Resultate ihres Einsatzes am liebsten vergessen.

Der nächste große Schritt bei der akustischen Verstärkung folgte dann in Gestalt von Tonabnehmern, die unter der Stegeinlage installiert wurden. Diese neuen, in ihrer Funktionsweise den früheren Entwürfen von Gibson, Baldwin und Ovation ähnlichen Pickups konnten bei den meisten vorhandenen Gitarren nachgerüstet werden. Sie erfordern nur minimale Modifizierungen am Instrument und bieten einen recht amtlichen Sound, hohe

Rückkopplungssicherheit und einen relativ leichten Einbau (den man trotzdem am besten einem Fachmann überlassen sollte, damit das Ergebnis optimal wird und Schäden am Instrument vermieden werden). Obwohl dieser Pickup-Typ manchmal wegen seines harschen Attacks (das charakteristische „Piezo-Beißen") kritisiert wird, bleibt er die beliebteste Wahl unter allen erhältlichen Modellen. Mit diesem von vielen Herstellern erhältlichen Pickup-Typ ist der allergrößte Teil der heutigen Gitarren bestückt, die die Fabrik mit einer Onboard-Elektronik verlassen.

9.2 Aktiv oder passiv?

Ein wichtiges Unterscheidungsmerkmal bei der Elektronik für Akustikgitarren ist, ob das System *aktiv* oder *passiv* ausgelegt ist. Eine Aktivelektronik verwendet einen integrierten Preamp (Vorverstärker), der das ansonsten recht schwachbrüstige Ausgangssignal der meisten Tonabnehmer auf einen brauchbaren Pegel anhebt. Obwohl es einige Pickups gibt, die auch ohne den Boost eines solchen Preamps gut funktionieren, ist doch bei den meisten der Pegel im Alleinbetrieb so leise, dass sie den nachfolgenden Verstärker oder Mixer kaum ansteuern können. Noch schlimmer: Viele Passivelektroniken bieten eine ungeeignete Abschlussimpedanz für die Verstärker, an die sie angeschlossen werden; folglich bleibt, vor allem bei Verwendung langer Kabel, die Signalqualität in gewissen Maßen auf der Strecke. Beide Faktoren berauben den Klang seiner Wärme und Bassfülle. Damit ein Passivsystem optimal klingen kann, muss man daher das Signal in der Regel erst durch einen externen Preamp schicken.

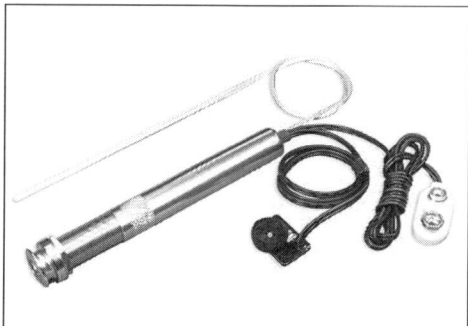 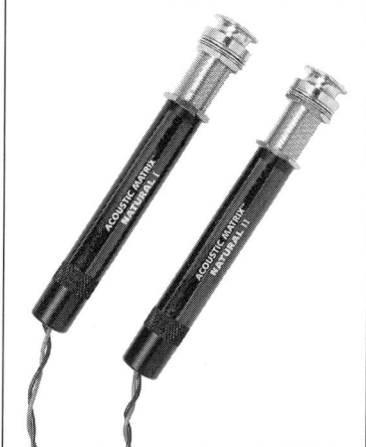

Abb. 9.6: Bei diesem aktiven L.R. Baggs Element System ist der Batterie-Clip deutlich sichtbar. Fishmans Active Matrix Preamp (rechts) wird direkt am Gurtknopf montiert

Wenn Sie nicht sicher sind, welcher Typ in der Gitarre installiert ist, die Sie gerade in den Händen halten, prüfen Sie, ob irgendwo eine interne Batterie zu sehen ist (üblicherweise ein 9-Volt-Block). Viele Gitarren mit einer Elektronik ab Werk besitzen zu diesem Zweck ein spezielles Batteriefach, wogegen bei anderen die Batterie nur durch das Schallloch zu erreichen ist.

9.3 Transducer unter der Stegeinlage

Pickups, die unter der Stegeinlage installiert werden, nennt man im Allgemeinen *Tonabnehmer für Stegmontage*. Diese haben alle eine Gemeinsamkeit, denn sie bestehen aus einem dünnen Element, das zwischen die Stegeinlage und den Boden der schlitzförmigen Stegfräsung passt. Von wenigen Ausnahmen abgesehen, basieren diese Tonabnehmer zur Abnahme der Saitenschwingungen überwiegend auf der *Piezo*technologie. Beim piezoelektrischen Prinzip, das z. B. auch bei Türsummern eingesetzt wird, wandeln keramische Elemente oder richtige Kristalle Druck in elektrischen Strom um. Bei den Pickups der ersten Generation waren einzelne Kristalle (einer oder zwei pro Saite) in dem Transducer-Element eingebettet (und im Fall der Ovation-Gitarren in der Stegeinlage selbst). Dies bringt zwar ein recht kräftiges Ausgangssignal, doch da die Kristalle exakt unter den Saiten verlaufen müssen, begegnet man dem Problem, dass bestimmte Saiten lauter sind als andere.

Dieses ältere Pickupkonzept wird auch heute noch von einigen Herstellern angeboten, und manche Musiker schwören auf seinen Klang. Shadows Bridge Pickup, Fishmans 125 (ein Tonabnehmer, der in die Stegeinlage eingebaut wird) sowie L.R. Baggs' LB-6 (bei dem das Pickup-Element fest an eine Austauschstegeinlage geklebt ist) sind alles Beispiele für diesen Typ.

Die meisten modernen Stegeinlagen-Tonabnehmer umgehen die Probleme im Zusammenhang mit Einzelkristallen, indem sie stattdessen einen durchgehenden Piezostreifen verwenden. Die jeweiligen Hersteller gehen unterschiedliche Wege, um aus dieser Folie ein brauchbares Pickup-Element zu zaubern. Bei Fishmans Acoustic Matrix ist sie in ein starres Sandwich aus Folie, Metallfolie und einer leitenden Verkabelung eingebettet. Dagegen ist die Piezofolie bei L.R. Baggs' Ribbon Transducer von einem flachen, hochflexiblen Gummielement umhüllt.

Ein dritter Stegeinlagen-Pickup verwendet ein koaxiales Piezokabel als Wandlerelement. Diese von Anwendungen wie der Verkehrsüberwachung entliehene Technologie findet man bei Carlos, Headway, Highlander und

Duncan/Turner D-TAR Timber-Line-Pickups (L.R. Baggs und Fishman bieten ebenfalls ähnliche Designs an, diese werden direkt von Gitarrenherstellern eingebaut und sind nicht als Nachrüstprodukte erhältlich).

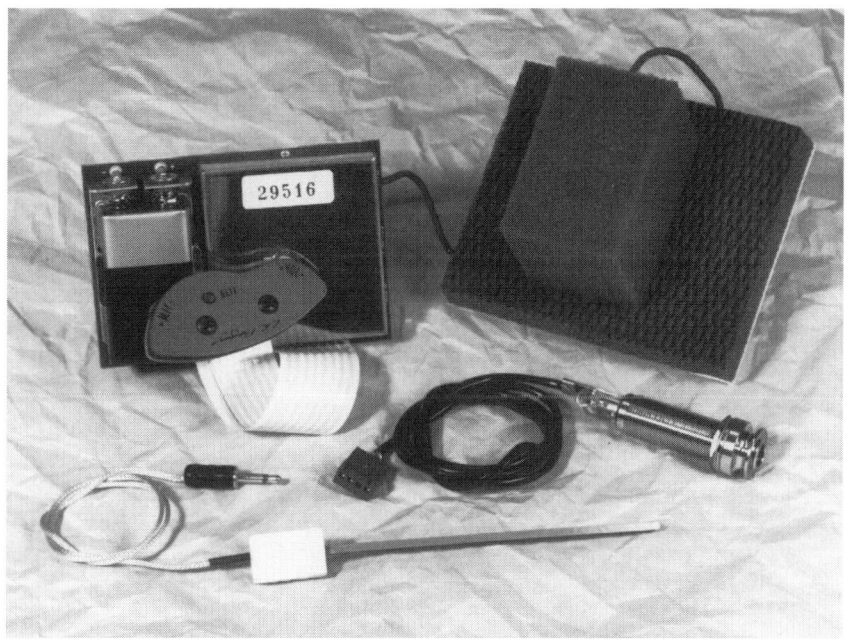

Abb. 9.7: Das L.R. Baggs Dual Source System besteht aus einem Pickup, einem Preamp (Batterie), der Kontrolleinheit, dem Mikrofon (in Schaumgummi) und einer Ausgangsbuchse

Wie bereits erwähnt, arbeiten manche Stegeinlagen-Tonabnehmer gar nicht nach dem Piezoprinzip. So basiert B-Bands UST auf einer patentierten Electretfolie, die mit, wie es die Firma bezeichnet, „mikroskopischen Gasbläschen" gefüllt ist, welche ebenfalls unter Druck eine elektrische Ladung aufbauen. Laut Firmenaussagen soll diese Konstruktion einen natürlicheren Anschlag liefern als die meisten Piezo-Tonabnehmer, und nach Meinung vieler Musiker erzeugt sie tatsächlich einen ausgezeichneten Akustikton.

Auch Schertlers Bluestick wird unter der Stegeinlage montiert, verwendet jedoch ein richtiges Mini-Mikrofon zur Abnahme des Gitarrenklangs. Der in der Mitte eines Elements angebrachte Bluestick, welcher anderen Stegeinlagen-Pickups optisch stark ähnelt, will den Komfort eines Tonabnehmers mit dem Klang eines Mikrofons verbinden.

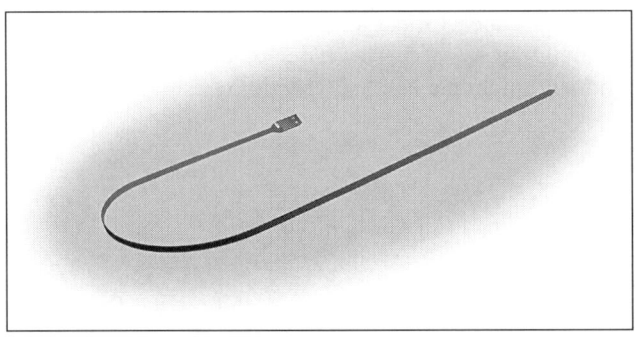

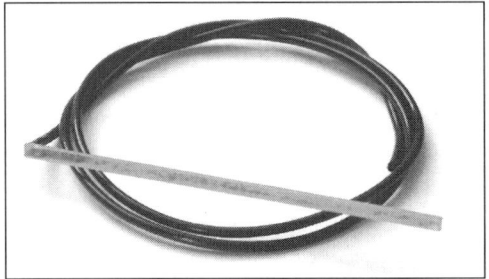

Abb. 9.8: B-Bands UST Pickup besteht aus einem dünnen Kunststoffelement, das unter der Stegeinlage installiert wird. Der sichtbare Stecker dient zur Montage am Endpin-Preamp (oben). Fishmans Acoustic Matrix ist einer der meistverwendeten Pickups (Mitte). Bei L.R. Baggs LB 6 ist der Pickup vom Werk aus an die austauschbare Stegeinlage geklebt (unten)

9.3.1 Hexaphonische Tonabnehmer

Einen weiteren, mit den Stegeinlagen-Konstruktionen verwandten Tonabnehmertyp finden wir bei den *hexaphonischen* Modellen von L.R. Baggs und RMC. Anstatt ein Element unter der Stegeinlage zu installieren, verwenden diese Systeme einzelne Metallsättel für jede Saite, in denen die Piezokristalle gleich integriert sind. Die Vorteile dieser Bauweise sind unter anderem ein sehr hoher Ausgangspegel, keine Probleme mit ungleichen Saitenlautstärken sowie die Möglichkeit, MIDI-Geräte wie Gitarrensynthesizer ansteuern zu können. Allerdings neigen hexaphonische Tonabnehmer zu einem sehr brillanten Klangbild und ihr Einbau erfordert knifflige Umbauten am Gitarrensteg. Godin verwendet schon seit langem die RMC-Einheiten bei ihrer MIDI-fähigen Multiac-Gitarre, und die L.R. Baggs-Pickups sind Standardausrüstung bei Taylors „Doyle Dykes" Signature-Modell. Darüber hinaus werden hexaphonische Pickups noch für die Stegmontage bei ansonsten rein elektrischen Gitarren (wie etwa der Parker Fly) verwendet, um eine Soundvariante anzubieten, die dem Klang eines akustischen Instruments ähnelt.

9.3.2 Piezo-Tonabnehmer für Archtop-Gitarren

Magenttonabnehmer sind zwar die verbreitetste Methode, um eine Archtop zu verstärken, jedoch bevorzugen einige Spieler auch bei dieser Instrumentengattung stegmontierte Piezo-Pickups. Manche Gitarrenbauer passen zu diesem Zweck einfach einen Stegeinlagen-Tonabnehmer für eine Flattop-Gitarre in die Floating Bridge einer Archtop ein. Üblicherweise tauscht man allerdings den gesamten Steg aus und ersetzt ihn durch ein Modell, bei dem die Piezoelemente direkt in die Stegeinlage montiert sind. Fishman und Shadow sind die beiden führenden Hersteller für diesen Pickuptyp als Nachrüstoption, und auch Yamaha bietet ihn bei ihrem Gitarrenmodell AEX-1500 an, das in Zusammenarbeit mit dem Jazzmusiker Martin Taylor entwickelt wurde.

9.3.3 Wie werden Stegeinlagen-Tonabnehmer eingebaut?

Einer der Gründe für die Beliebtheit dieses Pickuptyps ist seine recht einfache Installation. Diese Tonabnehmer erfordern nur geringe Umbaumaßnahmen am Instrument und sind, da sie unter der Stegeinlage verschwinden, praktisch unsichtbar. Und wenn man irgendwann einmal einen anderen Pickup einbauen möchte, lässt sich die Installation problemlos rückgängig machen.

Der Einbau beinhaltet in seiner einfachsten Form folgende Schritte: Zunächst muss am Grund des Stegschlitzes ein kleines Loch gebohrt werden. Dann muss die Stegeinlage um die Höhe des Pickups abgeschliffen und schließlich das Gurtpinloch für die Aufnahme der Ausgangsbuchse aufgebohrt werden. Bei einem aktiven System muss noch ein Batterieclip an der Korpusinnenseite angebracht werden (in der Regel am Halsblock), und wenn der Preamp nicht am Gurtpin montiert ist, muss dieser ebenfalls auf die Innenseite geklebt oder mit Klettband befestigt werden.

Es gibt mehrere mögliche Punkte, wo eventuell zusätzliche Arbeit vonnöten ist. Falls der Stegschlitz nicht tief genug ist, muss er für die kombinierte Tiefe von Pickup und Stegeinlage ausgefräst werden. Als Faustregel gilt die Empfehlung, dass die Stegeinlage nicht weiter als bis zur Hälfte aus dem Steg herausschauen sollte. Die meisten Hersteller von Tonabnehmern mit einem Koaxialkabel empfehlen auch, dass der Stegschlitz für die Aufnahme des Pickups halbrund ausgefräst werden sollte. So kann der Pickup sowohl die Unterseite der Stegeinlage als auch die Seitenwände des Stegs „spüren", was einer der Vorzüge dieses Tonabnehmerkonzepts ist. Manche Gitarrenfirmen (unter anderem Lakewood) finden es vorteilhaft, wenn die Stegeinlage leicht zu den Stegspins hin geneigt ist, da bei dieser Methode ein größerer Druck auf den Tonabnehmer ausgeübt wird.

Abb. 9.9: Hier ist deutlich zu sehen, wie ein Steg-Pickup (in diesem Fall ein L.R. Baggs Ribbon Transducer) unter der Stegeinlage montiert ist

Wenn die Saiten in einem sehr flachen Winkel über die Stegeinlage laufen, müssen Schlitze unter Umständen vertieft werden. Bei dieser Methode werden kleine Schlitze in die Vorderränder der Stegpinlöcher gearbeitet, wodurch die Saiten näher zur Stegeinlage hin rücken. Das wiederum resultiert in einem steileren nutzbaren Saitenwinkel.

Eine der häufigsten Klagen über Stegeinlagen-Pickups betrifft Probleme mit der Klangausgewogenheit der einzelnen Saiten, so dass einige Saiten lauter sind als andere. In den meisten Fällen kommen diese Probleme von einer zu fest oder zu locker im Stegschlitz sitzenden Stegeinlage oder von einer nicht planen Unterseite der Stegeinlage. Wurden diese beiden möglichen Übeltäter korrigiert und die Probleme bestehen weiter, dann wird ein erfahrener Gitarrenbauer mit Hilfe einiger Tricks trotzdem einen ausgewogeneren Klang schaffen können. Hierzu kann zum Beispiel die Unterseite der Stegeinlage so gefeilt werden, dass sie auf bestimmte Saiten einen höheren Druck ausübt als auf die Nachbarsaiten, oder es können Zonen unter der Stegeinlage oder dem Tonabnehmer mit dünnen Furnierstreifen (Shims) unterlegt werden. Unterm Strich sind solche Probleme die Gründe, weshalb man den Einbau eines Stegeinlagen-Pickups am besten einem Profi überlassen sollte, denn die Ursache für eine nicht hundertprozentige Performance zu ermitteln, ist ohne große Erfahrung recht schwierig.

9.4 Decken-Transducer

Decken-Transducer (auch *Haft-Pickup*, *Kontakt-Pickup* oder *Kontakt-Mikrofon* genannt) sind Tonabnehmer, die man auf der Gitarrendecke anbringt. Da er die durch das Zupfen der Saiten angeregten Deckenschwingungen aufnimmt, ist dieser Pickuptyp theoretisch in der Lage, den akustischen Klang des Instruments sehr präzise wiederzugeben. Da einige Modelle einfach von außen auf die Decke geklebt werden, kann man mit diesem Pickuptyp alle möglichen Instrumente verstärken einschließlich solcher, bei denen die Montage eines Stegeinlagen- oder Magnettonabnehmers nicht möglich ist.

Das Funktionsprinzip eines einfachen Kontakt-Pickups ähnelt stark den Sensoren, wie sie bei vielen Industrieanwendungen eingesetzt werden, zum Beispiel zur Messung seismischer Aktivität oder um Einbruchalarm auszulösen. Im Grunde war es dieser Pickuptyp, der die Verwendung der Piezotechnologie für die Gitarrenverstärkung einläutete. Einer der ersten speziell für die Verstärkung von Akustikgitarren entwickelte Deckentonabnehmer war der Barcus-Berry-Pickup, der Mitte der 1970er Jahre auf den Markt kam. Nur wenige dürften den original Barcus Berry nach heutigen Maßstäben noch für ein konkurrenzfähiges Produkt halten, doch ein anderer Veteran unter den Kontakt-Pickups hat inzwischen Kultstatus erreicht. Der von Künstlern wie Neil Young, Jackson Browne oder dem verstorbenen Michael Hedges benutzte FRAP-Pickup hatte einen Sensor, der auf einer dreidimensionalen Achse funktionierte, um nicht nur die Auf-ab-Bewegungen der Decke, sondern Vibrationen in allen Richtungen einzufangen. Obwohl FRAPs unglaublich gut klingen können (man höre nur einmal Neil Youngs verstärkten Sound – dies sollte reichen, um jegliche Zweifel zu zerstreuen), sind sie dennoch schwierig zu installieren. Das und ein schlechtes Marketing führten schließlich dazu, dass sich die Firma aus dem Geschäft zurückzog. In jüngster Zeit hat ein Hersteller namens Trance Audio ein Pickupkonzept vorgestellt, das sehr stark dem ursprünglichen FRAP ähnelt.

Ein Punkt, den alle Kontaktpickups miteinander gemein haben, ist der, dass sie sehr sensibel auf die exakte Einbauposition reagieren. Jede Gitarre hat einen „sweet spot", wo der Tonabnehmer am besten klingt, und diese Stelle aufzuspüren, kann zu einem langwierigen Prozess mit vielen Fehlversuchen ausarten. Zwar lassen sich überall im unteren Schulterbereich der Decke gut klingende Stellen entdecken, doch am harmonischsten klingt häufig eine Platzierung direkt unter dem Steg (bei Stahlsaiten-Gitarren werden die Pickups meist auf der Stegplatte befestigt).

Die einfachsten Kontakt-Pickups bestehen aus einem münzgroßen Wandler mit einem festmontierten Kabel und einem 6,3 mm-Klinkenstecker zum Direktanschluss an einen Verstärker. Obwohl sich diese Teile auch für eine interne Montage umrüsten lassen, ist der Großteil von ihnen dafür gedacht, dass man sie mit leicht abziehbarer Knetmasse außen auf dem Instrument anbringt. Beispiele für diesen Pickuptyp sind der Dean Markley Artist und der Shadow Quick Mount, doch auch viele andere Hersteller bieten ähnliche Produkte an. Bei richtiger Platzierung und mit einem guten externen Preamp können diese Tonabnehmer im Amateurbereich brauchbare Ergebnisse liefern. Freilich dürften sich nur wenige Profimusiker auf einen dieser Pickups als Hauptsignalgeber verlassen.

Technisch höherentwickelte Konstruktionen haben in letzter Zeit einen Popularitätsaufschwung unter Musikern erfahren, die nach Alternativen zu den allgegenwärtigen Stegeinlagen-Tonabnehmern suchen. Mit verbessertem Klang, integrierten Preamps und vereinfachter Montage verspricht die neueste Generation einen mikrofonähnlichen Sound mit Plug-and-play-Komfort. Als Vertreter dieser neuen Systeme seien hier B-Bands AST, der iBeam von L.R. Baggs, der McIntyre Feather sowie die Angebote von Pick-Up The World, die mittlerweile von „Lace Pickups" vertrieben werden, genannt. B-Band hat ihr hauseigenes Sensormaterial (Beschreibung im Abschnitt „Stegeinlagen-Tonabnehmer") in einen dünnen, rechteckigen Pickup verpackt, der in der Gitarre mit doppelseitigem Klebeband auf der Stegplatte befestigt wird. Das System, das für die Verwendung mit dem Gurtpin-montierten Preamp der Firma ausgelegt ist, kann zur Erweiterung der Soundmöglichkeiten mit einem internen Mikrofon oder B-Bands Stegeinlagen-Pickup ergänzt werden. L.R. Baggs' iBeam verwendet Piezokristalle in einem iBeam-förmigen, leichten Kunststoffgehäuse, das ebenfalls an der Stegplatte befestigt wird. Der als Aktiv- oder Passivversion erhältliche

Tonabnehmer erlaubt verschiedene Einbauvarianten. Für jene Spieler, die eine vorhandene elektro-akustische Gitarre nachrüsten möchten, bietet L.R. Baggs sogar ein Modell mit einem Onboard-Preamp zum Austausch gegen die bei vielen Gitarren installierte Elektronik der Fishman Prefix-Serie an.

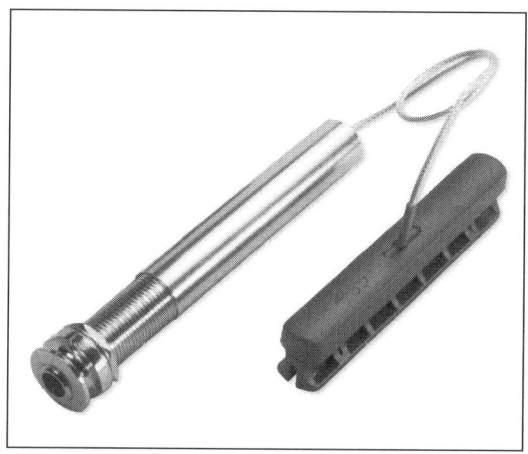

Abb. 9.10: L.R. Baggs iBeam-Pickup wird von Innen an die Bridge Plate montiert

Der McIntyre Feather und die Produkte von Pick-Up The World verwenden eine hauchdünne Sensorfolie zur Abnahme des Gitarrensounds. Einer der Pluspunkte dieses Konzepts ist die nur minimale Gewichtszunahme der Decke, was sich in weniger Verfärbungen des akustischen Instrumentenklangs sowie in einer geringeren Feedback-Anfälligkeit bei höheren Lautstärken niederschlägt.

Eine Reihe hochwertigster Kontakt-Tonabnehmer finden sich im Programm von AKG und Schertler. Bei AKGs C411 Micro Mic handelt es sich um ein Miniatur-Condenser-Mikrofon (zum Betrieb ist eine externe Phantomspeisung erforderlich) in einem Kunststoffgehäuse, das mittels einer Klebemasse befestigt wird. Schertlers DYN Transducer besitzt im Inneren seines münzgroßen Gehäuses eine an einen Magneten gekoppelte Schwingspule. Auch er wird mittels Knetmasse am Instrument befestigt, weshalb er sich rasch anbringen und abnehmen lässt. Beide Geräte haben einen XLR-Stecker, wodurch sie sich optimal für den Anschluss an Profi-Equipment eignen. Die Decken-Transducer in Taylors neuem „Expression"-System bedienen sich eines ähnlichen Konzepts wie Schertlers DYN. Allerdings sind sie zusätzlich mit einer speziellen Flüssigkeit gefüllt, die sich dämpfend auswirkt. Außerdem sind Taylors in der Lage, dreidimensionale Schwingungen zu erfassen, womit sie den alten FRAP-Pickups ähnlich sind.

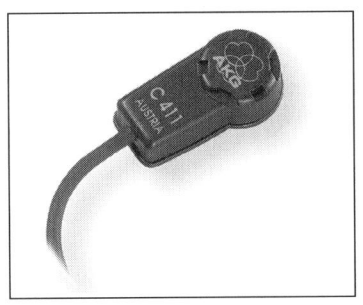

Abb. 9.11: Mikrofon-Hersteller AKG bietet das C411 „Micro Mic" an

Es fällt schwer, eine allgemeine Aussage über die Klangqualitäten von Kontakt-Tonabnehmern zu treffen. Im Unterschied zu anderen Pickuptypen (Stegeinlagen- und Magnettonabnehmer), die oftmals einen Eigensound besitzen, ganz gleich, in welcher Gitarre sie installiert sind, kann hier das jeweilige Instrument über das akustische Hop oder Top eines Kontakt-Tonabnehmers entscheiden. So kann zum Beispiel eine sehr starre Decke nicht genügend Schwingungen auf den Pickup übertragen, wogegen ein extrem resonanzfreudiges Instrument einen möglicherweise mit seinem mächtigen Frequenzumfang zu erdrücken droht. Auch der Stil des Musikers spielt in dieser Gleichung eine wichtige Rolle. Jemand, der leise Klassik oder Fingerpicking spielt, dürfte eher mit einem Kontakt-Tonabnehmer glücklich sein als ein Gitarrist, der mit hoher Lautstärke in einer Rockband fetzt. Zudem hat auch das restliche Equipment, an das der Pickup angeschlossen wird, einen erheblichen Einfluss auf dessen Leistungsvermögen. Wegen der Feedback-Anfälligkeit und der Dröhnneigung empfiehlt es sich, stets einen guten Equalizer oder Notchfilter (Kerbfilter) parat zu haben, um den Sound nach seinen Wünschen zu formen.

Abb. 9.12: Schertlers DYN-Pickup wird mittels einer speziellen Knetmasse direkt auf der Decke installiert

Während viele Kontakt-Tonabnehmer mit praktisch jedem beliebigen Saiteninstrument funktionieren, sind manche auf bestimmte Beleistungs-

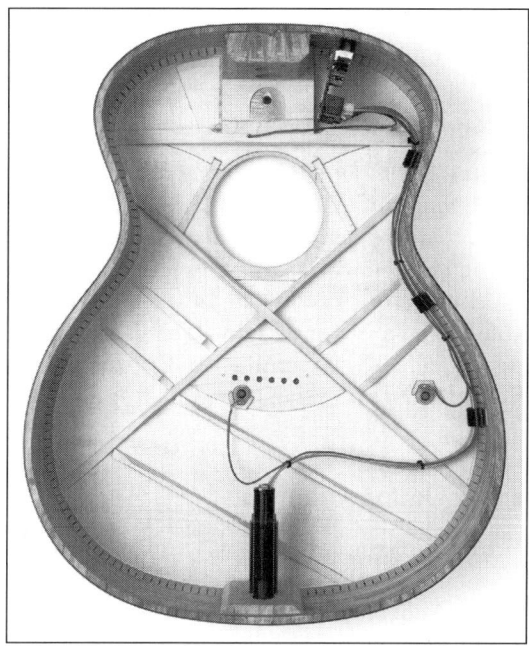

Abb. 9.13: Taylor benutzt zwei Deckentransducer als Teil ihres Expression-Systems

muster beschränkt. So ist zum Beispiel B-Bands AST speziell für Steel-strings mit X-Bracing ausgelegt und passt nicht in Nylonsaiten-Gitarren mit Fächerbracing (die Firma kann jedoch ein Custom-Modell auf Bestellung liefern). L.R. Baggs bietet dagegen unterschiedliche Modelle ihres iBeam-Pickups für Stahlsaiten- und Klassikgitarren.

Eine korrekte Installation und Signalverarbeitung vorausgesetzt, stellen Kontakt-Tonabnehmer für viele Musiker eine hervorragende Alternative zur Mikrofonabnahme dar. Ob beim Liveauftritt oder in lauter Homerecording-Umgebung, diese Artikel sind einen Versuch wert.

9.5 Magnettonabnehmer

Wie ihr Name schon andeutet, arbeiten Magnettonabnehmer nach dem Funktionsprinzip der magnetischen Abnahme der Saitenschwingungen. Es versteht sich daher von selbst, dass dieser Pickuptyp nur auf Stahlsaiten-Gitarren eingesetzt werden kann. Besitzer von Konzertgitarren müssen nach anderen Methoden zur Verstärkung ihrer Instrumente Ausschau halten.

Diese Tonabnehmer bestehen aus einem richtigen Magneten (bei manchen Modellen sind es auch mehrere Einzelmagnete), der von einer Spule aus Kupferdraht umgeben ist. Sie entsprechen daher im Wesentlichen dem Grundprinzip der meisten E-Gitarren-Pickups. Obwohl sich die einzelnen Modelle im Klang deutlich unterscheiden, können die meisten Magnetton-abnehmer ihre Herkunft nicht verleugnen, und folglich klingt das Ergebnis auch immer ein bisschen nach E-Gitarre. Bei manchen Magnettonabnehmern ist auch eine aktive Elektronik ins Gehäuse integriert.

9.5.1 Humbucker vs. Single-Coil

Magnettonabnehmer sind als *Single-Coil-* und *Humbucker-*Versionen erhältlich. Während sich der Name Single-Coil von selbst erklärt (bei dieser Konstruktion wird der Sound mit nur einer Spule erzeugt), besitzt der Humbucker eine zweite Spule, die zur Unterdrückung von Störgeräuschen („Hum") und Einstreuungen von außen dient. Obwohl Single-Coils bei E-Gitarren wegen ihrer Brillanz und dem typischen „Twang" sehr beliebt sind, bevorzugen die meisten Akustikspieler das Humbucker-Prinzip wegen seines nebengeräuscharmen Betriebs, der satteren Basswiedergabe und dem insgesamt fetteren Sound.

9.5.2 Magnettonabnehmer für Flattop-Gitarren

Magnettonabnehmer für Flattop-Gitarren werden im Allgemeinen im Schallloch des Instruments montiert (weshalb man sie auch Schallloch-Pickups nennt). Auch wenn sich ihr Äußeres nicht dramatisch verändert hat, ist doch eine Menge passiert, seit die ersten Modelle vor mehr als einem halben Jahrhundert auf den Markt kamen. Während man in den Anfangstagen lediglich E-Gitarren-Pickups in Akustikgitarren einbaute, sind die modernen Vertreter sorgfältig auf die Verwendung von Bronzesaiten abgestimmt und berücksichtigen die Klangideale von Akustikspielern.

Magnettonabnehmer für Flattop-Gitarren sind in vielen Preisklassen erhältlich. Einsteigermodelle wie Dean Markleys Pro Mag, Seymour Duncans Woody oder Fishmans Neo-D basieren auf einem passiven Single-Coil-Konzept, und ihr günstiger Preis sowie die leichte Handhabung machen sie für Amateurmusiker attraktiv, die nicht viel Geld ausgeben wollen und nur gelegentlich einstöpseln müssen. Obwohl diese Tonabnehmer meist nicht über den natürlicheren und edleren Klang der teureren Systeme verfügen, können sie doch eine ausgezeichnete Wahl zur Verstärkung einer vorhandenen Gitarre sein, ohne dass man sich groß mit dem Einbau eines raffinierteren Systems abzuplagen braucht. Diese schlichten Pickups, mit denen man direkt einen Verstärker oder eine PA ansteuern kann, bieten echten Plug-and-play-Komfort.

Viele Jahre lang wurde der Highend-Markt für magnetische Schallloch-Tonabnehmer von einem einzigen Modell beherrscht. Der ehrwürdige Sunrise-Pickup kam Anfang der 1980er Jahre auf den Markt und entwickelte

Abb. 9.14: Der Sunrise-Tonabnehmer für Flattops ist nach wie vor hochgeschätzt

infolge des Gebrauchs durch Musiker wie Michael Hedges, Ben Harper, Leo Kottke und Keith Richards (um nur einige zu nennen) im Lauf der Zeit eine fast kultische Verehrung. Der Umstand, dass er nur in sehr begrenzten Stückzahlen (und anfangs nur direkt vom Hersteller mit Firmensitz in Kalifornien) erhältlich war, trug noch mehr zu seiner Mystifizierung bei. Mit seinem Konzept eines passiven, gestackten Humbuckers (hierbei liegen die beiden Spulen über- statt nebeneinander) bringt der Sunrise tatsächlich einen sehr räumlichen, warmen Klang, der im Zusammenspiel mit einem guten Preamp bis heute den Standard für die Konkurrenz markiert. Allerdings ist der Pickup ziemlich groß und schwer, was nach Meinung vieler Künstler den Natursound der Gitarre beeinträchtigt, in die er eingebaut ist. Und obwohl der Sunrise auch ohne Preamp auskommt, benötigt er wirklich jenen Schub, um sein volles Leistungsvermögen auszureizen – ein Punkt, den es zu berücksichtigen gilt, wenn der Musiker sein bzw. ihr Equipment einfach halten möchte.

Die erste ernsthafte Konkurrenz für den Sunrise kam in Gestalt des britischen Mimesis-Pickups. Dank seiner superstarken Neodymium-Magneten konnte dieses Teil sehr klein und leicht ausfallen, was trotz seiner aktiven Auslegung die Auswirkungen des Tonabnehmers auf den Naturklang der Gitarre drastisch verminderte. Der von Fishman lizenzierte Pickup wird inzwischen in den USA unter dem Namen Rare Earth gefertigt und ist in mehreren unterschiedlichen Konfigurationen erhältlich. Die Rare-Earth-Produktreihe beginnt bei einem Single-Coil-Modell, gefolgt von einem Humbucker, und geht weiter mit zwei Modellen mit jeweils einem Miniatur-Mikrofon. Besonders interessant sind die mit Mikrofon ausgestatteten Rare-Earth-Blend-Pickups, denn sie erlauben es, den satten Sound des Magnettonabnehmers mit dem dezenteren, natürlicheren Klang des Mikrofons zu mischen, was in einem Klangbild resultiert, das man als „best of both worlds" bezeichnen könnte. Das mit einem flexiblen Schwanenhals am Pickup befestigte Mikrofon ist beim Rare Earth Blend in den Korpus der Gitarre gerichtet, beim Rare Earth Custom Blend hingegen zielt es auf die *Außenseite* des Schalllochs. Die Mischung der beiden Signale erfolgt entweder mittels eines kleinen Reglers am Pickup selbst, alternativ können die Tonabnehmer auch mit einem Stereo-Klinkenkabel für echten Stereobetrieb verdrahtet werden. Alle aktiven Rare Earth-Pickups haben eine kleine 3-Volt-Knopfzelle für die Spannungsversorgung der eingebauten Preamps.

Abb. 9.15: Fishmans Rare-Earth-Pickup weist ein sehr schmales Design auf, in der „Blend"-Version mit zusätzlichem Mikrofon

In jüngster Zeit hat Seymour Duncan mit seinem MagMic-Modell die Riege der Highend-Magnettonabnehmer bereichert. Neben einem aktiven Humbucker, der größenmäßig zwischen einem Sunrise und einem Fishman Rare Earth liegt, verfügt der MagMic – wie sein Name schon andeutet – auch über ein eingebautes Mikrofon. Anstelle eines Schwanenhalses entschied sich Seymour Duncan, das Mikrofon einfach in die Unterseite des Pickups zu integrieren, so dass es ins Schalloch „blickt". Trotz der fehlenden Möglichkeit, das Mikrofon zu verschieben, um sich auf die Jagd nach einem „sweet spot" im

Abb. 9.16: Seymour Duncans MagMic verbindet ein Humbucker-Design mit eingebautem Mini-Mikrofon

Inneren der Gitarre zu begeben, genügt es nach Meinung vieler Musiker, dem Magnetsound nur eine Prise des Mikrofonsounds beizumischen, damit der Gesamtsound natürlicher rüberkommt, und die Position ist zu diesem Zweck mehr als ausreichend.

Allen Magnettonabnehmern gemein ist ihre Eigenschaft, dass sie eine hervorragende Wahl sind, wenn ein Umbau der Gitarre nicht in Frage kommt. Obwohl eine Festinstallation mit einer normalen Gurtpin-Buchse möglich ist, können diese Tonabnehmer auch mit einem langen Kabel verwendet werden, das man einfach aus dem Schallloch heraushängen lässt. In diesem Fall kann der Pickup leicht und ohne jegliche Veränderungen am Instrument installiert und wieder herausgenommen werden, was ein entscheidender Punkt beim Gebrauch von Sammlerstücken oder Vintage-Instrumenten sein kann. Es ist auch denkbar, einen Pickup für mehrere Instrumente zu verwenden oder ihn nur für Auftritte zu montieren und für den Heimgebrauch oder im Aufnahmestudio auf jede Elektronik zu verzichten.

Magnettonabnehmer eignen sich auch hervorragend zur Abnahme von ultratief gestimmten Tunings und harmonischen Slapstyle-Spieltechniken, was sie zu einem Liebling vieler moderner Fingerpicker macht. Obwohl Magnettonabnehmer häufig „elektrischer" klingen als andere Akustik-gitarren-Pickups, haben sie eine unbestreitbare Wärme und einen weichen Anschlag und bieten so eine Alternative für Musiker, die über die manchmal harschen, brillanten Klänge der allgegenwärtigen Stegeinlagen-Tonabnehmer frustriert sind.

9.5.3 Flattops mit eingebauten Magnettonabnehmern

Obwohl Magnettonabnehmer in der Regel als Nachrüstartikel angeboten werden, gibt es auch einige elektro-akustische Flattops, bei denen dieser Pickup-Typ schon ab Werk eingebaut ist. Der berühmteste Vertreter ist zweifellos die Gibson J-160E, die schon eingangs in diesem Kapitel angesprochen wurde. Das mit einem clever in das Griffbrettende integrierten Single-Coil-Pickup bestückte Instrument hatte seine Glanzzeit als John Lennons Lieblingsakustikgitarre. In letzter Zeit hat Ibanez bei ihren Gitarren der MASA-Serie ein ähnliches Konzept umzusetzen begonnen. Neben einem zwischen Schallloch und Griffbrettende installierten Tonabnehmer hat die Gitarre auch einen Onboard-Preamp und Equalizer in der Zarge eingebaut. Washburn setzt einen modifizierten Fishman-Rare-Earth-Pickup bei ihrer ultraflachen NV-300 Gitarre ein, und Taylor verwendete ein ähnliches System bei ihrem limitierten Chris-Proctor-Signature-Modell. Taylors neues Expression-System verwendet einen unsichtbaren, unter dem Griffbrett eingebauten Magnettonabnehmer, der von zwei Decken-Transducern im Korpus unterstützt wird.

Abb. 9.17: Ibanez benutzt einen eingebauten magnetischen Pickup bei der MASA-Serie.
Rechts daneben das Gibson E-160 John-Lennon-Modell

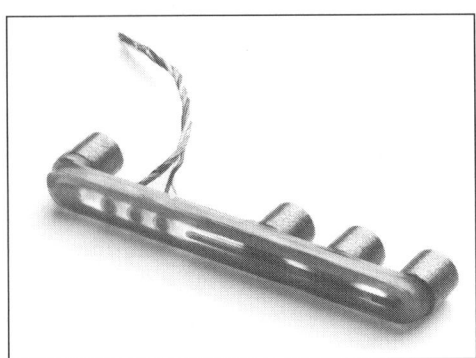

Abb. 9.18: Der magnetische
Pickup, den Taylor als Teil seines
Expression-Systems einbaut

9.5.4 Magnettonabnehmer für Archtop-Gitarren

Magnettonabnehmer für Archtop-Gitarren lassen sich in zwei Kategorien unterteilen: solche, die nach E-Gitarren-Manier (zusammen mit ihren Volume- und Tonreglern) in die Decke eingebaut werden, und „Floating" Pickups, die am Griffbrettende oder Schlagbrettrand montiert werden. Jene Archtop-Variante, die Vertreter der ersten Kategorie verwendet, ist im Grunde mehr ein semiakustisches Elektroinstrument als eine akustisch funktionale Gitarre, weshalb wir uns für unsere Zwecke auf die zweite Kategorie beschränken werden.

Floating-Pickups waren ursprünglich zur problemlosen Nachrüstung für vorhandene akustische Archtops entwickelt worden (eine Option, die bis heute erhältlich ist) und erfordern nur minimale Veränderungen an der Gitarre. Zudem haben sie praktisch keinerlei Auswirkung auf den akustischen Klang des Instruments. Floating-Pickups unterscheiden sich dadurch von ihren rein elektrischen Vettern, dass sie viel dünner sind, damit sie in die schmale Lücke zwischen Saiten und Korpus passen. Dies erfordert im Allgemeinen den Einsatz kleinerer interner Magneten, was oft zu einem etwas geringeren Output und einem nicht ganz so fetten Sound führt, wie er mit einem ausgewachsenen Humbucker erzielbar wäre. Floating-Pickups haben außerdem in der Regel eine Montageklammer, die an den Seiten des Griffbretts angebracht wird. Damit die Decke möglichst frei schwingen kann, kommt ein Floating-Pickup meist im Team mit Volume- und Tonreglern, die auf die Pickup-Platte geschraubt werden statt direkt in den Gitarrenkorpus. Bei älteren Gitarren, die mit einer Elektronik nachgerüstet wurden, befindet sich oft sogar die Ausgangsbuchse mit auf dem Schlagbrett; allerdings hat sich nach Ansicht der meisten heutigen Gitarrenbauer eine Gurtpin-Buchse als praktischer erwiesen.

Im krassen Gegensatz zu Pickups für Flattop-Gitarren hat sich der Großteil der für Archtops gebauten Magnettonabnehmer seit den 1940er Jahren kaum verändert. Firmen wie Seymour Duncan, EMG und Shadow haben sicherlich ihren Beitrag zur Klangverbesserung dieser Pickups geleistet, doch viele Musiker schätzen die alten DeArmond-Originale noch immer über alles.

9.6 Interne Mikrofone

Um das Instrument zu verstärken, erscheint es im Prinzip am logischsten, wenn man einfach ein Mikrofon in den Korpus der Gitarre legen würde.

Immerhin vermeidet ein solches internes Mikrofon Klagen über quäkige Stegeinlage-Pickups, elektrisch klingende Magnettonabnehmer, und obendrein kann man sich – anders als bei einem externen Mikrofon – frei bewegen. So ist man vielleicht verwundert, dass nach Meinung der meisten Spieler ein internes Mikrofon allein keinen zufriedenstellenden Sound liefern kann. Einfach ausgedrückt liegt die Hauptursache hierfür in dem Umstand, dass das Innere einer Gitarre gewöhnlich nicht eben berauschend klingt. Während sich der Ton einer Gitarre voll entfalten und entwickeln kann, sobald er das Instrument verlassen hat, neigt der Innenraum zum Dröhnen und lässt viele der klangprägenden Frequenzen vermissen, die man mit einem gutem Akustikklang assoziiert.

Doch während ein internes Mikrofon allein für die meisten Musiker nicht die Wurst vom Teller zieht (freilich gibt es Ausnahmen wie Martin Carthy, der außer einem umgebauten Radio-Shack-Mikrofon nichts in seiner berühmten Martin 000-18 verwendet), sind viele der Meinung, dass es in Verbindung mit einem Tonabnehmer ihren Sound verbessern kann. Der für diesen Zweck in aller Regel eingesetzte Mikrofontyp ist ein Miniatur-Elektret ähnlich denen, wie man sie an Krawatten oder Hemdkragen festklippt.

Fishman war eine der ersten Herstellerfirmen, die eine Pickup/Mikrofon-Kombination in Verbindung mit ihrem eigenen Blender-System anbot. Hierzu kombinierte man den hauseigenen Active-Matrix-Pickup mit einem von Crown hergestellten Miniatur-Mikrofon. Das System verfügt über Stereo-Ausgänge an der Gitarre und benötigt eine externe Box, den so genannten Blender, zur Verarbeitung der beiden Signale (es funktioniert aber auch mit vielen anderen 2-Kanal-Preamps). Vor nicht allzu langer Zeit hat Fishman das Prefix-Blend-System herausgebracht, das sich für den Direkteinbau ab Werk zur beliebtesten Pickup/Mikrofon-Kombi der Gitarrenhersteller gemausert hat. Dank des in das Preamp-Gehäuse integrierten Mikrofons ermöglicht das System das Mischen der zwei Signale direkt am Instrument, was externe Blender oder Stereokabel überflüssig macht.

Wen überrascht es da, dass auch L.R. Baggs inzwischen mehrere solcher internen Pickup/Mikrofon-Kombis anbietet. Eine echte Besonderheit ist hierbei das Dual-Source-Modell. Das Dual Source, das ein Miniatur-Mikrofon mit dem hauseigenen Ribbon-Transducer-Pickup kombiniert, bietet eine Onboard-Mischung der Signale mit einer cleveren Kontrolleinheit, die im Schallloch angeklemmt wird. B-Band, Highlander und Shadow sind weitere Anbieter von internen Mikrofonen, die sich nur geringfügig in ihrer Einsatzweise unterscheiden.

Viele Gitarristen verwenden mit Erfolg umgebaute Lavalier-Mikrofone (wie man sie an Krawatten oder Hemdkragen festgeklippt sieht) in ihren Instrumenten. Obwohl in der Regel einige Fummelei nötig ist, bis man eine zuverlässige Methode gefunden hat, um diese Teile anzubringen und mit Spannung zu versorgen, lassen sich mit diesen teilweise ausgesprochen preiswerten Mikros oftmals erstaunliche Ergebnisse erzielen.

9.6.1 Einbau interner Mikrofone

Es gibt mehrere Möglichkeiten zum Einbau eines Mikrofons in die Gitarre. Die meisten Hersteller – wie etwa B-Band, Fishman und Highlander – verwenden einen Federclip, um das Mikro an einer der internen Streben anzubringen. L.R. Baggs platziert das Mikrofon in einem kleinen Schaumgummiwürfel, der dann mit doppelseitigem Klebeband in den Korpus geklebt wird. Von Yamaha gibt es einen Preamp, aus dessen Gehäuse ein Mikrofon an einem kleinen Schwanenhals in den Korpus ragt. Unabhängig von der Befestigungsart des Mikrofons lohnt es sich, mit der Platzierung zu experimentieren, da sich der Sound schon nach wenigen Zentimetern drastisch verändern kann.

9.6.2 Phantomspeisung

Elektret-Mikrofonkapseln besitzen fast mikroskopisch kleine integrierte FET-Preamps, die zum Betrieb mit Spannung versorgt werden müssen. Diese liegt in der Regel zwischen sechs und 15 Volt und wird entweder von einem Onboard-Preamp oder extern über eine Niedervolt-Phantomspeisung bereitgestellt (nicht zu verwechseln mit der 48-Volt-Phantomspeisung, wie sie die meisten Mischpulte zum Betrieb von ausgewachsenen Kondensator-Mikrofonen bieten). Die benötigte Spannung wird von den meisten der speziell für interne Pickup/Mikrofon-Kombis ausgelegten 2-Kanal-Blender bereitgestellt (stellvertretend seien hier der Fishman Blender, der L.R. Baggs Mixpro und der Raven Lab PMB II genannt). Die Niedervolt-Phantomspeisung liegt auf derselben Leitung wie das Mikrofonsignal an und funktioniert mit einem herkömmlichen Gitarrenkabel.

9.7 Preamps

Wie bereits im Abschnitt „Aktiv oder passiv?" beschrieben, profitieren die meisten Akustikgitarren-Pickups – und hierbei insbesondere Piezotypen – erheblich vom Einsatz eines Vorverstärkers. Das kommt daher, weil das

Ausgangssignal des Pickups oft zu niederohmig ist, um den relativ hochohmigen Eingang eines Verstärkers oder Mischpults wirkungsvoll auszusteuern. Neben dem offensichtlichen Resultat einer nur sehr geringen Lautstärke gibt es aber noch den wichtigeren Punkt, dass aufgrund dieser Unterschiede oft nicht die volle Klangtreue möglich ist, wie sie zur Verstärkung akustischer Instrumente benötigt wird. Was Musiker gerne als „dünnen" oder „schwachen" Klang bezeichnen, ist in Wahrheit eine Fehlanpassung der Impedanz. Die in *Ohm* gemessene Impedanz beschreibt den Widerstand einer elektronischen Schaltung gegenüber Wechselstrom, der bei vielen Tonabnehmern ein wenig „angeschoben" werden muss, damit er auf den Pegel kommt, bei dem die Eingangsstufe eines Verstärkers funktioniert.

Preamps für Akustikgitarren sind in verschiedenen Größen und Formen erhältlich. Der einfachste Typ ist direkt mit der Innenseite der Gurtpin-Buchse verbunden und außer der Montage eines Batterieclips sind keine weiteren Umbaumaßnahmen am Instrument nötig. Andere Designs kombinieren Preamp und Batteriehalter in einem Gehäuse (meist nicht viel größer als eine Streichholzschachtel), das im Gitarrenkorpus angebracht wird. Manche dieser Systeme sind zweikanalig ausgelegt: Ein Kanal ist für den mitgelieferten Pickup und ein weiterer für den Stereobetrieb mit einem zweiten Tonabnehmer oder einem internen Mikrofon.

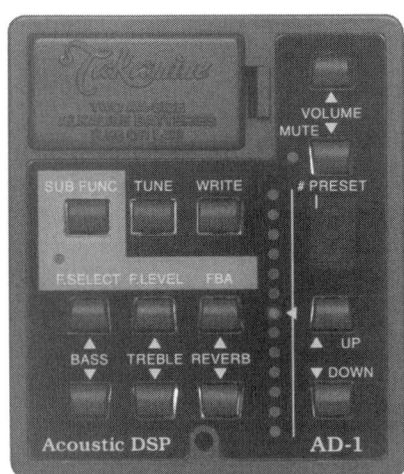

Abb. 9.19: Takamines AD-1 Preamp bietet eingebaute Digitaleffekte

Ein Preamptyp, der besonders bei Gitarren beliebt ist, die schon ab Werk mit einer Elektronik ausgerüstet sind, beinhaltet Regler für Lautstärke und diverse klangformende Optionen. In die Zarge eingebaut, legen diese Systeme die Klangkontrolle direkt in die Hände des Musikers. Manche verfügen auch über ein eingebautes Mikrofon, um den Sound des Tonabnehmers aufzupeppen, und Shadow und Takamine bauen sogar gleich Digitaleffekte mit ein.

Abb. 9.20: Bei diesem L.R. Baggs Dual Source-System ist der am Rücken der Gitarre befestigte Preamp deutlich sichtbar. Außerdem besitzt dieses System eine einfache Regeleinheit, die ins Schallloch geklemmt wird

9.8 Onboard-Regler

Wie im obigen Abschnitt beschrieben, sind Regler eine häufige Ergänzung zu elektro-akustischen Gitarren. Schauen wir uns einmal an, was die diversen Dreh- und Schieberegler in den Zargen vieler Gitarren machen.

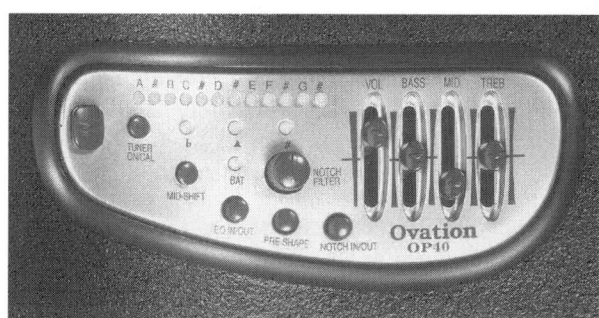

Abb. 9.21: Ovations OP-40 bietet eine umfangreiche Klangbearbeitung

9.8.1 Volume

Die im Instrument eingebaute Reglersektion beginnt gewöhnlich mit einem Dreh- oder Schieberegler, der mit *Volume* beschriftet ist. Wie der Name schon sagt, ermöglicht dieser Regler durch eine Pegeländerung des Ausgangssignals eine Lautstärkeregelung des Instruments, wodurch man sich problemlos an die Lautstärkepegel der übrigen Bandmitglieder anpassen kann. Ein Volumeregler ist auch nützlich, wenn man mehrere Gitarren mit unterschiedlichen Elektroniken benutzt, denn so kann man bei allen Instru-

311

menten einen ähnlichen Ausgangspegel einstellen und die Bühnenlautstärke auf gleichmäßigem Niveau halten. Zu guter Letzt kann ein Volumeregler auch als eine Art „Paniktaste" fungieren: Falls es plötzlich pfeift, dröhnt, rauscht oder sonstige Abnormitäten auftreten, ist es überaus praktisch, wenn man dann rasch die Lautstärke der Gitarre runterziehen kann.

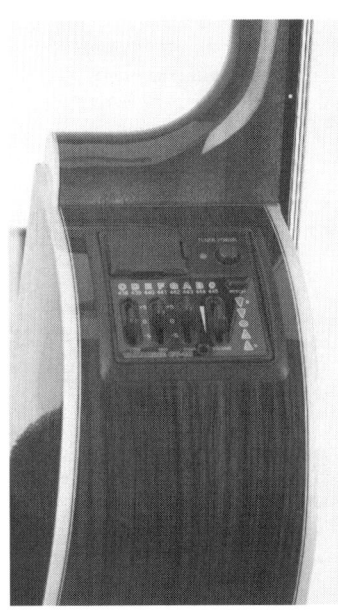

Abb. 9.22: Neben Klang- und Reglereinheit hat Takamines GT-40 Preamp auch ein eingebautes Stimmgerät

9.8.2 Klangregelung

Die Funktion eines Equalizers (auch kurz EQ genannt) beruht darauf, bestimmte Frequenzen anzuheben oder abzuschwächen. Der EQ besteht im einfachsten Fall aus einer simplen Höhenblende, die den Gitarrenklang dumpfer oder heller macht (ähnlich dem Tonregler eines normalen Autoradios), er kann aber auch so komplex wie der Kanalzug eines Mischpults aufgebaut sein. Obwohl ein guter Pickup und Preamp auch linear (ohne Zuhilfenahme des EQs) schon toll klingen soll, verlangen manche Spielsituationen eine Korrektur des Grundsounds, zum Beispiel aufgrund unterschiedlich klingender Verstärker, verschiedener Raumakustiken, oder um das Instrument in einem Mix mehr nach vorne zu holen.

Während die meisten E-Gitarren mit einem simplen „Ton"-Regler auskommen, verfügt die Mehrzahl der elektro-akustischen Gitarren über eine weit umfangreichere Ausstattung. Der Grund dafür ist, dass eine Aufsplittung des vorhandenen Klangspektrums in schmalere Bänder – zum Beispiel in Bässe, Mitten und Höhen – eine präzisere Bearbeitung einzelner Frequenzbereiche ermöglicht. In dem eben erwähnten Beispiel würde man von einem *3-Band-EQ* sprechen, wobei der Musiker mit jedem dieser Regler den ihm zugedachten Frequenzbereich anheben oder absenken kann.

Manche EQs erlauben sogar die Wahl der anzuhebenden bzw. abzusenkenden Frequenz. Diese Klangregelvariante wird als *parametrischer EQ* bezeichnet und kommt oft als Mittenregelung bei Akustikgitarren-Preamps zum

Einsatz. Systeme wie Fishmans Prefix-Serie haben Festfrequenzen bei Bass- und Höhenregelung, aber dafür parametrische Mitten, was den Eindruck eines 4-Band-EQs erweckt (immerhin sind ja vier Fader vorhanden), obwohl es sich nur um einen 3-Band-EQ mit einem zusätzlichen Regler zum Einstellen der Mittenfrequenz handelt.

9.8.3 Notchfilter

Ein Notchfilter ist ein Spezial-EQ, der einen extrem schmalbandigen Frequenzbereich anhebt bzw. absenkt. Bei der Verstärkung akustischer Gitarren ist er ein hochwirksames Werkzeug zur Feedback-Unterdrückung bei hohen Lautstärken. Indem man die problematische Frequenz exakt eingrenzt und absenkt, lassen sich Rückkopplungen mit nur minimalen Klangeinbußen unterdrücken.

9.8.4 Phase

Manche Onboard-Elektroniken verfügen auch über einen mit „Phase" (manchmal auch „Invert") beschrifteten Schalter. Diese Funktion kehrt die Polarität des Preampsignals um und erlaubt so eine ideale Anpassung an die Phase des Verstärkers oder der PA-Anlage. Da die Phase Einfluss darauf hat, wie das Gitarrensignal auf die von den Lautsprechern produzierten Schall- wellen reagiert, kann man damit den Sound optimieren und Feedback bekämpfen.

9.8.5 Überblend-/Mixregler

Wenn die Elektronik der Gitarre aus einer Pickup/Mikrofon-Kombination besteht, dann findet sich bei den Reglern höchstwahrscheinlich auch einer mit der Bezeichnung „Blend" oder „Mix". Ein solcher Überblendregler mischt entweder das Mikrofonsignal zum Pickupklang hinzu oder ermög- licht jedes beliebige Mischungsverhältnis zwischen den beiden Signal- quellen (z.B. Linksanschlag entspricht 100% Pickup, Rechtsanschlag ent- spricht 100% Mikrofon). Da der Tonabnehmer meist als Hauptsignalgeber für den Gesamtsound fungiert, ist die erste Variante häufiger zu finden.

9.8.6 Onboard-Regler – ja oder nein?

Während man leicht vom praktischen Komfort der eingebauten Regler verführt werden kann, empfiehlt sich dennoch ein kritischer Blick, bevor man sich auf ihren Gebrauch festlegt. Manche Musiker (oft diejenigen mit einem E-Gitarren-Background) finden es überaus wichtig, dass sie den Sound ihres Instruments unter Kontrolle haben, ohne auf externe Geräte angewiesen zu sein. In bestimmten Situationen – etwa wenn man in einer lauten Band spielt, die keinen eigenen Tontechniker hat – ist die Möglichkeit, seinen Sound direkt von der Gitarre aus einstellen zu können, zweifellos ein Geschenk des Himmels. Trotzdem gibt es auch Situationen, in denen der Wunsch eines Musikers, seinen bzw. ihren Sound auf der Bühne fortwährend verändern zu wollen, letztlich in einem schlechteren Sound für das Publikum resultiert. Tatsächlich haben manche Künstler, die auf großen Bühnen auftreten, die Bordelektronik ihrer Gitarren abgeklemmt und überlassen die Formung ihres Sounds den Leuten am Mischpult.

Der jedoch vielleicht wichtigste Grund, den Bedarf nach einer umfangreichen Onboard-Klangregelung vorsichtig zu bewerten, ist die Tatsache, dass alles Elektrische meist viel schneller veraltet ist als die Gitarre selbst. Da sich die Verstärkung der Akustikgitarre noch nicht so umfassend entwickelt hat wie andere Bereiche der Gitarre, ist das, was heute total angesagt ist, in zehn oder 20 Jahren fast sicher ein alter Hut, manchmal sogar noch früher. Und da die meisten Einbausysteme drastische bauliche Veränderungen am Instrument (in der Regel ein quadratisches oder rechteckiges Loch in der Zarge) verlangen, ist es keine Kleinigkeit, sie wieder auszubauen oder zu ersetzen, wenn man gerne auf ein anderes System umsteigen würde. (Allerdings gibt es auch Ausnahmen von der Regel, etwa L.R. Baggs' iBeam-Einbausystem, das genau in den Lochausschnitt von Fishmans Prefix-Modell passt.) Einfach ausgedrückt: Eine gute Gitarre wird ihren Besitzer überdauern und in vielen Fällen achtet man am besten darauf, dass solche Umbaumaßnahmen bei Bedarf so leicht wie möglich wieder rückgängig zu machen sind.

Wenn Sie das Gefühl haben, dass Sie wenigstens eine Basisregelung brauchen, aber dazu keine großen baulichen Veränderungen an Ihrer Gitarre vornehmen wollen, dann könnte für Sie vielleicht ein System interessant sein, das die benötigten Komponenten im Schallloch unterbringt. L.R. Baggs' Remote Control ist Teil des Dual-Source-Systems der Firma (wo es Regelmöglichkeiten für Lautstärke und Pickup/Mikrofon-Überblendung bietet), es ist aber auch für Nur-Tonabnehmer-Systeme erhältlich (in diesem Fall sind die Regler dann für Lautstärke und Ton). Auf clevere Weise am Schalllochrand festgeklemmt, findet die Remote Control einen sicheren Halt und ist dennoch leicht abnehmbar. Schertlers Bluestick-System beinhaltet ebenfalls einen simplen Volumeregler, der mit doppelseitigem Klebeband im Inneren des Schalllochs befestigt wird. Shadows Megasonic bietet eine umfassende Kontrolle für Lautstärke, EQ und Überblend-möglichkeiten. Mit der ganzen Preamp-Einheit ist dieses Teil allerdings ziemlich groß geraten, es lässt sich jedoch mit Klettband leicht erreichbar anbringen.

9.9 Ausgangsbuchse

Damit man ein normales Standard-Gitarrenkabel mit 6,3 mm-Klinken-steckern verwenden kann, muss das Instrument über eine Ausgangsbuchse verfügen. Zwar sitzt bei manchen elektro-akustischen und vielen Archtop-Gitarren in der unteren Schulter eine der üblichen E-Gitarren-Buchsen (was eine Verstärkung in diesem Bereich notwendig macht), dennoch bevorzugen mittlerweile die meisten Hersteller und Musiker eine so ge-nannte *Gurtpin-Buchse*. Der Einbau dieser Buchse, die als Ersatz dienen soll für den serienmäßigen Gurtpin, wie er am Tailblock der meisten Gitarren zu finden ist, erfordert nur minimale Veränderungen am Instrument (das Gurtpin-Loch muss etwas aufgebohrt werden).

Es gibt mehrere Methoden, um die Buchse in der Gitarre zu sichern. Die meisten Gurtpin-Buchsen besitzen einen Gewindeschaft, der an beiden Enden von einer Mutter fixiert wird. Bei manchen Typen muss die Mutter im Korpusinneren angezogen werden, was ohne das richtige Werkzeug jedoch recht knifflig werden kann. Besser sind da schon die Modelle, bei denen die Mutter von *außen* angezogen wird, auf die meist noch eine Kontermutter in Form des eigentlichen Gurthalters aufgesetzt wird. Eine dritte Gurtpin-Variante hat ein sehr grobes Gewinde (ähnlich dem einer Blechschraube). Dieser Typ wird direkt in ein vorgebohrtes Loch in der Gitarre geschraubt, und da er keine Innenmutter benötigt, eignet er sich perfekt für Instrumente, in denen es recht beengt zugeht.

Wenn selbst dieser kleine Umbau (das Aufbohren des vorhandenen Gurtpin-Lochs) nicht in Frage kommt, gibt es trotzdem noch einige Alternativen. Viele Archtop-Gitarren haben an der Unterseite ihrer erhöhten Pickguards eine Mini-Klinkenbuchse (kleiner als ein normaler Gitarrenstecker), wes-halb man auf Veränderungen am Korpus verzichten kann. Ebenso lassen manche Flattop-Spieler, die einen magnetischen Schallloch-Pickup ver-wenden, lieber ein kurzes Kabel mit einer Minibuchse aus dem Schallloch der Gitarre hängen. In den meisten Fällen wird dieses Kabel mittels einer Schlaufe über dem Gurtpin oder mit einem Streifen Klettband auf dem Korpus gesichert. Es gibt auch mit einer Minibuchse ausgestattete Gurtpins, die in die normale Gurtpin-Bohrung passen. Jedoch ist keine dieser Miniklinken-Optionen so sicher wie eine Standard-Klinkenbuchse (1/4" bzw. 6,3 mm), die irgendwo im Gitarrenkorpus angebracht wird. Deshalb entscheiden sich die meisten Vielspieler, Nägel mit Köpfen zu machen und bauen ihre Instrumente zugunsten eines störungsfreien Plug-and-play-Betriebs um.

Abb. 9.23: Die meisten Pickup-Systeme benutzen Ausgangsbuchsen, die in einem Gurtpin integriert sind

9.9.1 Mono- oder Stereobuchsen

6,3 mm-Klinkenbuchsen gibt es als Mono- und Stereo-Ausführungen. Der Unterschied zwischen den beiden ist die Anzahl der Kontakte: Während eine Monobuchse nur zwei Kontakte besitzt – einen für die Spitze des Steckers und einen für den Schaft –, sind es bei einer Stereobuchse drei: Tip (Spitze), Ring und Schaft. Für einen normalen Passiv-Tonabnehmer benötigt man nicht mehr als eine Monobuchse. Aber selbst wenn Sie nicht vorhaben, Ihren Sound in Stereo zu fahren (was im Grunde bedeuten würde, dass zwei unterschiedliche Signale aus den linken und rechten Lautsprechern kommen), gibt es Gründe für den Einbau einer Stereobuchse. Die häufigste Funktion bei elektro-akustischen Gitarren ist die, dass über den dritten Kontakt automatisch die aktive Elektronik ein- und ausgeschaltet wird, sobald man das Kabel einsteckt bzw. abzieht. Somit erübrigt sich ein zusätzlicher Schalter an der Gitarre. Es bedeutet aber auch, dass die Elektronik stets in Betrieb ist, sobald das Kabel drinsteckt. Deshalb ist es ratsam, den Stecker abzuziehen, wenn man längere Zeit nicht spielt. So schonen Sie die Batterie.

Der andere Grund, der für eine Stereobuchse spricht, ist der Betrieb von zwei Pickups – oder eines Pickups mit einem internen Mikrofon – über ein

Kabel. In diesem Fall teilen sich die beiden Signalquellen den Steckerschaft als gemeinsame Masseverbindung und leiten ihre Signale getrennt über Ring und Tip. Dies lässt sich am leichtesten mit zwei passiven Komponenten bewerkstelligen, da der zweite Tonabnehmer bzw. das Mikrofon den Anschluss belegt, der ansonsten zum Ein- und Ausschalten der Elektronik benötigt würde. Spezielle Preamps mit integrierten Buchsen können diese Probleme umgehen (so kann zum Beispiel Fishmans Active-Matrix-Preamp den ebenfalls aktiven Rare-Earth-Magnettonabnehmer über eine eigene Buchse mitversorgen), jedoch wird die Lösung immer vom individuellen Setup abhängen.

Eine relativ neue Version der Stereo-Klinkenbuchse besitzt sogar einen *vierten* Kontakt als reinen Batterieschalter für Aktivelektroniken. Damit kann man ein Stereo-Setup im Aktivbetrieb fahren (wobei Tip- und Ring-kontakt belegt sind), was die Flexibilität bei der Anpassung einzelner Komponenten erheblich verbessert.

Es versteht sich von selbst, dass ein System mit doppelter Signalführung und Stereo-Ausgängen für einen korrekten Betrieb auch ein entsprechendes Stereokabel benötigt. Während es auf den ersten Blick wie ein Standard-kabel aussehen mag, erkennt man bei genauerem Hinsehen neben dem Tip zwei Ringe statt einem – ein Hinweis auf den zusätzlichen Kontakt (dies ist der gleiche Steckertyp wie bei den meisten Kopfhörern). Stereokabel kön-nen an jedem Ende einen Stereo-Klinken- oder TRS-Stecker (Tip-Ring-Sleeve) haben, wofür der Verstärker oder Preamp jedoch mit einem entspre-chenden Stereo-Eingang ausgerüstet sein muss. Die Alternative ist eine Aufsplittung in zwei Mono-Klinkenstecker: Ein solches Y-Kabel erlaubt die Belegung von zwei normalen Verstärker- oder Mischpultkanälen mit den beiden Gitarrensignalen.

9.10 Externe Geräte

Während die meisten elektro-akustischen Spieler nicht so versessen sind wie ihre rein elektrischen Kollegen, wenn es um das Einstöpseln in die allseits beliebten Trampelkisten geht, gibt es doch ein paar lohnende Accessoires, die den elektrischen Sound erst richtig perfekt machen. Statt den Sound mit reichlichen Effektbeigaben zu verändern (natürlich verwenden manche elektro-akustischen Spieler solche Effekte wie Hall, Chorus, Kompressor usw.), findet die Mehrzahl der „angestöpselten" Musiker, dass ein guter Preamp, EQ und eine Direktbox (die das hochohmige Gitarrensignal zum Anschluss an PA-Systeme in ein niederohmiges umwandelt) einen großen

Unterschied in ihrer Soundgüte bewirken können. Daher haben eine Reihe von Firmen solche Kästchen entwickelt, die alle drei Funktionen in einem Gerät vereinen. Fishmans Pro EQ Platinum und L.R. Baggs' Para DI gehören zu den beliebtesten Vertretern ihrer Gattung. Zudem verfügen manche Preamps für Akustikgitarre über zwei Kanäle zum Abmischen zweier Signale und bieten oft noch eine Niedervolt-Phantomspeisung für interne Mikrofone. In diese Kategorie fallen Fishmans Blender-Serie, der L.R. Baggs Mixpro, der Rane AP-13, der Raven Labs PMB II und der PreSonus AcousticQ.

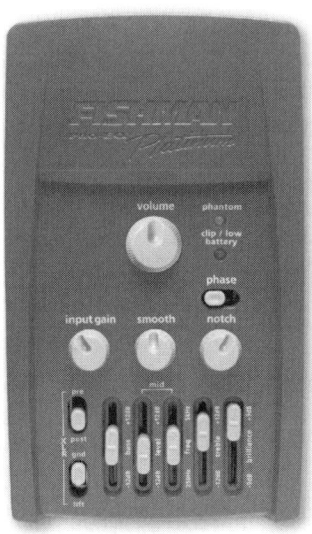

Abb. 9.24: Mit Geräten wie Fishmans Pro EQ lässt sich der Sound wunschgemäß einstellen

Ist die Gitarre mit einer Passivelektronik bestückt, ist der Einsatz eines dieser Geräte praktisch zwingend erforderlich, um das volle Soundpotenzial des Tonabnehmers auszureizen. Doch selbst Musiker, die in ihrem Instrument eine Aktivelektronik installiert haben, werden feststellen, dass der Einsatz einer guten Preamp/EQ-Kombination eine größere Flexibilität bietet, und dass sie damit ihr Equipment erst richtig bis an seine Leistungsgrenzen pushen können.

10 Pflege und Wartung

10.1 Reinigung der Gitarre

10.1.1 Pflegetipps für unterschiedliche Lacke

Eine saubere Gitarre muss nicht zwangsläufig besser klingen als eine schmutzige, aber sie sieht eindeutig besser aus! Ein dicker Belag aus Staub, Dreck, Hautpartikeln, Talg, Schweiß oder klebrigen Getränketropfen dürfte beinahe jedem Lack zusetzen. Beim Anfassen einer verschmutzten Gitarre wird das Finish unter der grieseligen Oberfläche abgeschabt. Viele Gitarrenlacke können durch die chemische Wirkung des Schmutzes ernsthaft Schaden nehmen, wenn er dort Jahr für Jahr festsitzt. Während Willie Nelson damit Karriere gemacht hat, indem er „versehentlich" seine Gitarre malträtierte, vermittelt ein schmutziges Instrument nicht das Image, welches die meisten von uns schätzen. Wenn ein Instrument richtig dreckig ist, kann es schwierig sein, Risse im Holz aufzuspüren oder Ablösungen von Teilen wie etwa des Stegs. Daher dürfte eine saubere Gitarre auch eher gut in Schuss sein, weil sie regelmäßig mit jedem Abwischen einer optischen Prüfung unterzogen wird, und der Musiker wird drohendes Ungemach eher entdecken.

Das Finish einer Akustikgitarre besteht aus einer von mehreren möglichen Lacksorten, deren Zusammensetzung nicht unbedingt offensichtlich ist. Man ist daher gut beraten, wenn man bei der Reinigung oder Pflege des Lacks behutsam zu Werke geht, damit das Finish keinen Schaden nimmt, schließlich will man es doch eigentlich pflegen. Am besten ist es, man vermeidet ganz die Notwendigkeit des Putzens und Polierens, indem man die Gitarre einfach nach jedem Gebrauch mit einem weichen Lappen sauber abwischt. Das mag zwar etwas rudimentär erscheinen, doch es ist erstaunlich, wie viel Gutes es bewirken kann. Talg-, Staub-, Schweiß- und andere

Schmutzreste lassen sich größtenteils durch einen simplen Wisch mit einem alten, weichen Baumwolltuch beseitigen. Ein Stück Flanell oder ein altes T-Shirt geben einen prima Gitarrenputzlappen ab. Der Markt bietet ebenfalls viele unterschiedliche Gitarrenputztücher an, von denen jedes gute Dienste leisten wird. Der größte Vorteil dieser einfachen Pflege ist, dass man gar nichts über die Lackzusammensetzung zu wissen braucht. Ein leichter Wisch mit einem scheuerfreien Tuch wirkt Wunder bei jedem Instrumenten-finish und verhindert nachhaltig, dass die Oberfläche verschmutzt, stumpf wird oder oxidiert. Küchenkrepp kann dagegen eine beträchtliche Schmirgel-wirkung haben und empfindliche Oberflächen verkratzen.

Moderne Instrumente mit solidem, intaktem Finish können eine robustere Reinigung vertragen als jene, wo der Lack schon sehr alt, rissig und oxidiert ist. Falls Ihre Gitarre sehr alt oder die Oberfläche bereits ernstlich beschä-digt ist, dürfte es sich lohnen, den Rat eines Spezialisten einzuholen, bevor Sie dem Instrument mit irgendwelchen Reinigern zu Leibe rücken. Alte Lacke können das in handelsüblichen Gitarrenpolituren enthaltene Wasser absorbieren. Öle können in Lackrisse eindringen

Abb. 10.1: Hier ist Öl in die Risse im Lack eingedrungen

und Flecken verursachen oder bewirken, dass sich der Lack ablöst. Jede neue Verschmutzung kann die Reparatur rissig gewordener Instrumente er-schweren.

Gitarrenpolituren gibt es in verschiedenen Sorten, zum Beispiel solche auf Öl- oder Wasserbasis, und viele sind so zusammengebraut, dass sie ein bisschen Glanz oder Wachs auf der Oberfläche hinterlassen. Die cremigen, leicht schmirgelnden Gitarrenpolituren bringen viele Lackarten auf Hoch-glanz, können aber ein Schellackfinish beschädigen und oft bleiben in winzigen Haarrissen weiße Rückstände zurück, was gerade bei einem dunklen Finish besonders ärgerlich ist. Wenn Sie eine Politur auf Wachsbasis bei Ihrer Gitarre verwenden, ist deren Oberfläche vielleicht hinterher mit einem dünnen Wachsfilm überzogen. Für sich allein richtet das Wachs keinen Schaden an, aber es ist selber eine sehr schwierig zu pflegende Oberflächenbeschichtung. Gewachste Oberflächen neigen dazu, klebrig zu werden und Fingerabdrücke deutlich zu zeigen, und sie sind notorisch anfällig für Wasserflecken. Fazit: Wachspolituren sollte man besser meiden, denn mit jeder neuen Anwendung in dem Bestreben, das Instrument wieder auf Hochglanz zu trimmen, lagert sich mehr Wachs ab, und die Pflege dieser gewachsten Oberfläche ist wirklich schwierig.

Ein Schellackfinish ist nicht nur besonders kratz- und abriebempfindlich, sondern auch sehr heikel, was den Gebrauch irgendwelcher Reiniger betrifft. Tatsächlich sollte man bei einem Instrument mit Schellackfinish am besten komplett auf den Einsatz der meisten Gitarrenpolituren verzichten. Wenn simples Abwischen zur Reinigung eines solchen Instruments nicht genügt, könnten Sie es mal mit einem leichten Sprühnebel aus Wasser auf das Reinigungstuch (*nicht* auf das Instrument) probieren. Dann ist ein behutsames Abwischen unter Umständen etwas wirkungsvoller bei der Entfernung des wasserlöslichen Oberflächendrecks. Ein winziges bisschen Verdünnung und/oder eine Prise Zitrusöl auf das Putztuch geträufelt, hilft risikolos schmierige Rückstände von der Oberfläche zu entfernen. Und denken Sie immer an die Gefahren, die bei der Arbeit an einem schadhaften Finish lauern.

Nitrozelluloselack reagiert meist etwas weniger sensibel auf Wasser, weist jedoch einige Eigentümlichkeiten auf. Eine der wichtigsten ist die, dass der Lack an den meistberührten Stellen zur Aufweichung neigt. Die Halsrückseite und die Front, wo der Arm des Spielers aufliegt, sind Bereiche, wo der Lack infolge des Hautkontakts mehr oder minder stark aufweichen dürfte. Wenn Sie beim Putzen Ihrer Gitarre bemerken, dass sich manche Stellen trotz intensiven Polierens offenbar beharrlich weigern, denselben Hochglanz wie der Rest des Instruments anzunehmen, ist es wohl das Beste, sie in Ruhe zu lassen. Denn wenn Sie kräftig reiben oder polieren, entfernen Sie damit unter Umständen noch mehr Lack und erreichen trotzdem nicht das gewünschte Ergebnis. Einen aufgeweichten Lack kann man einfach nicht polieren. Zum Glück brauchen sich die meisten von uns nicht über derartige Probleme zu sorgen. Im Prinzip lässt sich nämlich so ziemlich jede Gitarrenpolitur auf Nitrozelluloselack anwenden und falls Ihre Gitarre feine Kratzerchen aufweist, könnte eine der cremigen Gitarrenpolituren aus dem Fachhandel gute Ergebnisse bringen.

Wie bei der Schellackpolitur, so sprechen auch Lackfinishs auf regelmäßiges Abwischen und Putzen mit einem leicht feuchten Tuch dankbar an. Zitrusöl schadet keinem intakten Lackfinish und leistet gute Dienste beim Entfernen schmieriger Schmutzpartikel als auch mancher eventuell noch vorhandener Gaffatape-Reste. Viele Musiker haben nämlich die Angewohnheit, sich Songlisten auf die Zargen ihrer Gitarren zu pappen, wo dann das Klebeband hässliche Rückstände hinterlässt. Besitzer von mit Nitrozellulose lackierten Gitarren wären gut beraten, solche Spickzettel nach jedem Konzert gleich abzumachen, um Langzeitschäden am Finish vorzubeugen. (Wir hoffen, dass keiner unserer Leser irgendwas auf eine Gitarre mit Schellackpolitur klebt) Verdünnung befreit von aggressiveren Tape-Rückständen und anderem öllöslichem Schmutz, ohne den Lack anzugreifen.

Und hierbei sind die katalysierten Polymerfinishs absolut spitze! Jede im Handel erhältliche Gitarrenpolitur und praktisch jedes Kunststoff- oder Autopolish verträgt sich prima mit Polymerlackierungen. Diese Finishs sind so reaktionsträge, dass sie eine Vielzahl aggressiver lösungsmittelhaltiger Reiniger oder normale Haushaltsreiniger klaglos wegstecken. Polymerlackierungen sind so hart, dass man sie auch mit Küchenkrepp abwischen kann, und es ist durchaus üblich, wenn das Personal in Gitarrenshops solche Instrumente mit dem gleichen Reiniger poliert, den es auch für die Glasvitrinen nimmt.

10.1.2 Saiten, Bünde und Griffbrett

Das Thema Griffbrettpflege sorgt unter Gitarristen immer wieder für Irritationen. Der ganze Schmutz und all die Talgreste, die sich unter den Fingern des Spielers ansammeln können, richten bei einem Palisander- oder Ebenholzgriffbrett keinen Schaden an. Tatsächlich sind diese tropischen Harthölzer so dicht und harzreich, dass sie wirklich keiner speziellen Pflege bedürfen. Immerhin war in früheren Jahren Palisander das Standardmaterial für Küchenmessergriffe, die unbeschadet viele Durchläufe im Geschirrspüler wegstecken konnten.

Aber ein Griffbrett zu reinigen ist so leicht, dass es wirklich keine Entschuldigung gibt, es dreckig zu lassen. Ein simples Abwischen nach jedem Gebrauch wirkt Wunder beim Griffbrett und den Bünden. Gleichzeitig kann man auch schnell die Saiten mitreinigen, indem man sie einzeln durch das Wischtuch packt und über ihre gesamte Länge durchzieht. Diese einfache Prozedur ist eine effektive Maßnahme, um die Lebensdauer der Saiten zu verlängern und sie verhindert Schmutzablagerungen auf den Saiten selbst. Verschmutzte oder rostig gewordene Saiten können irgendwann infolge der an ihnen haftenden Schmutzpartikel merklich verstimmt klingen!

Auch die Bundstäbchen oxidieren und können sich eines Tages rau oder klebrig anfühlen, vor allem, wenn die Finger des Spielers von Bund zu Bund rutschen. Das Sauberwischen des Griffbretts reinigt nicht nur das Holz, sondern vermeidet auch Rostablagerungen auf den Bünden. Einmal im Jahr empfiehlt es sich, beim Saitenwechsel alle Saiten abzunehmen, damit man zur Reinigung gut an das Griffbrett herankommt. Jetzt ist der Moment, um die Flasche mit dem Zitrusöl herauszuholen. Nehmen Sie so viel von dem Zitrusöl wie von jedem anderen Reinigungsmittel und wischen Sie das Griffbrett kräftig mit einem Lappen ab, bis es wieder piekfein aussieht. Dann tupfen Sie mit einem sauberen Tuch möglichst viel vom Oberflächenöl weg. Der verbliebene kleine Rest sorgt für ein gutes, frisches Aussehen. Bei dieser ganzen Wischerei wurden auch die Bünde gleich mitgeputzt. Sind die Bundstäbchen richtig oxidiert, kann man sie mit ganz feiner Stahlwolle polieren. Passen Sie aber auf, dass Sie nicht mit der Stahlwolle an den Enden der Bünde hängenbleiben. Bestimmt wollen Sie kein Bundstäbchen aus seinem Schlitz ziehen!

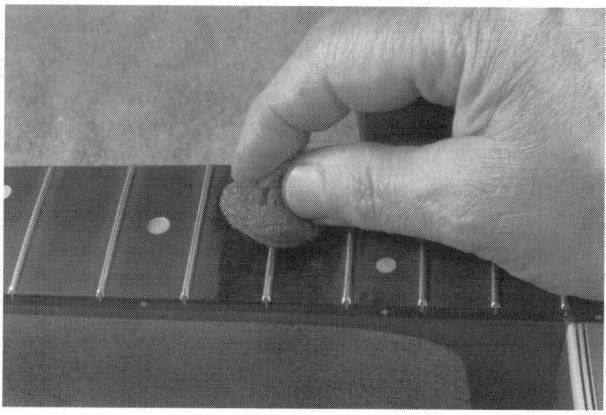

Abb. 10.2: Reinigen der Bundstäbchen mit feiner Stahlwolle

Zum Reinigen von Instrumenten oder zur Griffbrettpflege verwendet man am besten keine natürlichen Pflanzenöle wie Leinöl, da diese Öle mit der Zeit infolge von Oxidation verklumpen und an der Oberfläche zäh und klebrig werden. Ebenso sollte man Zitrusöl nicht zum „Füttern" eines trockenen Griffbretts verwenden, sondern nur als Reinigungsmittel. Der üppige Einsatz von Öl kann ein Griffbrett „wohlgenährt" aussehen lassen, so dass es sich schön glatt anfühlt. Jedoch läuft das Öl gern in die freien Bundschlitze, was künftige Neubundierungen erschwert.

10.2 Einstellen des Halsstabs

Wenn es einen Aspekt einer Akustikgitarre gibt, der am meisten für Verwirrung sorgt, so ist dies der justierbare Halsstab. Dieser hat nur eine einzige Funktion, nämlich die Geradheit des Halses zu gewährleisten. Vor der Erfindung des Halseinstellstabs vertrauten die Gitarrenbauer allein auf die natürliche Steifheit des Halses, um sich gegen die Saitenzugkräfte behaupten zu können. Bis heute verwendet denn auch das Gros der Konzertgitarrenbauer keinen verstellbaren Halsstab, weil der Hals einer klassischen Gitarre ziemlich solide und starr und die Spannung der Nylonsaiten relativ niedrig ist. Vor hundert Jahren besaßen die ersten Stahlsaiten-Gitarren recht klobige Hälse, die oft noch zusätzlich zur Stabilisierung mit Hartholzstreifen verleimt waren. Als die populären Spieltechniken nach Instrumenten mit einem schlankeren Halsprofil verlangten, entwickelte und patentierte die Firma Gibson den ersten justierbaren Halseinstellstab (Trussrod), der bis heute ein Industriestandard ist. Der erste einstellbare Halsstab war eine interne Spannvorrichtung, die maßvoll gegen die Halsrückseite drückte, um der externen Spannung der Stahlsaiten entgegenzuwirken. Im Lauf der Jahre wurden viele unterschiedliche Trussrod-Versionen entworfen, deren Funktion und Wirkungsweise trotzdem immer gleich blieben – den Hals zu biegen und so dem nach vorne gerichteten Saitenzug entgegenzuwirken. Mit einem verstellbaren Halsstab kann der Hals so justiert werden, dass er die ungleiche Zugspannung verschiedener Saitensätze kompensiert und/oder die wechselnde Zugspannung diverser Tunings ausgleicht. Trotz der für Laien etwas rätselhaften Wirkungsweise dieser Vorrichtung ist das Einstellen des Trussrods im Allgemeinen kein großes Problem. Bei der klassischen Methode zur Ermittlung der korrekten Halsstabeinstellung drückt man eine (meist die dritte) Saite im ersten Bund und in dem Bund am Hals/Korpus-Übergang nieder und begutachtet in der Halsmitte am 6. und 7. Bund den lichten Abstand zwischen Saitenunter- und Bundoberkante. Dieser Abstand entsteht durch eine leichte Halskrümmung (engl. relief), denn ein absolut gerade verlaufender Hals würde eine sehr tiefe Saitenlage bewirken, die je nach Spielstil ein starkes Saitenschnarren auf den Bünden bzw. Dämpfen einzelner Tönen nach sich ziehen kann. Das Idealmaß für diesen Abstand, der durch die leichte Halskrümmung hervorgerufen wird, fällt je nach Stil und Anschlag des Musikers unterschiedlich aus. Ein guter Ausgangspunkt ist ein Wert von etwa 2,5 mm. Ein Bluegrass-Musiker mit einem kernig-harten Anschlag dürfte eine ausgepägtere Halskrümmung benötigen, wohingegen ein dezenter Fingerstyle-Spieler sehr wohl auch mit einem Instrument zurechtkommen dürfte, dessen Hals nahezu gerade ist. In allen Fällen beeinflusst der Trussrod nur den flexiblen Teil des Halses, weshalb sämtliche Messungen der Halskrümmung außerhalb des Korpus vorgenommen werden müssen.

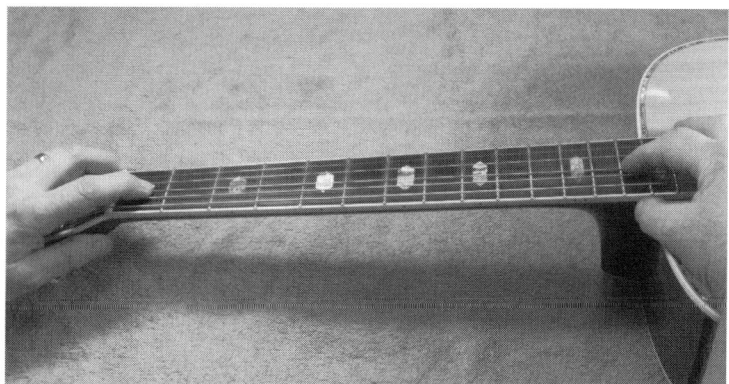

Abb. 10.3: Eine Inspektion der Halskrümmung

Wenn bei oben genannter Inspektion die Saite direkt auf den Bundstäbchen aufliegt, könnte der Hals durchaus nach hinten gekrümmt sein. Eine solche Rückwärtskrümmung erzeugt in den unteren Lagen mit Sicherheit ein kräftiges Schnarren. In diesem Fall sollte der Trussrod etwas gelockert werden, damit der Hals eine leichte Krümmung erfährt und die Saitenlage ein bisschen höher wird. Beträgt die Halskrümmung dagegen deutlich mehr als 5 mm, muss der Halsstab entsprechend angezogen werden, um eine ideale Einstellung zu erzielen. Es sei denn, man bevorzugt den Bottleneck-Spielstil, bei dem eine hohe Saitenlage durchaus erwünscht ist.

Das „Dreh-Gefühl" für die Trussrod-Einstellung kann manchmal täuschen. Eine Halsstabmutter, die sich nur schwer bewegen lässt, könnte infolge von Rost oder einem korrodierten Schraubgewinde eine höhere Haftreibung als gewohnt haben. Handelt es sich beim Halsstab um einen „Single Action"-Typ wie bei Martin-, Taylor- oder Gibson-Gitarren, ist es in diesem Fall ratsam, die Mutter ganz abzuschrauben und Gewinde und Auflageflächen mit etwas Fett oder Schmieröl zu schmieren. Wenn dann die Einstellarbeit folgt, ist das Risiko viel geringer, dass der Halsstab abbricht oder die Mutter fest geht und den Gewindeteil abdreht. Fast jeder Halsstabbruch ist auf das gewaltsame Drehen einer festgefressenen Mutter zurückzuführen.

Obwohl sich seine Einstellung auf die Saitenlage auswirkt, ist der Halsstab nicht primär zur Justierung der Saitenlage da. Ein verstellbarer Halsstab kann nicht verhindern, dass der Hals einer Gitarre nicht doch irgendwann einmal gerichtet werden muss. Viele Musiker befürchten, ein verstellbarer Trussrod könne Schäden am Hals verursachen, wenn alle Saiten auf einmal heruntergenommen werden und nun der Hals ohne jegliche Gegenspannung ist. Doch hier kann Entwarnung gegeben werden: Es ist unmöglich, den Gitarrenhals durch die Abnahme aller Saiten zu schädigen!

10.3 Einstellen der Saitenlage

Der erste Schritt bei der Einstellung der Saitenlage ist eine Überprüfung, ob der Halsstab korrekt justiert ist, also eine Kontrolle der Halskrümmung.

Als Nächstes folgt die Überprüfung bzw. Korrektur der Saitenlage am Sattel. Der Sattel belegt einen Platz, den man sich als „Nullbundposition" vorstellen kann. Manche Instrumente besitzen ein Bundstäbchen an der Sattelposition, das oft als „Nullbund" bezeichnet wird, so dass die Einstellung der Saitenlage am Sattel automatisch mit dem Einsetzen der Bünde erfolgt. Die meisten Gitarren werden indes mit einem herkömmlichen Sattel gebaut, der erst auf die korrekte Höhe abgerichtet werden muss. Die Saitenlage am Sattel lässt sich ganz leicht ermitteln: Drückt man die gestimmte Saite zwischen dem 2. und 3. Bund nieder, so kann man die Saitenlage am Sattel als den Zwischenraum zwischen der Unterseite der Saite und der Oberkante des ersten Bunds messen.

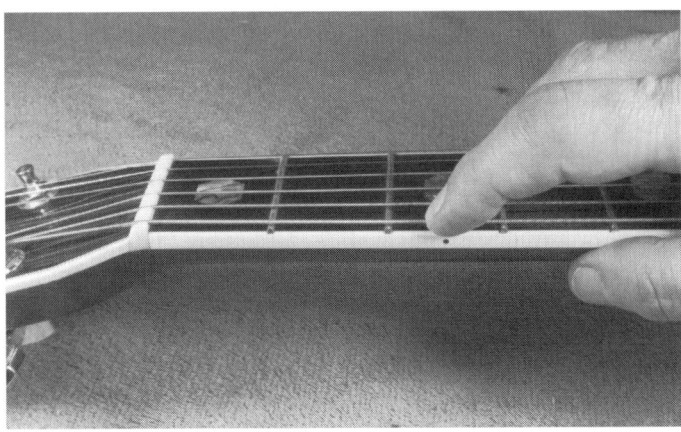

Abb 10.4: So ermitteln Sie die Saitenlage am Sattel

Berührt die Saite den Bund, ist der Sattel zu niedrig. So einfach ist das – unter der ersten Saite sollte gerade noch ein wenig Luft sein. Dieser Abstand ist in der Regel sehr klein, eben noch erkennbar, etwa 0,05 mm oder die Dicke einer Seite aus dem Telefonbuch. Anders als bei der Überprüfung der Halskrümmung muss die Saitenlage am Sattel für jede Saite einzeln kontrolliert werden.

Ist die Saitenlage am Sattel zu niedrig, muss vielleicht ein neuer Sattel her oder der vorhandene angehoben werden. Meist schadet es überhaupt nicht, wenn man einen Sattel durch Unterlegen eines dünnen Furnierstreifens (Shim) anhebt und anschließend wieder festleimt. Üblicherweise „shimmt" man den Sattel etwas zu hoch und feilt anschließend die Sattelkerben einzeln auf die korrekte Tiefe herunter, damit für jede Saite die optimale Saitenlage erreicht wird.

Falls nur eine oder zwei Saiten zu niedrig sind, kann man die entsprechenden Sattelkerben auch mit einem entsprechend harten Material auffüllen und sie auf die korrekte Tiefe neu einschneiden. Ist die Saitenlage am Sattel zu hoch, müssen die Sattelkerben für jede Saite einzeln heruntergefeilt werden, bis die gewünschte Saitenlage erreicht ist.

Beim Feilen der Sattelkerben ist es wichtig, den korrekten Schlitzwinkel beizubehalten, damit der höchste Punkt dort liegt, wo die Saite den Sattel auf ihrem Weg zum Steg „verlässt". Außerdem sollten die Sattelkerben ein Profil aufweisen, das in etwa dem Saitendurchmesser entspricht, damit die Saiten festen Halt haben, aber nicht eingeklemmt sind. Bei einer zu weiten Sattelkerbe kann die Saite scheppern, während ein zu enger Schlitz das Stimmen erschwert. Ist die korrekte Saitenlage am Sattel gefunden, können alle weiteren Einstellungen der Saitenlage am Steg vorgenommen werden. Man kann schon sagen, dass die Saitenlage am Sattel eine recht dauerhafte Einstellung ist, während die Halskrümmung und Stegsaitenlage sich mit der Zeit, den Vorlieben des Spielers und der verwendeten Saitenstärke ändern können.

Die Saitenlage wird gemessen und definiert als der Abstand zwischen der Oberkante des 12. Bundstäbchens und der Unterseite der (in der Regel ersten und sechsten) Saite. Bei den meisten Musikern ergibt sich so ein Wert irgendwo zwischen 1,5 und 2,2 mm für die erste Saite bzw. zwischen 2,3 und 3,0 mm für die sechste. In vielen Gitarrenshops in den USA bezeichnet man eine Saitenlage von 2/32" bzw. 3/32" als „standard low action", und man sagt oft „Stell mir die Klampfe mal auf 3' und 2' ein." Die restlichen Saiten werden im Allgemeinen so justiert, dass ihre Höhe zur Griffbrettmitte hin minimal zunimmt. Allerdings sind auch abweichende Einstellungen denkbar, um bestimmten Spielgewohnheiten, Tunings oder anderen Problemen gerecht zu werden.

Den Steg in der Höhe zu verstellen, ist für den Besitzer einer Archtop-Gitarre ein Kinderspiel. Die meisten dieser Instrumente haben mittels Schrauben höhenverstellbare Stege, und ein Spieler kann die Saitenlage hier ohne fremde Hilfe mühelos anheben oder absenken.

Abb 10.5: Bei einer Archtop lässt sich der Steg problemlos in der Höhe einstellen

Stahlsaiten-Flattops und Konzertgitarren sind in der Regel mit einer herausnehmbaren Stegeinlage ausgerüstet, die man für eine flachere Saitenlage absägen, -feilen oder -schleifen kann. Bei vielen älteren Instrumenten sowie einigen modernen Nachbauten ist die Stegeinlage festgeklebt. Diese muss also ohne Ausbau niedriger gemacht werden. Die Saitenlage flacher einzustellen, ist immer einfacher, als sie zu erhöhen. Muss die Saitenlage am Steg beträchtlich erhöht werden, empfiehlt sich am ehesten ein Austausch der Stegeinlage. Kleinere Höhenkorrekturen können zwar durch Unterlegen eines dünnen Furnierstreifens (Shim) vorgenommen werden, am sichersten aber ist es doch, die Stegeinlage komplett auszuwechseln. Hier ist die Erfahrung und das Urteilsvermögen eines Gitarrenbauers gefragt.

Mit der Anhebung der Stegeinlage erhöht sich auch die durch die Saiten ausgeübte Zugkraft in Richtung Kopfplatte. Eine sehr hoch „geshimmte" Stegeinlage kann durchaus einen Stegbruch herbeiführen. Selbst eine Konzertgitarre mit ihren geringen Saitenzugkräften übt durch den Winkel, in dem die Saiten über den Steg verlaufen, genügend Druck auf die

Stegeinlage aus, dass bei einer Anhebung mit Shims diese nach vorn kippen und einen Bruch des Stegs verursachen kann.

10.4 Einstellen der Oktavreinheit

Intonation oder die Fähigkeit, eine Gitarre akkurat zu bespielen, ist für Spieler akustischer Gitarren ein Thema von wachsendem Interesse. Heutzutage können die meisten Gitarristen sich problemlos ein elektronisches Stimmgerät leisten, mit dem sich selbst kleinste Abweichungen von der korrekten Stimmung nachweisen lassen. Viele Gitarristen nehmen ihr eigenes Spiel auf, um ihre Musik zu vermarkten, ihr Üben zu verbessern und als Kompositionshilfe. Nichts ist so geeignet wie sich selbst auf einer Aufnahme zu hören, um sich auch kleinster Patzer einschließlich allfälliger Intonationsprobleme bewusst zu werden.

Und wieder hat es der Spieler einer Archtop-Gitarre leicht. Die Intonation (Oktavreinheit) wird üblicherweise durch Verschieben des Stegs bzw. der Stegeinlage justiert. Da dies bei der Archtop kinderleicht ist, braucht der Musiker nur ihre Position zu verändern, um die Intonation zu verbessern. Durch Anschlagen und Vergleichen des Flageoletttons über dem 12. Bund mit dem gegriffenen Ton am 12. Bund kann der Spieler feststellen, ob der gegriffene Ton zu hoch oder zu tief ist.

Abb 10.6: Das Überprüfen der Intonation bei einer Archtop-Gitarre

Ist der gegriffene Ton zu hoch, muss der Steg näher zum Tailpiece hin gerückt werden, wodurch sich die effektive Länge der schwingenden Saite vergrößert. Nachdem er diesen Test bei mehreren Saiten durchgeführt hat, kann der Archtop-Gitarrist den Steg in einer mehr oder weniger idealen Position platzieren. Mit zunehmendem Alter der Saiten oder wenn der Musiker auf eine andere Saitenstärke oder ein anderes Tuning umsteigt, kann der Steg zur Anpassung an die neue Situation erneut verschoben werden.

So bequem haben es die übrigen Akustikgitarristen nicht, die zur Behebung von Intonationsproblemen regelmäßig auf die Künste eines Gitarrenbauers zurückgreifen müssen. Zu diesem Zweck führt der Gitarrenbauer wahrscheinlich die gleichen Tests durch und errechnet die ideale Position für die Stegeinlage. Ist keine größere Korrektur erforderlich, kann er vielleicht auch die Oberseite der Stegeinlage so umarbeiten, dass sich der Auflagepunkt der Saite näher zum Griffbrett hin oder weiter davon weg verschiebt. Oft muss eine Stegeinlage entfernt, der Stegschlitz mit einem geeigneten Hartholz-Shim ausgelegt und die Stegeinlage wieder eingesetzt werden. In Extremfällen muss vielleicht sogar der gesamte Steg versetzt werden.

Alternative Tunings können sich nachhaltig auf die Intonation auswirken. Ein Steelstring-Spieler, der beispielsweise von der Standardstimmung zu DADGAD wechselt, muss die Stegposition zur Anpassung an die neue Stimmung unter Umständen um mehr als 3 mm verschieben.

Alles in allem kann die Intonation so ziemlich das frustrierendste aller Probleme sein, mit denen sich ein Gitarrist herumplagen muss. Als Saiteninstrument mit festen Bundpositionen verlangt eine Gitarre eben, dass Musiker wie auch Zuhörer bei der Suche nach der perfekten Intonation gewisse Kompromisse eingehen. Tatsache ist, dass es bei der Intonation einer Gitarre keine Perfektion gibt, und man sollte sich unbedingt vor Augen halten, dass es in der heutigen Musikindustrie ohne weiteres möglich ist, an nahezu jedem beliebigen Punkt „schlechte" Töne zu korrigieren oder zu ersetzen. Die „perfekte" Intonation, die man auf Aufnahmen zu hören bekommt, ist vielleicht also gar nicht so normal.

10.5 Stimmungsprobleme

Eine Gitarre korrekt zu stimmen, ist eine der schwierigsten Übungen auf dem Weg des Gitarrenschülers. Ob ein Musiker sich nun einer elektronischen Stimmhilfe bedient oder mit einem „relativen" Tuning von einer Saite zur nächsten vortastet – es gibt nichts Irritierenderes als eine Gitarre, die sich einfach nicht stimmen lassen will.

Das mit Abstand häufigste Stimmproblem rührt von einer unsachgemäßen

Befestigung der Saiten an den Achsen der Stimmwirbel her. Eine Saite kann mehrfach um die Achse gewickelt sein und trotzdem allmählich durchrutschen, was ein korrektes Stimmen unmöglich macht.

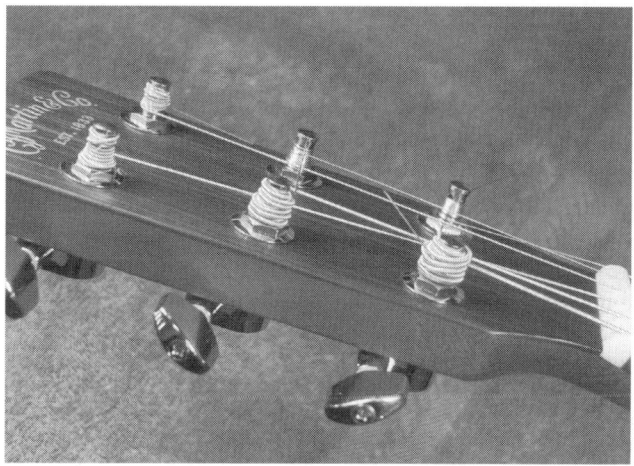

Abb. 10.7: Das vielfache Aufwickeln der Saiten kann das Stimmen erschweren

Betrachten Sie die Abbildungen und lesen Sie sich die Informationen zum Thema Saitenaufziehen durch: Hier erfahren Sie eine sichere Methode, mit der Sie dieses Problem umgehen können.

Wenn bei einer Flattop-Stahlsaiten-Gitarre die Wicklung zwischen Stegpin und Stegpinloch hängenbleibt, fühlt sich die Saite zwar schön straff gespannt an, jedoch kann das Ballend tagelang unmerklich durchrutschen, bis es endlich unter dem Steg ankommt. Die glatten Saiten einer Klassikgitarre flutschen nur zu gern durch die Stegbohrungen, ebenso wie eine Saite auf der Wickelachse rutschen kann.

Wenn die Sattelkerben zu eng sind, dehnen sich die Saiten zwischen Mechanik und Sattel und springen dann beim Hochstimmen mit einem hörbaren „Pling". Dies mag den Musiker durchaus ein Problem am Stimmwirbel vermuten lassen, denn wenn die Saite hüpft, ist im Stimmknopf der Mechanik diese Änderung der Saitenspannung spürbar.

Stimmmechaniken für Gitarren gibt es in einer bunten Vielfalt verschiedenster Qualitäten und Designs. Gewiss haben sie alle einige grundlegende Merkmale gemein und halten, von einzelnen Ausnahmen abgesehen, alle ungefähr gleichgut die Stimmung. Dies liegt daran, dass sich der Mechanismus eines „Schneckengetriebes" aufgrund des Saitenzugs im Prinzip nicht rückwärts drehen kann. Offene, nichtgekapselte Mechaniken sollten unbedingt geölt werden, damit sie möglichst verschleißfrei und schön sahnig laufen. Einmal pro Jahr einen Tropfen Nähmaschinenöl auf alle beweglichen Teile, das ist eine mehr als ausreichende Schmierung, mit der selbst die bescheidenste Mechanik ein Leben lang hält!

In jedem Fall sollte man nie von oben auf die gewünschte Tonhöhe runterstimmen, sondern immer erst zu tief vor- und dann langsam bis zur korrekten Tonhöhe raufstimmen. Auf diese Weise wird die leicht erschlaffte Saite automatisch wieder richtig gespannt, so dass die Mechanik kein Spiel mehr hat und durch die Saitenspannung quasi gesichert ist. Auch bei einer zu großen Haftreibung am Sattel wird durch diese Stimmmethode sichergestellt, dass die Saite höchstwahrscheinlich die Stimmung halten wird.

10.6 Vom Schnarren und Scheppern

Jede Akustikgitarre produziert fremdartige und unerwünschte Geräusche. Das ist eine Tatsache des Lebens, an der wir nicht vorbeikommen. Es gibt zahlreiche Ursachen für hässliches „Scheppern", die sich beheben lassen. Einige dieser Ursachen können aber auch Anzeichen für ernstere Probleme sein. Es folgt nun eine Auflistung der wichtigsten Ursachen sowie einige Vorschläge zur Abhilfe:

Niedrige Saitenlage – Eine Hauptursache für Schnarren ist die, dass die Saite bei einer insgesamt zu niedrig eingestellten Saitenlage gegen die Bundstäbchen stößt. Das typische Bild ist eine Gitarre, die sich bei leichtem Anschlag sehr gut spielen lässt, jedoch in fast sämtlichen Bünden scheppert, sobald man mal etwas herzhafter hinlangt. In dieser Situation ist das logische Heilmittel natürlich eine Erhöhung der Saitenlage, bis das Schnarrproblem behoben ist.

Hohe Saitenlage – Dieses Schnarren erscheint eher unlogisch, kommt aber häufiger vor, als man denkt. Wenn die Saitenlage zu hoch ist, kann es schwierig werden, sauber zu greifen, und die Folge ist ein Schnarren. Dieses spezielle Scheppern hören Anfänger unter Umständen, wenn ihre Instrumente nicht gut eingestellt sind.

Halskrümmung – Bei einer zu geringen Halskrümmung mit zu kleinem Saitenabstand können die Saiten beim Spielen in den unteren Lagen an den Bünden scheppern. Dies kommt daher, dass der schwingende Teil der Saite hier länger ist als in den höheren Lagen und somit eine größere Auslenkung erfährt. Gitarristen mit einem kraftvollen Anschlag dürften zur Linderung dieses Problems in der Regel von einer stärkeren Halskrümmung profitieren. Ein zu stramm gespannter Halsstab ist die häufigste Ursache für dieses Problem.

Dünne Saiten – Wenn die Saiten zu dünn sind für die persönliche Spielweise eines Musikers, können sie in einem zu weiten Bogen vibrieren und auf die Bünde aufschlagen. Anstatt jetzt die Saitenlage zu erhöhen, wäre es wohl angebrachter, auf eine dickere Saitenstärke umzusteigen. Deshalb stehen auch die meisten Flatpicker (Plektrumspieler) auf Medium-Gauge-Saiten.

Niedriger Sattel – Ist der Sattel zu niedrig, scheppert es nur beim Anschlagen der Leersaiten. Sobald man die Saiten greift, spielt die Höhe des Sattels keine Rolle mehr.

Sattelkerben – In zu breit gefeilten Sattelkerben kann die Saite seitlich so viel Spiel haben, dass sie schnarrt.

Desgleichen ist auch eine Sattelkerbe, die nicht zur Wickelachse der Stimmmechanik hin abgeschrägt ist, ein aussichtsreicher Kandidat für schnarrende Saiten.

Back Buzz – Ein eigentümliches, mitschwingendes Sirren kann auftreten, wenn eine gegriffene Saite minimal die Bünde zwischen Sattel und dem gegriffenen Bund streift. Wenn der Sattel eine winzige Spur zu niedrig oder der Halsstab nur ein bisschen zu stramm ist, kann dies ein Surren hervorrufen, das auf dem Abschnitt einer Saite hinter der Greifhand auftritt, jedoch nur, wenn bestimmte Töne auf einer anderen Saite gespielt werden.

Abb. 10.8: Bei einem zu niedrig eingekerbten Steg tritt Schnarren auf, da die Saiten mit zu niedrigem Winkel über ihn laufen

Niedrige Stegeinlage – Ist die Einlage im Steg zu niedrig, kann die Saite möglicherweise keinen guten Kontakt finden und hüpft beim Spielen auf und ab. Der hieraus resultierende „Sitarton" kann tierisch nerven und befällt meist alle bundierten Lagen. Beheben lässt sich dieses Problem normalerweise, indem man einfach den Steg ein wenig überarbeitet.

Flache Stegeinlage – Bei einer Klassik- oder einer Stahlsaiten-Gitarre muss die Oberkante der Stegeinlage entweder abgerundet oder nach unten (vom Griffbrett wegzeigend) abgeschrägt sein, so dass die Saite nur einen definierten Auflagepunkt hat. Ist die Stegeinlage nämlich oben abgeflacht, bewirkt dies sehr wahrscheinlich ein leises, aber dennoch störendes Sirren. Dies ist eine besonders häufige Ursache für Schnarrgeräusche, weil die Oberkante der Stegeinlage oft das Ziel unerfahrener Bastler ist, die eine niedrigere Saitenlage erreichen wollen.

Tief eingekerbte Stegeinlage – Konzert- und Flattop-Stahlsaiten-Gitarren sollen keine Kerben in der Stegeinlage aufweisen. Unerfahrene Musiker versuchen manchmal, die Saitenlage durch Schneiden solcher Kerben zu verringern, was leicht zu hässlichen Schnarrgeräuschen führen kann.

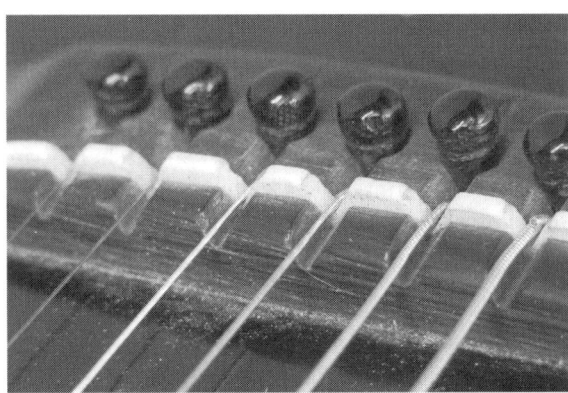

Abb. 10.9: Kerben in der Stegeinlage sind bei Flattops und Klassikgitarren eine Notlösung, die allgemein als „falsche" Reparatur angesehen wird

Ebenso können auch die Kerben in der Stegoberseite einer Archtop-Gitarre ein Schnarren hervorrufen, wenn sie fehlerhaft geschnitten oder nicht nach unten in Richtung Tailpiece hin abgeschrägt sind.

Unebene Bünde – Nicht ebenmäßige Bünde rufen in einzelnen isolierten Bereichen Scheppergeräusche hervor. Wenn eine Gitarre nur in bestimmten, nicht aneinander grenzenden Lagen schnarrt, dürfte dies daran liegen, dass einige der Bünde uneben sind. Die Bundstäbchen können sich mit der Zeit lockern und einige hundertstel Millimeter nach oben wandern, oder vielleicht waren sie auch von Anfang an nicht ganz plan. So oder so wird man diesem Problem durch Abrichten der Bünde oder aber im schlimmsten Fall mit einer Neubundierung beikommen müssen.

Niedrige (abgespielte) Bünde – Bei zu niedrigen Bünden bekommen die Finger des Gitarristen schon Kontakt mit dem Griffbrett, noch bevor die Saiten die Bundstäbchen berühren. Folglich kann die Saite genau an dem Bund schnarren, auf den der Spieler sie zu drücken versucht. Die einzige logische Abhilfe ist ein Austausch der Bünde gegen solche mit höherem Profil.

Flache Bünde – Bünde werden üblicherweise durch Feilen abgerichtet und bei diesem Vorgang entsteht eine plane Oberseite. Wenn sie anschließend nicht verrundet werden, können die Bünde oben so flach sein, dass sie beim Niederdrücken der Saite ein ganz leises Schnarren oder einen minimal abgedämpften Ton produzieren.

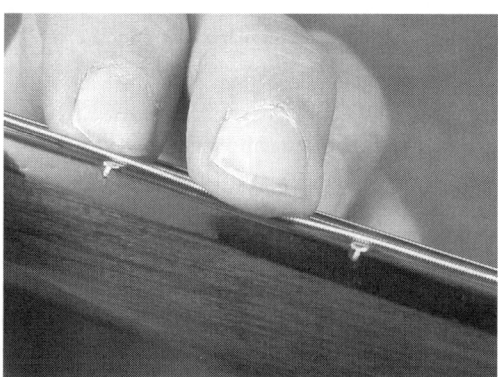

Abb. 10.10: Flache, nicht abgerundete Bünde können zu leisem Schnarren führen

Flache Bünde sind meist das Ergebnis einer (misslungenen) Reparatur, sie stellen jedoch auch bei billigen oder minderwertigen Neuinstrumenten ein Problem dar.

Saitenabstand – Besitzer zwölfsaitiger Gitarren kennen dieses Problem: Wenn die Saitenpaare zu kräftig angeschlagen werden oder die Saiten der Einzelpaare zu eng beieinander liegen, berühren sich die Saiten und es schnarrt wie verrückt. Um diese Saitenabstände zu vergrößern, muss gegebenenfalls ein neuer Sattel angefertigt werden.

Lose Saitenenden – Wenn man die überschüssigen freien Enden der Saiten lose von den Stimmwirbeln baumeln lässt, mag das ja lässig und „folkig" aussehen, es kann aber die Ursache für ätzendes Schnarren sein.

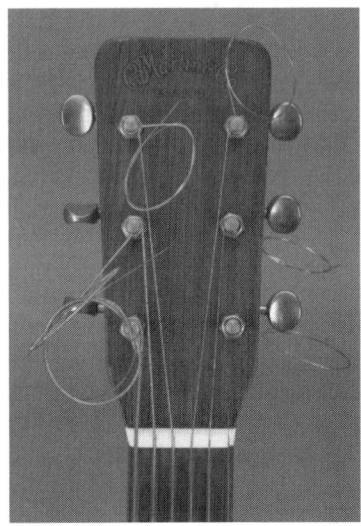

Abb. 10.11: Lose Saitenenden sehen vielleicht cool aus, können aber Nebengeräusche verursachen

Am besten stutzt man die Saiten auf Maß zurecht und hat danach Ruhe. Ebenso sollten bei einer Konzertgitarre die Saitenenden am Steg so gekappt werden, dass sie nirgends die Decke berühren, wo sie sonst schnarren oder sirren.

Schadhafte Saiten – Auch die Saiten selbst können kaputtgehen und zu schnarren anfangen. Eine Saite mit einer gelockerten Wicklung macht ein stumpfes, sirrendes Geräusch. Wird eine Saite in Sattelnähe versehentlich nach unten gezogen, kann sie heftig am ersten Bund schnarren. Entweder durch übermäßigen Gebrauch eines Kapodasters oder aus Versehen kann eine Saite auch um oder gar über einen Bund nach unten gezogen werden. Eine derart gezogene Saite wird nur in dieser einen gegriffenen Position schnarren und so den Eindruck erwecken, als wäre das Bundstäbchen schuld.

Lose Teile – Lose Teile können bei einer akustischen Gitarre rappeln oder schnarren. Die Liste der möglichen Übeltäter ist lang, aber will man der Ursache eines Störgeräuschs auf den Grund gehen, muss notfalls alles überprüft werden. In der Regel rappeln lose Teile, wenn man mit den Fingerknöcheln gegen das Instrument klopft. Manchmal kann das Geräusch auch schon durch seine ungefähre Herkunft eingegrenzt werden. Meistens aber überträgt der Korpus diese Rappelgeräusche. Schnarren infolge loser

Teile entsteht oft als „Nebenprodukt", sobald bestimmte Töne gespielt werden.

Alles, was mit Schrauben an der Gitarre befestigt ist, kann sich lockern und zu scheppern beginnen, unter anderem Durchführhülsen von Stimmwirbeln, die Mechaniken selbst, erhöhte Pickguards, Tailpieces, Pickupteile und Regler oder sogar eine Halsstababdeckung. Meist können diese Teile zur Beseitigung der Störgeräusche einfach wieder festgeschraubt werden. Auch der Halsstab selbst kann sich im Hals lockern und beginnt dann zu rappeln. Eine ganz leichte Korrektur des Stabs kann ihn ruhigstellen, unter Umständen muss jedoch etwas elastische Füllmasse durch das Griffbrett injiziert werden, um den Stab zu isolieren.

Bei Stahlsaiten-Gitarren liegt das Ballend der Saite vielleicht nicht ganz fest an der Stegplatte auf und kann dann zu rappeln beginnen.

Abb. 10.12: Sitzt ein Ballend nicht fest an der Stegplatte, kann es anfangen zu rappeln

Dieses kleine Problem tritt häufiger auf, als man vielleicht denkt, und ein rascher Blick unter den Steg ist ein guter Schritt bei einer ersten Diagnose.

Zerbrochene Teile – Sämtliche Bestandteile einer Gitarre, die kaputt sind, können rappeln. Große Risse im Korpus sind eine offensichtliche Quelle solcher Störgeräusche, doch mitunter erweist sich ein loses oder klapperndes Teil auch ganz hinterhältig. So können sich Decke oder Boden minimal von den Zargen trennen, ein Pickguard kann sich unmerklich ablösen, Bracing-Leisten können lose oder rissig sein, und es können sich sogar – von außen nicht sichtbar – innerlich die Furnierlagen einer gesperrten Decke ablösen, wie man sie bei billigen Gitarren findet. Praktisch alle diese Probleme erfordern die kundige Hand eines Fachmanns.

Spieltechnik – Manche Musiker können aufgrund ihrer Spieltechnik einfach nicht ohne heftiges Schnarren spielen. Der Anschlagwinkel des Plektrums wirkt sich entscheidend auf das Schwingungsverhalten einer Saite aus. Trifft das Plektrum im 45°-Winkel auf die Saite, springt diese auf und ab, prallt gegen die Bünde – und es schnarrt. Wird das Plektrum hingegen in einem 90°-Winkel zur Griffbrettebene gehalten, versetzt es die Saite in eine seitliche Schwingung, was einen weitaus kräftigeren Anschlag ohne Schnarren erlaubt.

10.7 Fehlersuche bei der Elektronik

Die meisten Tonabnehmer-Systeme für Akustikgitarren sind relativ einfache elektronische Geräte und sie arbeiten bemerkenswert störungsfrei, wenn man bedenkt, wie eine solche Gitarre beim Spielen ständig bewegt wird und vibriert. Nach einigen Jahren des rauen Bühneneinsatzes können sich die diversen Drähte im Korpusinneren durchaus an den Stellen lockern, wo sie mit der Pickup-Einheit, einem Vorverstärker oder der Ausgangsbuchse verbunden sind. Neben einem geringeren Signalpegel ist ein ständiger Brummton über den Verstärker ein häufiges Indiz für ein gelockertes Kabel.

Viele der beliebtesten Systeme wie etwa der Fishman Matrix besitzen piezoelektrische Sensorelemente, die direkt unter der Stegeinlage montiert sitzen. Dies sind ultraflache Streifen, die beim Herausziehen oder Einsetzen der Stegeinlage ganz leicht beschädigt werden. Oft ist der Piezostreifen von einer dünnen Abschirmfolie umhüllt, und diese Folie kann zerkratzt werden, wenn die scharfe Kante einer Stegeinlage darüber rutscht. Selbst die kleinste Verletzung der Abschirmfolie kann zu einem lästigen elektrischen Brummen führen. Im Allgemeinen sind diese Elemente nicht mehr zu reparieren, sobald sie einmal beschädigt sind.

Bei der Installation eines Stegeinlagen-Tonabnehmers gilt es zu beachten, dass jeder Abschnitt der Stegeinlage gleich fest auf das Sensorelement drückt. Eventuell muss zuerst der Boden eines unebenen Stegschlitzes sauber ausgefräst werden, um dem Element eine gute Auflagefläche zu verschaffen. Auch wird der Gitarrenbauer dafür sorgen, dass die Unterseite der Stegeinlage ebenfalls schön glatt und eben ist. Wichtig ist außerdem, dass die Stegeinlage ausreichend locker im Stegschlitz sitzt, damit sie winzigste Schwingungen übertragen kann, während sie auf das Pickup-Element drückt, jedoch fest genug, damit sie mechanisch optimal gegen den Saitenzug abgestützt ist. Eine Stegeinlage, die an einem Ende zu fest sitzt, resultiert wahrscheinlich in einem zu leisen Ausgangspegel für die betreffenden Saiten. Die einzig praktikable Möglichkeit, die Lautstärke einzelner

Saiten zu regulieren, besteht darin, die Unterseite der Stegeinlage so zu bearbeiten, dass sich ihr Druck nach unten anders verteilt. Die entsprechende kleine Fläche auf der Unterseite der Stegeinlage kann ausgeschabt werden, um den Druck unter einer Saite zu verringern. Umgekehrt kann man winzige Streifen aus Metall- oder einem anderen Band aufkleben, um den Ausgangspegel einer bestimmten Saite zu erhöhen.

Kalte oder gebrochene Lötstellen führen zu Aussetzern oder dauerhaftem Ausfall eines Tonabnehmers, die häufigste Ursache für einen „Wackler" ist jedoch eine schadhafte Ausgangsbuchse. Das Ziehen am Kabel und das Verdrehen des Steckers, über die eine Gitarre mit dem Verstärker verbunden wird, führt oft zu einem Schaden an der Ausgangsbuchse selbst. Die Kontakte verrosten oder halten den Stecker nicht mehr richtig fest, so dass bei jeder Bewegung des Steckers ein Kracksen ertönt. Da Stecker und Kabel noch leichter kaputtgehen können, ist es sehr wichtig, diese erst einmal zu überprüfen, bevor man eine defekte Ausgangsbuchse vermutet. Der Großteil der ernsthaften elektro-akustischen Musiker hat immer mehrere Kabel in verschiedenen Längen im Gepäck, so dass sie mit Hilfe eines Ersatzkabels leicht überprüfen können, ob der Fehler bei der Gitarre liegt oder beim Kabel.

Falls ein Verstärker nicht korrekt geerdet ist, kann beim Einstecken einer Gitarre ein elektronisches Brummen auftreten. Deshalb sollte man unbedingt darauf achten, dass die Stromversorgung zum Verstärker korrekt verkabelt und geerdet ist. Mitunter brummen ein Verstärker und ein Tonabnehmer nur beim Anschluss an bestimmte Steckdosen – ein Hinweis, dass der Fehler nicht beim Pickup oder der Verstärkeranlage zu suchen ist.

Ist eine Gitarre mit einem aktiven, also mit einer Onboard-Batterie betriebenen Tonabnehmersystem ausgerüstet, so empfiehlt sich ein regelmäßiger Austausch der Batterie, ein guter Richtwert ist einmal pro Jahr, auch wenn sie noch scheinbar zufriedenstellend arbeitet. Mit zunehmendem Alter der Batterie fällt ihre Spannung irgendwann unter den Punkt, wo sie den Preamp nicht mehr versorgen kann. Wenn dies passiert, äußert sich das in einem richtig ätzend verzerrten Sound über den Verstärker. Da dies jederzeit ohne Vorwarnung geschehen kann, bringt eine stets frische Batterie die Sicherheit, dass es nicht gerade dann passiert, wenn Sie bei einem wichtigen Gig die Bühne betreten!

10.8 Saiten aufziehen

Klaviersaiten halten sehr lange, ohne dass ein Austausch notwendig wäre, wogegen Gitarrensaiten schon nach kurzer Zeit stumpf zu klingen beginnen, weil sie vom Musiker ständig berührt werden. Zum Glück sind Gitarrensaiten relativ preiswert und leicht zu wechseln. Im Unterschied zu einem Pianisten kann ein Gitarrist sein Instrument vor jedem Spielen neu stimmen und die Saiten problemlos wechseln. Häufiges Saitenwechseln ist die einfachste Methode, wie ein Spieler immer den besten Sound aus seiner Gitarre herausholen kann. Alle Gitarristen sollten lernen, ihre Saiten selber zu wechseln, damit sie die Kontrolle über den Sound ihres Instruments erlangen.

Vor dem Aufziehen neuer Saiten müssen natürlich erst die alten abgenommen werden. Trotz des „Altweibergeschwätzes", dass Saiten immer einzeln gewechselt werden müssen, ist es absolut gefahrlos und durchaus vernünftig, sie alle auf einmal zu entfernen. So kann man das Griffbrett mal so richtig mit einem Reinigungstuch abwischen, um es von allerlei Schmutzrückständen zu befreien. Sind alle Saiten herunter, kann man die Stimmwirbel einer gründlichen Inspektion unterziehen und eventuell lose Unterlegscheiben, Wirbelknöpfe oder Steckhülsen entdecken. Falls Ihnen jedoch diese möglicherweise radikale Vorstellung nicht behagt, sollten Sie die Saiten einzeln wechseln. Bei einer Archtop-Gitarre kann man so beispielsweise wesentlich leichter die Position des verschiebbaren Stegs unverändert lassen.

Die Saiten zu entfernen, ist der leichte Teil der Übung – man stimmt einfach jede Saite runter, bis sie nur noch lose herumschlabbert, wickelt sie dann von der Wickelachse ab und zieht sie vom Steg oder Tailpiece ab. Zum Kappen der neuen Saiten sollten Sie einen Seitenschneider parat halten, und vielleicht möchten Sie ja auch die alten Saiten durchzwicken, damit das Herunternehmen schneller geht.

10.8.1 Stahlsaiten

Die meisten Stahlsaiten-Gitarren haben „Pinstege", wo die Saite in den Steg gesteckt und mit einem Stegpin festgeklemmt wird. Der erste Schritt ist also das Einführen des Ballends einer neuen Saite in das Loch. Dabei sollten Sie die Saite so halten, dass das Ballend einige Zentimeter tief nach unten in den Korpus hineinragt.

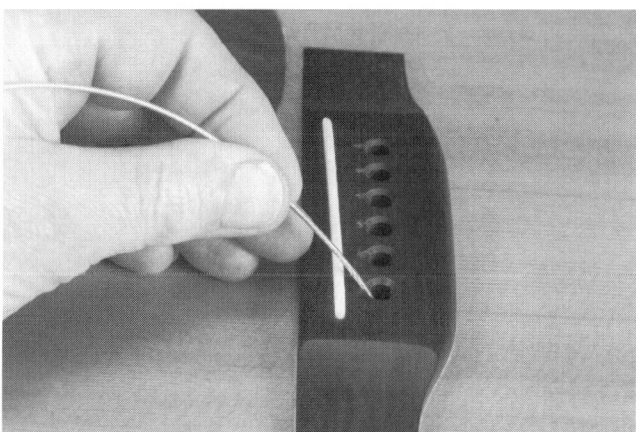

Dann stecken Sie einen Stegpin, mit der Rille zum Schallloch zeigend, in das Loch und ziehen dabei leicht an der Saite, so dass das Ballend unter die Stegplatte gleitet.

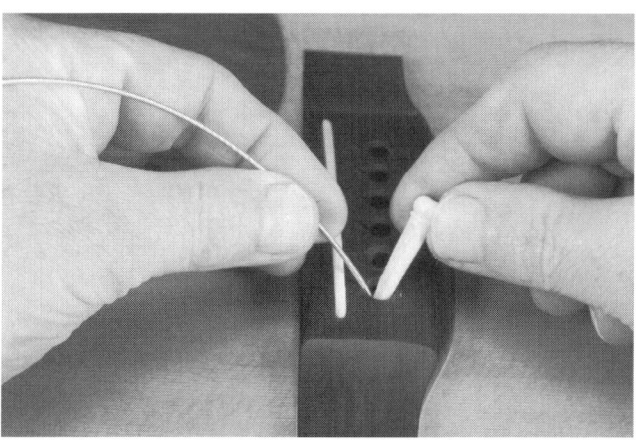

Der Stegpin fixiert die Saite, so dass sie sich an der Innenseite der Gitarre verhakt und gegen die Stegplatte gedrückt wird.

Nun ziehen Sie, während Sie mit dem Daumen auf den Stegpin drücken, kräftig an der Saite, bis das Ballend fest „einrastet".

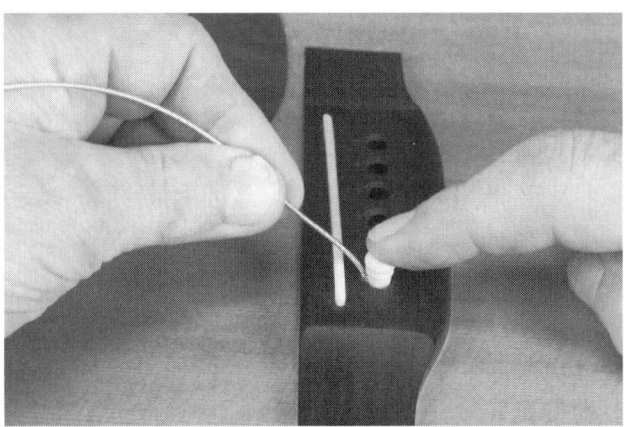

Dann mit den Fingern die Saite nach oben glattstreichen, parallel zum Hals ausrichten und das lose Saitenende durch die entsprechende Wickelachse fädeln. Als Nächstes halten Sie die Saite rund 4 cm über dem Griffbrett, ziehen das freie Ende bis zum Anschlag durch die Wickelachse

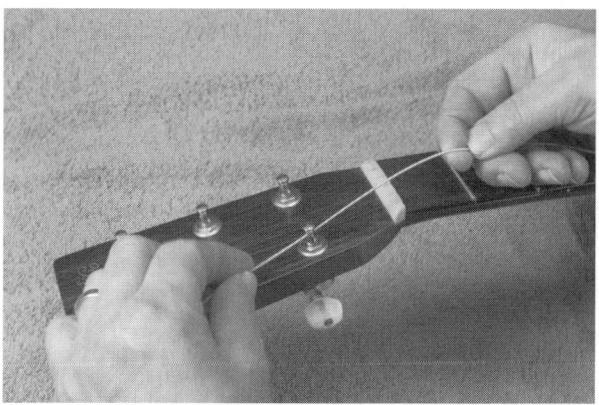

und wickeln es mehrmals so um die Achse, dass sich die Wicklung zur Kopfplatte hin auffüllen wird.

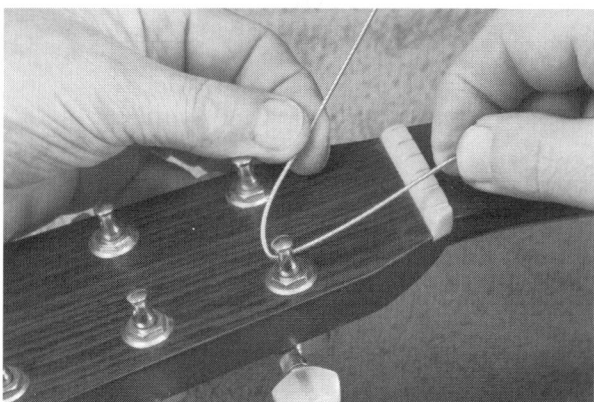

343

Dann schieben Sie das freie Ende unter dem Teil der Saite zwischen Wickelachse und Sattel zur Mitte der Kopfplatte hindurch.

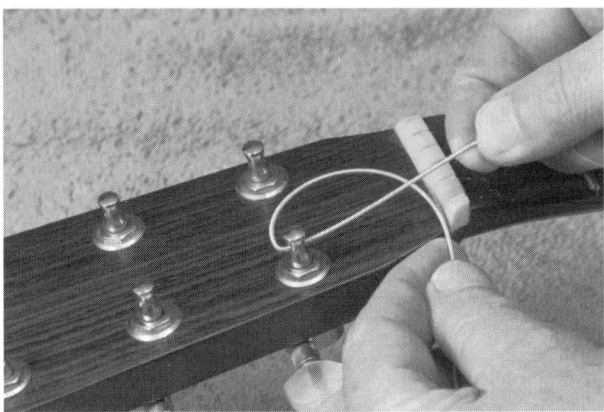

Die Saite hochbiegen und umknicken. Jetzt den Wirbelknopf drehen, damit die Saite um die Achse gewickelt wird, dabei immer die Saitenspannung mittels Fingerdruck aufrechthalten.

Sie werden bemerken, dass das freie Saitenende fest gegen die Wickelachse gepresst wird und somit nicht mehr durchrutschen kann, sobald die für die korrekte Tonhöhe erforderliche Spannung erreicht ist.

Nachdem die Saite gestimmt ist, können Sie das freie Ende so nah wie möglich an der Wickelachse abzwicken.

Auf diese Weise hängt nachher kein Saitenende herum, der rappeln könnte und es besteht auch keine Verletzungsgefahr durch vorstehende, scharfe Drahtenden. Diese abgeschnittenen Saiten sind spitz!

Werden die Saiten in dieser Weise aufgezogen, können sie sich unmöglich an der Mechanik lockern. Es ist daher auch nicht notwendig, sie zigfach um die Achse zu wickeln. Das schadet zwar nicht, jedoch sieht ein dicker Wickelklumpen wenig elegant aus und kann Stimmprobleme mit sich bringen, bis sich die vielen Windungen endlich festgezogen haben.

Manche Steelstring-Gitarristen haben „pinlose" Stege, bei denen die Saiten durch simple Bohrungen gefädelt werden. Hier ist eine Neubesaitung noch einfacher als bei der Pinstegvariante. Doch da die gesamte Saitenspannung ausschließlich von der Leimverbindung des Stegs gehalten wird, besteht durchaus Grund zu der Vermutung, dass der Pinsteg die stabilere Lösung ist.

Manche Stahlsaiten-Gitarren haben eine geschlitzte Fensterkopfplatte, was den Eindruck erweckt, als wäre hier eine andere Aufziehtechnik vonnöten. Tatsache ist: Es wird hier genauso gemacht wie eben beschrieben.

Die Saite durch die Achse stecken.

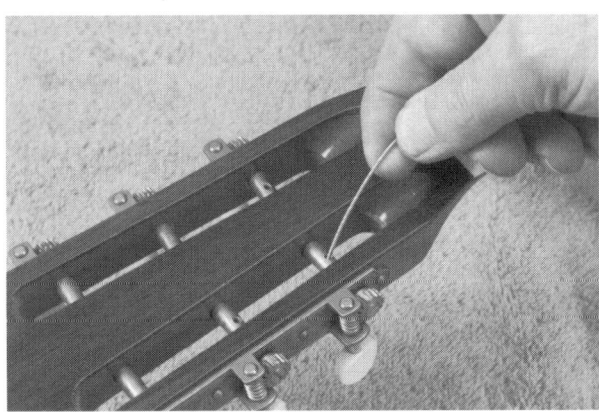

Die Saite durch die Öffnung der Kopfplatte hinter der Wickelachse nach oben und vor der Achse wieder nach unten führen.

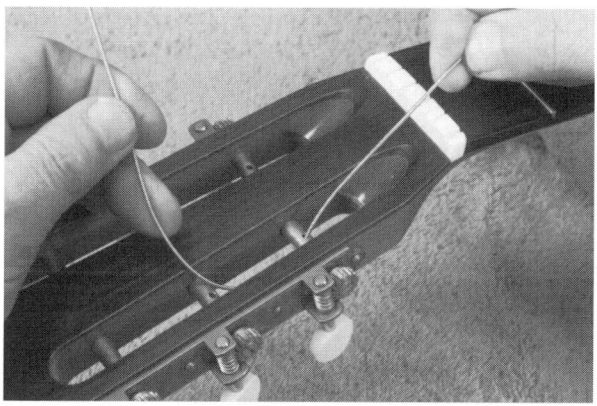

Dann die Saite unterklemmen.

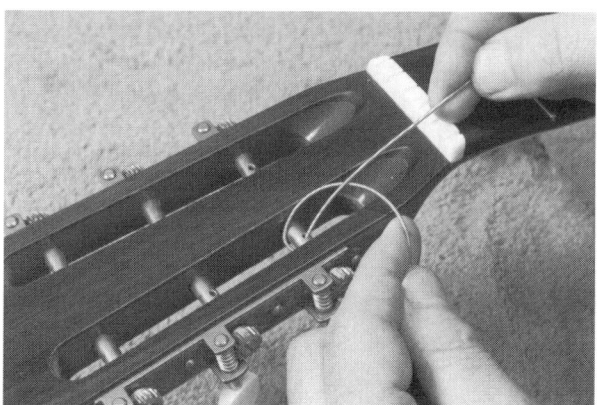

Und wieder zurückführen, damit sie sich beim Hochstimmen festzieht.

Ist die Saite korrekt gestimmt, zwicken Sie das freie Ende ab, damit es nicht in den Schlitzen der Kopfplatte herumbaumelt.

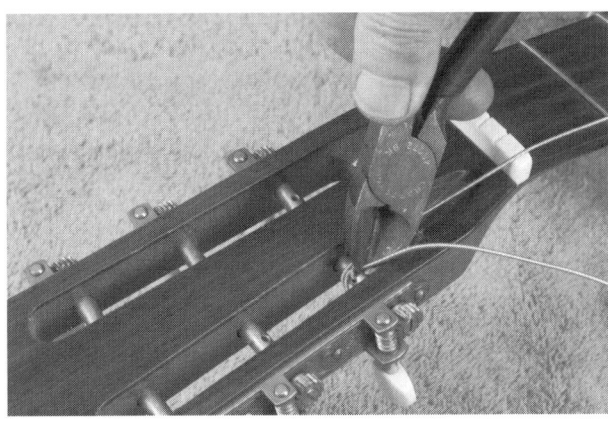

10.8.2 Nylonsaiten

Wenn Sie Ihre Konzertgitarre neu besaiten wollen, müssen Sie besonders auf die rutschfreudigen Nylonsaiten Acht geben.

Die Basssaiten haben an einem Ende oft eine spezielle flexible Zone. Diese dient zum Festknüpfen am Steg. Fädeln Sie die Saite durch das Loch im Knüpfblock.

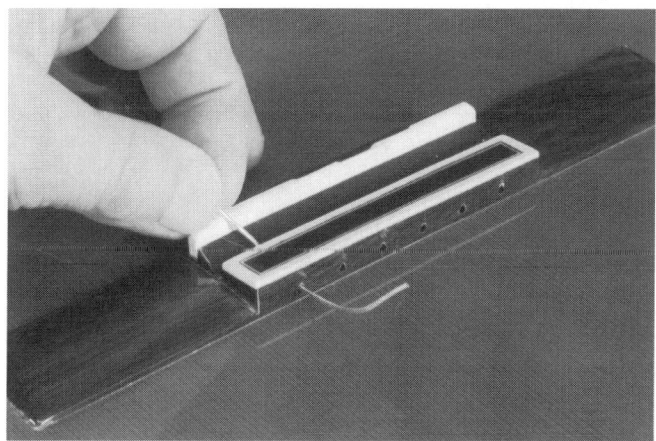

Dann das Ende unter der Saite hinter der Stegeinlage durchfädeln. Und außen herum wieder zurück in Richtung Steghinterkante.

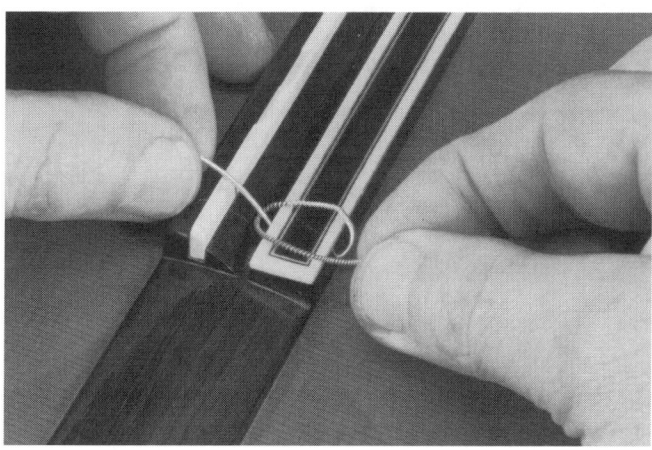

Bei den Basssaiten macht man üblicherweise nur eine Unterschlaufe und vergewissert sich, dass das freie Saitenende an der Rückseite des Knüpfblocks festgeklemmt wird.

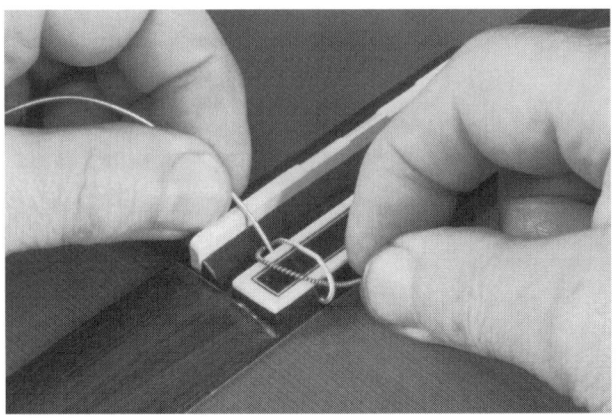

Nun die Saite glattstreichen und zum Sattel hochführen, dabei die Saite ungefähr 4 cm vom Griffbrett entfernt halten. Das Saitenende durch das Loch der Wickelachse stecken.

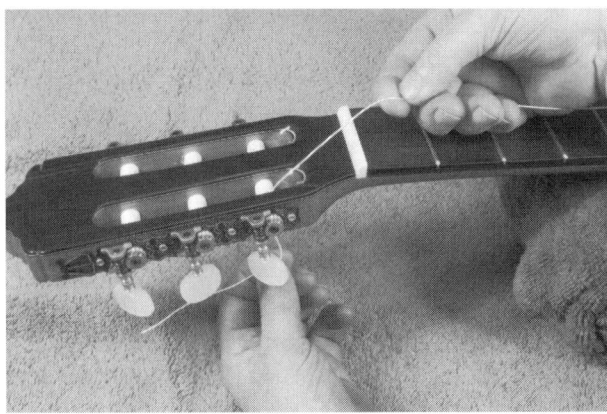

Als Nächstes das Saitenende hinter der Achse zurückbiegen und unter der Saite zwischen Achse und Sattel durchstecken.

Das freie Ende unter der Saite durchschieben.

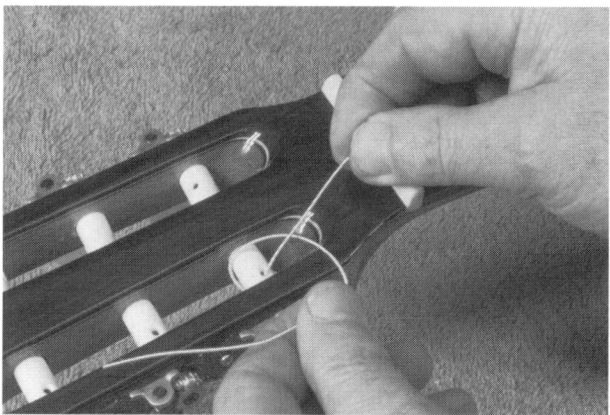

Und wieder über die Achse zurück.

Nun können Sie die Saite sicher hochstimmen, ohne befürchten zu müssen, dass sie herausrutscht. Knipsen Sie nach dem Stimmen der Saite das lose Ende ab.

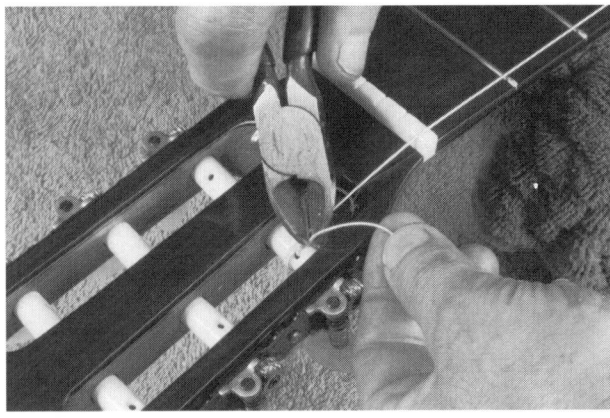

Die glatten Nylonsaiten sind dafür viel anfälliger als die umsponnenen. Achten Sie darauf, dass Sie beim Verknoten am Steg die Saite zusätzlich mehrmals unter und hindurchfädeln, damit sie sich auch bestimmt nicht löst. Auch hier gilt es wieder zu beachten, dass das freie Saitenende an der Rückseite des Knüpfblocks festgeklemmt wird.

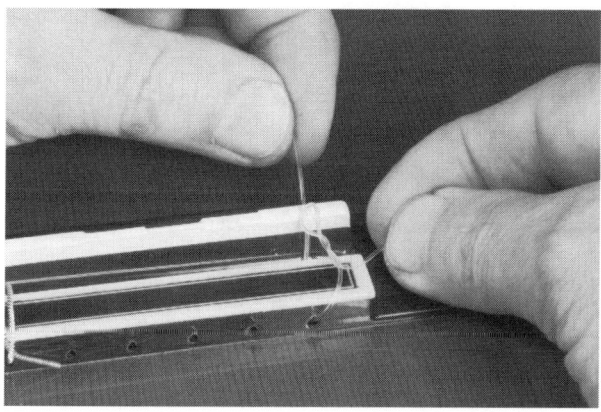

Eine erste Saite wird sehr wahrscheinlich durchrutschen, wenn diese letzte Kehrtwende nicht über die hintere Kante des Knüpfblocks verläuft.

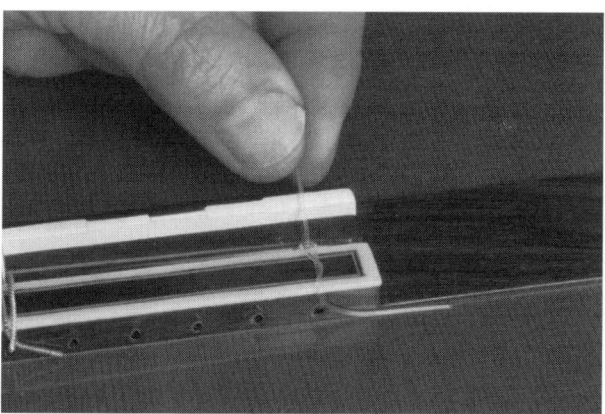

353

Das Gleiche gilt für die Wickelachse. Führen Sie das freie Ende der glatten Saite einmal zusätzlich über und um die Saite herum, damit beim Hochstimmen die nötige Haftreibung entstehen kann.

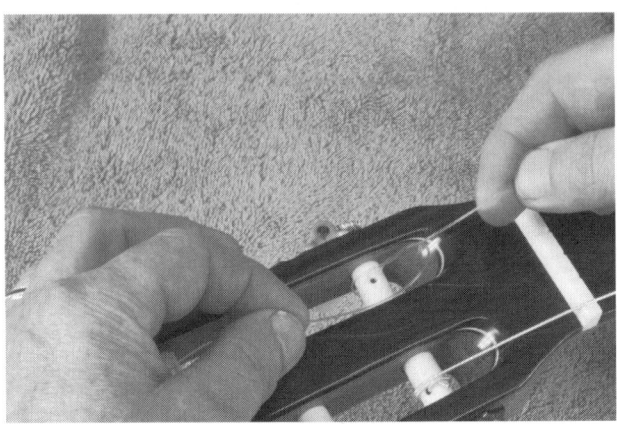

10.8.3 Archtops

Archtop-Gitarren haben ein Tailpiece und einen verschiebbaren Steg. Davon abgesehen, kann man sie genau so besaiten, wie man es bei einer Steelstring-Flattop tun würde.

Die meisten Archtop-Tailpieces sind für Saiten mit Ballends ausgelegt und haben Löcher bzw. Schlitze, um sie zu halten.

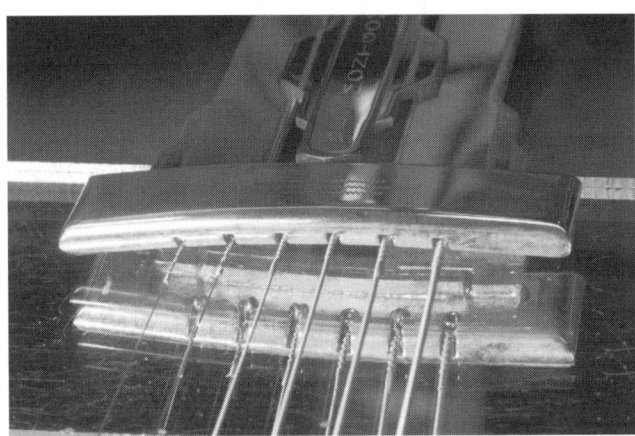

Die beliebten Gitarren im Selmer/Maccaferri-Stil haben ein ungewöhnliches Tailpiece, das sowohl für Saiten mit Ballends als auch für Schlaufen ausgelegt ist.

In fast allen Situationen ist die Handhabung eines solchen Tailpiece kinderleicht und erfordert keine besondere Pflege.

Die Sicherung der Saiten an der Kopfplatte erfolgt bei Archtop-Gitarren wie bei Steelstring-Flattops.

Der bewegliche Steg kann dagegen schon etwas knifflig werden. Wenn Sie alle Saiten auf einmal abmachen, werden Sie feststellen, dass der Steg abfällt! Das mag ja ganz praktisch sein für die Reinigung, erfordert jedoch einige Erfahrung in punkto Stegplatzierung, damit er hinterher auch an seinem alten Platz landet. In der Regel findet sich an diesem Punkt eine verschrammte Stelle oder eine Linie im Lack, somit ist es ein Leichtes, ihn ungefähr an der richtigen Stelle aufzusetzen.

Eine sinnvolle Prozedur zur Ausrichtung des Stegs besteht darin, nur die erste und sechste Saite aufzuziehen und diese korrekt zu stimmen. Durch Vergleichen des Flageolettons mit dem gegriffenen Ton, jeweils am zwölften Bund, ist es nicht allzu schwierig, den Steg wieder perfekt einzujustieren. Ist der gegriffene Ton höher, schieben Sie den Steg in Richtung Tailpiece und prüfen die Intonation noch mal. Wenn Sie diese Einstellarbeiten ein paarmal gemacht haben, wird es zur leichten Routine.

10.9 Eine kurze Einführung in kompliziertere Reparaturen

Bei manchen Instrumenten kann es sehr lange dauern, bevor einmal eine Reparatur nötig wird, doch irgendwann wird jede Akustikgitarre professionelle Hilfe brauchen. Ob durch einen Unfall, extreme Temperatur- und Luftfeuchtigkeitswerte, den erbarmungslosen Saitenzug oder die Abnutzung beim Spielen – es wird der Tag kommen, wo die Aufmerksamkeit eines Gitarrenbauers erforderlich ist, um die bauliche Integrität des Instruments zu erhalten.

Akustikgitarren bestehen aus dünnen Hart- und Weichholzteilen, die in komplexe Formen gebracht und kunstvoll verstrebt werden, damit sie über sehr lange Zeiträume den Zugkräften von gestimmten Saiten standhalten können. Als Faustregel kann man sagen, je teurer ein Instrument ist, um so feiner ist es gebaut und um so näher kommt es jener Grenzlinie zwischen struktureller Festigkeit und der Flexibilität, die größtmögliche Lautstärke und Tonfülle ermöglichen.

10.9.1 Risse im Holz

Die meisten Risse sind deutlich sichtbar, und obwohl sie nicht unmittelbar das Leben eines Instruments gefährden, sollten sie trotzdem repariert werden. Schlimme Risse mit Absplitterungen und fehlenden Teilen gehören zu den Schäden, die jeder erkennen und begreifen kann.

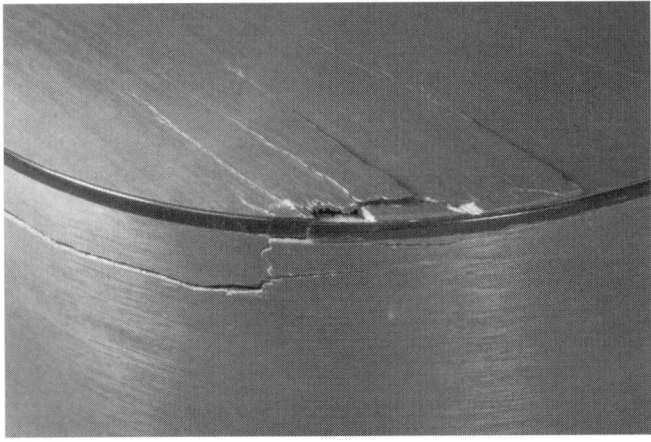

Abb. 10.41: Risse mit Absplitterungen sollten unbedingt repariert werden

Zu weiteren Folgeschäden kommt es wahrscheinlich, wenn solche Risse unbehandelt bleiben. Da der Korpus einer Gitarre nicht dafür ausgelegt ist, dass er auseinander fällt, müssen die meisten Reparaturen unter Einsatz von Spezialwerkzeugen und Klemmen erfolgen, wobei das Schallloch den primären Zugang ins Innere bietet. Mancher Korpusschaden mag katastrophal aussehen, ist aber möglicherweise leicht zu reparieren, wohingegen bestimmte feine Risse zwar harmlos aussehen mögen, jedoch unter Umständen erhebliche struktrale Verwicklungen bergen und ausgeklügelte Reparaturmaßnahmen erfordern. Ein erfahrener Gitarrenbauer ist derjenige, der den Unterschied schnell erkennt.

Risse treten in einer erstaunlichen Vielfalt an Formen, Größen und Ursachen auf. Es ist die Aufgabe des Gitarrenbauers, jeden Riss zu analysieren, um sich für die effektivste Reparaturmethode zu entscheiden. Bisweilen reicht es völlig aus, den Riss mit etwas Leim zu füllen, ihn sauber mit Schraubzwingen zu klammern und ihm Zeit zu lassen, damit der Leim abbinden kann. Oft ist es ratsam, die Innenseite des Risses zu verstärken, um künftigen Schäden vorzubeugen. Es ist logisch anzunehmen, dass ein Riss, der von einem Sturz des Instruments herrührte, wohl nicht noch einmal auftreten dürfte – außer bei einem ähnlichen Unfall. Ein derartiger Riss kommt unter Umständen ohne Verstärkung aus. Ein Zargenriss, der vom Druck der Gitarre auf das Bein des Musikers herrührt, ist ein Beispiel für einen Riss, der meist sehr wohl einer Reparatur bedarf. Ein solcher Druck wird bei jeder Benutzung der Gitarre ausgeübt, und da sich die reparierte Stelle ein Stück weit durchbiegt, dürfte sie erneut brechen, sofern sie nicht von innen verstärkt wird.

10.9.2 Bruch der Kopfplatte

Der lange Hals einer Akustikgitarre kann eine beachtliche Hebelwirkung auf den Korpus ausüben und bei einem Sturz des (selbst in einem stabilen Koffer verpackten) Instruments erhebliche Schäden verursachen. Die mit Abstand häufigste Schadensart, die in einem Case zu beklagen ist, ist das Ergebnis der Massenträgheit von Kopfplatte und Stimmwirbeln. Direkt hinter dem Sattel ist der Hals am dünnsten und der Winkel der Kopfplatte schneidet durch die Längsmaserung des Halses. Durch die Erschütterung infolge eines abrupten Schlags kann dieser „kurzgemaserte" Bereich abbrechen. Besonders gern passiert dies bei einem Sturz nach vorne, etwa wenn die Gitarre von einem Gitarrenständer auf den Boden knallt.

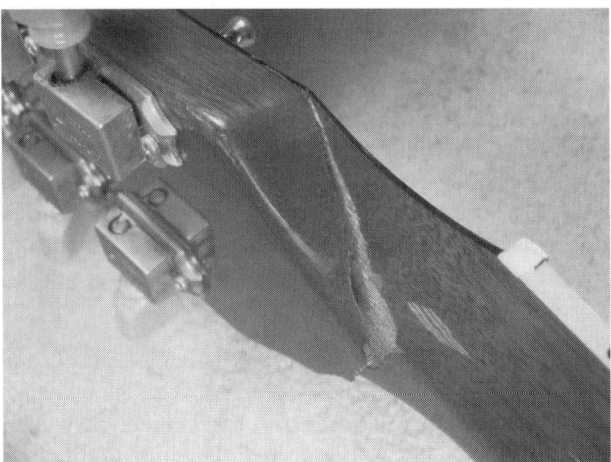

Abb. 10.42: Stürze können oft zu Brüchen der Kopfplatte führen

10.9.3 Steg- und Griffbrettablösungen

Die Sache klingt ganz einfach: Was lose ist, muss wieder festgeleimt werden. Doch ganz so einfach ist es leider nicht, das Festleimen eines lockeren Teils wie etwa eines Stegs ist unter Umständen problematisch, weil beim Trennen der Teile mitunter böse Folgen auftreten. Ein loser Steg kann eine ernsthafte Verformung oder gar einen Bruch der Stegplatte bewirken, was wiederum einen fatalen Schaden an der Decke herbeiführen kann. Was wie ein einfacher Job erschien, hat sich zu einer richtig großen Restauration ausgeweitet.

Ein loses Griffbrett kann dazu führen, dass sich der Hals in erheblichem Maß nach vorn verzieht. Die Saitenlage wird immer höher, und man argwöhnt bereits einen zu lose eingestellten Halsstab. Ein Überdrehen des Trussrods ist ein Beispiel für jene Art von Fehlern, die einem unerfahrenen Reparateur unterlaufen können bei dem Versuch, das durch ein loses Griffbrett verursachte Problem zu beheben.

10.9.4 Bruch des Halsstabs

Ein gebrochener Halsstab ist eine sehr ernste Angelegenheit und fast immer auf eine misslungene Halsstabjustierung zurückzuführen. Ein Überdrehen oder das gewaltsame Verdrehen einer festsitzenden Mutter kann für den Halsstab tödlich enden, was zur Instandsetzung einen erheblichen Aufwand nötig macht. Bei der Standardreparatur wird in solchen Fällen das Griffbrett abgenommen, der Halsstab ausgebaut und ersetzt und schließlich das Griffbrett wieder aufgeleimt. Eine Neubundierung und Neulackierung könnten ebenfalls notwendig sein und addieren sich unterm Strich zu einer sehr kostspieligen Reparatur.

10.9.5 Neubundierung

Eine Neubundierung kommt meist dann in Frage, wenn die Bundstäbchen vom jahrelangen Spielen abgenutzt sind. Da bestimmte Töne öfter als andere gespielt werden, sind an diesen Stellen die Bünde unter den Saiten besonders „heruntergenudelt", was eine korrekte Saitenlage erschwert und Scheppern verursacht.

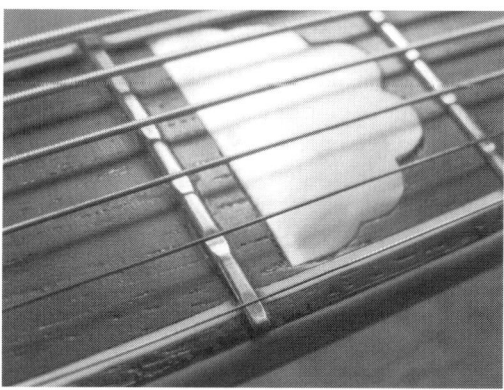

Abb. 10.43: Sind Bünde abgenutzt, ist eine Neubundierung ratsam

Durch den Ausbau sämtlicher Bünde erhält der Gitarrenbauer eine erstklassige Gelegenheit, die Oberfläche des Griffbretts abzuziehen und zu korrigieren. Dadurch kann er das über Jahre hinweg schleichend erfolgte „Setzen" des Halses ausgleichen und seine Bespielbarkeit in den Neuzustand zurückbringen.

Bei einer Neubundierung kann der Gitarrenbauer fester sitzende Bünde wählen, wodurch der Hals starrer und steifer wird, oder aber solche einsetzen, die lockerer sitzen, was ihm etwas mehr Biegsamkeit nach vorn verleiht. Mit diesem Trick lassen sich auch bei Hälsen ohne Trussrod die Steifheit und Krümmung des Halses justieren. Die vor 1985 gebauten Martins sowie die meisten Konzertgitarren sind Teil einer beträchtlichen Gruppe von Instrumenten ohne Halseinstellstab.

10.9.6 Neueinsetzen des Halses

Eine besonders knifflige Reparatur hat in den letzten Jahrzehnten zuneh-mend an Bedeutung gewonnen – das Neueinsetzen des Halses. Alle Akustik-gitarren stehen unter einer ständigen hohen Belastung durch den Saitenzug, und während sie durchaus solide gebaut sein mögen, reagieren sie dennoch durch subtile Veränderungen am Korpus auf diese Belastung, vor allem in der oberen Schulterpartie, wo der Hals befestigt ist. Flattop-Stahlsaiten-Gitarren sind am anfälligsten für derlei Korpusveränderungen, denn bei ihnen treffen eine sehr leichte Bauweise und hohe Saitenzugkräfte zusam-men. Ebenso bewirken Nylonsaiten Veränderungen bei Klassikgitarren, jedoch viel langsamer, weil der Saitenzug im Vergleich zu Stahlsaiten-Gitarren viel geringer ist. Bei einer Archtop-Gitarre ist der Korpus im Allgemeinen viel schwerer als bei einer Flattop, und die gewölbten Decken- und Bodenhölzer können dem Saitenzug besser standhalten.

An diesem Punkt sehen die meisten erfahrenen Spieler ein, dass der Tag kommen wird, wo ihre Stahlsaiten-Gitarre eine Halskorrektur braucht, um die infolge des Saitenzugs veränderte Geometrie zu korrigieren. Da die Saiten den Hals nach vorne ziehen, wird der Boden etwas flacher, die Decke sinkt geringfügig um das Schallloch herum ein, der „Bauch" der Decke wölbt sich im Bereich des Stegs kräftiger auf und der Halsblock dreht sich nach vorne, was in einer höheren Saitenlage resultiert. Nach einigen Jahren kann dann zum Ausgleich die Stegeinlage abgeschliffen werden. Schließlich aber dürfte diese für eine korrekte Funktionsweise zu niedrig sein – dann ist es an der Zeit, den Hals abzurichten.

Die Arbeit des Halsrichtens erfordert in aller Regel, dass der Hals vom Korpus gelöst wird, wobei die Verbindung präzise getrennt werden muss, damit der Hals zwecks optimaler Saitenlage später wieder im korrekten Winkel in den Korpus eingesetzt werden kann. Halsverbindungen in tradi-tioneller Schwalbenschwanzverleimung lassen sich mittels Dampfinjektion zum Aufweichen des Leims lösen.

Moderne Hälse sind oft verschraubt, was eine problemlose Trennung vom Korpus ermöglicht und weniger Mühe und Geld kostet, den Hals abzurich-ten. Leider werden nach wie vor zahlreiche Stahlsaiten-Gitarren mit nicht-abnehmbarem Hals produziert. Die meisten davon sind Billigimporte aus Asien, die man wohl einfach wegwirft, ohne jemals den Hals richten zu lassen. Eine Methode, die bei solchen Gitarren mitunter angewandt wird, besteht darin, dass man den Hals aus dem Korpus heraussägt und ihn zu einem Schraubhals umfunktioniert.

10.9.7 Spezielle Überlegungen

Es obliegt dem Besitzer, in Zusammenarbeit mit einem Gitarrenbauer Art und Ablauf größerer Reparaturarbeiten festzulegen. Natürlich ist der Besitzer der Boss und kann über das Schicksal der Gitarre entscheiden, aber der Gitarrenbauer hat die Verantwortung, den Besitzer über die Kosten/Nutzen-Relation jeglicher Reparaturen aufzuklären. Hierbei müssen der Stil und die Qualität berücksichtigt werden, mit denen das Instrument ursprünglich ausgestattet war. Der Zeitwert der Gitarre kann ebenfalls eine große Rolle spielen, wie auch die emotionale Bindung des Musikers an sein Instrument.

10.10 Temperatur und Feuchtigkeit

Umgebungstemperatur und Luftfeuchtigkeit sind Fakten des Lebens, denen wir nicht entrinnen können. In manchen Teilen der Welt dürfte es nahezu unmöglich sein, die Luftfeuchtigkeit in seiner Wohnumgebung zu regulieren. So wie wir Menschen uns bei extremer Hitze oder Kälte oder in tropischer Schwüle unwohl fühlen, so lässt sich auch zweifelsfrei feststellen, dass unsere Gitarren mit uns leiden. In einem ganz allgemeinen Sinn ist es daher logisch, eine Gitarre so zu behandeln, als ob sie ein lebendes Wesen wäre. Die gleichen extremen Hitzegrade, die ein Tier töten würden, können auch bei einem Instrument schwere Schäden anrichten.

Für Tiere wie für Gitarren ist der häufigste Ort für die Begegnung mit einer solchen Hitze ein geparktes Auto, wo bei geschlossenen Fenstern die Temperatur im Wageninneren auf über 80 Grad Celsius steigen kann – für Hunde und Katzen bedeutet dies den sicheren Tod und für Gitarren handfeste Probleme. Bei großer Hitze verliert der Leim einfach so viel Kraft, dass belastete Verbindungen komplett auseinanderfallen können. Stege lösen sich, Griffbretter verrutschen, so dass sich der Hals katastrophal verzieht, Hälse lockern sich, Leimverbindungen an Decke und Boden öffnen sich klaffend und Leisten lösen sich ab, vor allem unter dem Steg, wo die Belastung infolge des Saitenzugs konzentriert wirkt. Bei extremem Frost kann der Lack einer Gitarre infolge von Schrumpfung rissig werden, jedoch sind durch den Aufenthalt in frostiger Luft keine unmittelbaren schwerwiegenden Schäden an der Bausubstanz zu befürchten.

Abb. 10.44: Große Hitze kann bewirken, dass Leime ihre Wirkung verlieren und Stege sich lösen

Musiker machen sich oft Sorgen, wenn sie ihre Gitarren verschicken oder mit ihnen reisen, sofern diese im Frachtraum eines Flugzeugs verstaut werden müssen. Das einzige Problem, das tatsächlich auftreten könnte, wäre ein Kälteschock für den Lack. In der Praxis aber dauert es sehr lange, bis sich die Temperatur im Laderaum halbwegs an die eisigen Temperaturen in großer Höhe angeglichen hat, so dass dies in den meisten Fällen kein Problem darstellt. Wenn man die Gitarre in einem Schneesturm auf dem Rollfeld vergisst, dürfte wohl eher jener Kälteschock zuschlagen, der das Finish rissig macht. Die Laderäume bei Flugzeugen stehen nicht unter Druck, und zum Glück vertragen Akustikgitarren die dünne Luft gut, so dass von dieser Seite kaum Schäden zu befürchten sein dürften. Es ist viel einfacher, extreme Temperaturen zu vermeiden als eine hohe oder niedrige Luftfeuchtigkeit. Wir können einfach nicht in dem Temperaturbereich leben, der Gitarren zerstört – jedoch können wir problemlos solche Feuchtigkeitswerte aushalten, die für hochkarätige Akustikgitarren unter Umständen den Exitus bedeuten.

Jede Betrachtung zum Thema Feuchtigkeit setzt einiges Wissen darüber voraus, auf welche Weise die Luftfeuchtigkeit auf Holz einwirkt und sie verlangt auch die Kenntnis der Umgebungsfeuchte, in der die Gitarre entstand. Da Holz Feuchtigkeit aus der Luft aufnimmt bzw. an sie abgibt, ändert es seine Dimensionen, aber nur quer zur Maserung. Daher wird ein Brett zwar breiter und dicker, wenn es Wasser aufnimmt, aber nicht länger.

Die sensibelsten Teile einer Akustikgitarre sind die Decke und der Boden, deren Kanten ringsum mit den Zargen verleimt sind. Da die Zargen, die den

Umfang definieren und die Leisten an der Innenseite von Decke und Boden bei hoher Luftfeuchtigkeit nicht länger werden können, wölben sich Decke und Boden hoch und nach außen. In Extremfällen resultiert die Aufwärtsbewegung in einer Gitarre mit sehr hoher Saitenlage und einem andeutungsweise aufgequollenen Erscheinungsbild. Auch die Zargen nehmen Feuchtigkeit auf, doch da sie sich ausdehnen können ohne die gleichen Beschränkungen, könnte eine Gitarre von der Decke bis zum Boden schon ein wenig an Tiefe zulegen, was indes nicht als Verformung registriert und ohnehin keine Probleme bereiten würde. In den schlimmsten Fällen quillt ein Griffbrett so stark, dass die Enden der Bundstäbchen nicht mehr bis an die Griffbrettkanten reichen, manchmal ragt es sogar ein bisschen über den Hals hinaus.

Die meisten Auswirkungen einer zu hohen Luftfeuchtigkeit lassen sich aber reparieren: Indem man die Gitarre einer Atmosphäre aussetzt, die derjenigen ähnelt, in der sie hergestellt wurde, lassen sich oft alle sichtbaren Schäden infolge von zu hoher Luftfeuchtigkeit umkehren. Anschließend wird die Gitarre die harmonische Balance zu ihrer Umgebung herstellen und wieder ihre ursprünglichen Maße und Eigenschaften zurückerlangen.

Geringe Luftfeuchtigkeit ist für Akustikgitarren schädlicher, weil das Holz schrumpft, sobald es Feuchtigkeit verliert. Da der Umfang von Decke und Boden fest definiert sind, entwickelt das Holz durch den Feuchtigkeitsverlust eine gehörige Spannung. Die Decke ist in der Regel am verletzlichsten und senkt sich typischerweise nach innen, manchmal sogar so tief, dass sie unübersehbar hohl ist. Mit zunehmender Spannung reißt das Holz schließlich entlang der Maserung. Manchmal verursacht die Trockenheit eine so starke Schrumpfung, dass das Holz auch nach Einbringen in normalfeuchte Luft nicht mehr zu seiner ursprünglichen Größe und Form zurückkehren kann. Dann bleibt die Decke für die Lebensdauer des Instruments leicht konkav. Risse können sich so stark aufweiten, dass man sie durch Einfügen von neuem Material kitten muss.

Da eine niedrige Luftfeuchtigkeit oft das Resultat großer Hitze ist, findet die eigentliche Katastrophe als Kombination beider Kräfte statt. Die Gluthitze in einem geparkten Auto ist wieder ein Hauptübeltäter, da sie die Feuchtigkeit heraustreibt. Somit ist das Instrument gleich beiden Wirkungen ausgesetzt, der Hitze und der geringen Luftfeuchtigkeit. Infolgedessen senkt sich nicht nur die Decke nach innen, sondern da der Leim versagt, löst sich auch die zentrale Leimverbindung. Eines der ersten Anzeichen für eine niedrige Luftfeuchtigkeit kann ein schrumpfendes Griffbrett sein, bei dem die Bünde über die Griffbrettkanten hinausstehen.

Praktisch kein Instrument wird mit vorstehenden Bundkanten hergestellt. Wenn sich also die Bünde an den Rändern unterhalb der Griffbrettoberfläche spitz und raupelig anfühlen, dürfen Sie sicher sein, dass das Griffbrett seit der Herstellung der Gitarre geschrumpft ist. Manchmal ist diese Schrumpfung auf schlecht abgelagertes Holz zurückzuführen, das nach der Fertigstellung weiter arbeitet. Meist ist dies jedoch ein deutlicher Hinweis auf eine zu niedrige Luftfeuchtigkeit.

10.11 Korrekte Lagerung einer Gitarre

Der sicherste Aufbewahrungsort für Ihre Gitarre, wenn Sie nicht darauf spielen, ist ihr Hartschalenkoffer. Dort ist sie vor mechanischer Einwirkung, herabfallenden Büchern, Kinderhänden oder anderen Einflüssen geschützt. Der Koffer bietet einen gewissen Schutz vor kurzfristigen Feuchtigkeits- und Temperaturschwankungen, schließlich aber gleichen sich die Bedingungen im Koffer an die der Außenluft an. In der Hitze eines geparkten Autos etwa kann die Gitarre in nur wenigen Stunden mühelos über den Punkt hinaus aufgeheizt werden, ab dem der Leim aufweicht und das Holz bricht. Liegt der Koffer in der prallen Sonne, verkürzt sich diese Zeitspanne gar auf wenige Minuten. Das Gleiche gilt auch für freistehende Instrumente in einem Zimmer, wenn man sie dem direkten Sonnenlicht aussetzt oder sie zu dicht neben einer Heizung stehen.

Der beste Platz für eine Gitarre mitsamt Koffer ist in einem Schrank; dort ist sie aufgeräumt und noch besser vor Temperatur- und Feuchtigkeitsschwankungen geschützt. Es macht keinen Unterschied, ob der Koffer hochkant steht oder flach oder sogar mit der Oberseite zuunterst liegt – die Gitarre hat bei jedem Winkel einen hervorragenden Halt.

Aber um es mit Shakespeare zu sagen (Zitat aus „Timon von Athen", 1. Akt, 2. Szene): „... süße Instrumente, in Koffern aufgehangen, ... behalten ihren Klang für sich." Oft möchte ein Musiker sein Instrument nur für einen Moment der Inspiration oder mal eben so zum Üben in die Hand nehmen. Wenn er dazu erst den Koffer hervorkramen, einen Platz zum Öffnen finden und nach dem Spielen das Ganze in umgekehrter Reihenfolge machen muss, kann das durchaus lästig sein, so dass die Inspiration schon weg ist, bevor es richtig losgeht.

Eine Gitarre immer draußen auf einem Ständer zu postieren, mag ja ganz praktisch sein – es ist aber auch eine gute Möglichkeit, Beschädigungen zu riskieren. Die Vinyl- oder Gummiauflagen mancher Ständer können empfindliche Lacke oder Schellackfirnis angreifen. Zudem stehen solche Ständer häufig auf einer Höhe, wo man leicht mal dagegen tritt oder stößt. Davon bekommt die Gitarre schnell die eine oder andere Schramme oder segelt garantiert zu einem Schaden auf den Boden. Gitarrenbauer verbringen recht viel Zeit mit der Reparatur von Kopfplattenbrüchen, die das Ergebnis eines umgeworfenen Ständers waren, und sie spachteln fleißig Macken und Kratzer, die daher rührten, dass die Putzfrau mit dem Staubsauger gegen eine Gitarre im Ständer stieß.

Abb. 10.45: Ein sicherer Aufbewahrungsort für eine Gitarre: an der Wand aufgehängt

Eine weitaus sicherere Methode, Gitarren so aufzubewahren, dass man sie sehen und jederzeit benutzen kann, ist das Aufhängen an der Wand. Die gleiche Sorte Haken, wie man sie normalerweise zum Bilderaufhängen verwendet, eignet sich auch prima für Gitarren. Knoten Sie einfach einen Lederriemen oder Schnürsenkel um die beiden oberen Stimmwirbel und Sie haben einen perfekten Gitarrenhänger!

An der Wand ist die Gitarre so sicher aufgehoben wie sonst nirgendwo ohne Koffer. Natürlich zahlt es sich aus, den Aufhängeort mit Bedacht zu wählen. Direkt über einem Heizkörper oder im prallen Sonnenlicht wäre wohl so ziemlich die schlechteste Wahl... An einer Innenwand, weg von allen Wärmequellen, ist eine Gitarre jedoch nicht nur sicher und einsatzbereit untergebracht, sondern auch ein ansprechender Wandschmuck für jedes Zimmer!

10.12 Reisen mit einer Gitarre

Jeder hat sicher schon Geschichten von Leuten gehört, die bei Flugreisen ihr Gepäck verloren haben. Ebenso kursieren unter Musikern Horrorstories über Instrumente, die von Gepäckträgern beschädigt wurden. Mit jedem

Jahr wird es schwieriger, eine Gitarre mit an Bord eines Flugzeugs zu nehmen, und alles deutet darauf hin, dass sich die Situation künftig noch verschlechtern wird.

Ein Hartschalenkoffer bietet einen guten Schutz auf Reisen – schließlich sind sie dafür da. Für die meisten Reisesituationen ist ein solider Hartschalenkoffer genau das Richtige. Er verhindert, dass eine Gitarre im Auto von anderem Gepäck zerquetscht wird, und man bockelt sich damit sicher durch jede Tür. Allerdings ist ein herkömmlicher Hartschalenkoffer doch etwas empfindlich gegen Misshandlungen durch Flugpersonal und Frachtgut. Zu diesem Zweck gibt es Flightcases in verschiedenen Größen, die bei Profimusikern überaus beliebt sind, die mit dem Flugzeug touren. Leider sind diese Cases überaus schwer und teuer. Die einzige große Gefahr, die einer Gitarre in einem Hartschalenkoffer droht, ist ein „Peitschenhieb" gegen die Kopfplatte. Wenn man den Koffer fallen lässt, genügt oft die Trägheit der Kopfplatte mit ihren schweren Mechaniken, um einen Halsbruch in Sattelnähe herbeizuführen.

Oft stellt man einen Koffer senkrecht hin, nur damit er dann umkippt und zu Boden fällt. Ein solcher Sturz fügt dem Koffer keine Schäden oder auch nur nennenswerte Kratzer zu, jedoch kann dabei zweifellos eine Kopfplatte abreißen. Diese Schadensvariante tritt besonders häufig bei Gitarren auf, die als Luftgepäck reisen. Und bei der Gepäckschadensabteilung der Airline dürfte man jegliche Verantwortung ablehnen, weil der Koffer ja äußerlich nicht beschädigt wurde und folglich auch nicht misshandelt worden sein konnte.

Abb. 10.46: Mit Zeitungspapier lässt sich die Kopfplatte schützen

Die Kopfplatte sicher zu verpacken, wird also zur wichtigsten und dennoch simplen Maßnahme, mit der ein Reisender die gefahrlose Beförderung seiner Gitarre sicherstellen kann. Wird die Kopfplatte im Koffer starr und ohne Bewegungsspielraum fixiert, wird sie auch bei einem Sturz des Koffers aus größerer Höhe nicht abbrechen. Das Verpackungsmaterial muss elastisch und dennoch sehr fest sein. Normaler Polyurethanschaum oder Schaumgummi reichen dabei nicht aus. Textilien und Stoffe oder zusammengeknüllte Zeitungen genügen dagegen, wenn man entsprechend viel davon nimmt.

Es ist durchaus sinnvoll, sowohl Vorder- als auch Rückseite der Kopfplatte zu umwickeln, damit der Deckel des Koffers am Ende nur mit ordentlich Druck geschlossen werden kann. Wenn dann noch alle Schlösser mit Gaffatape überklebt sind, damit sie nicht versehentlich aufspringen oder unterwegs auf dem Gepäckband hängenbleiben können, ist der Koffer transportbereit für den Luftverkehr. Für eine nahezu perfekte Sicherheit kann man den Koffer noch zusätzlich in einen normalen gepolsterten Gitarren-Versandkarton einpacken, wie man es beim Versand durch eine Spedition auch tun würde. Mit einem Loch an der Seite des Kartons lässt sich dieser so bequem wie ein großes Gepäckstück tragen.

Abb. 10.47: In einem gepolsterten Gitarrenkarton ist das im Koffer gelagerte Instrument für den Transport gesichert

11 Tipps zum Gitarrenkauf

Der Kauf einer neuen Gitarre kann tierisch Spaß machen und zugleich totalen Frust bedeuten. Auf der einen Seite genügt die Vorfreude, ein fein gearbeitetes Instrument zu erwerben, dass die meisten Menschen weiche Knie bekommen. Umgekehrt lässt die bevorstehende Ausgabe einer beträchtlichen Summe sauer verdienten Geldes Zweifel aufkommen. Vor allem für Gitarreneinsteiger läuft die Suche nach „der Richtigen" oft auf die Frage hinaus: Gehe ich nur nach dem Aussehen oder soll ich dem Verkäufer im örtlichen Musikgeschäft vertrauen? Um die Gefahr einer Enttäuschung möglichst klein zu halten, ist es wichtig, dass man sich vorab Gedanken macht, welche Erwartungen an das betreffende Instrument gestellt werden.

11.1 Was ist das „Beste"?

Als erstes sollte man sich von dem Gefühl freimachen, dass es so etwas wie „die perfekte" Gitarre gibt. Natürlich steigen die Chancen mit der investierten Summe, ein hochwertiges Instrument zu bekommen, trotzdem ist ein hoher Preis allein keine Garantie, dass Sie auch eine Gitarre bekommen, die zu Ihrem Musikstil, Ihren Klangvorstellungen oder einfach zu dem „Feeling" passt, wie Sie es mögen. Beispielsweise könnten Sie eine schöne Dreadnought von einem berühmten Hersteller kaufen, nur um später festzustellen, dass Sie doch lieber einen breiteren Hals hätten, und dass die Gitarre nicht ganz so sensibel auf das Fingerstyle-Spiel anspricht, welches Sie gerade erlernen. Genau dieselbe Gitarre ist vielleicht der perfekte Partner für den Leadgitarristen in einer Bluegrassband, aber wie es der Zufall will, spielen Sie viel besser auf der Gitarre mit OM-Korpus und Sperrholzdecke Ihres Freundes, die nur einen Bruchteil dessen gekostet hat, was Sie ausgegeben haben.

Die gleiche Mahnung zur Vorsicht gilt auch, wenn man bei der Wahl seines Instruments zu musikalischen Idolen aufblickt. Nur weil eine Gitarre auf der

Aufnahme eines berühmten Musikers oder bei einem Livekonzert gut klingt, heißt dies noch lange nicht, dass sich diese Qualität auf Ihr Wohnzimmer-Picking übertragen lässt. Im Studio oder auf der Bühne spielen einfach zu viele Faktoren eine Rolle, um mit Bestimmtheit sagen zu können, ob es allein die Gitarre ist, die da so gut klingt. Vielleicht benutzt der Künstler einen bestimmten Pickup, der am Ende seinen oder ihren Sound stärker prägt als die Wahl des Instruments. Vielleicht schickt er das Signal durch ein ganzes Rack voller Effekte, mit denen praktisch jede Gitarre gut klingen kann.

Am frustrierendsten kommt möglicherweise die Erkenntnis, dass er vielleicht eine ganz individuelle Griff- oder Spieltechnik drauf hat, die den unverwechselbaren Klang ausmacht, und zwar weitgehend unabhängig von dem verwendeten Instrument oder Equipment.

Denken Sie darüber nach, wie Sie das Instrument einsetzen wollen. Im Fall einer Klassikgitarre wird jemand, der auf der Bühne eines großen Konzertsaals gastiert, ganz andere Klanganforderungen stellen als jemand, der vor ein paar Zuhörern im heimischen Wohnzimmer auftritt. Falls Ihr Stil tatsächlich dem eines von Ihnen geschätzten Spielers ähnelt und Sie obendrein in ähnlichen Situationen spielen, dann checken Sie ruhig mal deren Equipment an, aber versteifen Sie sich nicht auf die Idee, dass, wenn es bei denen gut klingt, es auch bei Ihnen gut klingen muss.

Wer schon eine präzise Idee von seiner Wunschgitarre im Kopf hat, wird viel eher einen guten Kauf tätigen. Überlegen Sie sich, für welche Art von Musik die Gitarre eingesetzt werden soll. Benötigen Sie ein Instrument zum lauten Rhythmusspiel? Oder für filigranes Fingerpicking? Flamenco? Latin-Style? Wie soll der Hals beschaffen sein? Welche Saitenstärke verwenden Sie? Ist auch der Verstärkerbetrieb vorgesehen? Brauchen Sie einen Cutaway? Schließlich sollten Sie eine klare Vorstellung davon haben, wie viel Sie ausgeben wollen. All diese Fragen werden Ihnen helfen, sich beim Blick auf Ihre Optionen nicht zu verzetteln, was letztlich Enttäuschungen vermeiden hilft.

11.2 Wie viel muss ich anlegen?

Falls Sie nicht zu den wenigen Glückspilzen gehören, für die solche Nebensächlichkeiten keine Rolle spielen, dürfte der Preis ein entscheidender Faktor bei Ihrer Suche sein. Je schmaler Ihr Budget ist, desto sorgfältiger müssen Sie darauf achten, dass Sie ein Optimum an Qualität und Klang herausholen. Doch selbst wenn Sie sich eine sündhaft teure Edelgitarre leisten können, lohnt es sich darüber nachzudenken, was Sie für Ihr Geld bekommen.

11.3 Preisgünstige Instrumente

Als wir dieses Buch schrieben (Herbst 2002), konnte man neue Klassikgitarren schon ab ca. 100 Euro und Stahlsaiten-Gitarren für unter ca. 150 Euro bekommen. Doch auch wer seine Erwartungen bezüglich der Qualität für diesen zweifellos attraktiven Preis zurückschraubt, findet bei diesen absoluten Billigheimern meist nicht viel Positives. Die minderwertigen Laminate und die dürftige Verarbeitung sind ja noch entschuldbar, aber die oft unglaublich schlechte Bespielbarkeit lässt sich kaum unter den Teppich kehren. Diese rührt von Details wie falschem Halswinkel, schlampig abgerichteten Bünden oder mangelhafter Einstellung her, und damit haben solche Gitarren schon mehr als einem Anfänger den Wunsch zu spielen verleidet. Wenn Sie wirklich nur ganz wenig Geld zur Verfügung haben, dann wäre es vermutlich besser, nach einem guten Gebrauchtinstrument zu suchen. Hier das Richtige zu finden, mag etwas Zeit kosten, und vielleicht geht ja ein erfahrener Freund oder Lehrer als Berater mit, doch letztlich erhält man so meist eine bessere Qualität.

Eine Mehrausgabe von rund 100 Euro über der eben erwähnten Schmerzgrenze bedeutet in der Regel einen Quantensprung bei der Qualität. Zu diesem Preis erhält man schon Einsteigermodelle von einigen namhaften Herstellern, die oft eine vergleichbare Bespielbarkeit bieten wie teurere Modelle. Obwohl die meisten Instrumente unter 300 Euro noch immer komplett aus Laminathölzern gefertigt werden, sind diese Gitarren viel präziser gefertigt, hervorragend lackiert und sorgfältig eingestellt. Empfehlenswerte Fabrikate in dieser Preisklasse sind unter anderem Alvarez, Epiphone, Takamine und Washburn bei Stahlsaiten-Gitarren und Aria, Cordoba und Yamaha bei Nylonsaiten-Gitarren. Archtops sind zu diesem Preis nicht zu bekommen.

Den nächsten Sprung auf der Güteskala bringen im Allgemeinen Gitarren mit Preisschildern jenseits der 300-Euro-Marke. Die Zauberworte lauten hier „massive Decken", die schon ab dieser Preisklasse zu finden sind. Wie in Kapitel 5 beschrieben, wird eine massive Decke aus einem gewachsenen Stück Holz gefertigt anstatt aus einem Stück Laminat, was ein verbessertes Schwingungsverhalten bewirkt und somit fast immer zu einem besseren Klangergebnis führt. Die Mehrzahl der Instrumente in dieser Kategorie stammt aus Asien, jedoch kann man hier auch erste Nylonsaiten-Gitarren aus Spanien und Stahlsaiten-Gitarren amerikanischer Herkunft finden.

In diesem Preissegment lohnt sich die Suche für Anfänger ganz besonders. Mit einem zum Teil überraschend erwachsenen Klangbild vermitteln einem diese Gitarren nicht gleich nach Erlernen der ersten Akkorde das Gefühl, man müsse sofort aufrüsten. Dennoch ist die Anfangsinvestition nicht so hoch, dass ein größerer Geldverlust droht, falls Sie trotzdem feststellen, dass Sie eine andere Gitarre brauchen oder dass Sie entgegen ursprünglicher Annahmen doch nicht so an dem Instrument interessiert sind. Viele großartige Musiker haben als Ersatz für ihr teures Hauptinstrument stets eine preisgünstige Gitarre mit Massivholzdecke im Gepäck dabei, und mit einem Tonabnehmer bestückt, können diese Instrumente richtig gute Bühnengitarren abgeben.

Um bei einer preiswerten Gitarre den bestmöglichen Sound herauszuholen, kann nicht oft genug betont werden, wie wichtig es ist, sich nicht von überflüssigen Merkmalen blenden zu lassen. Als Faustregel könnte man sagen: je aufgetakelter eine Billiggitarre daherkommt, um so mehr dürfte der Hersteller auf einen „Look" Wert gelegt haben als auf den Klang. Kunstvolle Griffbretteinlagen oder Perlmutt-Bindings lassen vermuten, dass an anderer Stelle der Rotstift angesetzt werden musste, um den Preis erschwinglich zu halten.

Ebenso sollten Sie am besten auf Cutaways und Pickups verzichten, es sei denn, Sie brauchen sie unbedingt. Die meisten Gitarristen würden uns beipflichten, dass sie liebend gern einen Cutaway gegen überragenden Klang eintauschen würden, und ein Tonabnehmer (vielleicht sogar ein besserer als der bei einer Billiggitarre serienmäßig eingebaute) lässt sich später bei Bedarf immer noch nachrüsten. Empfehlenswerte Beispiele für Instrumente, die ein Maximum an Klangfülle und Bespielbarkeit bieten, ohne die Bank zu sprengen, sind unter anderem die Seagull-Gitarrenserie von Godin und Taylors Big Baby.

Abb. 11.1: Taylors Big Baby (links) bietet die von der Marke geschätzte Bespielbarkeit und guten Sound für wenig Geld. Seagull Gitarren aus Kanada gelten schon lange als guter Tipp für erschwingliche Flattops

11.4 Steelstring-Flattops der Mittelklasse

Vor allem bei Stahlsaiten-Flattops hat das vergangene Jahrzehnt verblüffende Fortschritte in der Preisklasse von ca. 500 bis 1000 Euro gesehen. Während eine solche Ausgabe für jemanden hoch erscheinen mag, der sich noch unsicher über seine Hingabe zu dem Instrument ist, sind sich die meisten erfahrenen Musiker und Händler darin einig, dass dies vielleicht die Klasse ist, wo man das beste Preis-/Leistungsverhältnis überhaupt finden kann.

Bei der riesigen Auswahl heutzutage fällt es leicht, die einst klaffende Lücke zwischen billigen Einsteigergitarren (meist aus japanischer oder koreanischer Fertigung) und Highend-Instrumenten (vor allem jenen aus den USA) zu vergessen. Der Schlüssel zum Abbau dieser Differenzen ist in der gesteigerten Effizienz bei der Produktion zu finden, was großenteils auf den Einsatz von CNC-Bearbeitungsmaschinen und weniger arbeitsintensiven UV-härtenden Lackierungen zurückzuführen ist (siehe Kapitel 7). Obwohl auch amerikanische Firmen wie Gibson und Guild früher schon recht preisgünstige Versionen ihrer beliebten Modelle herausbrachten, wurde dieser Markt in den 1970er und 1980er Jahren fast gänzlich von japanischen Instrumenten beherrscht.

Die Firma Taylor, die als erste CNC-Maschinen für die Bearbeitung von Hälsen und Teilen einsetzte, schockierte die gesamte Branche, als sie 1991 ihre 410 Dreadnought für unter 1000 Euro auf den Markt brachte. (Mittlerweile ist ihr Verkaufspreis auf EUR 1825,- geklettert.) Obwohl die Gitarre nur eine schlichte Ausstattung mit einem Seidenmatt-Finish besaß und aus nicht ganz so wertigen, jedoch komplett massiven Hölzern gebaut war, lieferte sie so ziemlich den gleichen Klang, das gleiche Feeling und die gleiche Qualität wie die teureren Gitarren der Firma. Wen wundert es da, dass dieses Modell ein Bombenerfolg wurde, wodurch andere Mitbewerber schwer ins Grübeln kamen, um hier mithalten zu können. Binnen ein bis zwei Jahren bot Martin ihre 1-Series an, Gibson brachte zuerst ein Update des Gospel-Modells und danach die Working-Musician's-Serie auf den Markt, und Guild produzierte eine Sparversion ihres Klassikers D-25 mit dem Namen D-4. Zu einer Zeit, als einige dieser klassischen Gitarrenmanufakturen darum kämpfen mussten, sich an die veränderten Marktbedingungen anzupassen, ermöglichten diese neuen, preisgünstigeren Instrumente einer nachrückenden Spielergeneration den Besitz einer Gitarre aus dem Hause Gibson, Guild, Martin oder Taylor.

Diese ersten Vertreter einer neuen Generation moderner Vollholzgitarren zu erschwinglichen Preisen löste einen – man kann es nicht anders bezeichnen – wahren Dominoeffekt aus. Nicht genug, dass inzwischen alle bekannten amerikanischen Hersteller diesen Instrumententyp anbieten – auch mehrere japanische Firmen wie Alvarez und Takamine sind auf den Zug aufgesprungen. Exzellente Beispiele für dieses Genre findet man auch im Programm europäischer Hersteller wie Stanford Guitars aus der Tschechischen Republik und Lakewood aus Deutschland.

Man kann mit Recht sagen, dass diese Mittelklassegitarren in ihrer Klangqualität oftmals sehr nah an teurere Modelle derselben Herstellerfirmen heranreichen. Von Bob Taylor ist der Ausspruch überliefert, seine 300er-Einsteigerserie biete 90% vom Sound der 900er-Edelserie für nicht mal ein

Drittel des Preises. Eine solche Aussage macht deutlich, dass es in erster Linie die Konstruktion und die Bauweise der Gitarre sind, die in einem viel größeren Ausmaß ihren Klang prägen als die verwendeten Hölzer.

Um beim Beispiel Taylor zu bleiben: Während beim Einsteigermodell 310 Boden und Zargen aus Sapele bestehen (einem afrikanischen Holz ähnlich dem Mahagoni) und die Gitarre über eine Sitkafichtendecke, eine Teillackierung in Seidenmatt (für Boden und Zargen) sowie eine schlichte Ausstattung verfügt, ist sie trotzdem genau wie das Modell 910 aufgebaut, das jedoch mit feinstem Palisander und Engelmannfichte aufwartet. Für viele Spieler läuft die Entscheidung darauf hinaus, dass sie entweder eine bestimmte Optik bzw. Holzkombination bevorzugen oder aber Merkmale benötigen, die in den unteren Preisklassen nicht angeboten werden (zum Beispiel Cutaways, Elektronik oder Custom-Optionen).

Abb. 11.2: Taylors 300er Serie (hier die 310CE, links) und die Guild D-4 stellen günstige Versionen von teureren Modellen dieser Hersteller dar

11.5 Nylonsaiten-Gitarren der Mittelklasse

Klassik- und Flamenco-Gitarren im Preisbereich zwischen etwa 600 und 2000 Euro unterscheiden sich dadurch von ihren stahlbesaiteten Vettern, dass sie nicht die gleichen revolutionären konstruktionstechnischen Veränderungen erfahren haben. Dies ist in erster Linie dem Umstand zuzuschreiben, dass praktisch keines dieser Instrumente in den USA hergestellt wird, wo infolge hoher Lohnkosten rationelle Fertigungsmethoden höchste Priorität haben. Die allermeisten Nylonsaiten-Gitarren der preislichen Mittelklasse stammen aus Spanien und Japan, wobei sich auch andere europäische Länder ihren Anteil am Markt gesichert haben.

Für alle Nylonsaiten-Gitarren gilt, unabhängig vom Preis, dass das grundlegende Äußere, das Design und der innere Aufbau nicht annähernd so abwechslungsreich sind wie bei Stahlsaiten-Gitarren. Diese Gitarren, die vorwiegend auf dem von Antonio de Torres um die Mitte des 19. Jahrhunderts entwickelten Konzept basieren, haben alle ähnliche Korpusmaße, eine fächerförmig beleistete Decke und einen breiten Hals mit einer Fensterkopfplatte. Aufgrund dieser oberflächlichen Gemeinsamkeiten geben die Qualität der Materialien, das handwerkliche Können und die Liebe zu Details den Ausschlag, warum manche Instrumente besser klingen als andere.

Am unteren Rand dieser Preisklasse findet man Modelle von Herstellern wie Aria, Alvarez, Cordoba, Takamine und Raimundo. Diese Instrumente besitzen in der Regel schon eine massive Decke (entweder aus Fichte oder Zeder), aber nur laminierte Böden und Zargen. Dennoch sind sie ideal für Gitarrenschüler und all jene, für die das Gitarrespielen eher nur ein beiläufiges Hobby ist. Trotz ihres niedrigen Preises sollten diese Gitarren einen Klang bieten, der, obwohl nicht so ausdrucksvoll wie bei teureren Instrumenten, nicht den Eindruck eines Kompromisses vermittelt, und auch ihre Bespielbarkeit sollte den Musiker nicht bei der Ausführung schwieriger Spieltechniken behindern.

Am oberen Ende dieser Kategorie kann man Gitarren finden, die im optimalen Fall sehr nah an die Qualitätsstufe von Konzertinstrumenten heranreichen. Mit Ausnahme einiger elektro-akustischer Versionen sollten diese Instrumente komplett aus massiven Tonhölzern bestehen und ein hohes Maß an handwerklichem Können zeigen. Auch wenn die Mehrzahl der Gitarren, auf die diese Beschreibung zutrifft, nach wie vor aus Fabriken stammt, repräsentieren einige auch das Einstiegsniveau mancher kleinerer Hersteller und einzelner Gitarrenbauer. Diese Instrumente sind ideal für fortgeschrittene Schüler und anspruchsvolle Hobbymusiker, aber auch für jene, die Konzerte zu spielen beginnen, sich aber keine teurere Gitarre leisten können.

Viele Hersteller bieten Versionen dieser Modelle mit Cutaway und Tonabnehmer an. Mit einem richtig guten Akustiksound, exzellenter Bespielbarkeit und problemlosem Verstärkerbetrieb eignen sich diese Gitarren optimal, um einen Nylonsaiten-Sound in einem Bandkontext einzusetzen und für Berufsmusiker, die Wert auf größtmögliche Vielseitigkeit legen.

Abb. 11.3: Yamahas GCX31C ist ein typisches Beispiel einer elektro-akustischen Klassikgitarre, rechts daneben die Hanika 1 APF Klassik-Gitarre

11.6 Edelgitarren

Bei Gitarren, die oberhalb von 1500 bis 2000 Euro angesiedelt sind, dreht es sich bei den Unterschieden großenteils nicht mehr um die simple Frage nach der Qualität, sondern vielmehr um die persönlichen Vorlieben des Spielers. Im Fall von Stahlsaiten-Flattops liegen viele der berühmten Modelle namhafter Hersteller – wie etwa Martins D-28 oder Gibsons J-45 – preislich nur knapp über dem Limit für diese Kategorie. Diese sehr hochwertigen Fabrikgitarren, zu denen unter anderem auch die meisten Modelle von Guild, Lakewood, Larrivée und Taylor zählen, sind hervorragende Gebrauchsinstrumente und verkörpern den Gitarrentypus, wie ihn die meisten Profis spielen. Obwohl diese Instrumente oft eine enge optische Verwandtschaft zu den Mittelklassemodellen der jeweiligen Hersteller zeigen und in der Regel in denselben Werkshallen produziert werden, zeichnen sie sich durch hochwertigere Hölzer und oftmals eine größere Liebe zum Detail aus.

Jenseits der 3000-Euro-Marke unterscheiden sich die meisten Fabrikgitarren meist nur noch bezüglich ihrer Verzierungen als in ihrer Material- oder Klangqualität. Als Vertreter dieser Kategorie seien hier Modelle wie Martins klassische D-45 mit Abalonebinding, Gibsons J-200 Vine oder Taylors Presentation Series genannt. Sicherlich besitzen diese Modelle erstklassige Hölzer, üppige Einlegearbeiten und eine durchweg erstklassige Qualität, doch vom Standpunkt des reinen Nutzwerts betrachtet, übertreffen sie ihre schlichten Standardgeschwister nicht um den Faktor, um den ihre Preise in die Höhe gehen.

Abb. 11.4: Die D-45 – ein Martin Top-Modell – ist reich verziert und aus besten Hölzern gefertigt

Statt sich für ein absolutes Topmodell aus der Großfabrik zu entscheiden, bevorzugen etliche Gourmets des akustischen Tons ein Instrument, das in einer kleineren Arbeitsumgebung entstanden ist. Mit erheblich kleineren Stückzahlen (rund 500 bis 3000 Instrumente pro Jahr im Gegensatz zu maximal 60.000) verkörpern Firmen wie Collings, Goodall, Lowden und Santa Cruz in den Augen vieler die nächste Qualitätsstufe. Weniger Massenproduktion und dafür mehr erfahrene Gitarrenbauer, die mehr als nur ein paar Handgriffe erledigen – mit diesem Konzept können solche Firmen viel besser auf Sonderwünsche eingehen als die größeren Hersteller. Dies äußert sich in einer sorgfältigeren Materialauswahl, einzeln in Handarbeit klangoptimierten Decken und der Möglichkeit, aus einer immensen Fülle von Optionen wählen zu können.

Abb. 11.5: Aus kleineren Werkstätten: Goodall (RGC Grand Concert) und Lowden (O25)

An der Spitze der Qualitätspyramide bei Akustikgitarren finden sich Instrumente, die als Einzelstücke von einem einzelnen Gitarrenbauer oder in einer sehr kleinen Werkstatt hergestellt werden. Im Steelstring-Bereich sind solche Gitarren in erster Linie für jene, die entweder spezielle Ansprüche haben, die nicht von einem Fabrikinstrument erfüllt werden, oder die einfach gern sichergehen möchten, dass sie das Nonplusultra an Qualität bekommen. Da die Mehrzahl der Profis Highend-Fabrikgitarren spielen, könnte man argumentieren, dass es wenige klangliche Gründe gibt, eine Customanfertigung zu wählen, obgleich ihre Schönheit und „Vibes" unbestritten sind. Die letzten zwanzig Jahre haben eine Flut von jungen Gitarrenbauern gesehen, die sich auf die Anfertigung individueller Stahlsaiten-Gitarren spezialisieren und deren Namen hier längst nicht alle aufgezählt werden können. In den USA zählen hier James Olson, Kevin Ryan, Jeff Traugott und Froggy Bottom zu den Spitzenvertretern, aber auch europäische Hersteller wie Albert & Müller (Deutschland), Stefan Sobell (England) und Maurice Dupont (Frankreich) darf man keinesfalls ignorieren.

Abb. 11.6: In individueller Handarbeit gefertigt: Froggy Bottoms M-Modell (links) und die S6 von Albert & Müller

Unter Klassikgitarristen steht außer Frage, dass eine individuell angefertigte Gitarre für jeden fortgeschrittenen Spieler das Objekt der Begierde darstellt. Obschon Highend-Fabrikgitarren wie jene von Hirade (Japan), Hanika (Deutschland) oder einiger spanischer Manufakturen wie Rodriguez oder Ramirez superbe Klang- und Spieleigenschaften besitzen, werden sie von praktisch keinem professionell konzertierenden Musiker eingesetzt. Da sie auf die allerbesten Materialien zugreifen und die größtmögliche Liebe zum Detail aufwenden können, sind Gitarrenbauer wie Paulinho Bernabe (Spanien), Thomas Humphrey (USA), Matthias Dammann (Deutschland) oder Greg Smallman (Australien) in der Lage, die Grenzen dessen, wozu das Instrument fähig ist, stetig neu auszuloten.

Abb. 11.7: Die CL4 Klassik-Gitarre von Albert & Müller

Das Prozedere beim Kauf eines Instruments von einer kleinen Manufaktur oder einem Gitarrenbauer unterscheidet sich von der Art und Weise, wie man eine Fabrikgitarre erwerben würde. Aufgrund der begrenzten Stückzahlen, die diese Hersteller produzieren können, wird der Großteil dieser Instrumente entweder direkt vom Hersteller oder in sehr spezialisierten Gitarrengalerien verkauft. In vielen Fällen wird man die Gitarre extra bestellen müssen, wobei Wartelisten von mehreren Jahren bei manchen der Top-Gitarrenbauer nicht ungewöhnlich sind. Eine persönliche Beratung beim Hersteller ist oft ein fester Bestandteil bei der Bestimmung aller Details des zu bauenden Instruments, was in einer Gitarre resultiert, die dann – zumindest in der Theorie – ein perfekter Partner für seinen künftigen Besitzer ist.

11.7 Archtop- und Selmer/Maccaferri-Style-Gitarren

Da akustische Archtops und Gitarren im Selmer/Maccaferri-Stil im Gesamtmarkt nur eine ziemlich kleine Nische besetzen, unterscheidet sich ihre Verfügbarkeit von Steelstring-Flattops und Klassikgitarren. Und weil diese Gitarren einer vergangenen Epoche angehören, ist ihre Anziehungskraft auf die große Masse der Instrumentenkäufer begrenzt, was dazu führt, dass es praktisch keine wirklich preisgünstigen Optionen zur Auswahl gibt.

Bei Archtops liegt das Einsteigerniveau bei Instrumenten wie der Emperor Regent von Epiphone oder der FA-71 von Aria, die jeweils für rund 1000 Euro zu haben sind.

Abb. 11.8: Ein preiswerter Einstieg für Archtop-Fans: die Aria FA-71

Gut eingestellt, geben diese Gitarren vorzügliche Instrumente ab für jene Musiker, die nur gelegentlich zu einer Archtop greifen oder erst damit beginnen. Allerdings verhindern ihre laminierten Decken, dass sie ernsthaft mit teureren Vertretern dieser Gattung konkurrieren können. Am günstigsten kommt man in vielen Fällen zu einer guten Archtop zum vernünftigen Kurs, indem man nach einem Instrument fahndet, das während der Blütezeit der akustischen Archtops zwischen den 1930er und 1950er Jahren hergestellt wurde, da der Sprung zu hochwertigeren neuen Modellen meist recht kostspielig ist. Gibsons L-5 Reissue im Stil der 1920er Jahre, die Guild Artist Award sowie die aktuellen, in Japan produzierten D'Angelicos sind gute Beispiele für edle Archtops aus Fabrikfertigung, doch angesichts von Listenpreisen zwischen 6000 und 8000 Euro für diese Gitarren lohnt sich auch mal ein Blick, was Ein-Mann-Unternehmen so zu bieten haben. Amerikanische Gitarrenbauer wie etwa Steve Andersen und Dale Unger produzieren mittlerweile schlichte Versionen ihrer aufwändigen Custom-Einzelstücke, die preislich oft mit guten Instrumenten aus industrieller Fertigung mithalten können. Die deutschen Gitarrenbauer Stefan Sonntag und Klaus Röder bieten ebenfalls Custom-Archtops mit einem außergewöhnlichen Preis/Leistungsverhältnis an.

Am oberen Rand des Archtop-Spektrums finden wir einige der teuersten Gitarren aller Stilrichtungen überhaupt. Gitarrenbauer wie Bob Benedetto, Linda Manzer, Tom Ribbecke, John Monteleone und der Holländer Wim Heins definieren ständig neue Standards für die Fusion von Funktion und Schönheit und tragen diese Instrumentengattung zu neuen Höhen.

Abb. 11.9: Links eine moderne Andersen Streamline, rechts eine Vintage-Gibson L-12

Während Archtops den Vorzug hatten, immerhin von mehreren Herstellern produziert zu werden, war Selmer zur Blütezeit des Instruments der Hauptproduzent von Gitarren nach Mario Maccaferris Entwürfen. Und obwohl man eine große Fabrik zur Verfügung stellte, baute die Firma zwischen 1932 und 1952 weniger als eintausend Gitarren, weshalb die noch existierenden Originale rar und entsprechend begehrt sind. Für Musiker, die auf der Suche nach dem authentischen Django-Sound sind, gibt es jedoch auch mehrere Vintage-„Kopien" als auch Angebote moderner Hersteller.

Kurz nachdem Selmer in den 1950er Jahren ihre Gitarrenproduktion eingestellt hatte, begann Jacques Favino mit der Produktion einer von dem Selmer-Klassiker inspirierten Gitarre, die an der unteren Schulter eine Spur breiter und insgesamt etwas tiefer war. In den 1970er Jahren sprangen immer mehr Gitarrenbauer auf den Selmer-Zug auf, um der wachsenden Nachfrage nach dieser wiederauferstandenen Instrumentengattung zu begegnen. In England haben sich John LeVoi, Doug Kyle und David Hodson sowie in Schottland Ron Aylward allesamt einen Ruf als Hersteller feinster Gitarren in dieser Tradition erworben. Zur Riege jener Gitarrenbauer, die aktuell Gitarren im Selmer-Stil anbieten, gehören auch Stefan Hahl und Klaus Röder aus Deutschland sowie die Firma Hoyer, die für den Zigeuner-swing-Gitarristen Joscho Stefan ein eigenes Signature-Modell im Programm führt. Der Franzose Maurice Dupont fertigt die nach Einschätzung der meisten Musiker exaktesten Repliken, während Jean-Pierre Favino die Tradition seines Vaters Jacques fortsetzt. Von den nordamerikanischen Gitarrenbauern sind Michael Dunn und die Kanadierin Shelley Park erwähnungswürdig. Dell'Arte in Kalifornien bietet eine breite Palette von Modellen an, die auf Selmer- wie auch Favino-Designs beruhen. Ab den 1970er Jahren ließ Maurice Summerfield Selmer-Reliken in Japan bei Ibanez und später bei Saga fertigen. Gegen Ende der 1980er Jahre bot Saga eine Serie von fünf unterschiedlichen Selmer-Kopien an, darunter sowohl Modelle mit 12 als auch solche mit 14 Bünden. Die Produktion wurde zwar 1990 eingestellt, jedoch erst kürzlich mit der Einführung des aus Asien stammenden Gitane-Modells, das einen 12-Bund-Hals und ein großes, D-förmiges Schallloch hat, in eingeschränkter Form zu neuem Leben erweckt.

Abb. 11.10: Zwei im Selmer-Stil gebaute Gitarren von Klaus Röder

11.8 Neu oder gebraucht?

Wie es bei den meisten Dingen, die wir kaufen, der Fall ist, kommt die Mehrzahl der in Musikhäusern verkauften Gitarren geradewegs aus der Fabrik. Eine brandneue Gitarre zu kaufen, gibt einem jenes besondere Gefühl, dass man der erste ist, der darauf spielt, seine eigenen Kratzer und Macken auf ihr hinterlässt und eine persönliche Beziehung zu dem Instrument entwickelt. Eine neue Gitarre ist auch mit einer (für den Erstbesitzer häufig lebenslangen) Herstellergarantie ausgestattet, zudem ist höchstwahrscheinlich die Auswahl an ähnlichen Instrumenten größer, und im Falle eines neu auf den Markt gekommenen Modells ist dies unter Umständen die einzige Möglichkeit, das betreffende Instrument zu finden. Dennoch gibt es mindestens eben so viele Gründe, den Kauf einer Gitarre aus zweiter Hand in Erwägung zu ziehen. Der häufigste Grund, diesen Weg zu wählen, ist der, dass man dabei ein hübsches Sümmchen sparen kann. Mit Ausnahme bestimmter seltener und Vintage-Gitarren (dazu später mehr) wird eine gebrauchte Gitarre in der Regel für die Hälfte bis zwei Drittel des ursprünglichen Kaufpreises den Besitzer wechseln. Wenn Sie noch Anfänger sind, kann dies den Unterschied ausmachen, ob Sie sich nur eine reine Sperrholzgitarre leisten können oder aber festellen, dass auch ein Instrument mit massiver Decke im Rahmen des Möglichen läge. In höheren Preislagen bekommen Sie vielleicht ein höherwertiges Modell des Herstellers oder sparen genug Geld, um sich noch einen Tonabnehmer einbauen zu lassen und gleich einen Verstärker dazu zu kaufen. Da eine liebevoll gepflegte Gitarre sich nicht wirklich „abnutzt" (obgleich bestimmte Teile wie Bünde, Mechaniken, Sattel oder Stegeinlage irgendwann wohl ersetzt werden müssen), geht man bei dieser Ersparnis keine Kompromisse hinsichtlich Klang, Bespielbarkeit oder Lebensdauer ein.

Ein weiterer Grund, einen Gebrauchtkauf zu erwägen, ist der, dass die von Ihnen anvisierte Gitarre nicht mehr als Neuinstrument erhältlich ist. Im schlimmsten Fall hat eine Herstellerfirma die Produktion eines bestimmten Modells ganz eingestellt. Dann bleibt Ihnen nichts anderes übrig, als sich auf die Suche nach einem gebrauchten Exemplar zu machen. Es ist auch möglich, dass Ihre Wunschgitarre zwar noch gebaut wird, jedoch in einer veränderten Form und Sie hätten lieber die ältere Version. Esoterische Vintage-Spezifikationen sind hierfür das prominenteste Beispiel, allerdings gibt es auch viele Fälle, in denen das Design bestimmter Gitarren in jüngerer Zeit verändert wurde. So setzte Martin ab 2001 Micarta (ein sehr dichtes Synthetikmaterial) bei ihrer 16er-Serie als Werkstoff für Stege und Griffbretter ein. Wenn Sie das Gefühl haben, die frühere Wahl von echtem

Ebenholz wäre hier überlegen, dann möchten Sie vielleicht ein Instrument aus der Zeit vor der Umstellung finden. Ein weiteres Beispiel liefert uns die Tatsache, dass viele Hersteller inzwischen alle ihre Cutaway-Modelle automatisch mit zargenmontierten Preamps und Tonabnehmern ausrüsten. Falls Sie sich also nicht die Mühe und Kosten einer Sonderbestellung aufhalsen wollen, müssen Sie schon ein älteres Modell suchen, um an bestimmte Cutaway-Gitarren ohne Elektronik heranzukommen.

Ein letzter Punkt ist der, dass in den Ohren vieler Musiker ältere Gitarren einfach besser klingen als neue. Zwar mag manches davon der Gerüchteküche entstammen, dennoch besteht kein Zweifel an der Tatsache, dass sich die meisten Qualitätsgitarren mit dem Alter „öffnen". Wenn das Holz altert, werden der Leim und das Finish richtig hart und das ganze Instrument „setzt" sich unter dem anhaltenden Saitenzug. Oft werden Sie feststellen, dass eine ältere „eingespielte" Gitarre neben ihrer prächtigen Tonfülle ein neues typgleiches Modell auch in punkto Dynamik- und Frequenzumfang hinter sich lässt.

11.9 Augen auf beim Gebrauchtkauf!

Wie bei allem, was Sie gebraucht kaufen, sollten Sie sich natürlich erst vergewissern, dass mit der von Ihnen anvisierten Gitarre auch alles in Ordnung ist. Wird das betreffende Instrument von einem namhaften Musikgeschäft angeboten, dürfte nur wenig Anlass zur Sorge bestehen, aber wenn Sie von einer Privatperson kaufen, sollten Sie unbedingt kritisch sein.

Nach einer ersten Sichtprüfung auf etwaige Beschädigungen oder sichtbare Reparaturen sollten Sie das Instrument auch einmal probespielen. Wie klingt es? Laufen alle Stimmwirbel sahnig-weich? Entspricht die Höhe der Saitenlage Ihren Vorstellungen? Schnarrt oder scheppert es in bestimmten Bereichen des Griffbretts? Wie ist es um die Oktavreinheit der Gitarre bestellt? Lässt sie sich in allen Lagen sauber intoniert spielen? Sind die Saiten alt und heruntergespielt? Wenn Sie ernste Kaufabsichten hegen, ist es vielleicht eine gute Idee, die Gitarre mit Ihrem Lieblingssatz zu bespannen, um sich eine bessere Meinung zu bilden.

Prüfen Sie, ob der Hals kerzengerade ist. Wenn Sie die Gitarre hochhalten und am Griffbrett entlangpeilen, können Sie sehen, ob er gerade oder verzogen ist. Die meisten Stahlsaiten-Gitarren verfügen über einen justierbaren Halsstab, mit dem sich eine leichte Wölbung ausgleichen lässt, doch bei einer Klassikgitarre steht Ihnen unter Umständen eine teure

Reparatur ins Haus. Hat die Gitarre allerdings einen solchen Halsstab, möchten Sie sich vielleicht von dessen Funktionstauglichkeit überzeugen. Ein gebrochener Trussrod kommt zum Glück nur selten vor, doch überdrehte Muttern oder festsitzende Gewinde können seinen eigentlichen Verwendungszweck stark erschweren.

In welchem Zustand befinden sich die Bünde? Etwas Verschleiß ist ganz normal, aber wenn Sie tiefe Dellen unter den Saiten bemerken, ist wohl bald ein Abrichten der Bünde oder gar eine Neubundierung fällig. Prüfen Sie, ob irgendwelche Bundstäbchen angehoben sind, was eine Reparatur erfordert. Bei dieser Gelegenheit schauen Sie auch gleich mal nach mangelhaft ausgeführten Neubundierungen. Sind die Enden der Bünde schön verrundet? Manche Banausen unter den Serviceleuten schneiden bei einer Neubundierung einfach in das Griffbrett-Binding, was nachher nicht nur übel aussieht, sondern auch den Wert des Instruments drastisch vermindert.

Als Nächstes werfen Sie einen Blick auf den Steg. Bei einer Steelstring-Flattop oder einer Konzertgitarre sollten Sie prüfen, ob sich der Steg ablöst, indem Sie ein Blatt Papier darunter zu schieben versuchen. Falls das Papier zwischen Decke und Steg gleiten kann, muss er wieder aufgeleimt werden, wozu er oft erst komplett abgenommen werden muss. Vergewissern Sie sich, dass zwischen den Stegpins und beiderseits der Stegeinlage keine Risse sind. Diese lassen sich zwar manchmal reparieren, doch oft ist es in solchen Fällen am besten, den Steg gleich komplett auszutauschen. Prüfen Sie, ob sich der Bereich hinter dem Steg aufgewölbt und der Decke einen Buckel beschert hat. Bei einer älteren Gitarre ist dies bis zu einem gewissen Grad normal, wogegen schwere Fälle auf innere Probleme wie etwa gelockerte Leisten hindeuten können.

Bei einer Archtop (oder jeder anderen Gitarre, bei der die Saiten in einem Tailpiece eingehängt sind) sollten Sie prüfen, ob sich die Decke im Stegbereich nicht infolge des Saitenzugs eingedellt hat. Handelt es sich um eine verstellbare Stegkonstruktion, checken Sie den Mechanismus.

Prüfen Sie, ob die Stegeinlage so weit abgefeilt wurde, dass sie kaum noch aus dem Schlitz ragt. Dies macht es nicht nur schwer, die Höhe der Saitenlage bei Bedarf weiter zu reduzieren, es könnte auch ein Hinweis sein, dass sich der Hals durch die Saitenspannung nach vorn verzogen hat, was ein kostspieliges Abrichten erforderlich macht. Solche möglichen Problemquellen zu erkennen, verlangt schon eine gewisse Portion Erfahrung. Falls Sie also irgendwelche Zweifel haben, sollten Sie vielleicht noch eine zweite Meinung einholen.

Schütteln Sie die Gitarre (aber aufpassen, dass Sie nirgendwo anstoßen!). So merken Sie schnell, ob sich irgendwelche Teile gelockert haben, speziell bei Instrumenten mit eingebauter Elektronik. Durch vorsichtiges Klopfen gegen verschiedene Stellen von Decke und Boden sollten Sie ermitteln können, ob im Korpus irgendwelche Leisten lose sind. Wie bei einem lockeren Steg können auch Leisten, deren Leim sich gelöst hat, ein Hinweis darauf sein, dass die Gitarre sehr heißen Temperaturen ausgesetzt war – ein Umstand, der noch andere nachteilige Konsequenzen haben könnte.

Achten Sie auf Risse im Holz. Risse als Folge von Stoßeinwirkung lassen sich in der Regel problemlos leimen und sind nicht mehr als optische Pannen. Manche Risse allerdings – z. B. wenn sich die beiden spiegelbildlich verleimten Hälften der Decke trennen – können durch Feuchtigkeitsmangel entstehen. Dann ist es freilich mit dem Zusammenleimen allein kaum getan, soll die Reparatur richtig gut werden.

Suchen Sie auch nach einem Riss oder reparierten Bruch an der Halsrückseite auf Höhe des Sattels. Dies ist eine der neuralgischen Zonen der Gitarre. Brüche sind hier durchaus nicht selten. Auch wenn eine gute Reparatur der Kopfplatte ihre ursprüngliche Stabilität zurückgibt, mindern alle Vorfälle in diesem Bereich deutlich den Wiederverkaufspreis des Instruments.

Wenn die Gitarre einen Tonabnehmer hat, dann sollten Sie sich von dessen gutem Zustand überzeugen. Prüfen Sie, ob die Saiten in einem ausgewogenen Lautstärkeverhältnis klingen, ob irgendwo Verzerrungen auftreten und ob alle Regler das tun, wofür sie gedacht sind.

Schließlich vergewissern Sie sich, dass die Seriennummer intakt ist. Bei den meisten Qualitätsgitarren ist die Nummer auf einem Etikett im Korpus aufgedruckt oder aber am Halsblock bzw. an der Rückseite der Kopfplatte eingestempelt. Der Verkäufer des Instruments sollte den Grund für das Fehlen einer Seriennummer erklären können, denn dies könnte ein Hinweis auf gestohlenes Eigentum sein.

Hat die Gitarre, die Sie nun so gründlich inspiziert haben, alle Tests bestanden, dann ist es an der Zeit, sich über den Preis zu unterhalten. Falls demnächst Reparaturen anstehen, sollte dies mit berücksichtigt werden. Lassen Sie Ihre Vernunft walten bei der Entscheidung, ob die Gitarre den Kauf lohnt. Wenn es ein weitverbreitetes Modell ist, könnten Sie vielleicht ein besser erhaltenes Exemplar zum selben oder einem nur geringfügig höheren Preis erwerben. Ist das vor Ihnen liegende Instrument jedoch ein seltenes Modell, könnte es sich trotzdem lohnen, gewisse Reparaturen auf sich zu nehmen, selbst wenn dies das ursprünglich veranschlagte Budget ein bischen übersteigen sollte.

Abb. 11.11: Bei speziellen Veranstaltungen wie Flohmärkten, Second-Hand-Märkten oder Guitar-Shows werden gebrauchte Gitarren angeboten

11.10 Vintage-Gitarren

An einem bestimmten Punkt passiert mit alten Gitarren etwas Bemerkenswertes: Aus einem schlichten „gebraucht" wird plötzlich „vintage"! Das Alter ist sicherlich ein entscheidender Faktor (allerdings müssen scheintbar mindestens 25 bis 30 Jahre vergehen, bevor dieser Begriff angebracht erscheint), jedoch haben auch die Verfügbarkeit, die historische Bedeutung sowie Verbindungen zu berühmten Musikern ein Wörtchen mitzureden, ob eine Gitarre die Vintage-Ehrenplakette tragen darf oder nicht.

Vintage-Gitarren sind unter verschiedenen Perspektiven interessant. Wie bei allem anderen, was alt und selten ist, hat sich das Sammeln von Vintage-Gitarren für manche zu einem Hobby entwickelt – und bei Preisen jenseits der 100.000-Euro-Marke für bestimmte Exemplare zu einem lukrativen Business für andere. Anstatt gespielt zu werden, landen diese Instrumente häufig in gläsernen Vitrinen, was Kontroversen unter Musikern auslöst, die sich damit funktionaler Werkzeuge ihres musikalischen Ausdrucks beraubt sehen.

Tatsächlich haben bestimmte Vintage-Gitarren Klangeigenschaften, die bei Exemplaren neueren Datums schwerlich bis gar nicht zu finden sind. Experten streiten sich mit Vorliebe über die speziellen Gründe für diese Vintage-Mystifizierung, doch auf anderen Gebieten sind sich die meisten einig. Der wichtigste Mythos, den es zu überwinden gilt, ist die Vorstellung, ältere Gitarren seien deshalb besser, weil sie einfach „gealtert" sind. Es trifft zwar zu, dass ein gutes Instrument mit zunehmendem Alter wahrscheinlich noch besser wird, doch macht dieser Prozess allein noch nicht aus einer Durchschnittsgitarre ein überragendes Instrument. Demzufolge hatten die Gitarren, nach denen es uns 60 oder 70 Jahre nach ihrer Entstehung gelüstet, vermutlich schon von Anfang an einen exzellenten Klang, der im Lauf der Jahre eben nur noch weiter gereift ist. Interessanterweise sind es häufig jene Gitarren mit deutlichen Gebrauchsspuren, die am besten klingen. Ob dies daran liegt, dass die Leute sie spielen wollten, weil sie immer schon so gut klangen, oder dass sie umgekehrt nur so gut klingen, weil auf ihnen eifrig gespielt wurde, ist ein anderes Thema, über das man diskutieren kann.

Vor allem bei Stahlsaiten-Flattops ist ein Unterschied zwischen vielen alten Gitarren und neueren Versionen der gleichen Modelle der, dass die älteren Vertreter häufig deutlich leichter waren. Da der Gebrauch von Stahlsaiten in den 1920er und 1930er Jahren noch recht neu war, hatten sich die Hersteller noch keine Gedanken darüber gemacht, wie stabil eine Gitarre gebaut sein müsse, damit sie nicht mit der Zeit zusammenbricht. Während diese frühen Gitarren oft spektakulär klangen, führte die steigende Anzahl von Garantiefällen schließlich dazu, dass etliche Firmen ihre Stahlsaiten-Gitarren stabiler bauten. Ein prominentes Beispiel für dieses Phänomen finden wir bei Martins Wechsel von einem Scalloped Bracing hin zu durchgehenden Leisten bei ihrem Modell D-28 im Jahr 1945, was die Zahl der notwendigen Reparaturen verringerte, jedoch auch etwas von der Klangfülle und Tiefenansprache raubte, für die das ältere Modell gepriesen wurde. Trotzdem: Nicht zuletzt dank der Tatsache, dass nur wenige Musiker noch die dicken Saiten spielen, wie sie einst üblich waren, haben etliche der leicht gebauten Originale den Zahn der Zeit besser überlebt, als man erwarten konnte.

Ein weiterer, vielzitierter Grund für den überragenden Klang zahlreicher alter Gitarren ist der, dass bei ihnen eine bessere Holzqualität verwendet wurde als das, was heute erhältlich ist. Insbesondere bei Sorten wie Rio-Palisander und Adirondak-Fichte, die bei vielen hochgelobten Gibsons und Martins zum Einsatz kamen, ist dies ein Punkt, gegen den man kaum etwas einwenden kann, da die Versorgung einfach nicht so reibungslos läuft wie

vor 50 Jahren. Trotzdem sagen viele Musiker und Gitarrenbauer überein-
stimmend, die Holzqualität allein sei nur ein relativ untergeordneter Faktor
bei der Beurteilung der Gesamtperformance einer Gitarre. Um diese Be-
hauptung zu belegen, braucht man lediglich darauf zu verweisen, dass es
ebenso viele dürftig klingende Instrumente aus den besten Tonhölzern gibt
wie Instrumente aus nicht so perfekten Materialien, die in jeder Hinsicht
spektakulär klingen.

Bei akustischen Archtop-Gitarren sieht der Vintage-Markt etwas anders
aus. Da die Produktion dieser Instrumente nach Einführung der Elektrogitarren einen drastischen Rückgang verzeichnete, gehört plötzlich ein viel
größeres Segment des Gebrauchtmarkts in die Kategorie „Vintage". Aus
diesem Grund können Archtops von Gibson, Epiphone oder Guild aus den
1950er Jahren eine kluge Wahl für jene Spieler sein, die einfach bloß eine gut
klingende Gitarre wollen und kein Interesse am Sammeln haben. Da die
modernen, hochwertigen Archtops in der Regel Custom-Anfertigungen
sind, sollten diese Instrumente sogar als preisgünstige Lösungen gesehen
werden. Um bei einer „Musiker"-Gitarre einen guten Deal zu landen, ist es
hilfreich, sich einige wenige Punkte zu merken: Modelle mit blondem
(Natur)finish kosten mehr als Sunburst-Versionen. Obgleich der einzige
richtige Unterschied in der Farbe des Finishs liegt, bevorzugen Sammler fast
ausschließlich blonde Gitarren, da bei diesen die Maserung und etwaige
geflammte Muster (speziell bei Böden und Zargen aus Ahorn) schöner zur
Geltung kommen. Außerdem erzielen Cutaway-Modelle höhere Preise als
solche ohne Cutaway. Für manche Spieler steht außer Frage, dass ein
Cutaway notwendig ist, andere hingegen können ein hübsches Sümmchen
sparen, wenn sie auf leichte Bespielbarkeit der höchsten Bünde verzichten.
Wenn Sie lediglich Rhythmusgitarre in einer Swingband spielen, dürfte ein
Cutaway für Sie nicht mehr sein als ein teures Zusatzfeature ohne großen
praktischen Nutzwert. Steht die Suche nach einem guten Gebrauchs-
instrument im Vordergrund, lohnt es sich auch, berühmte Modelle, die mit
bestimmten Künstlern vergangener Tage assoziiert werden, einmal links
liegen zu lassen. So dürfen Sie zum Beispiel nicht viele Sonderangebote für
eine Gibson L-5 Baujahr 1934 in bester Kondition erwarten. Dafür können
sich schlichtere Modelle wie die L-7 oder L-12 als klanglich wie handling-
mäßig superbe Instrumente erweisen, die hunderte oder gar tausende Euros
weniger kosten.

Kurioserweise ist der Vintagewahn, der häufig ältere Steelstrings amerikanischer Herkunft umgibt, an Konzert- und Flamenco-Gitarren praktisch
vorbeigegangen. Während historisch bedeutende Instrumente – wie etwa

eine original Torres, Hauser, Ramirez oder Fleta – bei Sammlern überaus begehrt sind, üben sie auf zeitgenössische Musiker meist nur eine geringe Anziehung aus. Bei den Flamenco-Gitarren rührt dies daher, dass nur wenige Instrumente eine solche jahrzehntelange Misshandlung durch jene aggressive Spielweise überstehen, wie sie für diesen Musikstil prägend ist. Obwohl viele ältere Klassikgitarren immer noch überragend klingen, wurden bei der Bauweise der Instrumente unglaubliche Fortschritte erzielt. Getrieben von der ewigen Suche nach mehr Volumen, größerer Dynamik und besserem Gesamtklang bevorzugt offenbar die Mehrzahl der heutigen Musiker moderne Konzertgitarren.

Abb. 11.12: Vintage-Modelle der Gibson L-00 und der Martin 0-15

11.11 Vintage-Reissues

Angesichts der steigenden Nachfrage nach Vintage-Instrumenten haben viele Hersteller mit der Produktion von Modellen begonnen, die den Klang und das Feeling der teuren Originale vergangener Tage versprechen. Es versteht sich von selbst, dass solche Vintage-Repliken nur von den Firmen angeboten werden können, die bereits existierten, als die heutigen Vintage-Gitarren neu waren, was in der Welt der Akustikgitarren im Wesentlichen Martin und Gibson bedeutet. Das Vintage-Phänomen hat die Hersteller von Klassik- oder Flamenco-Gitarren noch nicht erfasst, die aber meist auch die Tatsache nicht an die große Glocke hängen, dass viele ihrer Modelle praktisch genau so gebaut werden wie vor 50 Jahren.

Martins 1961 vorgestelltes Modell 0-21NY dürfte der erste Fall gewesen sein, wo ein neues Modell auf den Markt kam, das eindeutig einem früheren und mittlerweile eingestellten Design ähnelte. Als im Zeichen des Folkmusikbooms eine neue Spielergeneration jene Gitarren mit 12-Bund-Hals und kleinem Korpus entdeckte, die Martin 30 oder 40 Jahre zuvor produziert hatte, brachte die Firma rasch ein vergleichsweise preisgünstiges Instrument heraus, um dieser Nachfrage zu begegnen. Der Aspekt der Vintage-Spezifikationen war für Martin jedoch bis zur Einführung der HD-28 Dreadnought 1976 kein richtiger marketingtechnischer Ansatz. Nachdem man sich Mitte der 1940er Jahre von Scalloped Bracings und Herringbone-Randeinlagen verabschiedet hatte, war dies das erste Modell, das diese Vorkriegsmerkmale bei einer neuen Gitarre wieder einführte. Die Entscheidung zu einer Neuauflage der älteren Modelle wurde zweifellos noch durch die Tatsache beflügelt, dass immer mehr Gitarrenbauer in dem Bemühen, den vielgepriesenen Ton älterer Martin-Dreadnoughts zu erreichen, ins Innere ihrer Gitarren griffen, um nachträglich ihre Leisten zu bearbeiten.

Gibson nahm erst nach dem Umzug ihrer Akustikabteilung zum jetzigen Firmensitz in Bozeman (Montana) Anfang der 1990er Jahre Vintage-Reissues ins Programm auf. Unter der Führung von Gitarrenbaumeister Ren Ferguson dauerte es nicht lange, bis die Firma die Modelle J-45, J-200, Hummingbird und noch andere als originalgetreue Klassiker neu auflegte.

Sowohl Martin als auch Gibson bauen unverändert Reissues von vielen ihrer beliebtesten Vintage-Modelle. In beiden Fällen kommen diese Instrumente sehr nah an die Originale heran, berücksichtigen aber auch zumeist die aktuelle Verfügbarkeit von Materialien und gewisse Verbesserungen. Während etwa bei den vor 1969 gebauten Martins serienmäßig Rio-Palisander verwendet wurde, findet man bei den meisten Reissues den preisgünstigeren Indischen Palisander. Martin-Reissues verfügen zudem über einen einstellbaren Halsstab, obwohl die Firma dieses Konzept erst seit 1985 umsetzt. Logisch ist außerdem, dass diese neuen Gitarren, die ihren legendären Vorfahren sehr genau nachempfunden sind, trotzdem mit Hilfe moderner Fertigungsmethoden produziert werden. Dazu zählen moderne Leime und Lacke sowie Teile, die oft von CNC-Maschinen geformt werden statt wie früher von Hand.

Falls Sie sich eine Gitarre wünschen, die eine noch exaktere Kopie eines Vintage-Instruments darstellt als das, was die ursprünglichen Firmen heute anbieten, stehen Ihnen einige kleinere Manufakturen gern zu Diensten. Mit dem Besten, was Vintage-Gitarren zu bieten haben als inspirierende Vorlage, erschaffen Gitarrenbauer wie die Merril Brothers, Schoenberg Guitars oder Stevens Guitars Instrumente, die den Vergleich mit den Originalen in keinster Weise scheuen müssen.

Abb. 11.13: 1976 war Martins HD-28 eine der ersten Vintage Reissues. Links die Gibson Advanced Jumbo

11.12 Von der Stange oder Massanzug?

Die meisten Gitarren erblicken in Großfabriken das Licht der Welt. Dank der dort herrschenden Effizienz ist diese Art der Umgebung ideal für die Produktion von Instrumenten, die ein sehr günstiges Preis/Leistungs-Verhältnis aufweisen. Obgleich der Gedanke an eine Fabrik nicht unbedingt jene emotionale Qualität besitzt, wie sie eine Vielzahl von Musikern mit einer Akustikgitarre assoziieren, sollte man nicht vergessen, dass gerade in der Geschichte der Flattop-Steelstrings viele der am meisten geschätzten Instrumente aus Fabriken stammten. Als Beispiel sei hier erwähnt, dass Martin schon ein florierender Großbetrieb mit einer Produktionskapazität von mehreren tausend Instrumenten pro Jahr war, als man dort in den 1920er und 1930er Jahren jene Instrumente herstellte, die heute als die Gitarren der „Golden Era" angesehen werden.

Heutzutage legen Hersteller wie Martin, Taylor und Larrivée ständig die Messlatte höher für die Qualität und Beständigkeit, wie sie eine Großserienproduktion erreichen kann. Betrachtet man einmal die Stückzahlen dieser Unternehmen von jeweils fast 200 Gitarren *pro Tag* in den Stoßzeiten, so wird schnell deutlich, dass ein einzelner Handwerker in dieser Zeit unmöglich eine komplette Gitarre von A bis Z anfertigen kann. Dank strenger Qualitätskontrollen, penibler Materialauswahl und überragender Verarbeitung bis ins Detail verkörpern die so entstandenen Instrumente trotzdem für viele Musiker das Optimum, was es hinsichtlich Klang, Bespielbarkeit und Funktionalität gibt.

Manche Spieler haben andere Anforderungen an ihre Gitarren, die von Serienmodellen nicht erfüllt werden können. Vielleicht benötigen sie andere Halsmaße, haben spezielle Klangvorstellungen oder wünschen sich ein Instrument mit einer ganz speziellen Optik. Deshalb bieten viele Hersteller Customshops an, wo man sich seine eigene Variante eines Standardmodells auf den Leib schneidern lassen kann. Obwohl die Preise empfindlich höher als bei Serienmodellen ausfallen können und die Lieferzeit oft mehrere Monate beträgt, erhält man durch einen solchen Auftrag für eine Customgitarre von einem großen Hersteller oft ein ganz spezielles Instrument, das in perfekter Weise auf seinen Besitzer zugeschnitten ist.

Wer mehr Individualität wünscht als das, was durch geringe Abweichungen von einer ansonsten in Massen produzierten Gitarre machbar ist, kann sich immer noch bei einer der zahllosen kleineren Firmen ein absolut einmaliges Instrument bestellen. Die meisten selbstständigen Gitarrenbauer arbeiten eng mit ihren Kunden zusammen, um genau die richtige Korpusgröße, die optimale Holzzusammenstellung sowie die optischen Elemente festzulegen, und schaffen auf diese Weise Instrumente, die wirklich einzigartig sind. Doch neben der unverwechselbaren Konstruktion und Optik ihrer Traumgitarre finden viele Musiker darüber hinaus, dass eine solche Einzelanfertigung aufgrund der intensiveren Liebe zum Detail auch einen besseren Klang und eine insgesamt bessere Performance bietet.

Während Steelstring-Spieler unterschiedliche Ansichten zu dem Thema haben, ob Fabrik- oder Customgitarren besser zu ihnen passen (und es finden sich in beiden Lagern absolute Topprofis), gibt es wie gesagt praktisch keine professionellen Klassik- oder Flamenco-Gitarristen, die auf Instrumenten aus der Fabrik spielen. Vielleicht aufgrund der Assoziation der Nylonsaiten-Gitarre mit klassischer Musik (ein Geiger eines Sinfonieorchesters würde ebenfalls kein Fabrikinstrument in Betracht ziehen), aber auch wegen eines unüberhörbaren Qualitätssprungs beim Klang zwischen Fabrikware und individuell gefertigten Instrumenten werden nahezu alle Highend-Nylonsaiten-Gitarren in relativ kleinen Stückzahlen von selbständigen Gitarrenbauern hergestellt. Natürlich werden in den unteren bis mittleren Preisklassen Nylonsaiten-Gitarren von Fabriken auf der ganzen Welt in enormen Stückzahlen produziert, jedoch richtet sich der größte Teil dieser Instrumente an Gitarrenschüler, Hobbymusiker sowie jene, die eine elektroakustische Gitarre spielen.

Archtop-Gitarren verteilen sich seit jeher zu etwa gleichen Teilen auf Fabriken und kleine Werkstätten. Viele der berühmtesten Instrumente der Welt in dieser Kategorie stammten aus den Werkshallen von Gibson, Epiphone oder Guild, wo sie zusammen mit hunderten weiteren produziert wurden. Andererseits zählten Hersteller wie John D'Angelico und sein Lehrling Jimmy D'Aquisto mit zur ersten Front amerikanischer Gitarrenbauer, die Instrumente von unglaublich hoher Qualität bauten. Heute wird diese Tradition von Herstellern wie John Monteleone, Tom Ribbecke und Linda Manzer fortgesetzt, deren Instrumente mit die höchsten Preise aller Non-vintage-Gitarren erzielen.

Obwohl der Markt eine recht große Auswahl an relativ preisgünstigen elektrischen Archtops aus Fabrikproduktion bietet, findet man nur schwer gute Beispiele, die vorrangig für das akustische Spielen gemacht sind. Zu den wenigen verfügbaren Alternativen zählen Epiphones Emperor Regent, die Aria-Serie von D'Aquisto-Kopien sowie einige Archtops von Eastman Strings.

Abb. 11.14: Jean Larrivée und Sohn Mathew in der kalifornischen Larrivée-Fabrik (oben). In kleineren Werkstätten wie z. B. der Santa Cruz Guitar Co. werden viele Fertigungsarbeiten noch mit echter Handarbeit ausgeführt

11.13 Was bedeutet „handgemacht"?

Ob eine Gitarre in einer großen Fabrik gebaut wird oder in einer 1-Personen-Werkstatt, es findet sich mit großer Wahrscheinlichkeit die Bezeichnung „handmade" auf dem Etikett oder als Teil ihrer Katalogbeschreibung. Natürlich hat dieses Prädikat je nach Instrument eine andere Bedeutung. Angesichts der Tatsache, dass es keine Maschine gibt, die aus den ihr zugefütterten Rohmaterialien eine fertige Gitarre ausspuckt, ist bei allen Gitarren ein gewisser Anteil des Herstellungsprozesses mit Handarbeit verbunden. Hälse werden geschnitzt, Zargen gebogen, Lack wird aufgesprüht usw., doch in einer großen Fabrik sind es wohl dutzende, wenn nicht gar hunderte Hände, durch die die Gitarre bis zu ihrer Fertigstellung läuft. Andererseits haben inzwischen immer mehr Kleinhersteller Elektrowerkzeuge und sogar CNC-Maschinen in ihrer Werkstatt stehen, was dazu führt, dass ihre Instrumente strenggenommen nicht mehr in reiner Handarbeit entstehen.

Wegen dieser verwirrenden Thematik bevorzugen die meisten der mit Akustikgitarren vertrauten Musiker die Unterscheidung zwischen *Fabrikinstrumenten* und *Einzelanfertigungen*. Eine individuell angefertigte Gitarre aus einer kleinen Werkstatt unterscheidet sich von einem Fabrikinstrument nicht nur durch den Anteil der bei der Herstellung eingesetzten maschinellen Bearbeitung, denn wahrscheinlich wurde sie auch als Einzelstück konzipiert und nicht als eine unter vielen. Kleinere Läden können sich zudem intensiver der klanglichen Abstimmung je nach der speziell verwendeten Holzauswahl widmen. Während beispielsweise eine Fabrik ungeachtet der Steifigkeit einer bestimmten Decke wohl stets die gleichen vorgefertigten Leisten einbaut, kann ein Gitarrenbauer in einer kleinen Werkstatt die Leisten für jede Gitarre einzeln so lange bearbeiten, bis sie genau den von ihm oder ihr angestrebten Klang besitzt.

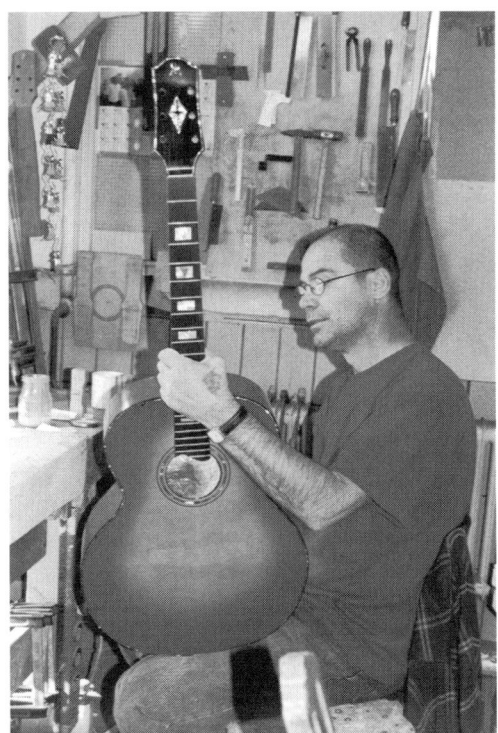

Abb. 11.15: Jedes Instrument enthält individuelle Beachtung in der Werkstatt von Albert & Müller

Solche Details sind zwar beim fertigen Instrument nachher nicht von außen sichtbar, doch sie sind es, die letztlich das Konzept einer Gitarre bis zum Optimum ausreizen können, und hier zeigt sich dann auch das wahre Können eines Gitarrenbauers.

11.14 Verzierungen und Schmuckwerk

Beim Blick auf eine Gitarrensammlung wird rasch deutlich, dass einige ziemlich schlicht aussehen, während andere geradezu protzig daherkommen. Seltsamerweise hat anscheinend der Verkaufspreis oft nicht viel mit der Menge an Zierrat zu tun, denn es finden sich in allen Preislagen Beispiele für nüchterne Strenge wie für übertriebenen Kitsch.

Im Lauf der Jahre haben die einzelnen Gitarrentypen unterschiedliche Verzierungsphasen durchlaufen. Französische und italienische Gitarren des 17. Jahrhunderts besaßen oft kunstvolle Einlegearbeiten, Bindings und Rosetten ebenso wie viele amerikanische Stahlsaiten-Flattops für die Cowboy-sänger der 1930er Jahre.

Im Fall der Klassikgitarre begann das Instrument etwa um die Zeit, als Torres seine revolutionären Konzepte entwickelte, einen eher sachlichen Look anzunehmen. Während frühere Hersteller Rosetten und Randein-lagen aus Perlmutt verwendet hatten, folgten die Gitarrenbauer nun diesem Beispiel und beschränkten sich auf Muster aus gefärbtem Holz, wobei oft noch komplizierte Mosaike hinzukamen, um die persönliche Note zu unterstreichen. Dieser zweifellos von Andres Segovias konservativer Ästhetik beeinflusste Ansatz ist bis heute der Standard für klassische Gitarren geblieben. Eine seltene Ausnahme von der Regel finden wir in den ge-schnitzten Stegen und Kopfplatten jener von Gitarrenbauern wie Jeronimo Pena Fernandez angefertigten Instrumente.

Bei Flattop-Steelstrings sieht die Geschichte etwas anders aus. Traditionell weist die Modellreihe eines Herstellers um so kunstvollere Verzierungen auf, je mehr der Preis nach oben geht. Martin ist ein gutes Beispiel für diese Politik: Ihr Einsteigermodell Style 15 hat nichts außer simplen Dots als Griffbretteinlagen vorzuweisen, wogegen das Top-of-the-line-Modell Style 45 ringsum in Abalone eingefasst ist und mit passenden Griffbretteinlagen auftrumpft. Mit der exquisiteren Optik sind auch bessere Hölzer verbunden. Dementsprechend gibt es die besten Hölzer bei Martin nur in den oberen Modellrängen, weshalb diese Gitarren theoretisch auch am besten klingen müssten.

Wie bei praktisch allen anderen Dingen im Zusammenhang mit Stahlsaiten-Gitarren dienen Martins Modellbezeichnungen inzwischen auch anderen Herstellern dazu, den Grad der Verzierungen zu umschreiben. So bezieht sich ein „Style 45" meist auf einen Palisanderkorpus, der komplett in Abalone eingefasst ist, während man von einem „Style 18" spricht, wenn von einer schlichten Gitarre aus Mahagoni die Rede ist. Taylor und Gibson verfolgen eine ähnliche Politik. Auch bei ihnen sind die besseren und teureren Modelle reichhaltiger verziert. Beispielsweise finden wir bei Taylors 800er und 900er Serie jeweils eine Fichtendecke sowie einen Boden und Zargen aus indischem Palisander, doch während bei den 800ern Binding und Einlagen recht schlicht ausfallen, ist bei den 900ern die Decke in Abalone eingefasst, die Halseinlagen sind kunstvoller und die Hölzer von höherer Qualität, was auch optisch einen merklichen Unterschied ausmacht. Gibson hat sich die phantasievollen Einlegearbeiten seit jeher für ihre Topmodelle Hummingbird, Dove und J-200 vorbehalten.

Oft finden sich Verzierungen, die mit denen der teuren Modelle eines namhaften Herstellers konkurrieren könnten, bei überraschend billigen Asienimporten. Durch niedrige Lohnkosten und in vielen Fällen unechte Materialien vermitteln solche Instrumente dem unerfahrenen Käufer den Eindruck, dass er eine höhere Qualität erhält, als wenn er ein billigeres Modell vom selben Hersteller kaufen würde. Doch dieser Eindruck stellt sich häufig als falsch heraus, da viele Gitarren, auf die diese Beschreibung zutrifft, in Wirklichkeit genau die gleichen Instrumente sind wie jene, die viel billiger sind, nur eben optisch aufgemotzt. Vor allem bei preiswerten Gitarren ist es daher wichtig, auf der Suche nach dem besten Klang für sein Geld nicht nur auf das Äußere zu schauen. Ein schlichtes Instrument von einem Hersteller, der auch Edelgitarren baut, ist fast immer einem preisgleichen, jedoch aufgestylten Modell vorzuziehen, welches die Spitze dieses anderen Anbieters markiert.

Es ist eine interessante Feststellung, dass der Trend bei den kleinen Customshop-Gitarrenbauern mit überwältigender Mehrheit zu Instrumenten hin tendiert, die bei ihrem Zierrat Bescheidenheit zeigen. In den meisten Fällen geschieht dies nicht, um Geld zu sparen, vielmehr möchte man auf diese Weise die gehobene Material- und Verarbeitungsqualität ohne unnötige Ablenkungen präsentieren. Archtop-Macher wie Jimmy D'Aquisto und Bob Benedetto gehörten zu den ersten, die nüchterne Strenge über Perlmutt stellten und damit im Wesentlichen dem Weg folgten, der schon viel früher von Klassikgitarrenbauern vorgezeichnet worden war.

Abb. 11.16: Die D-50 repräsentiert das Top-Modell von Martin (links), rechts die Taylor PS-55 12-String aus der Presentation-Serie

11.15 Das Problem mit elektro-akustischen Gitarren

Heutzutage kommen viele Gitarren mit eingebauter Tonabnehmer/Preamp-Kombination daher, ob man nun darum gebeten hat oder nicht. Speziell Stahlsaiten-Flattops mit Cutaway sind immer seltener ohne Elektronik zu bekommen. Während dieser Trend von manchen Spielern begrüßt wird, finden viele andere dies ärgerlich, weil sie nie verstärkt spielen müssen. Da im Lauf der Jahre immer neue und bessere Elektroniken auf den Markt kommen, wird verständlich, dass das, was einst als ein „Mehrwert" erschien, plötzlich zu einem veralteten Accessoire geworden ist, das sich unter Umständen sogar *wertmindernd* auswirkt.

Selbst jene Musiker, die ihre Gitarren tatsächlich verstärken wollen, stellen oft fest, dass sie lieber ein anderes System hätten als das, welches die Gitarrenfirma seinerzeit als Standardausstattung einbaute. Falls zum Einbau der Elektronik ein Loch in die Zarge gesägt werden muss, ist ein späterer Austausch aufgrund der unterschiedlichen Maße oft problematisch.

Aus all diesen Gründen empfiehlt sich die kritische Begutachtung einer schon vorhandenen Elektronik. Wenn Sie sie beim Kauf der Gitarre nicht benötigen, sollten Sie sich für ein rein akustisches Instrument entscheiden, selbst wenn dies mit einer Sonderbestellung verbunden ist. Sollte dann doch einmal Bedarf nach einer Elektronik bestehen, so lässt sich diese problemlos zu einem späteren Zeitpunkt nachrüsten – und oft übertrifft sie dann die Serienausstattung in Klang und Qualität.

11.16 Online- oder Versandkauf

Obwohl es die Möglichkeit des Musikinstrumentenkaufs per Postversand schon lange gibt, hat erst die rasante Ausbreitung des Internet diese Option zur Selbstverständlichkeit gemacht. Angesichts einer fast grenzenlosen Auswahl und generell niedriger Preise ist für viele das simple Anklicken einer Webseite zum Kauf einer Gitarre eine attraktive Alternative. Neben den bereits erwähnten offensichtlichen Pluspunkten bietet der Onlinekauf noch weitere Vorteile. Nun ist es möglich, bei namhaften Musikhäusern shoppen zu gehen, selbst wenn diese hunderte von Kilometern weit weg oder gar im Ausland sind. Sie möchten bei Gruhn's in Nashville (Tennessee) eine seltene Vintage-Gitarre kaufen? Kein Problem, denn solange Sie eine Kreditkarte besitzen und die Versandkosten tragen, spielt es keine Rolle, an welchem Punkt der Welt Sie daheim sind. Bei ungewöhnlichen und raren Instrumenten ist dies ein enormer Vorteil, denn es vervielfacht die möglichen Bezugsquellen zum Kauf eines Instruments exponenziell. Denkbar wäre aber auch, dass ein Hersteller, für dessen Instrumente Sie sich interessieren, keinen Stützpunkthändler in Ihrem Gebiet hat und Sie nicht mehrere Stunden mit dem Auto fahren möchten, nur um eine Gitarre zu kaufen.

So verlockend sich der Kauf einer Gitarre via Internet anhören mag, er schafft auch eine Fülle möglicher Probleme. Der wahrscheinlich wichtigste Punkt, über den man sich Gedanken machen sollte, ist der, dass man das betreffende Instrument nicht vorher antesten kann. Mit Ausnahme der wenigen Instrumente aus Verbundwerkstoffen existiert bei Gitarren einfach eine solche Streuungsbreite, dass sich die meisten Musiker bei zwei baugleichen Instrumenten für ein bestimmtes Exemplar entscheiden werden. Auch wenn hinsichtlich der Produktkonstanz schon beachtliche Fortschritte erzielt wurden, so besitzt doch jedes Stück Holz seine ureigenen Qualitäten, was bewirkt, dass es keine zwei absolut identischen Gitarren geben kann. Daher ist auch die Wahrscheinlichkeit recht groß, dass Sie beim Antesten mehrerer Exemplare Ihres Wunschmodells geringfügige Unterschiede feststellen werden.

Abb. 11.17: Ein verlockendes Angebot? Der Verkauf von Gitarren im Internet

Bei gebrauchten Gitarren nehmen solche Probleme noch zu. Selbst mit den besten Absichten kann es für den Verkäufer schwierig sein, den Zustand des Instruments präzise zu beschreiben. Noch schlimmer: Was machen Sie, wenn die Gitarre eine gravierende Macke hat, die auf dem Digitalfoto nicht zu sehen ist, das Sie in weiser Voraussicht vor Abgabe Ihrer Zahlungsinformationen angefordert hatten? Eine drohende Halsreparatur, lockere Leisten oder ein sich bereits ablösender Steg lassen sich nun mal nicht erst entdecken, wenn man das Instrument in Händen hält. Es kann sogar passieren, dass es sich bei der Gitarre, die Sie aus dem riesigen Versandkarton ziehen, gar nicht genau um das ausgeschriebene Modell handelt. Im günstigsten Fall müssen Sie dann nur die Versandkosten doppelt berappen. Es erfordert nicht viel Phantasie, was hier das „Worst Case Scenario" bedeuten könnte...

Aus all diesen Gründen muss man unbedingt vorab wissen, wie die Bedingungen zur Rückgabe des Instruments aussehen, falls Sie nicht zufrieden sind. Wenn Sie bei einem namhaften Laden kaufen, sollte dies kein Thema sein, da in Deutschland ein zweiwöchiges Rückgaberecht gilt, ehe man Ihnen den Kaufpreis in Rechnung stellt. Bei unbekannten Verkäufern können solche Vereinbarungen schwieriger auszuhandeln sein und bei Online-Auktionshäusern wie eBay sollten Sie sich vorher nach den Geschäftsbedingungen und Konditionen erkundigen. Wie bei allem, was Sie unbesehen kaufen, sollten Sie vorab viele Fragen stellen, um unliebsamen Überraschungen vorzubeugen. Wenn die Antworten, die Sie via E-mail erhalten, nicht zufriedenstellend ausfallen, dann seien Sie nicht schüchtern und kontaktieren Sie den Laden oder Verkäufer telefonisch. Falls es bei dem Instrument, das man Ihnen verkaufen will, nichts zu verbergen gibt, wird man einen vertieften Dialog wahrscheinlich begrüßen, da er beiden Parteien späteren Ärger vermeiden hilft.

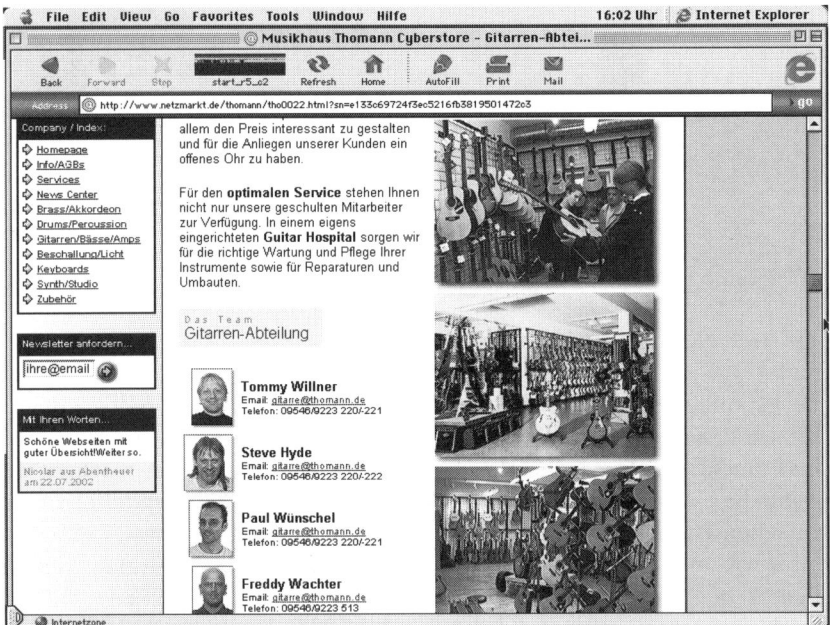

Abb. 11.18: Ein Beispiel für die Presentation einer Gitarrenabteilung im Internet

Wo wir gerade von Online-Auktionen reden: Seien Sie absolut sicher, wofür Sie bieten. Vor allem, wenn Sie es auf ein Vintage-Instrument abgesehen haben, verlassen Sie sich nicht allein auf das Wort des Verkäufers bei der

Entscheidung, ob es in der Tat selten und den geforderten Kaufpreis tatsächlich wert ist. Holen Sie vorab einige Erkundigungen ein und informieren Sie sich, wie hoch der typische Wert der betreffenden Gitarre ist. Zu viele eBay-Kunden steigern sich förmlich in einen Bieterrausch hinein und merken gar nicht, dass sie viel mehr als den realen Marktwert bezahlen. Wenn dann noch einige notwendige Reparaturen dazukommen, von denen man vorher nichts wusste, kann sich der vermeintlich gute Deal plötzlich als etwas entpuppen, worüber man lieber nicht reden möchte.

Doch trotz dieser Warnungen darf man festhalten, dass sich im Internet zweifellos geniale Deals finden lassen, und es liegt bei jedem selbst zu entscheiden, ob die möglichen Risiken den Einsatz lohnen.

11.17 Brauche ich mehr als eine Gitarre?

Dies ist eine Frage, die nur der Musiker persönlich beantworten kann. Manche Profis spielen jahrelang ausschließlich eine Gitarre, während viele Amateure nicht nur Besitzerstolz beim Anblick ihrer Gitarrensammlung empfinden, sondern auch eben so gern darauf spielen. Neben Sammelgewohnheiten gibt es auch gute Gründe für den Besitz mehrerer Gitarren. Der einleuchtendste ist wohl der, wenn Sie grundlegend verschiedene Sounds für unterschiedliche Stilrichtungen benötigen. Die Dreadnought, die Sie sich für Bluegrass zugelegt haben, wird beispielsweise bei Flamenco weit weniger überzeugen. Wenn Sie also die gesamte Palette möglicher Klänge ausschöpfen wollen, dann brauchen Sie mehr als nur ein Instrument. Es gibt aber auch weniger offensichtliche Gründe für den Besitz mehrerer Gitarren. Vielleicht möchten Sie daheim oder im Tonstudio über eine andere Gitarre spielen als auf der Bühne. Die eine könnte akustisch top sein, wogegen sich die andere ausgezeichnet verstärken lässt. Wenn Sie viel mit anderen Tunings arbeiten, dann macht es bei mehreren Instrumenten auf der Bühne genau den Unterschied aus, ob Sie Ihr Publikum zwischen den einzelnen Songs mit nervigem Umstimmen langweilen oder aber Ihr Programm flott vortragen können. Manche Musiker reisen ungern mit ihrem Hauptinstrument. Auch hier bietet der Kauf eines zweiten, vorzugsweise weniger kostspieligen Modells die beste Lösung. Egal, aus welchem Grund Sie sich entscheiden, dass Sie mehr als eine Gitarre brauchen – seien Sie versichert, Sie sind damit nicht allein. Gitarren zu kaufen, kann zur Sucht werden und viele „Aficionados" meinen, dass das Kaufen, Verkaufen und Vergleichen von Instrumenten einen wesentlichen Bestandteil ihres Gitarristenlebens ausmacht.

12 Ein Blick in die Zukunft

Da die überwiegende Mehrheit der Akustikgitarren tief in Designs verwurzelt ist, die mindestens 70 Jahre alt sind, und angesichts der Tatsache, dass Vintage-Reissues heutzutage einen unglaublichen Boom erleben, wäre es wohl vermessen zu spekulieren, was die Zukunft wohl bringen mag. Während bestimmte Aspekte des Instruments den Zenit ihrer Entwicklung erreicht haben dürften, ist bei anderen noch kein Ende absehbar. Auch auf die Gefahr hin, dass wir uns unterwegs bloßstellen, lassen Sie uns abschließend einen Blick auf einige der Trends werfen, die sich bereits am Horizont abzeichnen.

12.1 Alternativen zu Holz

Eines der dringlichsten Themen im Zusammenhang mit der Herstellung von Akustikgitarren ist die wachsende Problematik, viele der traditionell im Instrumentenbau verwendeten Hölzer zu bekommen. Ausfuhrbeschränkungen und daraus resultierende Mondpreise für Rio-Palisander sind nur ein Vorgeschmack dessen, was mit anderen Sorten passieren könnte (viele Insider sagen voraus, dass Mahagoni das nächste schwer erhältliche Holz sein wird), was es ohne Zweifel für Musiker wie Hersteller erforderlich macht, sich auf neue Optionen einzustellen.

Zwar wachsen die Fichte und die Zeder, die für die meisten Decken verwendet werden, sowohl in Nordamerika als auch in den Alpen, jedoch stammen die traditionellen Hölzer für den Boden und die Zargen oft aus bedrohten Regenwaldregionen oder müssen aus Ländern importiert werden, die weit von den Orten entfernt liegen, wo sie letztlich verarbeitet werden. Aus diesem Grund haben etliche Hersteller mit Hölzern zu experimentieren begonnen, die rasch nachwachsen und nicht von einem Kontinent zum anderen verschickt werden müssen. Zwei Sorten, die dieser

Beschreibung entsprechen, sind Walnuss und Kirsche, die beide inzwischen verstärkt genutzt werden. Mittlerweile haben Taylor, Martin und Lowden auch Gitarren mit Böden und Zargen aus Walnussholz ins Programm genommen, deren Klang oft als eine Mischung aus Palisander und Mahagoni beschrieben wird. Godin Guitars vertraut bei vielen ihrer Seagull- und Simon & Patrick-Gitarren bereits in großem Umfang auf Kirsche für Böden und Zargen, und für die Hälse ausgewählter Modelle setzt die Firma es nun sogar ebenfalls ein.

Apropos Hälse: Angesichts der Befürchtung, dass hochwertiges Mahagoni (lange Zeit erste Wahl für die Hälse bei Stahlsaiten-Flattops) auf der Liste jener Hölzer stehen könnte, die immer schwerer zu bekommen sein werden, suchen mehrere Hersteller bereits jetzt nach Alternativen auf diesem Gebiet. Gibson verwendet schon seit langem Ahorn als Halsmaterial bei vielen ihrer Modelle (allen voran bei der J-200), und offenbar folgen nun auch andere Hersteller diesem Beispiel. Taylor hat Ahornhälse auf den farbigen Modellen seiner 600er-Serie eingesetzt und von einer kleinen Gewichtszunahme abgesehen (die eine Gitarre an der Kopfplatte schwer machen *kann*), erfolgte die Umstellung völlig reibungslos.

Eine weitere Alternative bietet die Spanische Zeder. Obgleich dies seit jeher das bevorzugte Tonholz für die Hälse von Klassik- und Flamenco-Gitarren ist, stellt es auf dem Steelstring-Sektor eine Wiederentdeckung dar. Dieses von Martin und anderen Firmen im 19. Jahrhundert verwendete Holz wurde schließlich durch das steifere Mahagoni verdrängt, da dieses in den Tagen vor der Erfindung des Trussrods den stabileren Hals abgab. Dank der heutigen modernen Trussrods sowie Verstärkungen aus Graphit oder Metall ist die Steifheit des eigentlichen Halses im Prinzip kein Thema mehr. Folglich sind mehrere kleinere Hersteller wieder auf Spanische Zeder umgestiegen, und sogar Martin fertigt jetzt die Hälse für viele Gitarren ihrer 16er Serie aus diesem Holz.

Hälse aus synthetischen Materialien wären ebenfalls eine denkbare Option, doch bislang waren sie keine ernsthafte Alternative zu ihren hölzernen Kollegen. In den frühen 1990er Jahren bot Alvarez-Yairi ein Bob-Weir-Signature-Modell mit einem Graphithals an, das jedoch aufgrund fehlender Begeisterung auf Seiten der Kundschaft rasch wieder aus dem Programm genommen wurde.

In manchen Fällen geht es eher um die Frage, woher das Holz stammt und wie es geerntet wurde als darum, um welche Sorte es sich handelt. Martin bietet als erster Großproduzent Gitarren an, welche gänzlich aus Hölzern bestehen, die nachweislich auf umweltfreundliche Art geerntet wurden und aus nachhaltigem Anbau stammen. Diese unter der Bezeichnung „Smartwood" vermarkteten Instrumente sind in den Korpusgrößen Dreadnought und 000 erhältlich. Einige Gitarrenbauer recyceln auch Holz, das zuvor anderweitig verwendet wurde. Stellvertretend für diese Praxis seien hier ehemalige Alaska-Lachsreusen aus alter Sitkafichte und Möbel aus Rio-Palisander genannt – beides hervorragende Kandidaten, um ein neues Leben als Musikinstrumente zu erhalten.

Ein weiterer, noch junger Trend findet sich bei Rio-Palisander, das aus den Baumstümpfen der ursprünglich vor vielen Jahren gefällten Stämme geschnitten wird. Da dieses Holz ansonsten im Zuge von Landerschließungsmaßnahmen untergepflügt und verbrannt würde, darf es auch trotz bestehender Embargos ausgeführt werden.

Abb. 12.1: Der amerikanische Gitarrenbauer William Cumpiano begutachtet eine seiner siebensaitigen Steelstring-Gitarren mit sechsteiligem Boden

Wie effizient das Holz genutzt wird, ist ein weiterer Punkt, dem die meisten Großproduzenten erst so langsam ihre Aufmerksamkeit widmen. Taylor fertigt inzwischen ihre Hälse statt aus einem aus drei Teilen (eine Praxis, wie sie bei Nylonsaiten-Gitarren an der Tagesordnung, jedoch bei edlen Stahlsaiten-Gitarren ungewöhnlich ist), was einen geringeren Verschnitt pro Brett ermöglicht. Ein weiteres Beispiel finden wir in der zunehmenden Verbreitung von Decken und Böden, die aus vier statt traditionell aus zwei Teilen bestehen, was die Verwendung schmalerer Bretter erlaubt. Rich-

409

tige Leimtechniken vorausgesetzt, sind die Nahtstellen kaum erkennbar und nicht wenige Gitarrenbauer behaupten, dass der Klang keinesfalls darunter leidet.

Abschließend lässt sich zu traditionellen Gitarrenhölzern die folgende Feststellung machen: Wir werden uns wohl an die Tatsache gewöhnen müssen, dass bei durchschnittlichen Instrumenten künftig mehr Materialien von optisch geringerer Qualität zum Einsatz gelangen. Dies zeigt sich bereits daran, dass hochattraktive Maserungen nur bei Oberklassemodellen zu finden sind, an Fichtendecken, die eine gewisse Unregelmäßigkeit zeigen und an Ebenholz, das Streifen aufweist statt pechschwarz zu sein. Vielfach haben diese optischen „Mängel" keinen oder nur geringen Einfluss auf den Klang einer Gitarre, weil sie sich nicht auf das Verhältnis von Festigkeit zu Gewicht des Holzes auswirken.

12.2 Alternative Materialien

Noch radikaler als die Verwendung von Hölzern, die traditionell nicht mit Saiteninstrumenten in Verbindung gebracht werden, erleben wir die Einführung völlig neuartiger Materialien. Gitarren, die fast ausschließlich aus Verbundwerkstoffen bestehen, werden bereits von Firmen wie RainSong, Composite Acoustic, Ovation und Martin angeboten. Weitere Hersteller werden sehr wahrscheinlich nachziehen. Die vielleicht größte Revolution hat Martin mit seinem Modell Alternative X ausgelöst, dessen Decke gar aus Aluminium besteht!

In vielen Fällen wird man alternative Materialien in subtilerer Form einsetzen. Griffbretter sind ein gutes Beispiel für einen Bereich, wo die traditionelle Holzbauweise schon seit einiger Zeit bei ausgewählten Modellen anderen Materialien Platz gemacht hat. Ovation setzte erstmals in den 1970er Jahren bei ihren Adamas-Gitarren harzimprägnierte Walnussgriffbretter ein. Gitarrenbauer Rick Turner hat für einige seiner Griffbretter imprägniertes Birkenfurnier („Pacowood") verwendet und die unglaubliche Festigkeit des Materials als zusätzliches Plus genutzt. Im Bereich der Großserienfertigung hat Martin bei vielen ihrer Einsteigermodelle auf Griffbretter aus Micarta umgerüstet, einem dichten Phenolwerkstoff, der ansonsten für Sättel und Stegeinlagen verwendet wird. Da schwarz gefärbtes Micarta verblüffenderweise wie hochwertiges Ebenholz aussieht, merken viele Kunden nicht einmal, dass ihre Gitarren kein hölzernes Griffbrett haben.

Obwohl es sich bei ihnen in erster Linie um elektrische Instrumente handelt (die allerdings dank ihres eingebauten Piezo-Tonabnehmers im Livebetrieb auch elektro-akustische Sounds produzieren können), haben Parker-Gitarren speziell im Bereich der Halskonstruktion eine Reihe von Innovationen gezeigt, die auch bei ihren akustischen Geschwistern Einzug halten könnten. Indem die Halsrückseite mit einem dünnen Glasfaserüberzug beschichtet wird, kann Parker auf das besonders leichte Lindenholz zurückgreifen, das andernfalls nicht die für diesen Einsatz geforderte Stabilität bieten würde. Durch ein Griffbrett aus Glasfaser und Epoxy wird die Festigkeit des Halses noch verstärkt, und obendrein erhält das Instrument eine perfekte Oberfläche für Parkers revolutionäre Edelstahlbünde. Diese auf das Griffbrett aufgeleimten Bünde liegen absolut plan und ihre Befestigungsmethode erlaubt so enge Fertigungstoleranzen, dass kein weiteres Abrichten, Zurechtfeilen oder Justieren mehr nötig ist.

12.3 Neue Lackierungen

Mit Ausnahme jener Instrumente aus kleineren Gitarrenwerkstätten ist es durchaus wahrscheinlich, dass der Einsatz von Nitrolack bald Geschichte ist. Während Lacke auf Polyesterbasis früher ein Merkmal preiswerter Gitarren waren, haben moderne Sprühtechniken und UV-Härtung ihre klanglichen Qualitäten bis zu dem Punkt gesteigert, wo viele Nobelhersteller bereits die Umstellung vollzogen haben. Angesichts strengerer Umweltschutzauflagen, einer drastisch verkürzten Trockenzeit und einer nahezu vollkommenen Unempfindlichkeit gegenüber Kälte- oder Hitzeeinwirkung bietet modernes Polyester in vielerlei Hinsicht ein überragendes Finish.

Andererseits ist es bemerkenswert, dass die gute alte Schellackpolitur bei kleineren Herstellern derzeit wieder höher im Kurs steht. Die Verwendung dieses Lacks, der für hochkarätige Klassikgitarren seit jeher erste Wahl ist, wurde von der neuen Generation amerikanischer Gitarrenbauer, die in den 1960er Jahren ihr Debüt gaben, eigentlich nie so richtig übernommen. Während der Zeitaufwand zum Auftragen dieses Finishs einen industriellen Einsatz von vornherein ausschließt, werden seine klanglichen Tugenden und seine problemlose Restaurierung bzw. Auffrischung derzeit gleichermaßen von Spielern wie Gitarrenbauern neu entdeckt. Da sie fast keine Gerätschaften zum Auftragen benötigt, keine giftigen Dämpfe oder Rückstände erzeugt und mit einigen der besten Gitarren vergangener Tage assoziiert wird, ist Schellackfirnis auf dem besten Weg, zu einer ganz besonderen Option zu werden, die nur Gitarrenbauer der Spitzenklasse anbieten können.

12.4 Verbesserte Verstärkung

Nachdem die Verstärkungssysteme für Akustikgitarren schon in den letzten zehn Jahren einen gewaltigen Sprung nach vorn gemacht haben, darf man mit Sicherheit auch künftig noch mit Verbesserungen rechnen. Digitales Modelling, im E-Gitarren-Sektor bereits ein Riesengeschäft, wird sich zweifellos auch im elektro-akustischen Bereich zu einem marktbeherrschenden Trend entwickeln. Während digitales Modelling für elektrische Instrumente (mit Geräten wie dem POD von Line 6) generell die exakte Nachbildung von Verstärkern bedeutet, würde man bei einem akustischen Pendant idealerweise aus einer Vielzahl von Mikrofonen und Gitarren wählen können, die dann digital simuliert werden. Yamahas AG-Stomp verfügt bereits über ein Ausstattungsmerkmal, das den Sound eines Pickups in den eines Mikrofons umwandeln soll, und Line 6 hat kürzlich ihre Variax vorgestellt, eine E-Gitarre mit massivem Korpus, die eine Anzahl elektrischer und akustischer Sounds auf digitalem Wege imitiert. Während der Drucklegung dieses Buches steht bei Duncan/Turner das neue D-TAR-System kurz vor der Vollendung, das ähnliche Fähigkeiten besitzen soll.

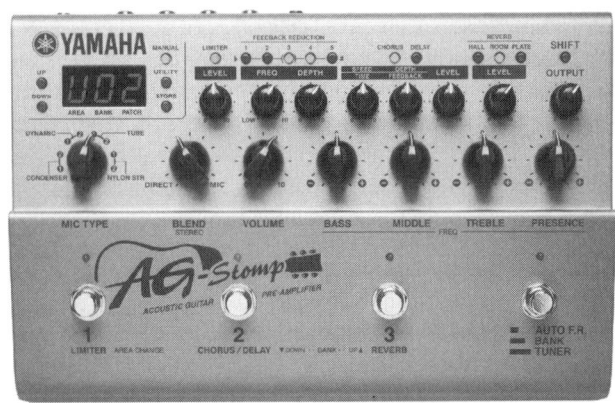

Abb. 12.2: Yamaha AG Stomp

Man muss auch kein großer Prophet sein, um vorauszusehen, wie diese Entwicklungen die Studioarbeit mit akustischen Gitarren verändern werden. Dass am oberen Rand des Spektrums eine Aufnahme in einem Raum mit toller Akustik und einem Satz Mikrofonen schon bald ersetzt werden könnte, ist wohl eher unwahrscheinlich. Dagegen dürfte ein Digitalsignal, das über den PC bearbeitet wird, vermutlich der nächste Schritt sein. Für den Homerecording-Sektor haben Gitarren vielleicht ein Interface eingebaut, über das man sie mittels eines Spezialkabels direkt am Computer anschließen kann, was einen guten Sound garantiert und das Aufnehmen von Spuren unabhängig von den jeweiligen Raumverhältnissen ermöglicht. Hat man diese Technologie erst installiert, wäre es nur noch ein kleiner Schritt bis zum interaktiven Jammen über das Internet.

Auch wenn dies nichts mit der Gitarre an sich zu tun hat, ist es doch sehr wahrscheinlich, dass mehr batteriebetriebene Verstärker auf den Markt kommen werden. AER und Crate haben diesen Trend bereits ausgelöst, der es elektro-akustischen Gitarristen ermöglicht, sich auch ohne Steckdose wieder Gehör zu verschaffen.

12.5 Hightech-Klassiker

Angesichts der konservativen Geschichte der Klassikgitarre mag es verwundern, dass gerade hier momentan viele der radikalsten neuen Designs umgesetzt werden. Auf ihrer stetigen Jagd nach besserem Klang, höherer Lautstärke und leichterer Bespielbarkeit haben Gitarrenbauer nicht vor einem Bruch mit der Tradition zurückgescheut. Es waren klassische Musiker, die als erste Gitarren in den Händen hielten, die nach Dr. Michael Kashas wissenschaftlichem Bracingkonzept gebaut waren. Und es waren wiederum klassische Musiker, die als erste auf die Vorzüge von karbonfaserverstärkten Leisten (à la Greg Smallman) und Sandwichdecken (wie sie von Matthias Dammann und Gernot Wagner eingesetzt werden) aufmerksam machten. Während nur wenige Stahlsaiten-Gitarren deutlich von dem X-Bracing, wie es von Martin um die Mitte des 19. Jahrhunderts erfunden wurde, abweichen, haben sich viele Konzertgitarrenbauer der Edelklasse wie etwa Paul Fisher und Thomas Humphrey vom Fächerbracing im Torresstil verabschiedet und setzen stattdessen auf hochmoderne Gittermuster.

Da immer mehr Musiker mit Crossover-Stilen experimentieren, besitzen manche Highend-Klassikgitarren Merkmale, die früher nur bei Steelstrings zu finden waren. Moderne Spieler verlangen oft nach einem schlankeren Hals, einem gewölbten Griffbrett sowie einem Cutaway und überlassen es den Gitarrenbauern, ihnen ihre Instrumente entsprechend dieser Vorgaben anzufertigen.

12.6 Verstellbarer Halswinkel

Speziell auf dem Gebiet der Stahlsaiten-Flattops wird der Kontrolle über den Halswinkel der Gitarre langsam eine gesteigerte Aufmerksamkeit zuteil.

Aus der Erkenntnis, dass der Halswinkel ein wichtiges klangprägendes Element ist, ersinnen Gitarrenbauer Möglichkeiten, um es justierbar zu machen. Taylor hat auf diesem Gebiet Pionierarbeit geleistet. Ihre kürzlich überarbeitete neue Halsverbindung mit der Bezichnung „New Neck Technology" (siehe Kapitel 2) ist mittels eines extra lieferbaren mehrteiligen Shimsatzes problemlos verstellbar. Martin hat dieses Prinzip im Jahr 2001 mit einem limitierten Sondermodell einen Schritt weitergetragen. Die von Ned Steinberger designte Gitarre besitzt eine Halsverbindung, die mit Hilfe eines Inbusschlüssels in Sekundenschnelle verstellt werden kann.

Abb. 12.3: Bei dieser in limitierter Auflage hergestellten und von Ned Steinberger entworfenen Martin lässt sich der Halswinkel von Hand per Rädelschraube im Schallloch einstellen

Auch Washburn bietet inzwischen bei ihrer elektro-akustischen NV-Serie ein ähnliches System an. Gitarrenbauer Rick Turner baut jetzt Akustikgitarren mit einer Halskonstruktion, die auf dem geheimnisvollen Howe-Orme-Konzept aus dem späten 19. Jahrhundert basiert. Bei diesen Gitarren schwebt der Hals fast vor dem Korpus, mit dem er nur an drei Punkten am Halsfuß verbunden ist, wodurch sich variable Einstellmöglichkeiten nach allen Seiten ergeben. Zudem erlaubt diese Konstruktion eine erhöhte Griffbrettverlängerung (ähnlich wie bei einer Archtop), was eine Maximierung der schwingenden Deckenfläche ermöglicht.

Solche Halsdesigns können sich erheblich auf die Einstellarbeiten bei einer Gitarre auswirken. Anstatt beispielsweise zur Justierung der Saitenlage die Stegeinlage höher oder tiefer zu setzen, lässt sich nun die Höhe der Saiten durch Verstellen des Halswinkels korrigieren. Indem die Stegeinlage ihre ideale Höhe behält, sind eine korrekte Zugbelastung des Stegs und ein guter

Abknickwinkel der Saiten hinter der Stegeinlage garantiert. Neben der Optimierung des akustischen Tons beeinflussen diese Faktoren zudem die Performance von Stegeinlagen-Tonabnehmern und vermindern klangliche Toleranzen zwischen baugleichen Instrumenten.

Es versteht sich von selbst, dass auch bei solchen justierbaren Halsverbindungen komplizierte und teure Halsrichtarbeiten kein Thema mehr sind (siehe Kapitel 10). Da die meisten Flattops irgendwann dieser Prozedur bedürfen, nachdem infolge des Saitenzugs der Steg hoch- und der Hals nach vorne gezogen wurde, ist das Resultat dieser Flexibilität von leichten Einstelloptionen ein besser klingendes Instrument.

12.7 CNC und die kleine Werkstatt

Als CNC-Maschinen erstmals zur Produktion von Gitarren eingesetzt wurden, waren sie eindeutig die Domäne von einer Hand voll Großfabriken. Mit Maschinen der Marke Fadal, wie sie von den meisten Herstellern benutzt wurden (und deren Stückpreis mehrere hunderttausend Euro betrug), waren es in der Gitarrenwelt Taylor, Martin, Fender und Paul Reed Smith (letztere übrigens Pioniere im E-Gitarren-Bereich), die sich Zugang zu erhöhter Präzision und der Fähigkeit verschafften, stumpfsinnige Aufgaben beliebig oft wiederholen zu können. Auch wenn mehrere mittelgroße Betriebe – unter anderem Collings und Santa Cruz – in ihre eigenen Maschinen investiert haben, brauchen selbst die kleinsten Hersteller nicht CNC-neidisch zu schielen. Denn inzwischen kann man sich Gitarreneinzelteile per Auftragslieferung bei einer von mehreren Firmen anfertigen lassen, die sich auf die Kleinserienproduktion von Hälsen, Stegen, Griffbrettern und vielen anderen Teilen, exakt nach Kundenvorgaben, spezialisiert haben. Da hierdurch das zeitraubende Grobshapen der Teile entfällt, ist dies eine willkommene Option für viele selbstständige Gitarrenbauer, die die Kosten für die externe Bearbeitung durch die eingesparte Zeit locker wieder hereinholen.

Mindert diese Praxis den Wert eines individuell angefertigten Instruments? Wahrscheinlich tut es das für jene, die auf einem komplett „handgemachten" Instrument bestehen, aber die meisten Kunden, die erkennen, dass der Gitarrenbauer nach wie vor jedes Detail feintunen kann, werden im schlimmsten Fall feststellen, dass kein Unterschied hörbar ist und im besten Fall, dass der Einsatz der maschinell hergestellten Teile ein Maß an Präzision eröffnet, wie es mit reiner Handarbeit praktisch unmöglich ist.

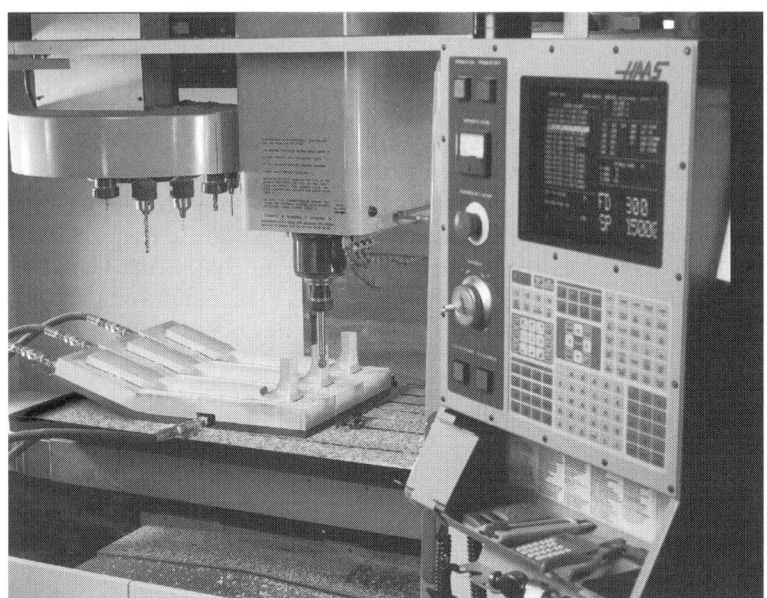

Abb. 12.4: Computer-gesteuerte CNC-Fräse wie diese bei Garrison werden immer verbreiteter

Auch Einlegearbeiten haben enorm vom CNC-Einsatz profitiert. Da hierbei viel kleinere Maschinen nötig sind als zur Herstellung eines Halses oder anderer großer Teile, haben etliche Kleinbetriebe gezielt in ihre eigenen kompakten CNC-Automaten investiert. Durch das Entwerfen ihrer Intarsien am Computer können diese Hersteller zügig ihre Abalone-, Perlmutt- oder sonstigen Einlagen aussägen, was nicht nur den Zeitaufwand – und die damit verbundenen Kosten – für kunstvolle Einlegearbeiten drastisch verringert, sondern zugleich noch die Passgenauigkeit erhöht.

Eine weitere, obwohl in keinem direkten Zusammenhang mit der CNC-Technologie stehende Variante computergesteuerter Bearbeitungsmethoden ist die PLEK-Abrichtmaschine für Gitarren. Diese von einem deutschen Team aus Gitarristen und Technikern entwickelte Maschine kann bei einer Gitarre durch präzise Vermessung des Griffbretts, der Saitenlage usw. eine ideale Einstellung realisieren. Die PLEK-Maschine kann nicht nur wertvolle Daten für ein anschließendes manuelles Setup liefern, sie ist auch mit einer Reihe von Werkzeugen bestückt, um automatisch Bünde zu feilen, Sättel zu kerben, Stegeinlagen zu shapen usw. Wenngleich die Kosten für die Maschine ihre Verbreitung auf einige wenige Standorte (vorwiegend in

Deutschland) beschränken, ist doch durchaus denkbar, dass eine ähnliche Technologie bei großen Herstellern in den Fertigungsprozess Eingang finden wird.

12.8 Beschichtete Saiten

W. L. Gore landete mit der Einführung ihrer beschichteten Elixir-Saiten Mitte der 1990er Jahre einen Riesencoup. Mit dem Marketingbudget eines Großunternehmens im Rücken, verschickte die Firma hunderttausende von Gratisproben an Gitarristen in der ganzen Welt, was den Markt spontan und nachhaltig beeindruckte. Dank einer enorm verlängerten Lebensdauer konnten die Saiten der von ihnen geschaffenen Erwartungshaltung gerecht werden und schon wenige Jahre später finden sich beschichtete Saiten im Angebot jedes großen Herstellers.

Während die Elixirs der ersten Generation noch merklich anders klangen als herkömmliche Saiten, bringt die Nano-Web-Beschichtung der zweiten Generation einen Sound, der praktisch nicht mehr von dem unbeschichteter Saiten unterschieden werden kann. W. L. Gores patentiertes Beschichtungs-verfahren hat andere Hersteller eigene Wege beschreiten lassen – mit dem Ergebnis, dass es inzwischen fast ebenso viele Sorten beschichteter Saiten gibt wie unbeschichtete.

Nylonsaiten sind offenbar als Nächstes an der Reihe. D'Addario bietet jetzt auch eine beschichtete Version ihres Bestsellers, der Pro-Arte-Saiten, an, und es wird interessant sein zu sehen, welche anderen Hersteller nachziehen werden.

12.9 Firmenneugründungen in Zeiten des Umbruch

Dank eines veränderten politischen Klimas, das zu einer Steigerung der Auslandsinvestitionen führte, haben die letzten Jahre einen dramatischen Anstieg von Gitarren „Made in China" erlebt. Einst eine Hochburg für Billigstinstrumente, produzieren chinesische Fabriken heute jene Mittel-klasseinstrumente, wie sie vorher von Fabriken in Japan, Korea und Taiwan erhältlich waren. Diese meist nach den Vorgaben großer amerikanischer oder europäischer Mutterhäuser produzierten Gitarren haben inzwischen einen Qualitätsstandard erreicht, der noch vor wenigen Jahren undenkbar gewesen wäre. Unter Befolgung der kapitalistischen Maxime zur stetigen Senkung der Lohnkosten investieren heute immer mehr Firmen in eine Produktion in China und dieser Trend wird zweifellos anhalten.

Es kommt daher nicht überraschend, dass der Fall des Kommunismus in Osteuropa zu ähnlichen Entwicklungen führte. Mit einer reichen Geschichte als Heimat einiger der weltbesten Streichinstrumente werden nun Länder wie die Tschechische Republik allmählich auch zu einer Kraft in der Welt der Akustikgitarren. Die Instrumente aus Furchs Stanford-Gitarrenserie gelten unter europäischen Musikern bereits als eine wertige und erschwinglichere Alternative zu Steelstrings amerikanischer Herkunft, und auch Saga Musical Instruments hat derzeit mit einer Reihe von Regal Resonatorgitarren aus tschechischer Fabrikation Erfolg auf dem US-Markt. Dank seiner Nähe zu etablierten US-Herstellern und obendrein von den jüngsten Handelsabkommen mit Nordamerika beflügelt, ist Mexiko das nächste Land, das einen baldigen Anstieg bei der Produktion von Akustikgitarren und Zubehör erleben wird. Schon betreibt Martin dort eine Fabrik, die ihre Backpacker-Reisegitarren und viele ihrer Saiten produziert, und auch Taylor hat südlich der Grenze zu den USA eine Fabrik für ihre Cases aus dem Boden gestampft. Fender hat einen Großteil der Produktion von E-Gitarren für Anfänger nach Mexiko verlagert und lässt an diesem Standort auch viele ihrer Verstärker montieren.

Während obige Beispiele von Großfirmen mit Hauptsitz in den USA handeln, die von Mexikos geringeren Lohnkosten profitieren, gibt es auch Fälle von traditionellen mexikanischen Gitarrenbauern, die ihr Exportgeschäft ausweiten. Dieses Phänomen konzentriert sich vorwiegend um die uralte Instrumentenbauerstadt Paracho in Zentralmexiko, wo Hersteller wie Cervantes, Montalvo, Huipe und Hill (unter der Leitung des amerikanischen Gitarrenbauers Kenny Hill) langsam, aber sicher den Mittelklassemarkt bei Nylonsaiten-Gitarren aufzumischen beginnen.

12.10 Immer weniger Vintage-Instrumente

Je weiter wir uns von jenen Tagen entfernen, als die heutigen Vintage-Gitarren hergestellt wurden, desto weniger werden von ihnen noch verfügbar sein. Wo es einst möglich war, für einen Spieler mit ein wenig Geschick und Geduld eine bestimmte Vintage-Gitarre zu finden, sehen wir den Markt sich bereits soweit verändern, dass es zunehmend schwerer, wenn nicht gar unmöglich wird, solche Wunschmodelle aufzutreiben. Gründe hierfür gibt es mindestens zwei. Auf der einen Seite hat ein gesteigertes Bewusstsein für diese Instrumente die Preise in solche Höhen getrieben, dass jemand, der bloß nach einer guten Gitarre sucht, sich unweigerlich fragt, ob ein altes, möglicherweise risikobehaftetes Instrument einen solchen Haufen Cash wert ist. Andererseits wird die Auswahl an verfügbaren Instrumenten einfach immer kleiner. Dies mag daran liegen, dass ihre Besitzer nicht an einem Verkauf interessiert sind, doch zweifellos werden auch jedes Jahr eine gewisse Anzahl Vintage-Gitarren zerstört, beschädigt oder anderweitig unbespielbar. Bei Klassik- und Flamenco-Gitarren sind sich manche Experten einig, dass die Instrumente nach einer bestimmten Anzahl von Jahren eben „heruntergespielt" sind und an Attraktivität eingebüßt haben. Ohne Zweifel betrifft dieses Phänomen auch einige Stahlsaiten-Gitarren, obwohl es bei ihnen aufgrund der robusteren Bauweise länger dauern könnte.

Und damit hätten wir die deprimierenden Meldungen abgehandelt. Die gute Nachricht ist, dass es immer weniger Gründe gibt, weshalb Musiker zu Vintage-Originalen greifen sollten. Wie in Kapitel 11 beschrieben, kopieren heutige Vintage-Reissues die alten Designs bis ins kleinste Detail, wodurch sie oft sogar die bessere Wahl sind als jene Gitarren, die sie inspirierten.

12.11 Stahlsaiten-Gitarre in der klassischen Musik

Vielleicht mehr als durch irgendeinen anderen Faktor wird die kontinuierliche Entwicklung der Akustikgitarre durch die Musikstile definiert, in denen sie verwendet wird. Wie wir in der Einleitung zu diesem Buch erwähnten, hat das Instrument eine Neigung, in Musikstilen weitab von dem aufzutauchen, wofür ihre unterschiedlichen Konzepte ursprünglich gedacht waren. Ähnlich wie bei jedem anderen Entwicklungsprozess reagieren die Gitarrenbauer schließlich auf spezifische Musikeransprüche und erschaffen somit neue Designs und Gattungen. Es gäbe keine 14-bündigen Hälse, hätten da nicht experimentierfreudige Banjospieler einen „Saitensprung" gewagt, keine Thinbody-Elektroakustik-Gitarren ohne die akustische Rockmusik und keine siebensaitigen Archtops ohne jene Jazzmusiker, die den Tonumfang ihres Instruments erweitern wollten.

Ein aktueller Trend findet sich in der wechselseitigen Befruchtung unterschiedlicher Stilrichtungen. Während die Klassikgitarre bereits in vielen Stilarten außerhalb ihres ursprünglichen Einsatzgebiets Einzug hielt (Martin hat sogar ein klassisches Signature-Modell für Pop-Superstar Sting herausgebracht), kann man eine nahezu gegenläufige Entwicklung bei der Stahlsaiten-Gitarre beobachten, die nun in den Bereich der Klassik vorstößt. Es ist nichts Ungewöhnliches mehr, klassische Gitarristen mit den stählernen Klängen experimentieren zu sehen, und Weltklassespieler wie David Tanenbaum, Benjamin Verdery, Manuel Barueco und John Williams musizieren inzwischen alle live wie auch im Tonstudio in Duetten und Ensembles, bei denen Steelstring-Gitarristen zur Besetzung gehören. Als Folge davon verlangen Stahlsaiten-Spieler nach Instrumenten, die mehr das Feeling einer Klassikgitarre vermitteln und deren Komplexität und Dynamikumfang bieten sollen.

12.12 Schlussbetrachtung

Viele Innovationen der akustischen Gitarre wurden aus dem Wunsch nach mehr Lautstärke geboren. Ob wir nun die Entwicklung der Dreadnought, der 19"-Archtop oder der Hightech-Klassikgitarre mit Gitterbracing nehmen – dem Instrument eine größere Lautstärke zu geben, ist für viele Gitarrenbauer stets ein vorrangiges Ziel gewesen. In Anbetracht der wenigen markanten Fortschritte, die in den letzten rund 100 Jahren auf diesem Gebiet erzielt wurden, lässt sich schwer abschätzen, ob hier das volle Potenzial schon ausgereizt ist. Sicher ist hingegen, dass auch künftig weiter geforscht wird.

Abb. 12.5: Blick in die Zukunft? Ein Martin-Prototyp mit eingebautem PDA für Songlisten und Drumcomputer-Patterns

Zuweilen präsentieren die Gitarrenbauer auch radikale Lösungen für die Probleme, mit denen sich die Spieler der Instrumente herumplagen müssen.

Nachdem er erkannt hatte, wie schwierig das Umstimmen auf der Bühne für Musiker ist, die auf unterschiedliche Tunings angewiesen sind, entwickelte der Kalifornier Steve Klein eine Gitarre, die sich automatisch stimmt. Neben Servomotörchen, die an den Saitenenden angebracht sind, besitzt die Gitarre auch einen Minicomputer, der hunderte möglicher Tunings abspeichern kann, was es dem Spieler erlaubt, nach Belieben per Knopfdruck zwischen ihnen umzuschalten. Auf einem technisch weniger komplizierten Niveau beginnen nun viele Gitarrenbauer auf die Klagen etlicher Musiker zu reagieren, dass sie ihre Gitarre nicht so gut hören können wie ihr Publikum. Schalllöcher in der Zarge des Instruments könnten hier offenbar einen Lösungsansatz für viele dieser Spieler bieten. Dieses Merkmal haben bereits so unterschiedlich orientierte Gitarrenbauer wie Robert Ruck im Bereich der Klassikgitarre und John Monteleone, der bei vielen seiner Archtops seitliche Schallöffnungen verwendet, praktisch umgesetzt.

Ganz egal, wie die Zukunft der Akustikgitarre aussehen mag – man darf versichert sein, sie wird prächtig. Nachdem das Instrument eine solche Artenfülle hervorgebracht und sich so ihren Platz in jeder noch kommenden Musikrichtung gesichert hat, kann das Instrument praktisch nicht mehr aussterben. Die meisten Leute sind sich in der allgemeinen Beurteilung einig, dass sich die Qualität der heutzutage gebauten Gitarren quer durch sämtliche Modellgattungen auf einem nie dagewesenen Level bewegt. Insofern hat eine gute Gitarre kaum Konkurrenz, wenn es um den langfristigen Wert geht.

Abb. 12.6: Der kalifornische Gitarrenbauer John Kinnard von Dell'Arte experimentiert mit einer neuen Schallloch-Platzierung direkt unter dem Steg

421

Es gibt nicht viele Dinge in unserer konsumgeprägten Gesellschaft, die dazu gemacht sind, uns bei fachgerechter Pflege ein Leben lang Freude zu schenken. Während die meisten materiellen Güter binnen weniger Jahre verschlissen, kaputt oder veraltet sind, beginnen sich Gitarren oft dann erst richtig zu entfalten, wenn ein Synthesizer, ein Supercomputer oder ein Motorrad längst auf dem Müllplatz gelandet sind. Mit ihrer einzigartigen Kombination aus praktischem Nutzwert, schönem Design und einem Hauch von Mystik sind Gitarren eine Welt für sich. Ob Sie für sich allein, für Ihre Familie oder in Fußballstadien vor zehntausenden Fans spielen – Sie sollten sich glücklich schätzen, ein Teil ihres Klangs, ihres Feelings und ihrer Kultur zu sein.

Anhang

Die Autoren

Teja Gerken ist einer der führenden Experten auf dem Gebiet der akustischen Gitarre. Er wurde in Deutschland geboren, hat sich aber mittlerweile in seiner Wahlheimat San Francisco einen Ruf erworben, der weit über die lokale Musikszene hinaus reicht. Während seines Studiums als Bachelor of Arts verbrachte er fünf Monate in Paracho, Mexiko, wo er bei dem Gitarrenbaumeister Salvador Caro Zalapa eine Lehre absolvierte. Danach war er Manager eines Gitarrenshops in Nord-Kalifornien. Seit 1977 arbeitet er als Redakteur für die Fachzeitschrift „Acoustic Guitar" und ist darüber hinaus als Übersetzer und Desktop-Publisher tätig.

Als Musiker hat Teja in Amerika und Deutschland Auftritte absolviert, u.a. mit Größen wie John Renbourn, Alex de Grassi und Peter Finger. Studiert hat er bei Duck Baker und Peppino D'Agostino. Seine Debut-CD "On My Way" mit eigenen Fingerstyle-Kompositionen erhielt international anerkennende Kritiken. Neben seinen Soloauftritten hat er auch Musik für das San Francisco Element Dance Theater geschrieben und aufgeführt. Durch seine Arbeit als Journalist hat Teja fast jeden Hersteller von akustischen Gitarren in den USA und Kanada besucht und eine Vielzahl von Gitarrenbauern weltweit interviewt. (Weitere Informationen finden Sie unter www.tejagerken.com.)

Michael Simmons ist Autor und in Nord-Kalifornien ansässig. Er begann, elektrische Gitarre in Punk-Bands zu spielen, bevor er – angeregt von einem

begeisterten Django-Reinhardt-Fan – zur akustischen Gitarre konvertierte. Er war 15 Jahre bei Gryphon Stringed Instruments in Palo Alto, San Francisco angestellt, wo er sich ein umfangreiches Fachwissen über Gitarren, Mandolinen und Banjos angeeignet hat. Michael arbeitet als Redakteur für die Fachzeitschriften „Fiddler Magazine" und „Ukulele Occasional", außerdem schreibt er regelmäßig für „Acoustic Guitar" und „Guitarmaker". Er hat Fachartikel über die Santa Cruz Guitar Company, Selmer und Taylor Guitars für ein bekanntes Fachbuch geschrieben und ist darüber hinaus Autor eines Werkes über Taylor Guitars.

Frank Ford ist als professioneller Gitarrenbaumeister tätig, seit er und Richard Johnston 1969 das Musikgeschäft Gryphon Stringed Instruments eröffneten. Er hat eine Vielzahl von Artikeln über Gitarrenreparatur für verschiedene Fachpublikationen geschrieben. Darüber hinaus fungiet er als einer der Direktoren der amerikanischen Association of Stringed Instrument Artisans (ASIA). Er ist regelmäßiger Gast-Dozent an der Roberto Venn School of Luthery in Phoenix in Arizona. Außerdem hat er die Website www.frets.com ins Leben gerufen, die umfangreichste Referenz über die Wartung und Reparatur von akustischen Instrumenten im Internet.

Richard Johnston war ein Gitarrenbaumeister und hatte sich auf die Reparatur von Gitarren spezialisiert, bevor er – zusammen mit Frank Ford – das Musikgeschäft Gryphon Stringed Instruments in Palo Alto nahe San Francisco eröffnete. Er ist Co-Autor eines Buches über Martin Guitars und schreibt seit 1990 regelmäßig Artikel für das amerikanische Fachmagazin „Acoustic Guitar". Seit 1995 ist er dort auch als Redakteur tätig. Richard hat zahlreiche technische Artikel über alle Arten von Instrumenten mit bebundeten Griffbrettern verfasst, die in Büchern und Fachpublikationen erschienen sind. Momentan überarbeitet er ein Werk über die Geschichte der Martin Guitar Company.

Literaturverzeichnis

Anthony Baines: The Oxford Companion to Musical Instruments
Oxford University Press, UK 1992

Julius Bellson: The Gibson Story
Julius Bellson, USA 1973

Robert Benedetto: Making an Archtop Guitar
Centerstream Publishing, USA. 1994

Walter Carter: Gibson Guitars: 100 Years of an American Icon
General Publishers Group, USA 1994

Walter Carter: The History of the Ovation Guitar
Hal Leonard, USA 1996

François Charle: The Story of Selmer Maccaferri Guitars
François Charle, France 1999

William R. Cumpiano & Jonathan D. Natelson: Guitarmaking – Tradition
and Technology; Chronicle Books, USA. 1993

Ralph Deyner: The Guitar Handbook
Knopf, USA, 1997

Dan Erlewine: Guitar Player Repair Guide
Miller Freeman, USA. 1990

Jim Fisch & L.B Fred: Epiphone: The House of Stathopoulo
Amsco, USA 1996

Nick Freeth and Charles Alexander: The Acoustic Guitar
Running Press Publishers, UK. 1999

Alan Greenwood & Gil Hembree: The Official Vintage Guitar Price Guide
2001; Vintage Guitar Books, USA. 2001

George Gruhn: Gruhn's Guide to Vintage Guitars, 2nd Edition
Miller Freeman, USA

George Gruhn & Walter Carter: Acoustic Guitars and Other Fretted
Instruments – A Photographic History; Miller Freeman, USA. 1993

Fredric V. Grunfeld: The Art and Times of the Guitar
Macmillan, USA 1969

John Huber: The Development of the Modern Guitar
The Bold Strummer, USA 1991

Sharon Isbin: Classical Guitar Answer Book; Stringletter Publishing, 1999

Franz Jahnel: Manual of Guitar Technology
Verlag Das Musikinstrument, Germany 1981

Hans Moust: The Guild Guitar Book
GuitArchives, The Netherlands 1995

George T. Noe & Daniel L. Most: Chris J. Knutsen: From Harp Guitars to the New Hawaiian Family; Noe Enterprises, USA 1999

José L. Romanillos: Antonio de Torres: Guitar Maker-His Life and Work
Bold Strummer, USA 1995

Larry Sandberg: The Acoustic Guitar Guide
A Cappella Books, USA 2000

Paul William Schmidt: Acquired of the Angels: The Lives and Works of Master Guitar Makers John D'Angelico and James L. D'Aquisto, Second Edition; Scarecrow Press, USA 1998

Various Authors: Acoustic Guitar Owner's Manual
Stringletter Publishing, USA 2000

Various Authors: The Classical Guitar – A Complete History
Balafon Books, UK 1997

Various Authors: Custom Guitars – A Complete Guide to Contemporary Handcrafted Guitars; String Letter Publishing, USA 2000

Various Authors: Vintage Guitars – The Instruments, the Players, the Music; Stringletter Publishing, USA 2001

Jim Washburn & Richard Johnston: Martin Guitars – An Illustrated Celebration of America's Premier Guitarmaker; Rodale, USA 1997

Tom Wheeler: American Guitars – An Illustrated History
Harper & Row, USA 1982

Tom Wheeler: The Guitar Book: A Handbook for Electric and Acoustic Guitarists; Harper & Row, USA 1974

Eldon Whitford, David Vinopal, & Dan Erlewine: Gibson's Fabulous Flat-Top Guitars – An Illustrated History and Guide; Miller Freeman, USA 1994

Michael Wright: Guitar Stories: Volume One
Vintage Guitar Books, USA 1995

Michael Wright: Guitar Stories: Volume Two
Vintage Guitar Books, USA 2000

Index

0, 00, 000 113
12-Bund-Übergang 57
12-Strings 148

A-Frame 194
AbaLam 79
Abalone 34, 79
Achse 37
Adamas 209, 240
Adirondackfichte 165
Advanced L-5 202
African Blackwood 236
Ahorn 60, 169, 230
Ahornlaminat 243
AKG 299
Aktivelektronik 291
Akustikbass 152
Aliphatische Harze 253, 254
Aluminium 170
Aluminiumstab 63
Anordnung, symmetrische 27
Appalachenfichte 165
Archtop 137
Armauflage 282
Atkins, Chet 158
Ausgangsbuchse 315
Azeton 257

B-Band 298
Baldwin 289
Ballend 94
Bändchenmuster 226
Banjomechaniken 44
Barfrets 88
Baritongitarre 105, 151
Bass-Balalaika 153
Basssaiten, polierte 103
Bauch 213
Beleistung 246
Benedetto, Bob 139
Bergahorn 231
Berry, Bacus 290
Binding 31, 80, 249
Birdseye Maple 230
Birkenholz 231, 235
Birkensperrholz 170
Blades 63
Blech 42
Blindnut 218
Bluegrass Gauge 104
Boden 223
Boden geschnitzt 244
Boden, dreiteilig 245
Boden, flach 243

Boden, gepresst 244
Boden, gewölbt 243
Boden, zweiteilig 245
Bodenstreifen 246
Bolt-on neck 66
Bookmatched 163, 245
Bourgeois, Dana 54, 112, 146
Bracing, Funktion 172
Breedlove 213
Bünde 86
Bundmaterial 87
Bundpositionen 78
Bundstäbchen, Vintage- 88
Buntlack 266
Butt joint 66
Buzz-Feiten-System 92
Byrd, Charlie 289

California Walnut 235
Carbon 53
Carbon-Fiberglas 82
Carlson, Fred 132
Chet Aktins CEC 158
Christian, Charlie 287
Claro Walnut 235
CNC-Maschinen 415
Cocobolo 235
Collings 33, 84, 112
Composite Acoustics 241
Corian 49
Cross-Bracing 175
Cumpiano, William 131, 409
Cumpiano-System 68
Curly Maple 230
Custom-Gitarren 395
Cutaway 144
Cutaway, Doppel- 147
Cyanocrylat 256
D'Addario 28, 95, 96

D'Aquisto, Jimmy 208
D-28 109
Darmstreifen 86
Dean Markley 298
DeArmond 287
Decke 163
Decken-Bracing, Materialauswahl 172
Decken-Transducer 290, 297
Deckenbeleistung 171
Deckenbeleistung bei Flattops 173
Deckenbeleistung, X-förmig 150
Deckenmaserung 163
Delrin 87
Deutsche Fichte 166

Direktbox 317
Diskantsaiten 93
Diskantsaiten aus Kohlenstoff 103
Diskantsaiten, Karbon- 103
Ditson, Oliver 108
Dobro 155
Dommenget, Boris 132
Dopyera, Rudy 154
Double-X 177
Dove 110
DR 95, 98
Dreadnautilus 132
Dreadnought 107
Dreadnought, Rundschulter- 110
Drehknöpfe 43
Dreiergruppen 38
Drop-in-Sattel 218
Dunn, Michael 161
Dylan, Bob 116

Ebenholz 48, 53
Ebenholz, afrikanisches 75
Ebenholz, Macassar 76
Edge dots 78
Eiche 235
Einfassung 31, 80
Einlagen 77
Einlegematerialien 78
Elektret-Mikrofonkapsel 309
Elektro-akustische Gitarren 401
Elektronik, Fehlersuche 338
Elfenbein 48
Elixir 99
Elkayam Boaz 87, 247
EMG 307
Endblock 248
Endpin 94, 277
Engelmannfichte 165
Epiphone 40
Epoxy 255
Equalizer 300, 312
Europäische Fichte 166

F-Löcher 207
Fächerbracing 198
Fanned Frets 90
Feedback 300, 313
Fender 27
Fenster-Kopfplatte 28
Feststell-Mechanismen 42
FET-Preamp 309
Fichte 164
Fiddleback maple 230
Fieberglas 53
Finger-Verbindung 30
Fingerboard 75
Fingerleisten 175

Fingerstützen 269
Finish 63
Fishman 292, 295, 308
Flamed maple 230
Flamenco-Gitarre 28, 135
Flat-sawn 62
Flattop-Gitarre 28
Flatwounds 98
Fleishman, Harry 132
Floating Bridge 214, 221
Floating Pickguard 273
Floating Pickup 307
Florentinisch 146
Floss 102
Französisch polieren 258
Französisches Elfenbein 249
FRAP-Pickup 297
Fräsnut 218
Fretboard 75
Frets 86
Friction pegs 46
Froggy Bottom 71
Furniere 224
Furnierstreifen 297
Fuß, spanischer 68

Gabon-Ebenholz 75
Galalith 49
Galli 96
Geared Peg 36
Gears 36
Gebrauchte Gitarren 385
Gelatine 251
Geschlitzt 28
Gestanzt 42
GHS 96, 100
Gibson 27, 65, 83, 109, 137, 289
Gibson, Orville 55, 200, 231
Gilbert, John 41
Gitarrenstütze 283
Gitter-Bracing 199
Glasfaser 411
Godin 235
Golpeador 275
Goodall, James 151
Gotoh 40
Gottschall 148
Graduation 202
Graphit 63, 82
Graphitgitarren 240
Graphithals 408
Greifgeräusch 98
Griffbrett 53, 75
Griffbrett, Fächer- 90
Griffbrett, schwebendes 70
Griffbretteinlagen 77

Griffbrettpflege 322
Größen 0, 00, 000 113
Groundwounds 98
Grover 40
Guild Guitar Co. 65, 123, 243
Guitar Mic 287
Guitarron 153
Gurian, Michael 206
Gurtpin, und Montage 277, 278
Guss 42

H-Modell 116
Haft-Pickup 297
Hahl, Stefan 139, 151
Halfwounds 98
Hals 53
Hals neu einsetzen 360
Hals, angesetzt 30
Hals, geschraubt 66
Hals, nicht-justierbar 85
Halsansatz 63
Halsblock 64, 248
Halsformen 58
Halsfuß 53, 71
Halsfuß, ein- oder mehrteilig 71
Halsfuß, flach oder spitz 72
Halsfuß-Abdeckung 71
Halsstab, einstellen 324
Halstypen 53
Halsübergänge 56
Halswinkel 35, 73
Halswinkel, negativer 74
Halswinkel, verstellbar 413
Hardin, Bill 161
Harfengitarre 106, 159
Harmony Bar 199
Hautleim 251
Hawaii-Gitarre 105, 154
HD-28 109
Headblock 25, 64
Heavy-Gauge-Saiten 104
Heel 53
Heel cap 71
Henneken, Markku 139
Herringbone 205
Herringbone-Streifen 249
Hipshot 45
Hochdruck-Holzfaserlaminat 170
Höfner 208
Höhenwiedergabe 35
Holz, unbehandeltes 63
Homogenisierung 101
Hopf 208
Humbucker 302
Hummingbird 110
Humphrey, Thomas 63, 74, 83
Hybrid-Instrumente 136

Ibanez 305
Impedanz 310
Indischer Palisander 227
Intonation 91
Ivoroid 149

J-160E 58
J-185 126
J-200 109, 123
J-45 109
Jacob, Richard 148
Jazzgitarre 28
Johnson, Robert 116
Jumbo 109, 122
Jumbo, advanced 123
Jumbo, Mini- 126
Jumbo, Super- 123

K-Bar 84
Kaman, Charles 238
Kaman-Bar 84
Kanadischer Ahorn 231
Karbonfasergraphit 240
Karbonfaserlaminat 173
Kasha, Michael 194
Kasha-Beleistung 194, 199
Katalysierte Polymerlacke
Katzenaugen-Schalllöcher 208
Keith-Scruggs-Tuner 44, 45
Kerbfilter 300
Kerfing 247
Kirschholz 60, 235
Klangregelung 312
Kleber auf Lösungsmittelbasis 255
Klinkenbuchse 316
Kluson 40, 42
Knüpfblock 212
Knüpfsteg 215
Knutsen 160
Koa 168, 233
Kohlenstoff-Graphit-Faser 170
Konstruktion, schwebende 55
Kontakt-Mikrofon 297
Kontragitarre 106
Kopal 259
Kopfblock 248
Kopflastigkeit 34
Kopfplatte 25
Kopfplatte, Größe 34
Kopfplattenfurnier 31
Kopfplette, durchstochen 28
Korpus, NEX- 127
Kragen 32
Krone 86
Kuhknochen 48
Kunststoff 49
Kyrogenie 100

Anhang

L.R. Baggs 292, 308
La Bella 101
Lackierung 63
Lackierung, Hochglanz- 63
Lackierungen 257
Lagerung der Gitarre 363
Laminiert 60
Laminierte Decke 163
Langbrett 224
Längenkompensation 219
Lärche 167
Lavalier-Mikrofon 309
Lawrence, Bill 290
Ledbelly 281
Legg, Adrian 45
Leim 251
Leiter-Beleistung 150, 174
Liminate 225
Loars, Lloyd 286
Locking machines 42
Locking-System 43
Lowden 213
Lyon & Healey 113
Lyracord 239

Maccaferri, Mario 40, 60, 85, 225, 237, 282
Machine Head 36
Magnettonabnehmer 295, 301
Mahagoni 59, 168, 226
Mahagoni, afrikanischer 227
Makassa Ebenholz 236
Manzanita 161
Manzer, Linda 131, 139, 145
Markley, Dean 96, 100
Martin 27, 65, 145, 289
Martin, C.F. 108
Maserung 62
Massiv 60
Massive Decke 163
Massivholz 225
Mechanikachse 28
Mechaniken 27, 36
Mechaniken, offen und geschlossene 39
Mehrfarbenfinish 268
Mensur 47, 89
Mensuren, Standard- 90
Metallroller 38
Micarta 49, 76, 217, 410
Mikrofon 303
Mikrofon, intern 307, 309
Mimesis-Pickup 303
Miniatur-Elektret 308
Mittelstreifen 250
Mixregler 313
Monostecker 316
Monterey-Zypresse 233
Monteone, John 139

Mortise and tenon 67
Mother of Dinette Set 79
Mother of Pearl 78
Mother of Toilet Seat 31, 79
Mylar 276

Nanoweb 99
Neck angle 73
Neck joint 63
Neck pitch 73
Nelson, Willie 289
New Neck Technology 414
New Technology Neck Joint 66
NEX-Korpus 127
Nick-Lucas-Modell 58, 116
Nickelsilber 87
Nitrozelluloselack 260
Non-scalloped 109
Notchfilter 300, 313
Novak, Ralph 90
Novax 90
Nullbund 50
Nut 47
Nylonfloss 102
Nylonsaiten 93
Nylonsaiten, glatte 101
Nylonsaiten, umsponnene 102

Oktavreinheit, einstellen 329
Olson, James 127
OM 119
OM-28 120
Onboard-Regler 311
Onlinekauf 402
Oregon-Ahorn 232
Ovangkol 236
Ovation 28, 142, 238, 289

Pacowood 410
Palisander 48
Palisander, brasilianischer 60
Palisander, indisches 75
Panormo 27
Parametrischer EQ 312
Parlor-Gitarre 28, 127
Passivelektronik 291
Pearse, John 161
Peg 25
Peghead 25
Perlmutt 48, 78
Perloid 31, 34
Pflegetipps 319
Phantomspeisung 309
Phase 313
Pick Up The World 298
Pickguard 269
Pickguard, abnehmbar 275